Google Cloud
從雲端小白到黑帶高手

東霖（東東）著

教你完全從零開始，一步步實際操作，
完成負載平衡和自動擴充的雲端架構！

AI
雲端架構設計
實戰操作
證照攻略
轉職指南

從零開始 ｜ 註冊帳號、申請環境，全部教你
完整生態系 ｜ 大數據、機器學習和生成式 AI
考照轉職指南 ｜ 教你自學方向、考證方法、轉職準備
雲端架構教學 ｜ 負載平衡、自動擴充、數據處理架構

作　　者：李東霖（東東）
責任編輯：何苾穎

董 事 長：曾梓翔
總 編 輯：陳錦輝

出　　版：博碩文化股份有限公司
地　　址：221 新北市汐止區新台五路一段 112 號 10 樓 A 棟
　　　　　電話 (02) 2696-2869　傳真 (02) 2696-2867

發　　行：博碩文化股份有限公司
郵撥帳號：17484299　戶名：博碩文化股份有限公司
博碩網站：http://www.drmaster.com.tw
讀者服務信箱：dr26962869@gmail.com
訂購服務專線：(02) 2696-2869 分機 238、519
（週一至週五 09:30 ～ 12:00；13:30 ～ 17:00）

版　　次：2025 年 9 月初版

博碩書號：MP22506
建議零售價：新台幣 680 元
Ｉ Ｓ Ｂ Ｎ：978-626-414-298-4
律師顧問：鳴權法律事務所 陳曉鳴律師

本書如有破損或裝訂錯誤，請寄回本公司更換

國家圖書館出版品預行編目資料

Google Cloud 從雲端小白到黑帶高手！：雲端架構設計、實戰操作、證照攻略與轉職指南 / 李東霖 (東東) 著 . -- 初版 . -- 新北市 : 博碩文化股份有限公司, 2025.09
　　面；　公分 .

ISBN 978-626-414-298-4(平裝)

1.CST: 雲端運算

312.136　　　　　　　　　114011574

Printed in Taiwan

歡迎團體訂購，另有優惠，請洽服務專線
博碩粉絲團　(02) 2696-2869 分機 238、519

商標聲明

本書中所引用之商標、產品名稱分屬各公司所有，本書引用純屬介紹之用，並無任何侵害之意。

有限擔保責任聲明

雖然作者與出版社已全力編輯與製作本書，唯不擔保本書及其所附媒體無任何瑕疵；亦不為使用本書而引起之衍生利益損失或意外損毀之損失擔保責任。即使本公司先前已被告知前述損毀之發生。本公司依本書所負之責任，僅限於台端對本書所付之實際價款。

著作權聲明

本書著作權為作者所有，並受國際著作權法保護，未經授權任意拷貝、引用、翻印，均屬違法。

推薦序

大家好，我是 CloudMile 萬里雲創辦人 Spencer。投身雲端服務已逾十年。

回到創業之初，雲產業仍在萌芽期，與客戶溝通「為何上雲」需要投入大量心力。我心裡一直有個想法：把教育訓練納進生態系，讓更多人才理解雲的價值，促成更多應用，協助企業真正發揮雲端的兩大特性：「彈性（Elastic）擴充」與「規模化（Scale）佈局」。

因此，在創立 CloudMile 萬里雲時，我們不只與 Google Cloud 合作推動雲與 AI 的企業落地，也同步建立教育能量；從取得 MSP（Managed Service Provider）託管服務資格，到成為 Google Cloud Authorized Training Partner（ATP）訓練夥伴資格，針對企業與開發者持續開設雲端、數據、AI 等課程，場次累積數十場以上。很慶幸在商務擴張最繁忙的時候，團隊仍記得我們的初心：「匯集一流人才，創造無限可能」，並把這份使命從台灣帶到海外市場。在東南亞市場，CloudMile 萬里雲也建立了良好的成績和品牌定位，並獲 Great Place to Work Certified 認證。

因此，我特別開心地看到東東在這個產業展現的熱情與投入。這本書不僅系統化梳理 Google Cloud 的基礎與實務，還兼顧維運、安全、職涯地圖與證照攻略；無論你是 IT 專業人員，或剛踏入雲領域的新手，都能找到適合的切入點。更重要的是，它把雲技術與產業發展的脈絡連結起來，幫助讀者理解「為何用雲、如何用雲、用雲能創造什麼價值」。

我推薦這本書給所有對雲端充滿好奇的人。願它成為你站上雲端舞台的重要起點，也盼望有更多夥伴加入，一起讓雲端生態更加蓬勃。

Spencer Liu
CloudMile 萬里雲集團 創辦人暨董事長

| 推薦序 |

還記得剛開始想轉職做雲端架構師的時候，市面上沒有一本書，能完整告訴我這條路該怎麼走。我只能自己摸索：和熟識的架構師同事聊天，打聽他們去面試會被問什麼、在客戶會議裡觀察他們怎麼應對，也利用下班時間，自己做專案。

印象最深的一次，是一位準備跳槽的架構師同事跟我分享面試經驗，他說考官問了「高可用性要怎麼做」。當時的我，只熟悉 SaaS 服務，聽到這個名詞覺得好高深，像是離我很遠的技術領域。沒想到三年後的今天，「高可用性」已經成了客戶會議裡被問無數次的問題，甚至還成為我在 IT 雜誌寫專欄的主題之一。

回頭想，如果當時我手上有《Google Cloud 從雲端小白到黑帶高手》，我一定能少花很多時間從零拼湊知識。它不只教技術，更系統化地介紹雲端架構師的角色、轉職入門、實戰部署、成本控管、安全治理，甚至考照策略。

東東擅長用幽默又簡單的方式，把複雜的概念講清楚，讓人想繼續學下去。

跟著他學習，像有一位經驗豐富的同事，陪你從入門一路走到實戰。你會省下很多摸索的時間，對雲端架構師這條路有更清楚的輪廓與方向。

如果你正準備踏進雲端領域，或想從工程師轉職成架構師，透過這本書，朝你想要的雲端職涯邁進。

中中
微軟亞洲區資深雲端架構師 & 部落格《中途筆記》

| 推薦序 |

回想 Google Cloud 剛推出時候，隨著 Google 與當時的銷售團隊一起推廣 Google Cloud，接著成立 GCPUG（Google Cloud Platform User Group）與參加 Google Next 大會，一連串的經驗促就了當初的第一本 Google Cloud 實體書（《Google Cloud 平台實作手冊》<ISBN：6899864342174>）。這一切的一切來自於追隨 Google 技術的熱情。

現在，這個熱情有了傳承⋯當初的 Google Cloud 銷售團隊成員東東持續著這個熱情，不斷地在 Gogole Cloud 的技術與業務中打滾，建立了不少的教學視頻也匯總成新的一版中文實體書，這本書帶您從新手入門並增添了東東多年來在 Google Cloud 上的無數經驗，讓新手不至於踩坑，也可以更快入門，更用深入的角度探討步入雲端的未來。隨著雲端服務日漸增長也日新月異的年代來到，這樣的一本指引工具書變得不可或缺，不論您是新手入門或是深入研究，都可以帶給您更新的體悟喔。

Simon Su

Director of DevOps Architecture &《Google Cloud 平台實作手冊》共同作者

| 推薦序 |

Google Cloud 隨著時間一直在變化、成長，很欣喜的能夠再有新的中文版 Google Cloud 入門書，期望更多人能夠藉由本書的手把手教學與範例，第一次輕輕鬆鬆就上手。

Sunny Hu
資深 Devops &《Google Cloud 平台實作手冊》共同作者

東東的雲端經驗很豐富，教學內容非常白話，淺顯易懂，只要一步步照這本書實作，就能為 Google Cloud 打下穩固的基礎。

黃亦銘
統一資訊 副部長

雲端之路，不再遙遠！東東用大白話，手把手實作，帶你深入理解本質，從迷茫到精通，創造屬於你的雲端未來。

Browny Lin
電子報《非正式寫作》作者

自序

你是否曾經想要學習雲端技術，卻被那些艱澀的技術文件嚇到不知從何開始？或是看了一堆「服務介紹」的影片和文章，卻依然不知道該如何動手實作？我完全理解，因為我踏入 Google Cloud 這十年來，也曾經歷過同樣的困惑。

在我學習 Google Cloud 的過程中，我發現：如果只是觀看「Dataflow 是什麼」或「Dataproc 是什麼」的教學影片，其實還是無法搞清楚兩者的差異到底在哪裡。最好的方法，就是直接去查看官方的實作說明，看看兩者在操作上到底有什麼不同，或是直接打開 Skillboost 的 Lab 來做一次，這樣就很有感覺。讓我明白「實作」才是真正理解雲端技術的關鍵。

但官網的英文說明文件對許多人來說是個障礙，即使有繁體中文版本，卻因為太過於「文謅謅」或寫得太嚴謹，反而還是讓大家看不懂。我常常需要請 ChatGPT 或 Claude 用白話來解釋，才能真正理解各種新的概念。這讓我意識到，市面上缺乏的不是更多的概念介紹，而是真正手把手、用大白話教學的實作指南。

所以我決定寫這本書，就是要跟你說「你也可以做得到」。我不想只是講概念，我要你動手實作。當你按照書中的步驟完成每一個練習時，你會發現你也開始懂一點雲端的東西了。我會用很多生活化的比喻，把那些艱澀難懂的技術名詞講成大白話，讓你不管處在哪一個程度，都能看懂我想要表達的內容，而且我不介意你嫌我講得太淺。

自序

這本書跟其他書籍最大的不同是：別的書講的是「概念」，但沒有實作，對初學者來說，連怎麼開始、如何開通環境、Google Cloud Console 入口在哪裡都不知道。我會教你完全從零開始，從註冊 Gmail 帳號、申請 Cloud Identity、取得 300 美金試用額度開始，讓你能夠真正動手操作。

在核心的基礎服務部分，包括建立虛擬機器、快照、執行個體範本、Cloud SQL、Cloud Storage、執行個體群組（自動擴充）、負載平衡等章節，我提供了完整的手把手實作教學，每個步驟都有詳細的截圖說明。至於其他進階服務如無伺服器的 GAE、Cloud Run、GKE、大數據的 BigQuery、Pub/Sub、Dataflow，以及熱門的機器學習和生成式 AI 服務等等，考量到篇幅限制，我採用白話介紹和幾張輔助截圖的方式，讓你至少能夠清楚了解這些服務的用途和特色，為未來的深入學習打下基礎。

即使你還沒有接觸過雲端，甚至根本沒有資訊背景，這本書也會是你最好的雲端入門指南。透過實作那些核心基礎服務，你就能建立起扎實的雲端概念，再搭配對進階服務的理解，讓你對整個 Google Cloud 生態系統有全面的認識。

我的目標很簡單：讓你在完成每個實作後，都能感受到那種「原來我也可以」的成就感，藉此建立起你的信心，讓你能夠獨自架設雲端的基本服務，向雲端架構師這個目標邁開成功的第一步。

現在，請準備好你的電腦，讓我們一起開始這趟雲端學習之旅吧！相信透過這本書的手把手教學，你也能成為懂雲端、會實作的雲端人才。

致謝

回顧我從辭職後一路做 Google Cloud 教學到現在,要感謝的人太多了,首先要感謝我線上課程的每一位學員,如果沒有你們的支持,我完全沒辦法走到今天。

在寫書之前,要謝謝勉覺創新管理顧問的劉基欽顧問,也是我研究所同學,創辦知拓學堂,帶領著我練習寫作各項技巧。

在業界朋友的部分,感謝思想科技 Kiki 和 Lacey,在我創業之初就提供合作機會,讓我能夠撰寫 Google Cloud 技術專欄,為本書的撰寫打下很好的基礎。也感謝敦陽科技的旻儒和龍在,我們已經認識很多年了,即使在我離職後還是持續跟我保持合作;還有 Eric Wang 也熱心介紹一些商機給我。

也感謝前主管 Cougar 在我離職後,還是向大家推薦我的課程,還有前前主管 Louie,也給予創業路上一些麻煩事務的建議和幫助。

在我的教學過程中,要感謝我多位前同事和主管 Max Chen、William Wang、Julia Kunag、Lynn Cheng、Bill Wu、Jasper Lin 和 Brian Hsu,你們在各行各業發光發熱的同時,還作為我的堅強後盾,為我的教學提供了很多有用的靈感和想法。

在寫書過程中,要感謝新北創力坊和領濤新創,提供像我這樣的個人創業者一個很好的辦公環境,讓我能夠專心寫作,加速本書的完成。

在出書過程中,感謝博碩文化的 Abby 和 Amblin,跟我不斷在線上討論各種書籍撰寫的建議,讓這本書能夠更好地呈現給大家。

| 致謝 |

在我即將要出書時，也感謝 CloudMile 萬里雲集團 創辦人暨董事長 Spencer Liu、統一資訊副部長也是我前主管黃亦銘、部落格《中途筆記》的中中、電子報《非正式寫作》的 Browny Lin 和 Google Cloud 第一本書《Google Cloud 平台實作手冊：Google 雲端功能一點就通》的作者「蘇胡二人組」Simon Su 和 Sunny Hu 熱心幫我寫推薦，幫助本書讓更多的人看到。

最後要感謝一路拉拔我長大的父母、英勇的消防員弟弟和各位朋友們給予的支持和鼓勵，還有我的最強支柱——我的老婆雅典娜女神，讓我能夠無後顧之憂地在創業路上一直走下去，並且用顯化超能力幫助我的事業蓬勃發展！

本書的使用方式

閱讀順序建議

完全沒有資訊基礎的讀者：建議從第一章開始按照順序閱讀，並且按部就班進行實作，確保你能夠打好扎實的基礎。每個章節都環環相扣，循序漸進地建立你對 Google Cloud 的完整認知。

已有 IT 經驗的讀者：建議至少確認你已經熟悉以下重點章節：

- 第三章關於 Google Cloud 環境介紹的各個章節，尤其是：
    - 3-4：帳單功能和預算警告
    - 3-6：IAM 權限角色
- 第六章：VPC、防火牆和虛擬機器的連線方式

熟悉這些基礎概念後，就可以挑選你當下最需要學習的功能章節閱讀。

實作環境準備

- **瀏覽器**：強烈建議使用 Chrome 瀏覽器，因為所有 Google Cloud 操作都透過瀏覽器進行，Chrome 是 Google 自家產品，整合度最高，在 Google Cloud Console 上操作比較不會出現相容性問題。
- **網路環境**：穩定的網路連線。
- **學習心態**：準備好動手實作的耐心。

| 本書的使用方式 |

學習節奏安排

本書以手把手實作為主,建議你:

- **邊讀邊做**:開著電腦直接照著書中步驟一頁一頁實作。
- **時間安排**:大部分章節都能在 30 分鐘到 1 小時內完成。
- **重點章節**:8-1「建立自動擴充的執行個體群組」和 8-2「建立負載平衡器並啟用 Cloud CDN」步驟較多,建議預留至少兩小時時間,因為整個實作的各個設定環環相扣,只要有一個環節出錯,整個架構可能就會有問題。只要這兩個小節順利完成,你的實作結果就可以達成幾個雲端的核心精神,包含高併發、高可用和自動擴充等等。

費用控制注意事項

雖然 Google Cloud 提供 300 美金的試用額度,但請務必:

- **必讀章節**:仔細閱讀 3-4 的帳單功能和預算警告設定
- **安全防護**:熟悉 3-6 的 IAM 權限角色設定,避免駭客入侵造成龐大的帳單費用
- **養成習慣**:實作完成後記得清理不需要的資源

遇到問題時的解決方式

Google Cloud 更新速度非常快,如果在實作過程中遇到問題:

1. **介面差異**:操作介面可能與書中截圖略有不同,這是正常現象

2. **官方資源**：優先查看 Google Cloud 官方說明頁面，那裡的資訊最為準確
3. **社群支援**：也歡迎到《東東 GCP 教學》粉絲專頁留言，與作者及其他學習者交流，也能加 Line：@754xlakm 找到東東詢問。

學習成效建議

- **實作為主**：不要只是閱讀概念，一定要動手操作才能真正理解
- **循序漸進**：特別是基礎章節，不要急著跳過
- **反覆練習**：重要的操作可以多做幾次加深印象
- **建立信心**：每完成一個實作都是向雲端架構師目標邁進的一步

記住：這本書的目標是「你也可以做得到」，只要按照步驟耐心實作，你一定能掌握 Google Cloud 的核心技能！

目錄

CHAPTER 01 認識雲端與 Google Cloud

- 1-1 雲端運算是什麼？為什麼要使用雲端？ 1-1
  - 雲端運算是什麼？ 1-1
  - 為什麼要使用雲端？ 1-2
  - 雲端運算如何提升企業效率？ 1-3
- 1-2 **Google Cloud 是什麼？核心服務與優勢介紹** 1-3
  - Google Cloud 的核心服務 1-4
  - Google Cloud 的優勢與特色 1-6
- 1-3 **Google Cloud 的發展** 1-7
  - Google Cloud 的起源 1-7
  - 近年來的重大更新與發展 1-7
  - Google Cloud 的未來趨勢 1-7

CHAPTER 02 雲端架構師的角色與職責

- 2-1 什麼是雲端架構師？ 2-1
- 2-2 雲端架構師的日常工作 2-2
  - 設計與規劃雲端基礎設施（Infrastructure） 2-2
  - 監控與優化系統效能 2-2
  - 確保安全性與合規性 2-3
  - 成本管理與最佳化 2-3
  - 與開發與維運團隊協作 2-3

| 目錄 |

　　　研究與學習最新技術...2-4
2-3　成功雲端架構師的關鍵能力..2-4
　　　IT 的基本能力...2-4
　　　學習能力...2-5
　　　傾聽能力...2-5
　　　提案能力...2-5
　　　表達能力...2-6
　　　實作和排錯能力...2-6

CHAPTER **03　啟用你的 Google Cloud 環境**

3-1　使用 Google Cloud 的帳號準備..................................3-1
　　　個人申請 Google 帳號..3-1
　　　企業申請 Google 帳號..3-4
3-2　申請 Google Cloud 300 美元試用環境....................3-10
3-3　Google Cloud 的初始畫面介紹................................3-16
　　　資訊卡內容介紹..3-16
　　　主選單...3-19
　　　個人偏好設定...3-20
3-4　Google Cloud 的帳單和預算設定.............................3-22
　　　Google Cloud 的帳單結構..3-22
　　　帳單實際畫面...3-24
3-5　Google Cloud 的資源層級結構.................................3-33
　　　Google Cloud 的各個階層..3-34
　　　專案資源常見操作...3-36
3-6　Google Cloud 權限與角色管理工具 Cloud IAM 3-40
　　　Cloud IAM 簡介..3-41
　　　Cloud IAM 的角色與權限...3-41

xiii

| 目錄 |

　　　　Service Account（服務帳戶）簡介 ....: 3-47
3-7　免費的雲端測試機 Cloud Shell 3-54
3-8　在地端操作 Google Cloud 的 Cloud SDK 3-60

CHAPTER **04　Compute Engine 虛擬機器平台簡介**

4-1　Compute Engine 是什麼？ 4-1
　　　　各種效能規格和自訂規格 4-1
　　　　優化過的作業系統 4-3
　　　　提供各種效能等級的硬碟類型 4-3
4-2　建立並連線到虛擬機器 4-4
　　　　機器設定 4-5
　　　　OS 和儲存空間 4-7
　　　　資料保護 4-7
　　　　網路 4-8
　　　　觀測能力 4-10
　　　　安全性 4-10
　　　　進階 4-11
4-3　在虛擬機器上架設一個 Apache 網站 4-16
4-4　給虛擬機器建立快照備份並還原 4-23
4-5　映像檔和機器映像檔 4-36
4-6　執行個體範本 4-39

CHAPTER **05　Google Cloud 的維運和監控**

5-1　使用 Cloud Monitoring 監控虛擬機器的效能 5-1
5-2　設定監控警告通知 5-15
5-3　使用 Cloud Logging 查詢虛擬機器的記錄 5-27

CHAPTER 06　Google Cloud 的網路基礎知識

- 6-1　Vitual Private Cloud（VPC）和 Subnet 介紹 6-1
- 6-2　防火牆規則 6-8
- 6-3　安全連線到虛擬機器的三種方法（SSH Key、
  gcloud、Cloud IAP）.. 6-19
  - 方法一、設定 SSH Key 從地端連線 6-20
  - 方法二、透過 gcloud 指令連接 6-26
  - 方法三、使用 Cloud IAP 連線 6-27
  - 補充、使用 Windows 電腦連到 Linux 虛擬機器 6-28

CHAPTER 07　Google Cloud 的儲存服務

- 7-1　雲端檔案儲存 Google Cloud Storage 介紹與
  基本操作 7-1
  - 建立 Cloud Storage Bucket 操作 7-2
  - 配合對外網站顯示圖片 7-6
  - 短期開放物件公開存取的 Signed URL 7-9
  - 物件生命週期、版本管理和保留期限 7-11
- 7-2　雲端資料庫 Cloud SQL 介紹與基本操作 7-13
  - 建立 Cloud SQL 資料庫 7-13
  - 設定 Cloud SQL 維護通知 7-24
  - 連線到資料庫 7-26
  - 建立唯讀副本 7-30
- 7-3　其他資料儲存服務簡介 7-32
  - 雲端版的 NFS - Filestore 7-32
  - 打破 CAP 定理的資料庫 - Spanner 7-34
  - 雲端代管的快取資料庫 - Cloud Memorystore 7-36
  - 支援各種場景的 NoSQL 資料庫服務 7-37

CHAPTER 08 打造高可用與自動擴展的雲端架構

- 8-1 建立自動擴充的執行個體群組 8-1
  - 執行個體群組的類別 8-1
  - 建立執行無狀態執行個體群組 8-5
- 8-2 建立負載平衡器並啟用 Cloud CDN 8-23
  - 負載平衡器的分類 8-23
  - 建立 Application Load Balancer 8-26
  - 設定 DNS 解析 8-41
  - 檢查 Cloud CDN 是否生效 8-44
  - 執行壓力測試 8-47
  - 逐步刪除各項資源 8-51
  - Internal Load Balancer 8-52
- 8-3 網路攻擊防禦 Cloud Armor 8-54
  - Cloud Armor 防禦規則簡介 8-54
  - 套用規則並測試效果 8-57
  - 關於 DDoS 防禦在實務上的做法 8-60
- 8-4 其他網路服務介紹 8-61
  - 連接兩個 VPC 網路的 VPC Network Peering 8-61
  - 中央集權管理網路連接的 Shared VPC 8-64
  - 號稱打不掛的 Cloud DNS 名稱解析服務 8-67
  - 讓內部虛擬機器也能上網的 Cloud NAT 8-67
  - 讓內部虛擬機也可以呼叫 Google Cloud API 的 Private Google Access 8-68
  - 在 Internet 建立混合雲連線的 Cloud VPN 8-69
  - 使用專線建立混合雲連線的 Cloud Interconnect 8-71

CHAPTER 09 無伺服器平台與 CI/CD 服務

9-1 上傳程式碼就能跑――Google App Engine 和 Cloud Run Functions 9-1

　　Google App Engine 簡介 9-1

　　Cloud Run Functions 簡介 9-5

9-2 容器相關服務 Artifact Registry、Cloud Run 和 GKE 9-6

　　Artifact Registry 簡介 9-6

　　Cloud Run 簡介 9-9

　　Google Kubernetes Engine（GKE）簡介 9-11

9-3 CI/CD 工具 Cloud Build 9-15

CHAPTER 10 大數據、機器學習和 AI

10-1 大數據工具介紹 10-1

　　BigQuery：大數據高速分析工具 10-1

　　Cloud Pub/Sub：現代化的訊息佇列服務 10-4

　　Cloud Dataflow：高效能的批次與串流處理工具 10-6

　　Dataproc：雲端代管的 Hadoop、Spark 10-8

　　Dataprep：不會寫程式也可以處理大量資料 10-9

　　Data Fusion：不會寫程式也可以設定資料轉換 ... 10-10

　　Cloud Composer：資料工程的指揮家 10-11

　　Looker Studio：免費的資料視覺化工具 10-13

10-2 機器學習服務 10-14

　　預先訓練好模型的 AI 服務 10-14

　　不懂 AI 也能自己建立的半自動 AI 模型 10-15

　　Dialogflow：聊天機器人開發平台 10-17

xvii

| 目錄 |

　　　　　AI 專家現成的模型開發環境 10-18
　10-3　生成式 AI 服務 10-20
　　　　　Agent Builder：低程式碼（Low Code）的 AI Agent
　　　　　開發工具 10-20
　　　　　Gemini：Google Cloud 最主要的大型語言模型 10-23

CHAPTER 11　Google Cloud 的資安服務

　11-1　Google Cloud 的重要資安概念 11-1
　　　　　共同責任模型 11-1
　　　　　BeyondCorp 架構 11-2
　　　　　Cloud IAP 身分感知代理 11-3
　　　　　Access Context Manager 情境管理 11-3
　　　　　VPC Service Control 數位圍籬 11-4
　11-2　組織治理與監控 11-5
　　　　　Organization Policy 機構政策 11-5
　　　　　Security Command Center 資安命令中心 11-6
　11-3　資料保護與加密 11-7
　　　　　Cloud KMS 金鑰管理服務 11-7
　　　　　Cloud Sensitive Data Protection 敏感資料保護 11-7

CHAPTER 12　企業使用 Google Cloud 的相關議題

　12-1　將系統搬上 Google Cloud 的評估考量 12-1
　　　　　上雲前評估要點 12-1
　　　　　成本效益分析 12-3
　　　　　風險評估與緩解策略 12-4
　　　　　組織準備度評估 12-5

| 目錄 |

12-2	主機搬遷上雲的執行方法 12-6
	匯入主機檔案 12-6
	從地端 VMware 環境搬遷主機或硬碟資料 12-7
	透過 VMware Engine 執行搬遷 12-8
12-3	Google Cloud 的帳單分析與成本管控 12-10
	帳單明細和計費方式查詢 12-10
	預算與警告設定建議 12-12
	預防流量爆增造成帳單費用 12-15

CHAPTER **13 Google Cloud 認證之路**

13-1	Google Cloud 認證考試介紹 13-1
	考試介紹 13-1
	科目介紹 13-2
	報名須知 13-4
13-2	準備 Google Cloud 認證考試的策略 13-7
	認識各項 Google Cloud 服務 13-7
	練習刷題 13-9

CHAPTER **14 雲端架構師的職涯規劃與發展**

14-1	IT 人員到 Google Cloud 架構師的轉型之路 14-1
	目標設定階段：鎖定產業與職位 14-1
	轉型準備階段：技能評估與 GAP 分析 14-3
	專案實作與作品集建立 14-4
	公開分享 14-4
14-2	雲端架構師轉職與面試技巧 14-5
	履歷優化策略 14-5

xix

　　　　面試準備與技巧 14-6
14-3 **Google Cloud 的細分職業路線**.............................. **14-7**
　　　　技術專精路線 14-7
　　　　獨立發展路線 14-8
14-4 **產業趨勢與架構師角色演進** **14-9**
　　　　Google Cloud 技術趨勢分析 14-9
　　　　多雲時代的挑戰與機會 14-11
　　　　AI 時代雲端架構師的新定位 14-11
　　　　雲端架構師的未來展望 14-12
　　　　總結 14-13

APPENDIX **A** **相關參考資源──Google Cloud 重要參考資源列表**

CHAPTER 01

認識雲端與 Google Cloud

- 1-1 雲端運算是什麼？為什麼要使用雲端？
- 1-2 Google Cloud 是什麼？核心服務與優勢介紹
- 1-3 Google Cloud 的發展

1-1 雲端運算是什麼？為什麼要使用雲端？

雲端運算是什麼？

雲端運算（Cloud Computing）是一種透過網際網路提供計算資源的技術。這些資源包括伺服器、儲存空間、網路及軟體服務，使用者可以按需存取，而不需要購買或維護實體設備。

就是雲端廠商有一個超大的電腦機房，你在公司操作和維護的系統，實際上是存在這個機房裡，機房裡有很多伺服器和硬體設備，它們會透過虛擬化的方式，形成一個龐大的資源池，然後在上面建立虛擬機器，使用者所存取的應用程式就在這些虛擬機器上面運作。

如果機房就在你的公司，那就叫私有雲，如果機房在 Google、亞馬遜或微軟的資料中心，那就是公有雲。如果你把你公司的機房和公有雲機房用網路連接在一起，那就是混合雲。

為什麼要使用雲端？

1. 成本效益

雲端是每月依使用量計費，也就是所謂的 Pay-as-you-go，有點像電話費，你上個月打多少電話、發多少簡訊、上網傳多少資料，都會累計起來，並且在下個月開發票給你。

重點是支出模式的改變，你以前是一次性花幾十萬到幾百萬購買設備，屬於「資本支出」，現在改成每月付款的「費用支出」，一方面是支出的壓力減輕，並且在會計的處理方式也會有所不同。而且用不到的機器可以直接刪掉，減少閒置機器造成的浪費。

2. 彈性與擴充性

雲端是隨需即用的（On-demand），想要用就去開機器，不用就關機或刪除。更重要的是，它可根據需求動態擴展資源，應對業務變化。

像是電子商務網站，平日的凌晨跟上班時間看的人就不多，保持 1~2 台機器對外服務就好，但晚上跟周末就有很多人上網，這時候再加開機器就好，等到禮拜一凌晨，上網的人變少了，再把機器調回 1~2 台。

這樣你就兼顧了擴充需求，同時也降低成本，因為你不用一直都把機器開好開滿。

3. 可用性與可靠性

可用性（Availability）指的是服務能夠正常運作的時間比例，例如 99.99% 的可用性代表系統每年只有約 52 分鐘的停機時間。

可靠性（Reliability）指的是系統在特定時間內和條件下正常運作的能力，例如可以從資料庫拿到正確的資料。

原本在地端環境，需要自行購買和維護所有硬體設備，要擴充也不像雲端那樣靈活，需要較長的採購、安裝和部署時間，而且你可能沒有足夠資金去建立第二個機房達成高可用性。

重點是你還要有專職的 IT 團隊維護和運作機房各項問題，對中小企業來說根本就不敷成本，還不如把主機直接開在雲端，開啟雲端的備份備援功能，省時省力又省錢。

雲端運算如何提升企業效率？

1. **加速開發與部署**：對於需要快速反應市場的企業，雲端的彈性可以隨時附屬大量的機器，讓企業可快速測試與部署最新應用程式，搶佔市場。
2. **簡化 IT 管理**：使用雲端就代表你把基礎建設的維護和運作都外包出去了，你只要專注於核心系統的開發，而不用耗費人力和時間去管理機房設備。
3. **資料分析和 AI 開發**：雲端不是只有虛擬機器而已，它還提供各種資料處理工具，讓你可以快速地分析資料並訓練 AI 模型，為你的服務加值，提升使用者的體驗。

1-2 Google Cloud 是什麼？核心服務與優勢介紹

Google Cloud 是 Google 的公有雲，意思是 Google 在全世界都有資料中心，讓全世界的公司或個人都可以遠端使用，而不用購買實體的主機。

重點是 Google Cloud 早在 2014 年在台灣就有機房，而 AWS 和 Azure 號稱也要在台灣架設資料中心，不過一直到 2025 年才正式營運。

Google Cloud 提供企業與開發者各種雲端服務，包括運算、儲存、大數據處理、分析、機器學習和生成式 AI 服務等。

Google Cloud 的核心服務

1. Google Compute Engine（GCE）

這是 Google 的虛擬機器平台，你可以使用免費的 Linux Server，如 Debian、Ubuntu、CentOS、Fedora、OpenSUSE 等，也可以使用付費的 Windows、Redhat、SUSE Enterprise 等。

它用起來就像你平常在地端使用虛擬機器一樣，但 Google 還給虛擬機器增加很多方便的管理功能，讓你能夠輕鬆地執行日常的維運工作。

2. Load Balancer（LB；負載平衡器）

這是雲端最重要的功能之一，使用雲端常常是為了達成 Autoscale（自動擴充），而擴充出那麼多台機器，要怎麼把使用者的流量分到不同機器呢？

LB 就可以幫你自動分流，它也能像 Nginx Reverse Proxy 的功能，依照使用者要造訪的網址，導流量到相對應的主機。

此外，當你使用 Load Balancer，還能夠啟用進階功能包含：

(1) 免費且自動續約的 SSL 憑證

(2) 加速內容發布的 Cloud CDN

(3) 結合 WAF 與 DDoS 防禦的 Cloud Armor

3. Google Cloud Storage（GCS）

這不是雲端硬碟（Google Drive）喔！雖然你也可以存放個人的資料，但通常是企業存放大量資料，例如工作用的檔案、設計圖、影片、重要資料等等。

GCS 是企業等級儲存空間，服務非常穩定，而且空間無限大，不用擔心資料不夠放，最重要的是，你可以把圖片和影片放在 GCS，這樣可以減輕 VM 的負擔，讓 VM 可以服務更多用戶。

4. Cloud SQL

Cloud SQL 是雲端代管的資料庫，你不需要自己建立 VM 安裝資料庫軟體，而是在 Web Console 上開機之後，馬上可以用 Client 端工具去連線，它支援 MySQL、Postgre SQL 和 SQL Server。而且它提供很多「無腦啟用」的維運功能，例如 HA（自動備援機器）、自動備份、跨國唯讀副本等，非常方便。

5. Google Kubernetes Engine（GKE）

GKE 就是把原生的 Kubernetes 搬到 Google Cloud 上，變成 Google 幫你代為管理的 Cluster，你不用花時間從零開始安裝設定，滑鼠點幾下或一條指令，就能完成整個 GKE Cluster 的建立，也可以兩三下就部署你的容器應用程式，還能做自動擴充，不用受限地端機器數量的限制。

6. BigQuery

BigQuery 不是資料庫，是資料倉儲與分析平台，你可以把資料匯入 BigQuery，然後下 SQL 語法來分析資料，代表你不用學習新的分析技術。

它的特色就是「超級無敵快」，PB 等級的資料可能只要幾分鐘就分析完成，不用開機器，不用設定規格，因為它是分散式處理的架構。

以前用地端主機，效能不夠，一個分析就要跑好幾個小時。而 BigQuery 能把你要分析的資源，一口氣呼叫資料中心所有機器來幫你處理，但又不會花掉你太多的費用，所以用起來方便又省錢。

7. Vertex AI

Vertex AI 是一個專門開發 AI 模型的平台，在生成式 AI 出來之前，已經有提供很多開發工具，例如 Colab Enterprise，讓你可以運作各種 AI 應用程式，而 Workbench 就像我們經常用的 Jupyter Notebook，讓你可以寫程式來處理資料和訓練模型。

關於近期熱門的生成式 AI，也有 Vertex AI Studio 讓你用來開發各種模型，不是只有 Google 的 Gemini，市面上各種主流的模型都可以直接使用。

Google Cloud 的優勢與特色

1. 全球基礎架構與網路覆蓋

截至本書發行前，Google 在全世界已經建立了 41 座資料中心（Region），每個 Region 都有多個實體機房（Zone），物理上是隔離的，但它通過高速網路連接多個 Zones 的設計，確保了高可用性。如果一個 Zone 出現問題，其他 Zone 可以繼續提供服務。

而在各個 Region 之間，Google 部署了自有或合作建設的海底電纜系統。提供超高頻寬和低延遲的網路傳輸，也提升跨國或跨洲傳輸的可靠性和穩定性。

2. 具備高效能與可擴展性

Google 用的都是高級的硬體設備，再加上他們獨家的網路優化技術，所以運算速度特別快。

Google Cloud 可以透過 Autoscale 的設定，讓系統會自動偵測你的使用量，如果發現流量變大，就會自動幫你加開機器，等流量變小再自動縮減，完全不用人工管理，讓你可以很方便地維運各項服務。

3. 大數據與 AI 的強大支援

在大數據方面不是只有 BigQuery 幫你分析和儲存資料，在最前端可以透過 Pub/Sub 幫你收集到完整的資料不怕丟失，收到之後再讓 Dataflow 幫你處理資料的清理跟轉換。

而 AI 更是 Google 天生的強項，Google Cloud 提供各種程度的 AI 支援，例如可直接呼叫的 AI 模型、不懂 AI 也能自行開發的 AutoML，還有完全客製化的 AI 開發環境，以及各種不同的 GPU 和 TPU 來幫你加速模型訓練。

1-3 Google Cloud 的發展

Google Cloud 的起源

Google Cloud 於 2008 年推出,最早以 Google App Engine 進入市場,為開發者提供無伺服器應用部署的能力。隨後,Google 陸續推出 Compute Engine、Cloud Storage 和 BigQuery 等關鍵服務。

近年來的重大更新與發展

- 2017 年:收購 Apigee,強化 API 管理能力。
- 2019 年:推出 Anthos,實現混合雲與多雲環境的統一管理。
- 2021 年:Vertex AI 發布,簡化 AI 模型開發與部署。
- 2023 年:與 OpenAI 和各大 AI 領域公司合作,加強 AI 與雲端計算的整合。

Google Cloud 近年來持續成長,已成為全球前三大雲端供應商之一。透過 AI、機器學習、大數據和開放原始碼的優勢,它在企業數位轉型中扮演重要角色。

Google Cloud 的未來趨勢

⊙ 機器學習與 AI 持續整合

因應生成式 AI 的爆發,Google Cloud 將持續深化 AI/ML 在雲端服務中的應用,包括 Vertex AI 平台的擴充,以及更多預訓練模型和自動化 ML 工具的推出,幫助更多企業實現 AI 轉型。

⊙ 多雲和混合雲策略

加強與其他雲端供應商的互通性,讓企業能更靈活地部署多雲架構,另 Anthos 平台也將持續發展,提供更完整的混合雲管理功能。

安全性與合規

AI 技術的爆發，當然駭客的威脅也跟著越來越大，Google Cloud 會持續強化安全控制與合規功能，特別是在零信任安全架構方面。因為政府、醫療和金融產業對於資料保護有嚴格要求，預計會推出更多針對特定行業的合規解決方案。

容器與無伺服器運算

擴展 Kubernetes 生態系統，簡化容器部署與管理，同時也增強 Cloud Run 等無伺服器計算服務的功能。

數據分析與資料庫服務

為了促進 AI 的發展，像是 BigQuery 等資料分析工具的功能也會跟著強化，擴充資料庫產品線，包括更多代管的資料庫。

永續發展

投資綠色能源與碳中和技術，針對希望能在永續發展方面多盡心力但不知道該如何著手的企業，提供更多工具協助客戶實現永續營運目標。

CHAPTER 02 雲端架構師的角色與職責

- 2-1 什麼是雲端架構師？
- 2-2 雲端架構師的日常工作
- 2-3 成功雲端架構師的關鍵能力

2-1 什麼是雲端架構師？

雲端架構師 Cloud Architect，就是打造雲端架構的專業人員。針對公司各項業務發展需求，設計雲端架構，讓應用系統能夠順利地部署到雲端上，對外服務。

由於公有雲的出現，對資訊人員來說，就是一套 IT 系統，只是它長在雲端，用起來不一樣，而且功能又非常多，所以必須有一位專門管理雲端的操作人員，統稱為雲端工程師，或是雲端 IT 人員，但他們可能只能做到基本的雲端操作，例如開機器、管理雲端環境的人員授權或設定防火牆等等。

但雲端實在是太大了，服務很多，每個服務都有幾十個參數要設定，不是基本的 IT 人員可以處理的，你不是開好機器就沒事了。

一個系統適合部署在什麼服務上？虛擬機器或容器平台？資料庫要用虛擬機器還是代管的？是否要串接其他服務？每個服務到底有哪些參數、哪些要直接設定、哪些要跟軟體工程師討論，有些功能不用再請軟體工程師重新開發，可以直接在雲端上勾選啟用，這些都是雲端架構師要負責的範圍。

由於公有雲持續發展，還不只雲端架構師一個角色，隨著各個服務的深入，又衍生出各種細分的職業路線，例如大數據的雲端數據工程師（Cloud Data Engineer）、管理網路的雲端網路工程師（Cloud Network Engineer）和管理 CI/CD 流程的雲端 DevOps 工程師（Cloud DevOps Engineer）等等，不同角色各有自己的專業和熟悉的服務。

那雲端架構師本身的價值是什麼？

其實他就是「顧問」，針對企業部署雲端的需求，提供雲端架構解決方案，所以雲端架構師要懂的東西很廣，才有辦法面對客戶各種疑難雜症，提出一個適合的解答。

2-2 雲端架構師的日常工作

設計與規劃雲端基礎設施（Infrastructure）

雲端架構師負責評估企業在商業上的需求，選擇合適的雲端服務（如 IaaS、PaaS、SaaS），並規劃雲端架構，確保系統具備擴展性和高可用性。

有些公司開出來的職缺叫「解決方案架構師」，就是 Presales 的角色，像雲端的代理商，為了要銷售雲端方案給企業客戶，通常會根據客戶的需求，提供一個初步的雲端架構，或是進行 POC（概念驗證），來說服客戶使用雲端。

監控與優化系統效能

他們會使用監控工具，例如 OPs Agent 或 Prometheus 來分析系統效能，找出瓶頸並進行調整，以確保系統運行順暢。

因為公有雲提供的監控功能，可以自動收集和儲存各種效能指標和事件記錄，並且集中到同一個畫面讓你一目了然，讓你不用一台一台連到主機裡面去查看。

而它可以到上千種效能指標，要監控哪個服務、要選擇哪一個指標來監控、什麼情況下要發出警告（Alert）、要通知到哪些人員，這些都可以做到非常細緻。雲端架構師不是會設定就好了，要和相關人員討論各種分工，和緊急應變的流程，系統有沒有訂下 SLO（Service-Level Objective；服務水準目標），例如系統 99.9% 的時間都可以運作的，再根據這個目標實施到各項細節當中。

確保安全性與合規性

雲端架構師需確保系統符合 GDPR、ISO 27001 等安全與合規標準，並實施身分驗證、存取控制及資料加密等安全策略。有時候政府的法規或國際認證的規範不易理解，有時會找合規的顧問廠商來協助確認具體的規範，再交由雲端架構師來完成設定。

成本管理與最佳化

雲端成本管理是重要的一環，架構師必須要分析雲端資源使用狀況，調整配置以降低成本。

乍看之下很簡單，實際上雲端在費用上的「雷」非常多，很多初學者一不小心帳單就爆量，在相關技術社群上，也常常會看到「忘記關機結果噴了好幾萬帳單」的求救文。

就是因為雲端的計費模式跟地端差太多了，而且每種服務都不一樣，節省成本的方法也不同，如果沒有一個很懂計費模式的雲端架構師，很容易讓費用失去控制，建議公司請一位專門負責的人來協助管理費用。

與開發與維運團隊協作

如果系統是屬於全公司的「金脈」，像是遊戲、直播或金融支付這種斷線會導致大量用戶抱怨甚至流失的情況，會有專屬的維運團隊二十四小時不間斷持續監控系統。

雲端架構師會與開發（Dev）與維運人員（Ops）團隊密切合作，確保 CI/CD 流程順暢，並實施基礎設施即程式碼（IaC）來提高部署效率。

甚至會有專屬的「雲端 DevOps 工程師」來專門負責 CI/CD 流程，畢竟 CI/CD 本身也是一套很大的學問，至少讓他不用分心去設計其他架構還是控管成本。

研究與學習最新技術

雲端技術發展迅速，說「迅速」還算委婉，根本可以說是「巨變」。每當資訊界出現新的名詞或應用，三大公有雲就想盡辦法推出自己的方案，或是將該名詞整合進自己的生態系。尤其是這三年生成式 AI 的發展，讓各家公有雲的 AI 服務大幅更新，企業也積極投入 AI 投資來加強服務，幾個月沒碰 AI，可能就落後市場一大步。

了解以上的內容，我們會知道身為雲端架構師，必須要持續學習，如容器技術、Kubernetes、Serverless、AI/ML 等新興技術，以保持競爭力。

2-3 成功雲端架構師的關鍵能力

IT 的基本能力

例如 DNS 的概念、IP 網段的切割、HTTP 的回應碼、容器的基本概念、各種專有名詞或術語 CRM、ERP、VPN、FTP、Web Server、CDN、HA、SLA、DR、Kubernetes 等等。

如果都還不熟，那你至少要會 Linux 各種基本的操作指令，像是 ls、cp、mv、ping、安裝軟體、設定權限和查詢主機 Log 等等。你可以找一些系統管理、網路管理或 Linux 的課程，或是上網查詢一些教學文章（現在還能問 ChatGPT 或其他 AI 工具），來培養一些基本的 IT 概念。

學習能力

因為雲端的發展速度太快了,如果你有在操作 Google Cloud,每 1~2 個禮拜你就會發現,欸怎麼介面又改了?怎麼又多一個按鈕?又有一個新產品?

所以如果有時間,要趕快看原廠的文件來追進度,通常新產品剛出來只有英文,所以也需要能夠快速閱讀英文的技術文件。

有些客戶一看到產品更新的消息,就會直接問你這功能怎麼用,你就要幫客戶研究並做相關的測試。測完之後做成簡報,分享給同事跟客戶,這時你得要趕快學會喔(AI 是你的好夥伴)!

傾聽能力

客戶有很多種,每個客戶都有自己熟悉的領域,他們會站在自己的角度問問題,有時候說的是 A,但他其實要的是 B。

像是資料備份就有很多種情境,他要的是主機裡的檔案備份、還是資料庫的資料備份、還是作業系統的備份。或是客戶要 VPN,Google 的方案是 Site to Site VPN,需要客戶有機器,那客戶有嗎?還是他只是要 Client to Site VPN 就好?

所以我們要用循循善誘的方式,挖掘出客戶真正的需求,另一方面,你也要對 Google Cloud 的產品有足夠的了解,才有辦法知道客戶要的是什麼,然後從眾多服務中找出符合需求的架構。

另一個場景是,做技術支援的時候,客戶說連不到主機,像這樣的問題牽涉到很多環節,是目的地主機有問題,還是防火牆擋住,還是來源主機根本不能上網,很多時候客戶根本就沒有表達清楚,這時就要有耐心再跟客戶來回確認問題,不然往錯的方向去解就會浪費很多時間。

提案能力

有時候針對客戶的需求,我們會找不到完美的方案來完全滿足,客戶想要最高級的防護或最高的可用性,但客戶自己預算可能不夠,沒錢做備份,或沒錢多開機器。

我們就必須在各種限制底下，找到一個適合客戶的方案，然後清楚地告訴客戶可以使用的產品是什麼，可以做到什麼樣的程度等等，雖然方案不完美，但能夠解決最核心的需求，就有可能說服客戶接受我們的解決方案。

有時候面對的需求是不合理的，例如在線上編輯 20 GB 的資料表，機器永遠不會停機之類，我們也要跟客戶說清楚各種服務的限制，不要硬著頭皮去接一個不可能的任務。

表達能力

我們會去拜訪客戶，或是舉辦研討會來介紹解決方案，客戶往往是聽不懂的，因為我們幾乎天天使用 Google Cloud，對各個產品都很很熟悉，但客戶往往是第一次聽，他可能完全聽不懂，或是以為這個產品是萬能的，可以解決所有問題，這時候就要想辦法跟客戶釐清，為什麼它可以解決 A 問題，原理是什麼，又為什麼 B 問題解決不了，關鍵卡在哪裡，這時候表達能力就很重要。

同時這也取決於你對 Google Cloud 是不是真的了解透徹，如果你一知半解的話，你也很難跟客戶說清楚，所以又回到你的學習能力要好，才能了解產品並回答客戶。

實作和排錯能力

我相信大家都知道實作和排錯能力的重要性，但更重要的還有經驗，因為我們平常的測試環境是很單純的，每次自己做 Lab，都是在一個乾淨的環境裡做，照步驟做都會成功。

如果今天是幫客戶建置一個很大的架構，或是在客戶現有的環境碰到問題的話，這時候 Troubleshooting 需要有足夠的經驗。對有經驗的人來講，可能一看到錯誤就馬上知道問題在哪裡，但對沒經驗的人來說，就可能要照步驟來一個一個拆解問題，花費的時間就會比較多。

但經驗這種東西又不可能憑空產生，只能靠我們平常做的 Lab 要夠多，有空就多測試各種 Google Cloud 的功能和效能，然後把不同的服務串接起來，當架構變大的時候，自然會有各種奇奇怪怪的問題出現，就有機會磨練經驗。

CHAPTER 03

啟用你的 Google Cloud 環境

- 3-1 使用 Google Cloud 的帳號準備
- 3-2 申請 Google Cloud 300 美元試用環境
- 3-3 Google Cloud 的初始畫面介紹
- 3-4 Google Cloud 的帳單和預算設定
- 3-5 Google Cloud 的資源層級結構
- 3-6 Google Cloud 權限與角色管理工具 Cloud IAM
- 3-7 免費的雲端測試機 Cloud Shell
- 3-8 在地端操作 Google Cloud 的 Cloud SDK

• 3-1 使用 Google Cloud 的帳號準備

個人申請 Google 帳號

如果你是個人,你可以透過 Gmail 來使用 Google Cloud,如果你沒有 Gmail,可點擊以下網址來申請:

　　https://accounts.google.com/signin

當你進入這個網址,你可以點擊「建立帳戶」,選「個人用途」,如圖 3-1-1:

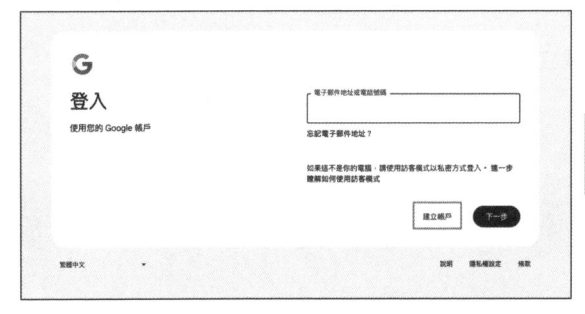

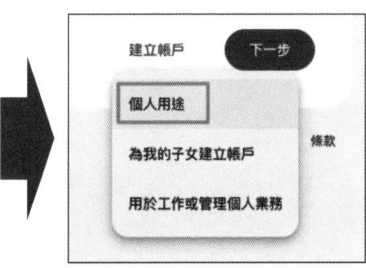

▲ 圖 3-1-1　建立 Google 帳戶並選擇帳號用途

3-1

然後輸入姓名,如圖 3-1-2:

▲ 圖 3-1-2　輸入使用者姓名

接下來 Google 會先給你它編好的 Email 地址,通常都長得很醜。你可以建立全新的 Email 地址,使用任何你想要的 Email,只要沒有跟別人重複就好。如果你不想要多一個信箱,你也可以使用你現有的 Email 地址,例如 Yahoo 或 Outlook 信箱也可以喔!如圖 3-1-3:

▲ 圖 3-1-3　選擇「自行建立 Gmail 地址」,或使用現有的 Email 地址

像這樣,將 dongdonglee@yahoo.com.tw 輸入到欄位中,如圖 3-1-4:

▲ 圖 3-1-4　輸入你現有的 Email 地址

> **東東眉角**
>
> 你可能會覺得很奇怪,不用 **Gmail** 竟然也可以?其實對 **Google** 來說,這個電子郵件地址只是一個字串而已,但透過這個註冊步驟,可以讓它成為一個 **Google** 的有效帳號,如果你要收信,還是要回去 **Yahoo** 的信箱收信喔!

接下來 Google 會真的發出一封信到你 Yahoo 的信箱,裡面有驗證碼,再把收到的驗證碼輸入這個欄位,如圖 3-1-5:

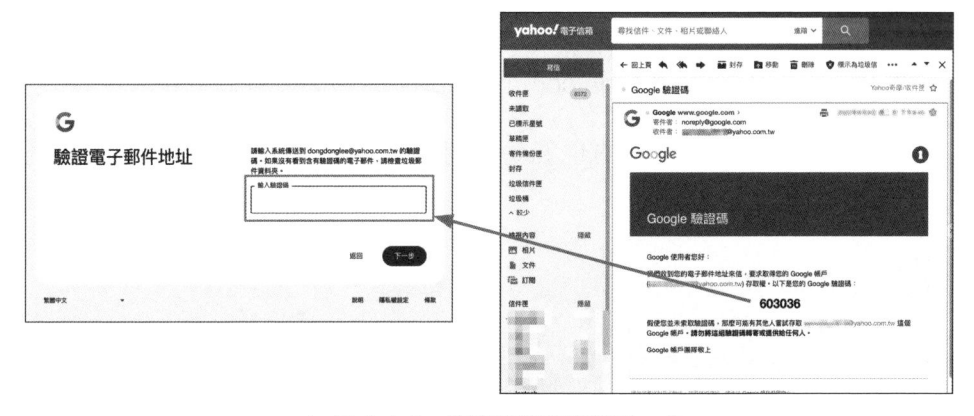

▲ 圖 3-1-5　收取驗證碼驗證 Email

3-3

後面也是一般的帳號建立流程，這裡就不再贅述喔！

> **東東雷點**
>
> 你可能又會想到一個問題，可以用你在公司的帳號來申請 Google 的帳號嗎？最好不要！因為如果公司的 IT 人員也用網域申請 Google 帳號（如下一節），會碰到帳號衝突，你原有的帳號可能會無法登入，或帳號消失喔！

企業申請 Google 帳號

如果你的公司已經在使用 Google Workspace，那你的帳號就可以直接使用 Google Cloud 沒問題。

如果你不是用 Google Workspace，而是 M365 或其他企業信箱。你就要先申請 Cloud Identity（Google 的帳號系統），經過網域驗證之後，你也可以建立 Google 帳號。

例如你可能是 peter@abc.com.tw，但你仍然可以進入 Google Cloud 的主控台，不用一定要 @gmail.com 字尾。

Cloud Identity（50 人以下免費）申請的網址如下，接下來就帶各位跑一遍申請的流程，注意中間會省略一些不重要的畫面：

　　https://workspace.google.com/signup/gcpidentity/welcome

當你進入之後，就照公司的現況輸入相關資訊和備用 Email 地址，如圖 3-1-6：

啟用你的 Google Cloud 環境 **03**

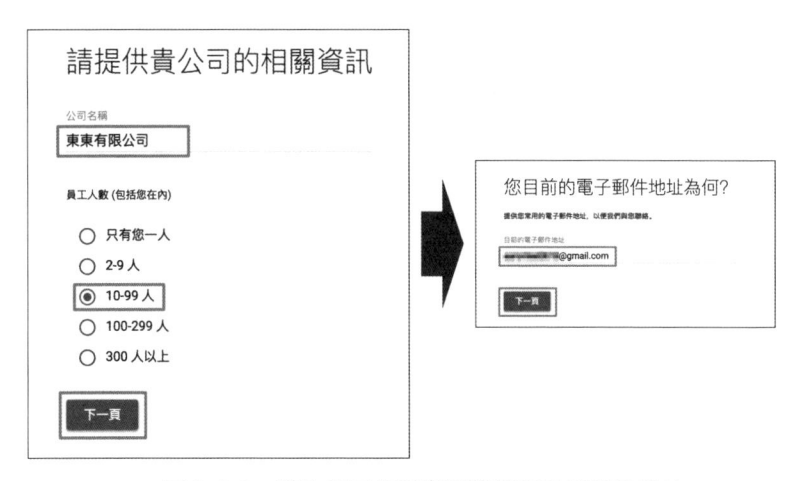

▲ 圖 3-1-6　輸入公司相關資訊和備用電子郵件地址

接下來輸入公司的網域名稱，就是公司信箱 @ 右邊的字串，以及 Cloud Identity 的管理員帳號，像我使用 admin，但是沒有一定要用 admin，你也可以使用一般的名字，例如「peter」或「andy」都可以，如圖 3-1-7：

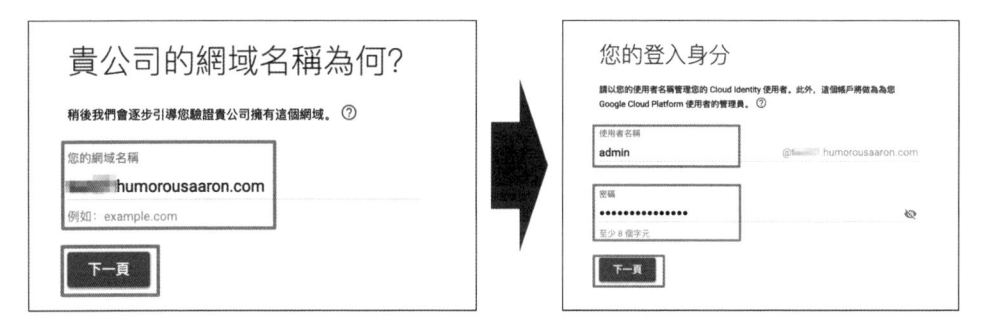

▲ 圖 3-1-7　輸入公司的網域名稱和管理員帳號

東東眉角

這裡非常重要，因為稍後 Google 要跟你做網域驗證，如果你現在還是在測試的階段，你可以先用一個子網域來測試看看，例如 test.abc.com 而不要用 abc.com，對 Google 的帳號系統來說，沒有子網域的概念，Google 會把它當成一個獨立的網域。

3-5

接下來你會看到成功建立帳戶的頁面，但是還沒完喔！ 再點擊「前往設定頁面」，畫面會跳轉到登入管理控制台的畫面，要注意這不是 Google Cloud 的頁面喔！這是讓你可以管理使用者帳號的頁面，如圖 3-1-8：

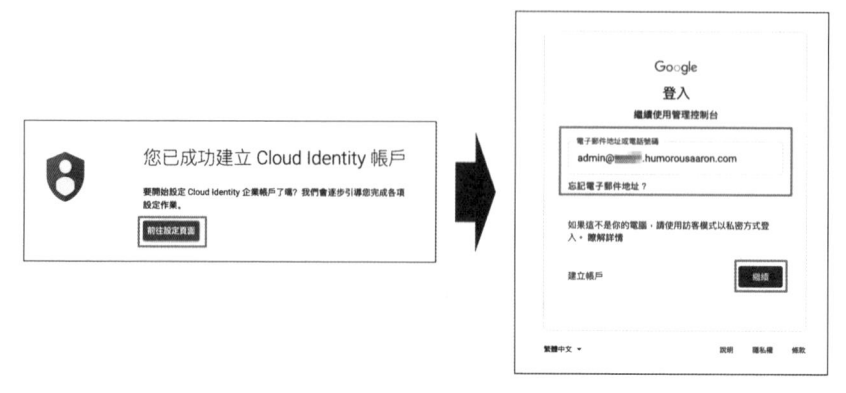

▲ 圖 3-1-8　成功建立 Cloud Identity 並登入管理控制台

接下來你可能（但不一定）會看到下面這個畫面，要你用手機來接收驗證碼來確認你的身分。 如果驗證成功就會進入 Google 的管理控制台，如圖 3-1-9，請記住這個網址，你以後可能會經常進來操作：

https://admin.google.com

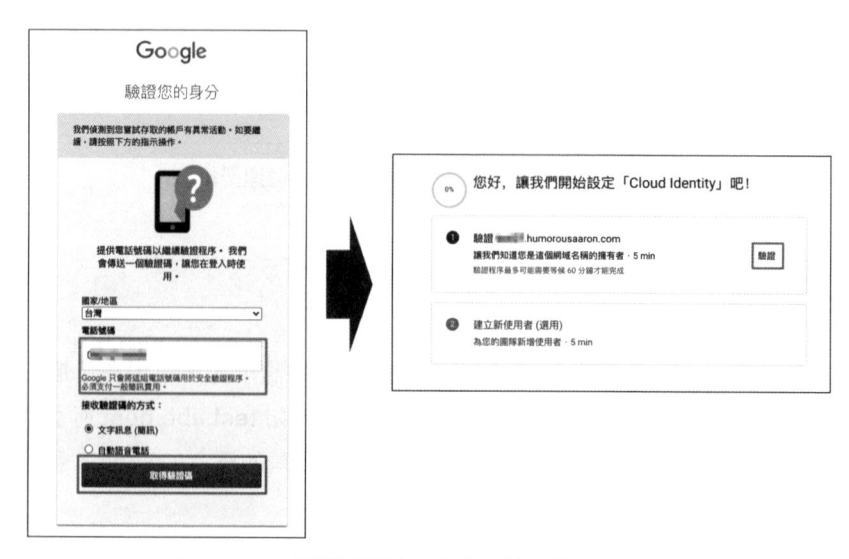

▲ 圖 3-1-9　驗證電話號碼並進入管理控制台驗證網域

Google 驗證你的網域有很多種不同的方法，預設是使用 DNS 的 TXT Record 來驗證，這也是最簡單的驗證方式，我們就直接按下一步，如圖 3-1-10：

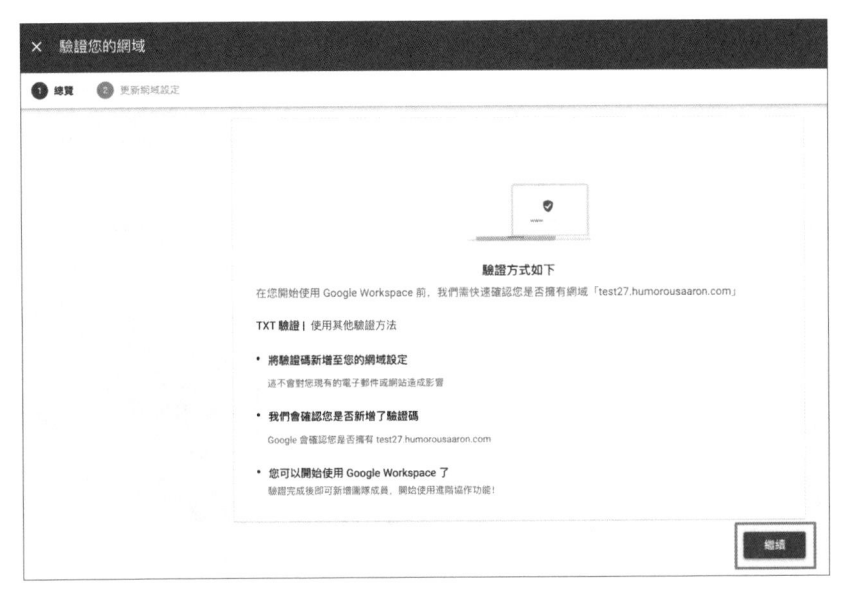

▲ 圖 3-1-10　Google 提示網域驗證方法

接下來你就點擊「複製」，然後請你打開另外一個分頁進入 DNS 的管理頁面。

你會看到 Google 偵測到我使用的 DNS 代管廠商，我不建議直接從 Google 提供的連結進去，因為有時候登入會出現錯誤，所以請你自己開新的分頁單獨進去，如圖 3-1-11：

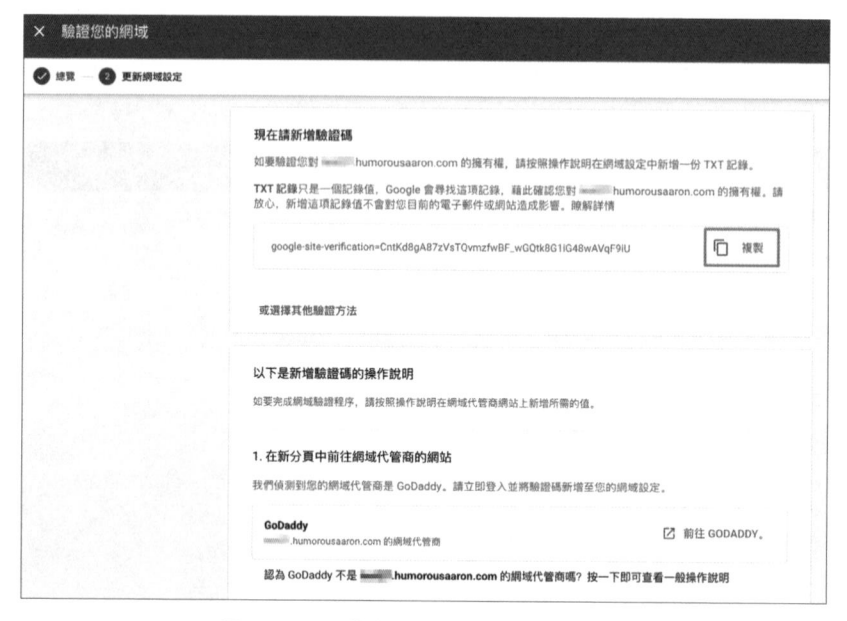

▲ 圖 3-1-11　複製 Google 提供的 TXT 記錄

接下來我們進入到 DNS 管理的畫面，新增一筆 TXT Record，類型就輸入 TXT。

主機的欄位要注意，如果你是子網域（例如 test.abc.com），你可以直接輸入子網域（test）。如果你是根網域（abc.com），不同的 DNS 代管廠商做法可能不一樣，在有些代管廠商的設定頁面上，你只要保持空白，而有些則是要你填上 @ 的符號，就看該廠商的規則來決定喔！在值的部分就把上圖 3-1-11 的字串複製貼進來，按下儲存即可，如圖 3-1-12：

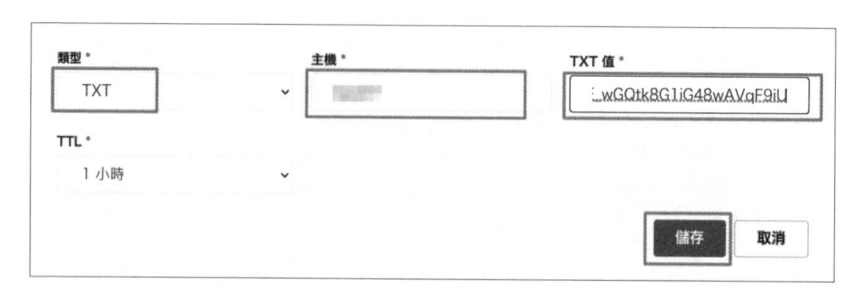

▲ 圖 3-1-12　將 TXT 記錄新增到自己的網域

接下來再回到 Google 的主控台，直接按下「驗證我的網域」，如圖 3-1-13：

```
「DNS Management」(DNS 管理) 頁面將開啟，其中包含 DNS 記錄表格。

5. 新增 TXT 記錄
  a. 按一下「Records」(記錄) 表格底部的 [Add] (新增)。
  b. 在 [Type] (類型) 下拉式清單中選取 [TXT]。
  c. 在 [Host] (主機) 欄位中輸入 @。
  d. 在 [TXT 值] 欄位中，貼上您從上述步驟複製的 TXT 驗證記錄。

  Type *           Host *          TXT Value *
  TXT      ♦       @               google-site-verification=...

  TTL *
  1 Hour   ♦

                                      Save    Cancel

  e. 按一下 [Save] (儲存)。這樣一來，TXT 驗證記錄就會新增到「Records」(記錄) 表格中。

  返回                                         驗證我的網域
```

▲ 圖 3-1-13　點擊「驗證我的網域」

接下來我們就來等待剛剛輸入的 TXT Record 有被 Google 找到並且驗證成功，正常情況下等待 5 分鐘就完成，如圖 3-1-14：

> **東東眉角**
>
> 根據以前客戶回報，假如你是使用國內其他的 DNS 代管廠商，有可能最晚要等 24 ～ 48 小時才會完全生效喔！

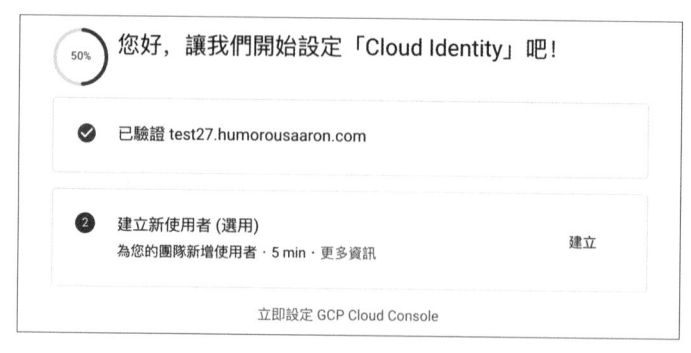

▲ 圖 3-1-14　確認網域驗證成功

最後我們就看到網域驗證成功的畫面，接下來你可以看公司有多少同事要使用 Google Cloud，你再幫他們建立帳號，建立帳號的細節我就不再贅述囉！

3-2 申請 Google Cloud 300 美元試用環境

只要一個 Google 帳號和一張信用卡，都可以直接申請 90 天 300 美金的試用，我們就來試試看吧！

我們可以直接搜尋「Google Cloud 試用」，接著點擊免費註冊，如圖 3-2-1，或是直接點擊這個網址：

https://cloud.google.com/free

▲ 圖 3-2-1　上網搜尋 Google Cloud 試用

啟用你的 Google Cloud 環境 **03**

進來之後直接點擊「免費試用」，如圖 3-2-2：

▲ 圖 3-2-2　進入 Google Cloud 試用首頁

接下來就選擇你所屬的國家或地區，像我在這裡選擇「台灣」，然後同意相關的服務條款，如圖 3-2-3：

▲ 圖 3-2-3　選擇國家 / 地區並同意使用條款

3-11

> **東東雷點**
>
> 很多人操作 Google Cloud，突然有一天整個環境被 Google 停掉了，通常都是違反上述條款所造成。最直接的例子就是在 Google Cloud 挖礦，這是明文禁止的，你也不能拿來入侵別人的系統。雖然本書沒有特別提到，但還是請你要留意一下相關規定喔！

在第二步驟，如果你是個人使用，就直接選擇「未登記稅籍的個人」，如圖 3-2-4：

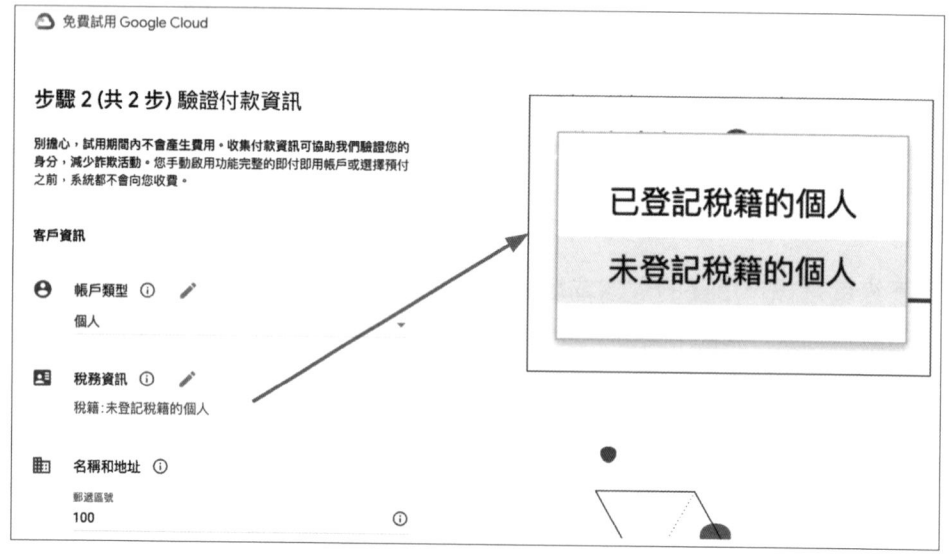

▲ 圖 3-2-4　個人請選擇「未登記稅籍的個人」

如果你是公司的話就選擇企業，這邊順便提醒，如果你只是要先試用，等到試用完畢之前，你可以把帳單帳戶轉換到國內的 Google Cloud 代理商那邊，就不用在這裡輸入統一編號喔，如圖 3-2-5：

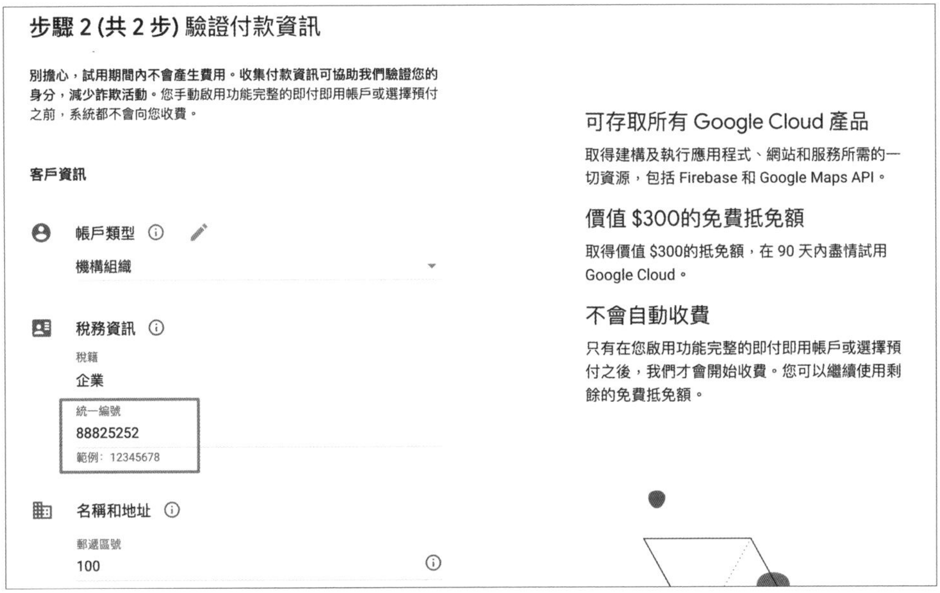

▲ 圖 3-2-5　企業請填入統一編號

> **東東眉角**
>
> 如果你是個人使用，沒有稅籍，到時會拿到雲端發票，它不能印出來（無紙本），但可以做載具歸戶。
>
> 如果你是企業使用，即使你輸入統一編號，**Google Cloud** 開的發票還是無法打統編，必須要找代理商，才能開立有打統編的發票喔！

接下來就輸入你所在的地址,然後填寫聯絡人資訊,Email 地址必填,是要能收到信的 Email 信箱,因為這是拿來接收帳務資訊用的,如圖 3-2-6:

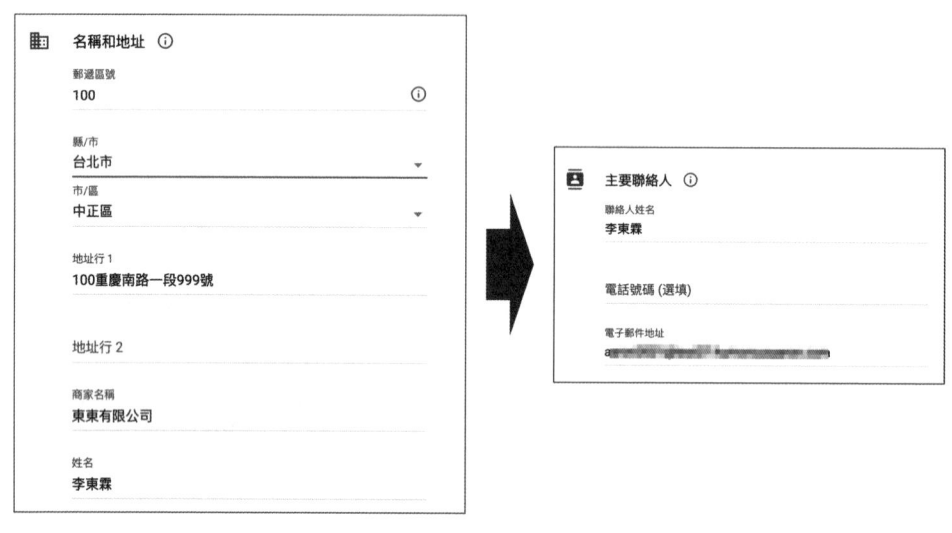

▲ 圖 3-2-6　輸入你所在的地址、聯絡人和 Email

最重要的當然就是填寫信用卡號碼,如圖 3-2-7:

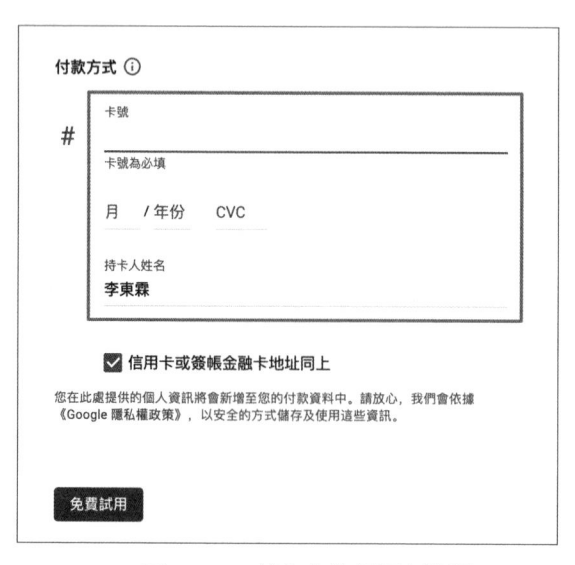

▲ 圖 3-2-7　輸入你的信用卡號碼

啟用你的 Google Cloud 環境 03

要注意，Google 可能會試刷你的信用卡，你應該會收到刷卡通知，但是並不會真的扣款，Google 是為了避免有人濫用免費試用資源。

> **東東眉角**
>
> 有時候會有一種情況，你的卡號正確，但是卡片不被接受，很有可能是最近盜刷或詐騙事件太多，有些銀行會事先封鎖國外公司的刷卡，你可以直接向銀行詢問，然後解除封鎖，就可以正常刷卡了。

接下來畫面會跳轉到 Google Cloud 主控台（Console）的歡迎頁面，代表我們申請 Google Cloud 試用成功囉！如圖 3-2-8：

▲ 圖 3-2-8　申請試用完成進入 Google Cloud 主控台首頁

3-3 Google Cloud 的初始畫面介紹

歡迎頁面只有一些快速存取的按鈕，我們都是直接點擊「資訊主頁」按鈕，或是直接進入這個網址：https://console.cloud.google.com/home/dashboard，就可以看到畫面，如圖 3-3-1：

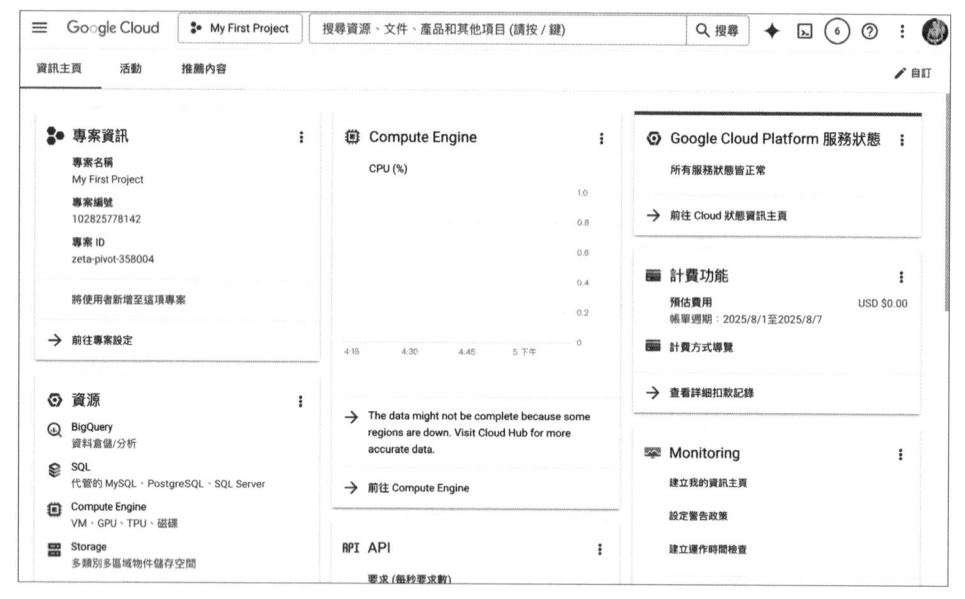

▲ 圖 3-3-1　從 Google Cloud 主控台首頁進入資訊主頁

資訊卡內容介紹

接著看到資訊主頁，這裡介紹比較重要的資訊卡：

⊙ 專案資訊

專案資訊讓你知道現在在哪一個專案環境中，如圖 3-3-2，當你是第一次申請 Google Cloud 試用，可能沒什麼感覺。但如果你有多個專案的話，你可以確保你在正確的專案做事情，分述如下：

1. **專案名稱（Project Name）**：預設是「My First Project」，但它是可以任意更改的，讓你方便識別。

2. **專案編號（Project Number）**：是系統自動產生的，無法更改，是 Google Cloud 在系統底層運作會用到的資訊。

3. **專案 ID（Project ID）**：是你在建立一個新專案的時候，你可以命名的（但不能跟別人重複）。

你可能會問，像 3-3-2 圖中這個專案 ID（zeta-pivot-358004）並沒有讓你設定啊？因為你第一次使用 Google Cloud，Google 不想讓你太複雜，先隨機取一個專案 ID 直接給你用。以後你要建立新的專案，會有專門的介面給你設定。

▲ 圖 3-3-2　專案資訊

⊙ Google Cloud Platform 服務狀態

Google Cloud 以前叫 Google Cloud Platform，這裡呈現的不是你自己專案的狀態，而是全球所有使用者的角度。如果你看到它上面框線是綠色的，表示全球的服務一切正常運作。如果是紅色或橘色，表示服務有問題，你可以點擊「前往 Cloud 狀態資訊主頁」查看進一步的資訊，如圖 3-3-3：

3-17

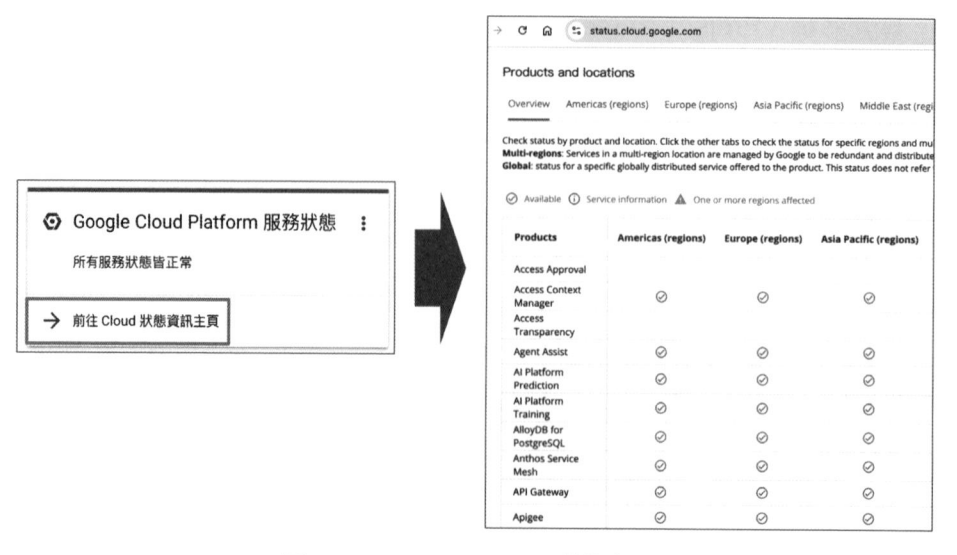

▲ 圖 3-3-3　Google Cloud 狀態資訊主頁

你可以點擊資源所在的位置，例如 Asia Pacific，就是 Google 位於台灣的資料中心（Region），然後往下滑動查看你所在位置的資源是不是有問題。

萬一某個服務真的有問題，它通常是整個 Region、多個 Region 或是全球都受到影響，不會只有你，許多用戶都不能用，所以為了廣大的用戶跟商譽，Google 一定會用最快速度把它修好！

◎ 計費功能

它會呈現這個專案，從月初到現在，總共花了多少錢，如圖 3-3-4：

▲ 圖 3-3-4　計費功能資訊卡

主選單

主選單才是重要的地方，我們在 Google Cloud 上操作各種不同的服務，都要從主選單開始，如圖 3-3-5。

點擊右上角三條橫線的導覽選單，它會展開主選單，再從「解決方案」選單裡面點擊「所有產品」：

▲ 圖 3-3-5　從導覽選單進入所有產品

接下來看到畫面展開 Google Cloud 的所有服務，我們可以將常用的服務釘選起來，如圖 3-3-6：

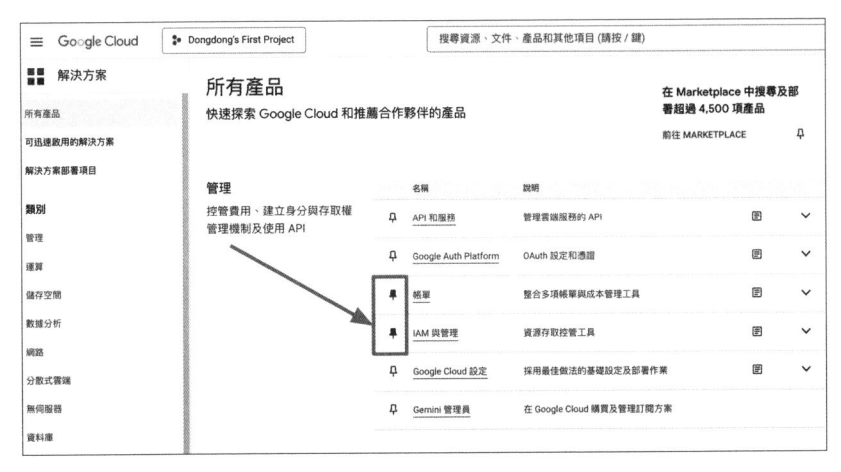

▲ 圖 3-3-6　釘選常用服務

針對不常使用的服務，你也可以直接在上方的搜尋欄位，輸入某個服務的關鍵字，直接進入該服務的頁面，如圖 3-3-7：

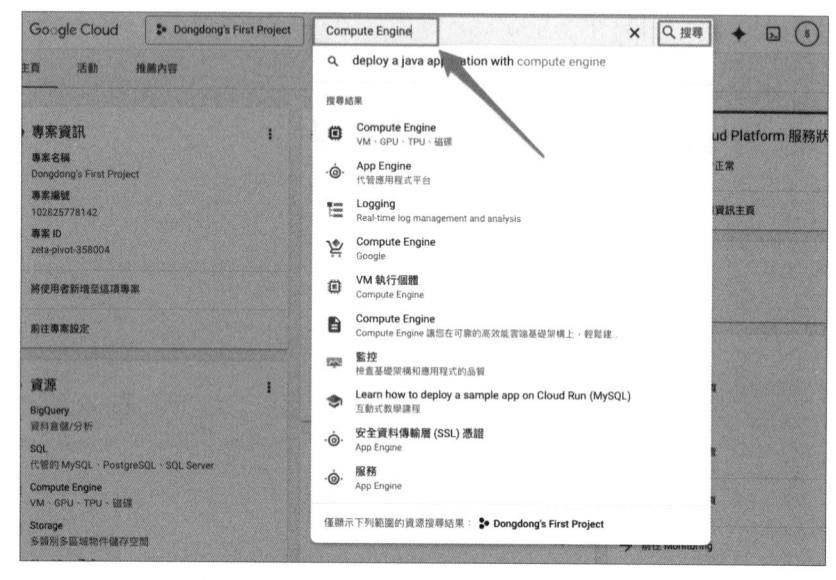

▲ 圖 3-3-7　直接搜尋想要進入的服務

個人偏好設定

接著我們來看偏好設定，我們主要用來切換顯示的語言，在畫面的右上方，使用者圖像的左邊有三個小點，點擊之後再點擊「偏好設定」，如圖 3-3-8：

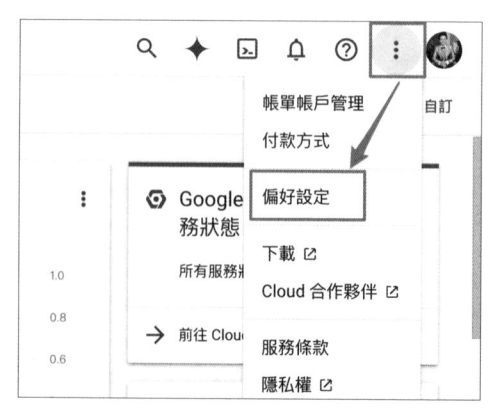

▲ 圖 3-3-8　點擊右上方的「偏好設定」

啟用你的 Google Cloud 環境　03

進來之後再點擊語言與區域，你會看到現在顯示的語言是「中文（台灣）」，如圖 3-3-9：

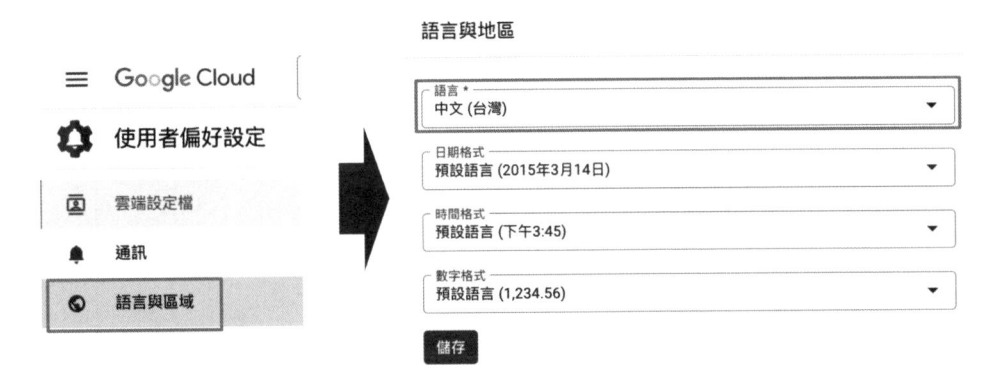

▲ 圖 3-3-9　點擊「語言與區域」

你在下拉式選單會看到兩種英文，記得要選擇「English（United States）」，然後按下儲存，如圖 3-3-10：

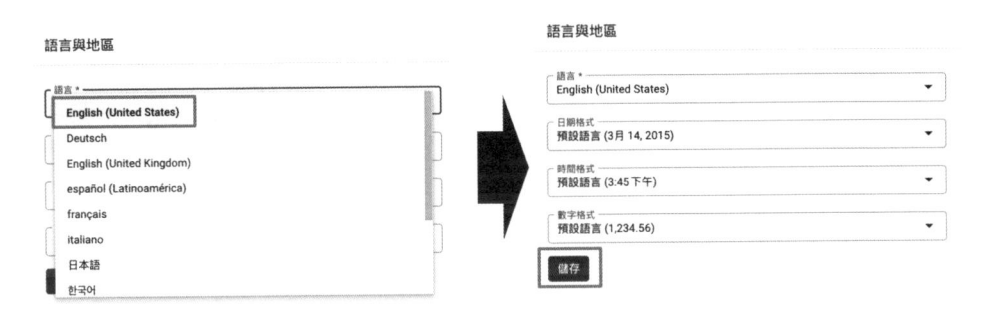

▲ 圖 3-3-10　選擇「English（United States）」

3-21

接著畫面會自動重新整理，畫面自動切換成英文，如圖 3-3-11：

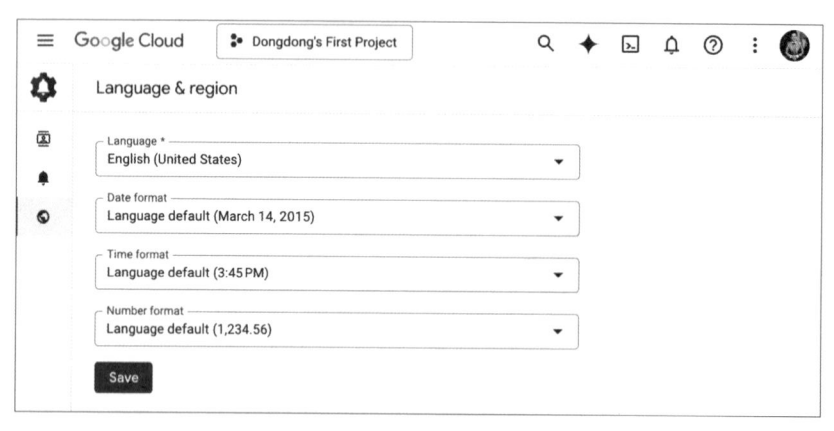

▲ 圖 3-3-11　畫面自動切換成英文

本書為了貼近使用者，大部分會用中文的介面來介紹，但是如果涉及進階設定或專有名詞，會使用英文，確保大家可以了解重要的名詞或參數。

3-4　Google Cloud 的帳單和預算設定

由於雲端的計費方式和地端差非常多，主要是依照你的使用量來計費的，很有可能一不小心就會超出你原本的預算，因此我們就必須好好地了解 Google Cloud 的帳單功能和基本操作。

Google Cloud 的帳單結構

首先來看 Google Cloud 的帳單結構，如圖 3-4-1：

啟用你的 Google Cloud 環境　**03**

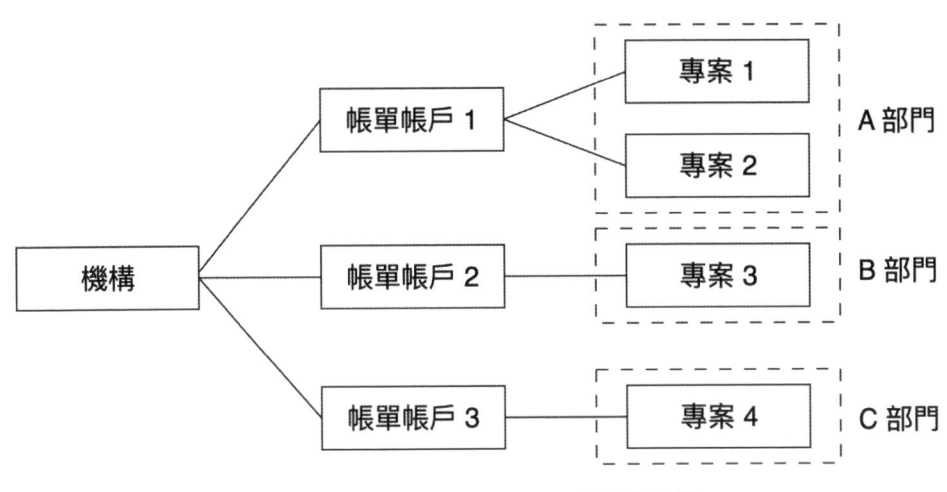

```
                    ┌─────────┐    ┌─ ─ ─ ─ ─ ─┐
               ┌────│ 帳單帳戶 1 │────│ 專案 1    │  A 部門
               │    └─────────┘  ┌─│ 專案 2    │
               │                 │ └─ ─ ─ ─ ─ ─┘
┌──────┐       │    ┌─────────┐  │ ┌─ ─ ─ ─ ─ ─┐
│ 機構  │──────┼────│ 帳單帳戶 2 │──┼─│ 專案 3    │  B 部門
└──────┘       │    └─────────┘  │ └─ ─ ─ ─ ─ ─┘
               │                 │ ┌─ ─ ─ ─ ─ ─┐
               └────│ 帳單帳戶 3 │──┴─│ 專案 4    │  C 部門
                    └─────────┘    └─ ─ ─ ─ ─ ─┘
```

▲ 圖 3-4-1　Google Cloud 的帳單結構

⊙ 第一層：機構（Organization）

最上層的管理單位，管理機構底下所有的使用者權限和資源，還有帳單帳戶。

⊙ 第二層：帳單帳戶（Billing Account）

你可以管理每個帳單帳戶的付款方式，例如帳單帳戶 1 是透過代理商來支付 Google Cloud 的費用，而帳單帳戶 2 則是透過信用卡來支付。

⊙ 第三層：專案（Project）

實際使用 Google Cloud 資源的單位，我們在 Google Cloud 操作各項支援所產生的費用會記錄在各個專案中，然後再加總到所屬的帳單帳戶。

如果你今天不是以個人身分來申請 Google Cloud，你會看不到第一層機構，但是這並不會影響到你操作 Google Cloud 和帳單的功能。

帳單實際畫面

我們先從帳單報表開始,來看一下實際的畫面吧!首先我們從主選單點擊「帳單」選單,如圖 3-4-2:

▲ 圖 3-4-2　點擊「帳單」選單,並前往連結的帳單帳戶

如果你本來就有多個帳單帳戶,你可能會看到這個畫面,就點擊「前往連結的帳單帳戶」。如果你是第一次使用,應該會直接跳過這個畫面。

> **東東眉角**
>
> 如果你是第一次進來,你會看到帳單帳戶的名字叫做「我的帳單帳戶」,那是預設的,之後可以隨時更改喔!

接下來會進入帳單帳戶總覽頁面,它會先顯示一些基本資訊,例如這個月大概使用多少錢。如果你是申請 300 美元試用的話,右下方應該還會有一個「免費試用抵免額」,讓你知道目前還有多少免費額度(我的試用已過期所以看不到),如圖 3-4-3:

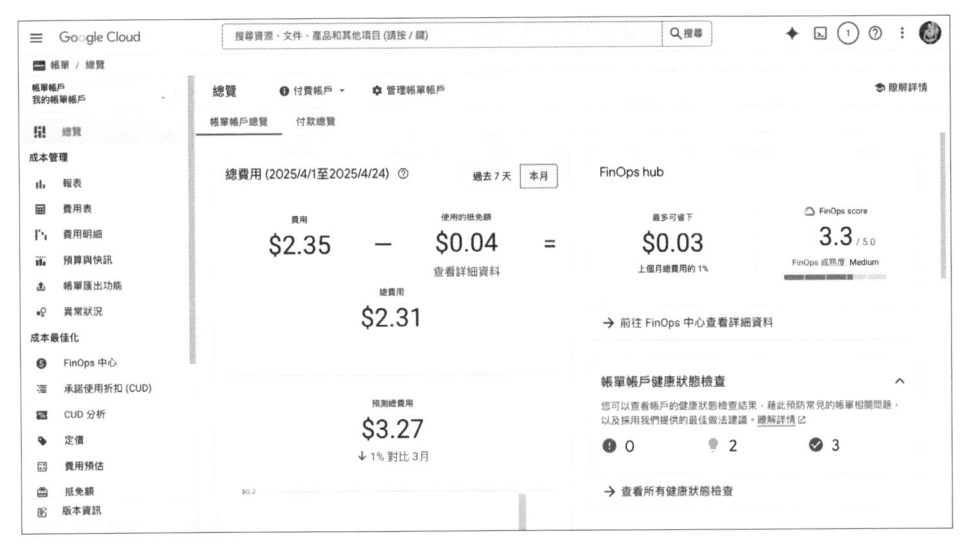

▲ 圖 3-4-3　帳單帳戶總覽頁面

這裡要注意，你可能會發現我的選單跟你看到的不太一樣。如果你是透過代理商開發票的話，就看不到「付款」這個區塊，因為是代理商幫你付款給 Google，所以你就沒有相關的功能。如果你是透過信用卡，看到的應該跟我差不多，如圖 3-4-4：

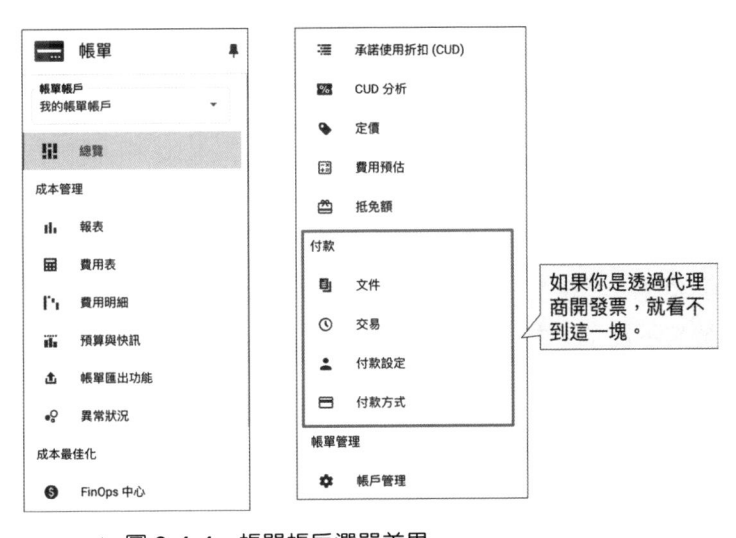

▲ 圖 3-4-4　帳單帳戶選單差異

3-25

◎ 場景 1：查看帳單報表

我們先點「報表」來看看，你會看到像這樣的畫面，它預設會顯示當月的使用狀況，每天的使用花了多少錢，並且以顏色來區分主要使用的服務。你可以操作右邊的選單，看到更多呈現的方式，如圖 3-4-5。

例如，你想要看明細，可以在「分組依據」選單選擇「SKU」，你就可以看到最細的計費項目，這對你在檢查到底錢花在哪裡非常有用。

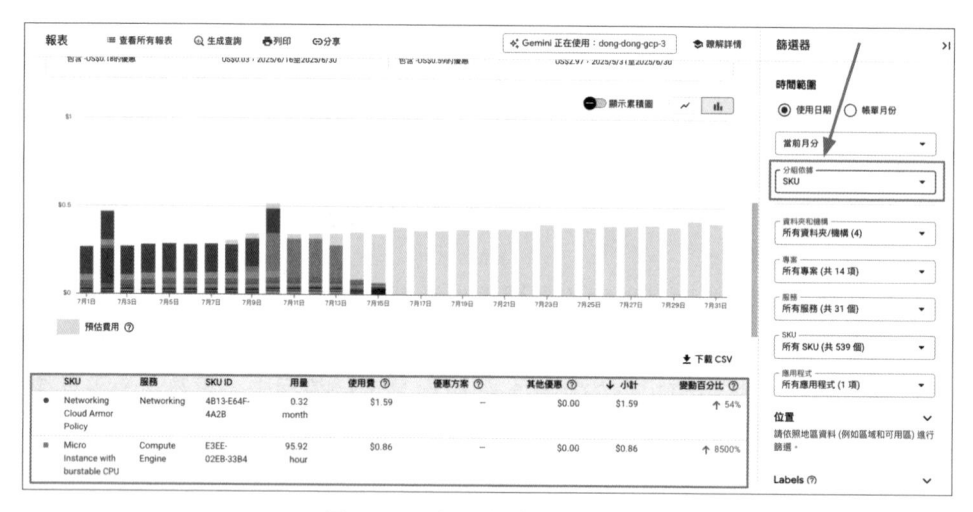

▲ 圖 3-4-5　帳單報表依照 SKU 呈現

◎ 場景 2：設定預算

接下來到「預算與快訊」頁面，這裡非常重要！因為大部分的使用者，對 Google Cloud 的計費方式還不熟悉，常常不小心開了什麼機器，或啟用了什麼功能，然後開始計費。等下個月帳單來了，才驚覺自己忘了關機，但是已經來不及了。為了保護好你的荷包，本單元「絕對不能」跳過喔！我們先點擊「設定預算」，如圖 3-4-6：

啟用你的 Google Cloud 環境　◂┼▸　**03**

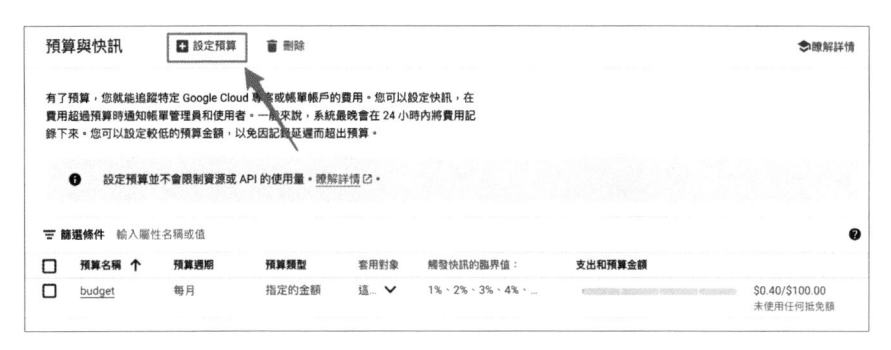

▲ 圖 3-4-6　預算與快訊

首先給預算取個名字，接著時間範圍，建議你保持「每月」就好，因為 Google Cloud 主要也是每月計費的，其他保持預設值。

比較重要是最下面「折扣」與「促銷與其他抵免額」，要注意，如果你勾起來，它會先扣除各種折抵的金額，再確認有沒有花超過預算。如果你正在 300 美元試用的話，勾選它會造成你根本不知道你花費多少，我個人都不會勾，這樣即使我在試用期間不用付費，也能知道我操作 Google Cloud 花了多少錢，如圖 3-4-7：

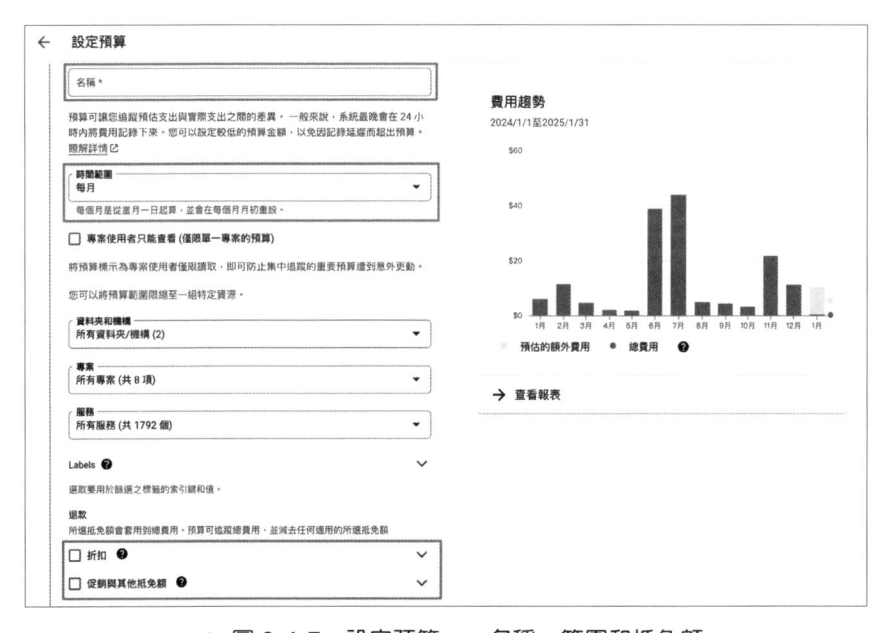

▲ 圖 3-4-7　設定預算——名稱、範圍和抵免額

3-27

我們按下一步後，到金額部分，預算類型你可以選「指定的金額」和「前一個月支出」，建議選「指定的金額」。而目標金額看你的需求，像我用量不大，我就設 100 美元，如圖 3-4-8：

▲ 圖 3-4-8　設定預算──金額

接下來這裡最重要，它預設只有當費用累積到 50%、90% 和 100% 時，才會發出快訊 Email 到你的信箱。

這對我們來說，通知頻率實在是太低了，所以我們可以無限增加通知的門檻，點擊「新增門檻」，如圖 3-4-9：

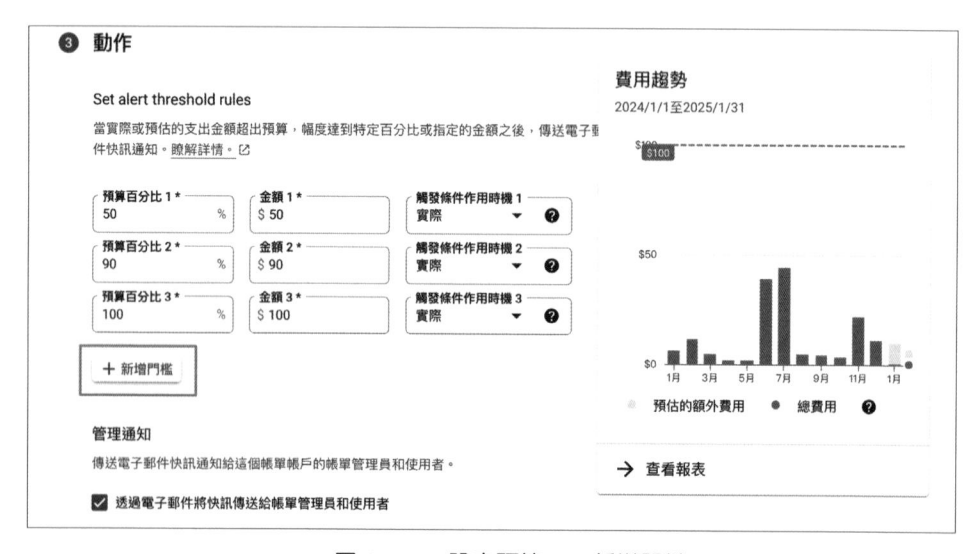

▲ 圖 3-4-9　設定預算──新增門檻

你看到我的費用每增加 1 美元，就通知一次，因為我們在操作 Google Cloud 時，經常會忘記給主機關機，或是刪除相關資源，如圖 3-4-10。

這樣只要每多 1 美元費用就收到 Email，我就可以及時來帳單報表檢查一下，看有沒有什麼資源忘記刪除或關機。

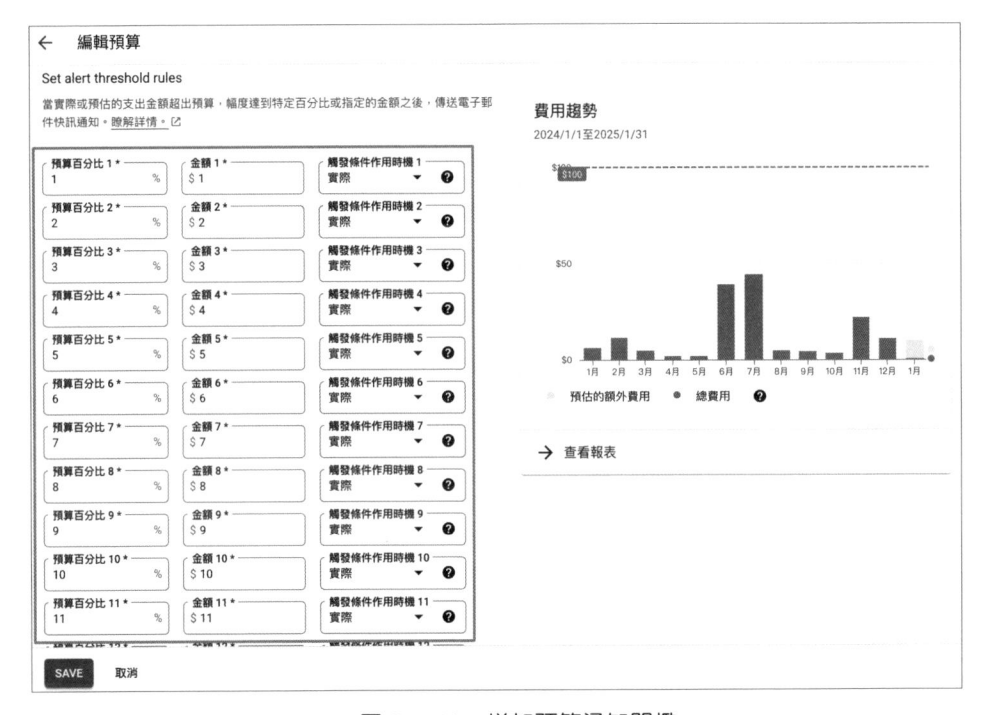

▲ 圖 3-4-10　增加預算通知門檻

最後要確保「透過電子郵件將快訊傳送給帳單管理員和使用者」有勾選，當費用超過每一個門檻時，你才會收到通知信件喔！如果沒問題就可以按下「完成」，如圖 3-4-11：

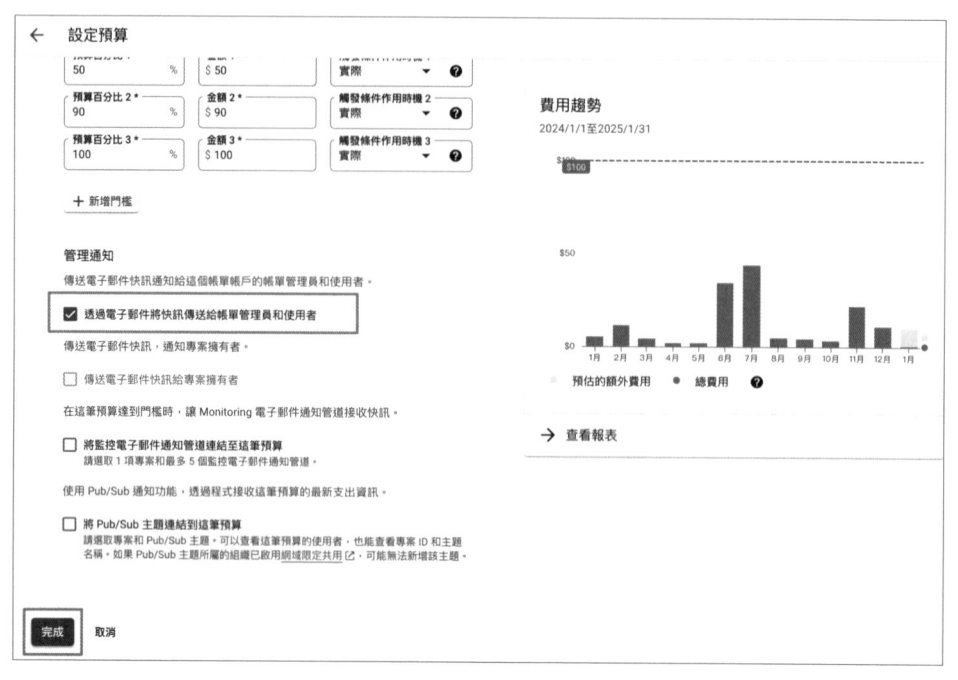

▲ 圖 3-4-11　確認預算設定

◉ 場景 3：管理專案、改掛代理商

我們剛開始使用 Google Cloud 的時候，通常會拿自己信用卡來申請免費試用，所以當試用額度用完之後，Google Cloud 的使用費，就會直接從信用卡來扣款。

當公司要正式使用 Google Cloud，因為有費用報銷的需求，所以我們會把付款改到代理商那邊，讓代理商開發票給我們，我們繳款給代理商，代理商再繳給 Google。

首先代理商會建立一個專屬於你公司的帳單帳戶，然後授權給你，如果要確認代理商是否已經授權，我們可以點擊「管理帳單帳戶」或左下角的「帳戶管理」，如圖 3-4-12：

啟用你的 Google Cloud 環境 **03**

▲ 圖 3-4-12　管理帳單帳戶

接下來你應該會看到「與這個帳單帳戶連結的專案」，你可以挑選一個專案，點擊右邊的「動作」，然後按「變更帳單」，如圖 3-4-13。

然後會看到代理商授權給你的帳單帳戶，選定之後再按設定帳戶，就成功綁定代理商了。從這一刻開始，使用 Google 產生的費用，都會在新的帳單帳戶底下看到。

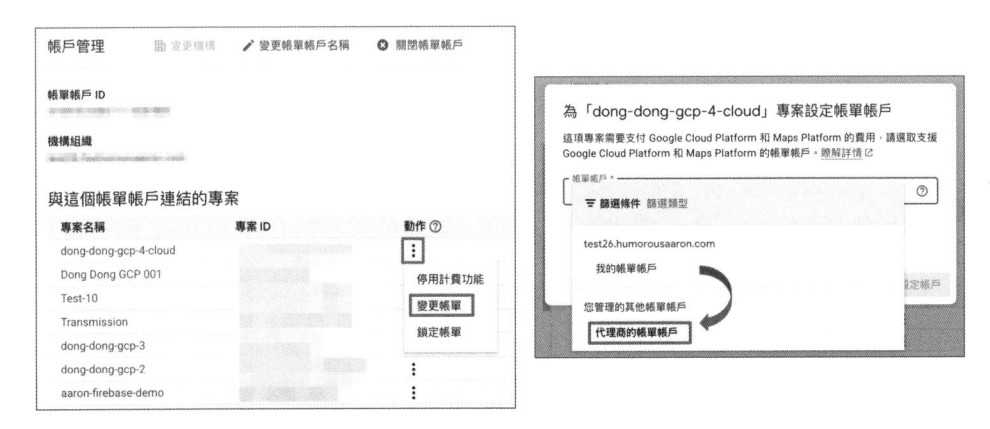

▲ 圖 3-4-13　使用者更改專案綁定的帳單帳戶

⟩ 場景 4：設定權限給同事

假如公司的帳單，是有專人在處理的，你可以把帳單的權限角色分配給他，這裡的權限和 Google Cloud 專案無關，你只能管理帳單，但不能管理專案內的資源，例如開機器或設定防火牆等等。

我們在帳戶管理頁面點擊右上角的「顯示資訊面板」，它會秀出目前已經有權限角色的主體（就是帳號），你可以再點擊「新增主體」，如圖 3-4-14：

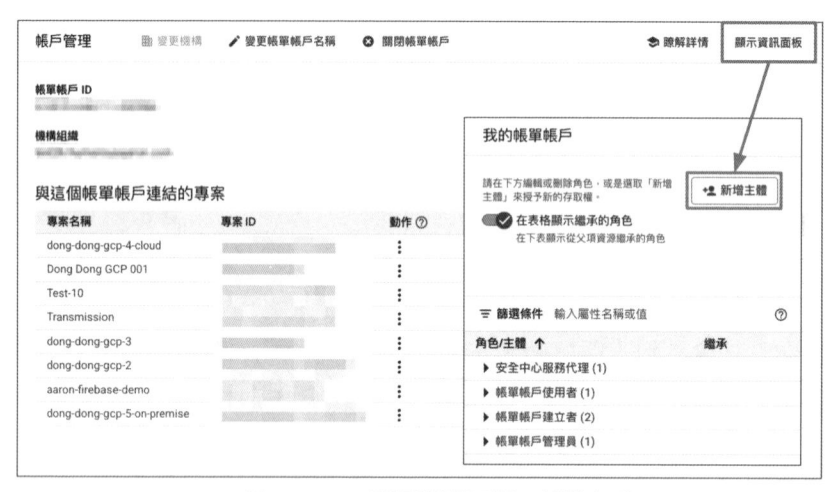

▲ 圖 3-4-14　顯示資訊面板、新增主體

接著在「新增主體」下方輸入被授權的帳號，再從指派角色的選單找到「帳單」=>「帳單帳戶管理員」，如圖 3-4-15。

你也可以指派其他角色，這裡列舉幾個角色的權限：

- **帳單帳戶管理員**：擁有帳單帳戶全部的權限。
- **帳單帳戶建立者**：能夠建立帳單帳戶，然後成為該帳戶的管理員。
- **帳單帳戶使用者**：能夠綁定 Google Cloud 專案到帳單帳戶，但沒有查看費用和管理帳單帳戶的權限。

- **帳單帳戶檢視者**：能夠查看帳單帳戶底下所有 Google Cloud 專案的費用，但是沒有任何管理權限。

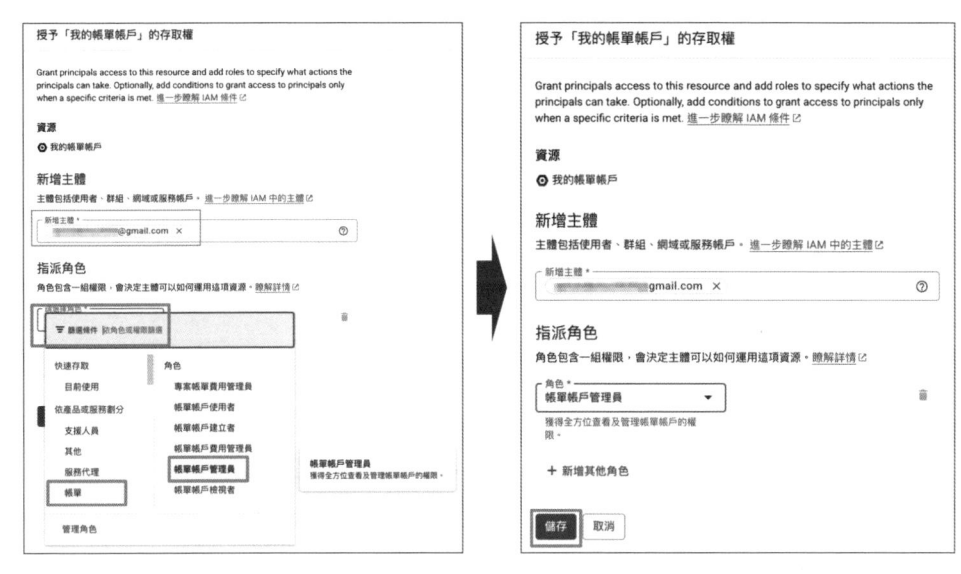

▲ 圖 3-4-15　授權帳單帳戶管理員給另一個帳號

設定完成之後，對方不會收到 Email 通知，如果他不知道怎麼進來的話，最簡單的方法是，你直接把這個頁面的網址複製起來，貼給你的同事就可以囉！

3-5 Google Cloud 的資源層級結構

如果你是透過 Cloud Identity 或 Google Workspace 來使用 Google Cloud 的話。你的專案會屬於一個機構單位（Organization），如果不是的話，會是「無機構」的狀態，如果你點擊上面的「專案挑選器」按鈕會看到如圖 3-5-1 這樣的畫面：

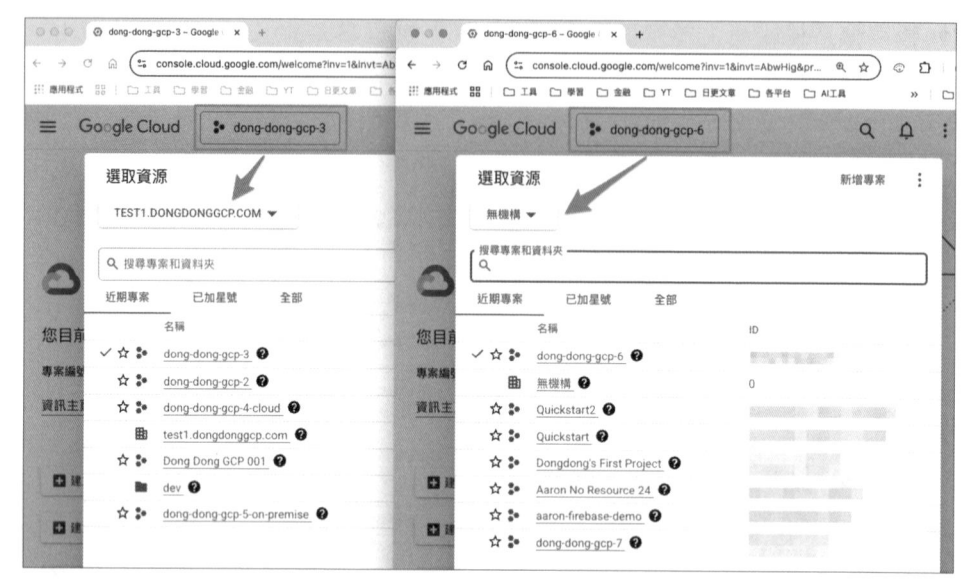

▲ 圖 3-5-1　點擊專案挑選器看到所屬機構或無機構

Google Cloud 擁有像圖 3-5-2 所示的層級結構，包含機構、資料夾、專案和資源，這是為了方便管理專案的資源和政策，各階層分述如下：

Google Cloud 的各個階層

1. 機構 Organization

機構是最上層，它是所有資源的總管家，在這裡設定的政策會影響所有下層的資源。而這個資源是屬於公司的，不會因為員工離職而被刪除掉。

以防火牆為例，假如你今天要給專案設定防火牆規則，你手上有 20 個專案是「無機構」的，那你必須要設定 20 次。若你的專案都在一個機構底下，你只要在機構層級，設定一次防火牆「政策」，就可以一口氣套用到 20 個專案，方便很多。

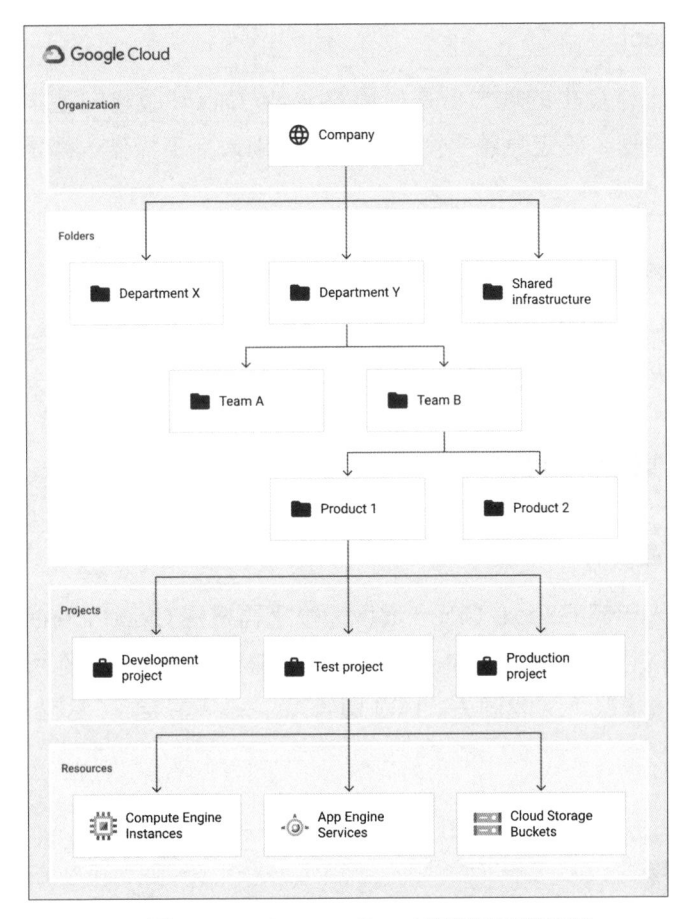

▲ 圖 3-5-2　Google Cloud 的資源層級結構

（資料來源：https://cloud.google.com/resource-manager/docs/cloud-platform-resource-hierarchy）

2. 資料夾 Folder

你可以在專案和機構之間建立資料夾（Folder），方便你依照各個專案的用途或部門，用群組的方式來管理底下的專案。

如上述設定防火牆例子，如果你的專案有分成開發環境、測試環境和生產環境，你就可以建立 dev、test 和 prod 三個資料夾，然後把專案移動到對應的資料夾當中，你就可以設定不同的防火牆，套用到不同的專案環境。

3-35

3. 專案 Project

專案是實際工作發生的地方，是使用 Google Cloud 服務的基本單位。像是你建立一台機器、設定負載平衡器、授權給別人進來操作，都是在專案層級進行的。

4. 資源（Resource）

資源就是在一個專案底下所有可以運作的服務，例如 Compute Engine 的虛擬機器、防火牆和 Cloud SQL 資料庫等等。

專案資源常見操作

1. 把專案拉進機構

如果你是個人申請 Google Cloud 環境，後來再透過 Cloud Identity 或 Google Workspace 取得機構的話，你原本的專案是無機構的狀態，你可以把這個專案拉到你的機構底下。我們去「IAM 與管理」=>「設定」，點擊「移動」，如圖 3-5-3：

> **東東眉角**
>
> 在這個頁面也可以給你的專案修改名稱喔！

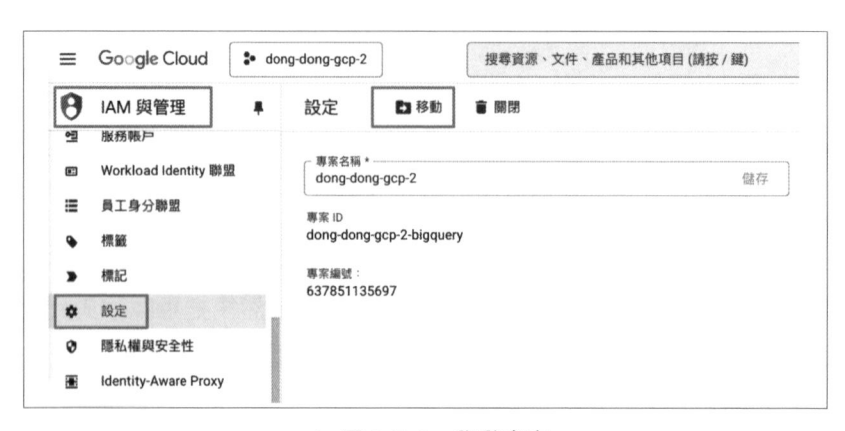

▲ 圖 3-5-3　移動專案

啟用你的 Google Cloud 環境 **03**

接著選擇專案要移到哪一個機構底下，選定之後按下「遷移」，就能夠把專案拉進機構裡了，如圖 3-5-4：

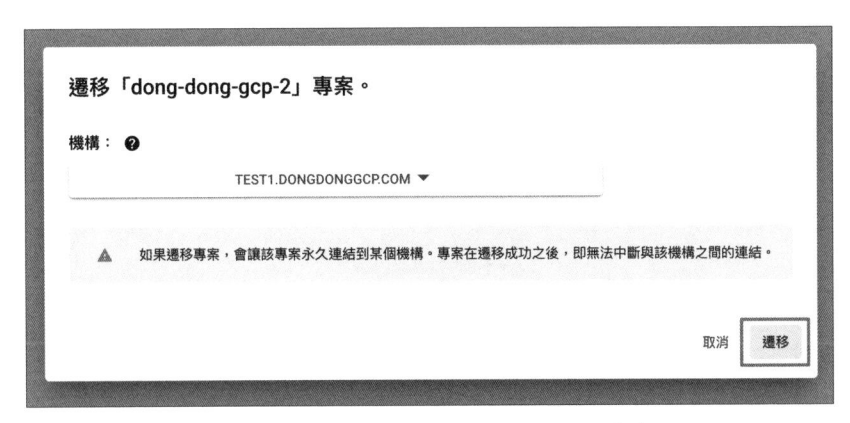

▲ 圖 3-5-4　選擇專案要移到哪一個機構底下

2. 建立資料夾

接下來我們要來建立資料夾，你可以點擊上面的「專案挑選器」按鈕，再點右上角三個小點 =>「管理資源」，如圖 3-5-5：

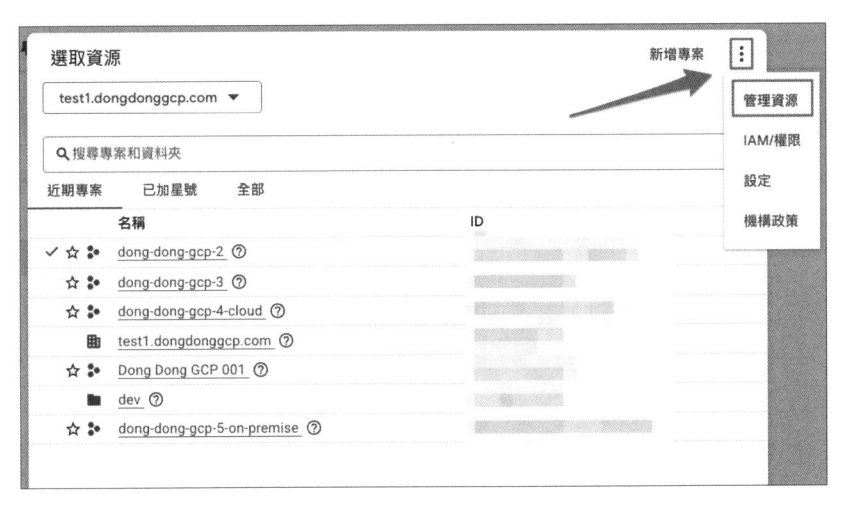

▲ 圖 3-5-5　進入管理資源

3-37

接著會看到它把我們手上所有的機構、資料夾和專案都列出來了,我們點擊「建立資料夾」=>「資料夾」,如圖 3-5-6:

▲ 圖 3-5-6　建立資料夾

> **東東眉角**
>
> 執行這個動作可能需要你在機構階層具有「資料夾建立者」或「資料夾管理員」的權限角色,下個單元會介紹權限的操作。

它會跳出一個命名的畫面,我們輸入資料夾名稱,例如「prod」代表是生產環境在用的專案,如圖 3-5-7:

▲ 圖 3-5-7　給資料夾命名並按下「建立」

3. 將專案拉進資料夾

接著我們看到「prod」資料夾已在列表當中，我們再挑選一個專案拉進資料夾看看，如圖 3-5-8：

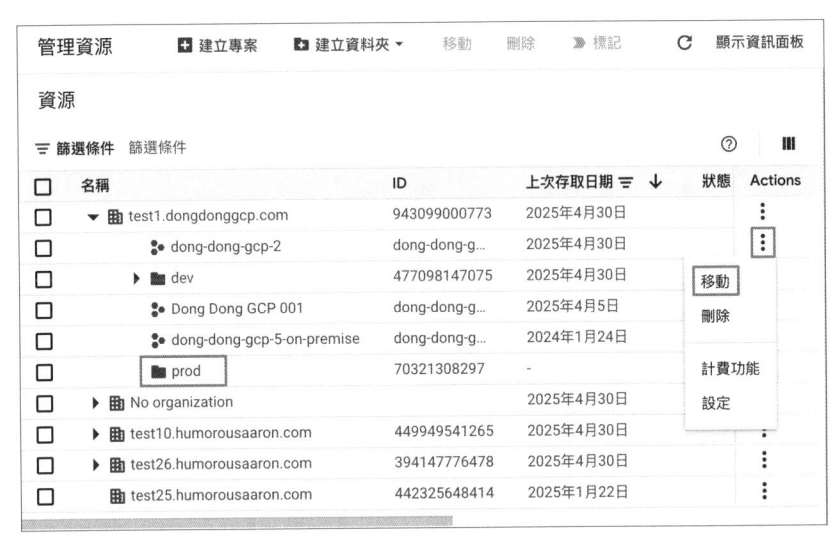

▲ 圖 3-5-8　挑選專案並移動

然後專案移動的目的地，再按下「移動」，如圖 3-5-9：

▲ 圖 3-5-9　指定專案移動的目的地

最後我們重新整理頁面，並且展開「prod」資料夾，看到專案已成功移到資料夾底下囉，如圖 3-5-10：

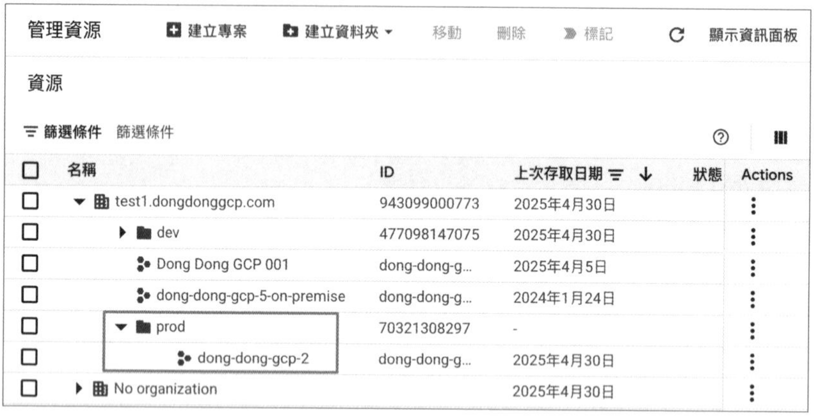
管理資源
建立專案
建立資料夾
移動
刪除
標記
顯示資訊面板
資源
篩選條件
篩選條件
名稱
ID
上次存取日期
狀態
Actions
test1.dongdonggcp.com
943099000773
2025年4月30日
dev
477098147075
2025年4月30日
Dong Dong GCP 001
dong-dong-g...
2025年4月5日
dong-dong-gcp-5-on-premise
dong-dong-g...
2024年1月24日
prod
70321308297
-
dong-dong-gcp-2
dong-dong-g...
2025年4月30日
No organization
2025年4月30日

▲ 圖 3-5-10　看到專案已移到資料夾底下

3-6 Google Cloud 權限與角色管理工具 Cloud IAM

當你開始使用 Google Cloud 的專案，你就是這個這個專案的最高管理員，稱為「專案擁有者」(Project Owner)。你可以管理這個專案中的所有資源，愛怎麼用就怎麼用。

但如果你今天是在一家公司裡，而且你有一個「機構」的話，你可能還是這個機構的管理員 (Organization Admin)。

你可能會跟同事一起操作專案，公司可能會劃分出管理網路的、管理主機的、管理資訊安全的人員。所以我們就必須切分成不同的權限，讓大家各司其職的同時，不影響其他人的操作，也能兼顧資訊安全，這就是為什麼我們要了解 Cloud IAM。

Cloud IAM 簡介

Cloud IAM，全名 Cloud Identity and Access Management，直譯為身分和存取管理。就是 Google Cloud 的角色和權限管理系統，管理「誰」可以進入「某個區域」做「什麼事情」。由此可知它有三個元素：

1. 「誰」指的就是一個身分：又叫做「主體」（Principal），實際上就是可以被授權的 Google 帳戶、Google Group（群組），還有 Service Account（服務帳戶）跟網域。
2. 「某個區域」就是「資源」：像是虛擬機器、隨火牆或磁碟都是資源。
3. 「什麼事情」指的是具體的操作行為：也就是細分的權限，例如建立 VM、修改 VM 參數、讀取 VM、刪除 VM 等等。

所以 Cloud IAM 就像是 Google Cloud 的門禁系統，確保「正確的人」可以對「正確的資源」進行「被允許的操作」。

Cloud IAM 的角色與權限

⊙ Cloud IAM 的角色與權限的關係

在 Google Cloud 的專案環境中，你的每一個操作，背後可能是一系列的動作，而每個動作可能包含一個以上的權限，像是建立一台 VM，可能至少包含以下權限：

- compute.instances.create（建立 VM）
- compute.disks.create（建立開機磁碟）
- compute.networks.use（讓 VM 連接到某個 VPC）
- compute.subnetworks.use（讓 VM 連接到某個 Subnet）

而目前在一個 Google Cloud 專案中，截至目前（2025 年 5 月 1 日），已經有超過 10,000 個權限數量（且隨著新推出的服務持續增加），如果我們直接設定這 10,000 個權限分配，應該會設定到懷疑人生。

為了簡化管理，Google Cloud 把相關的權限群組起來，依照使用的場景或是執行的操作，劃分成不同的「角色」。

Cloud IAM 的角色有三大類，分述如下：

1. 基本角色（Primitive Role）

之所以叫「基本」，就是以簡單粗暴的方式來劃分權限，許多小公司或個人使用者都是用這類的權限，就是因為簡單，我們從權限由大到小說明如表 3-6-1：

表 3-6-1　基本角色的權限比較表

角色	擁有者 Owner	編輯者 Editor	檢視者 Viewer	瀏覽者 Browser
基本資訊	O	O	O	O
查看	O	O	O	
編輯	O	O		
管理 IAM	O			

(1) 擁有者（Owner）：擁有在這個專案裡全部的權限，看得到所有資源和資料，也可以任意更改，你也能夠分配專案的角色權限，決定誰可以進來操作這個專案的資源。

(2) 編輯者（Editor）：編輯者能看到專案內所有資源的內容，也都能修改，像是開機器、關機器、建立負載平衡器，這些都做得到。和擁有者比起來，就差在不能管理權限。

(3) 檢視者（Viewer）：檢視者能夠看到這個專案裡面的所有資源，但是無法操作或修改。

(4) 瀏覽者（Browser）：瀏覽者的權限是最小的，只能知道手上有哪些專案和專案基本資訊，僅此而已，但專案內所有資源的內容都完全看不到。

2. 預先定義的角色（Predefined Role）

由於基本角色的權限劃分比較簡單粗暴，方便好用，但這種方式給出的權限都有一點太大了。

對於公司規模較大，在部門專業分工的情境下，就可以使用預先定義的角色，針對每個人的操作情境，授予相對應的權限角色。

例如：

(1) 只管虛擬機器的人：執行個體管理員（Compute Instance Admin）；

(2) 管理 VPC 和 Subnet 的人：Compute Network 管理員；

(3) 管理防火牆的人：Compute Security 管理員；

(4) 管理上述全部的人：Compute 管理員；

(5) 管理資訊安全的人，卻又不管理虛擬機器和網路的人：Security 管理員。

這樣感覺很複雜，我們整理如表 3-6-2：

表 3-6-2　管理角色的細分案例

角色	Compute Instance Admin	Compute Admin	Compute Security Admin	Security Admin
管理 VM	O	O		
管理防火牆		O	O	
管理負載平衡器		O		
管理 IAM				O

3. 自訂角色（Custom Role）

因為預先定義的角色是用服務或屬性來劃分每個角色擁有的權限，但是如果一個人的職責橫跨不同的服務，例如他同時管理虛擬機器和 Cloud SQL 資料庫，你就必須同時給予兩種角色，或是使用一個自訂角色配上相關的權限。

這種方式可以對每個人的權限做最細緻的管理，做到「剛好必要」的權限分配。

但這就需要一個專門的人員，除了了解 Google Cloud 的每一項操作產生的結果，也要知道該行為涉及哪些權限。因此通常建議使用預先定義的角色就好，除非公司專業分工到了極致，再考慮使用自訂角色。

◎ Cloud IAM 的基本授權操作

我們從「IAM 與管理」，進去後會直接顯示「身分與存取權管理」的頁面，它會列出在一個 Google Cloud 專案內，所有帳號授權的角色有哪些，如果要授權給新的帳號，就點擊「授予存取權」，如圖 3-6-1。

接著在「新增主體」欄位輸入要授權的帳號，選擇要指派的角色，因為角色非常多，要慢慢找，或著是先去「角色」頁面查詢到要授權的角色，把名字複製起來，貼在角色的搜尋欄位裡面。

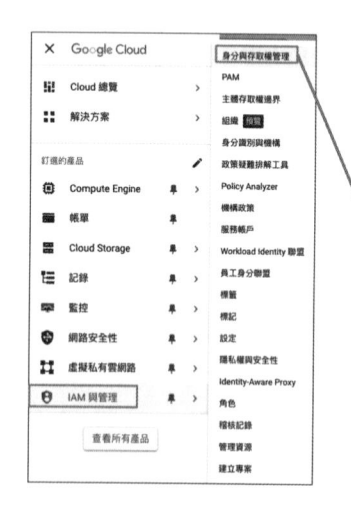

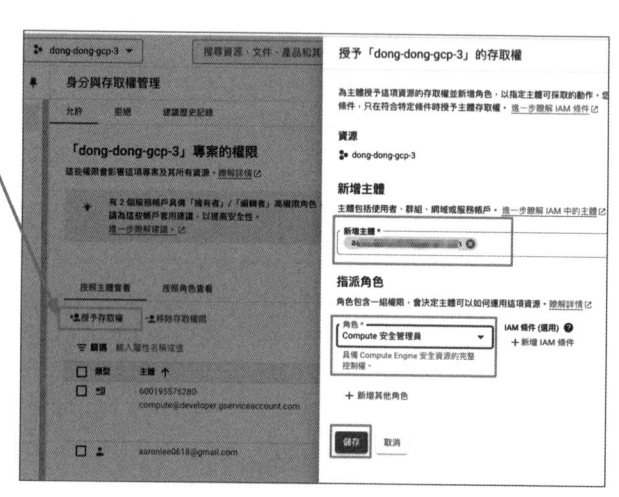

▲ 圖 3-6-1　Cloud IAM 授權操作

如果你今天是授權「專案擁有者」給別人，系統會發信通知對方，對方要「接受邀請」才能取得擁有者權限，但是其他角色的授權並不會發信通知喔，如圖 3-6-2：

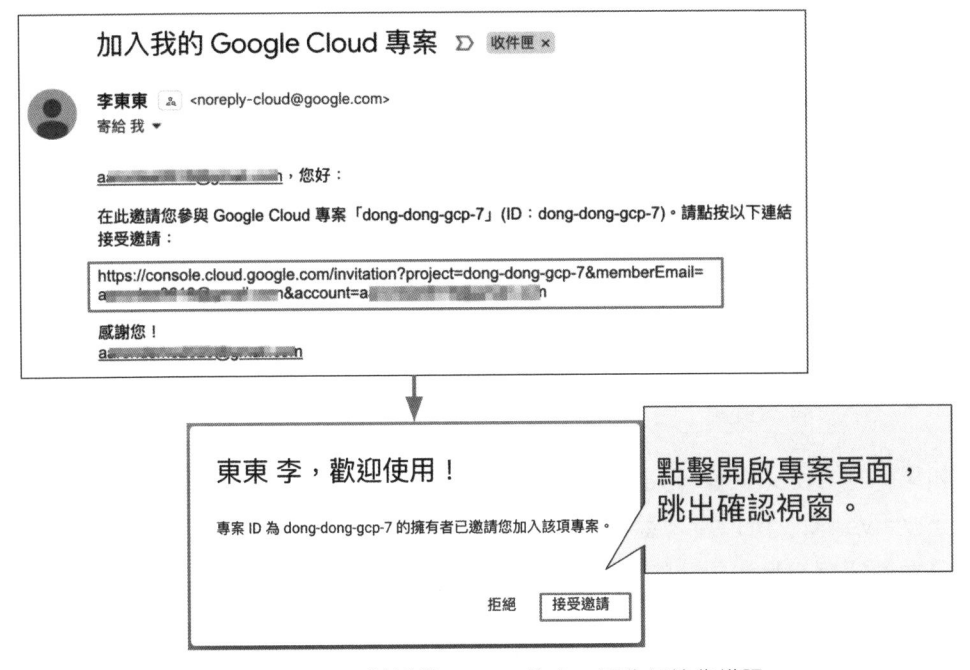

▲ 圖 3-6-2　被授權 Owner 的人，要收信接收權限

如果你授權不是授權「擁有者」而是其他角色，建議你把專案的網址直接傳給對方，讓對方方便進入你的專案操作。

⊙ Cloud IAM 角色和權限的繼承機制

前面只提到專案內的範圍，而在整個 Google Cloud 的組織架構裡，還有機構（Organization）和資料夾（Folder）。上層的權限會往下繼承，代表在機構層級授予的角色，會應用到所有資料夾、專案和專案內的資源。如果在中間又授權更多的權限角色，往下的權限都會跟著擴充，如圖 3-6-3：

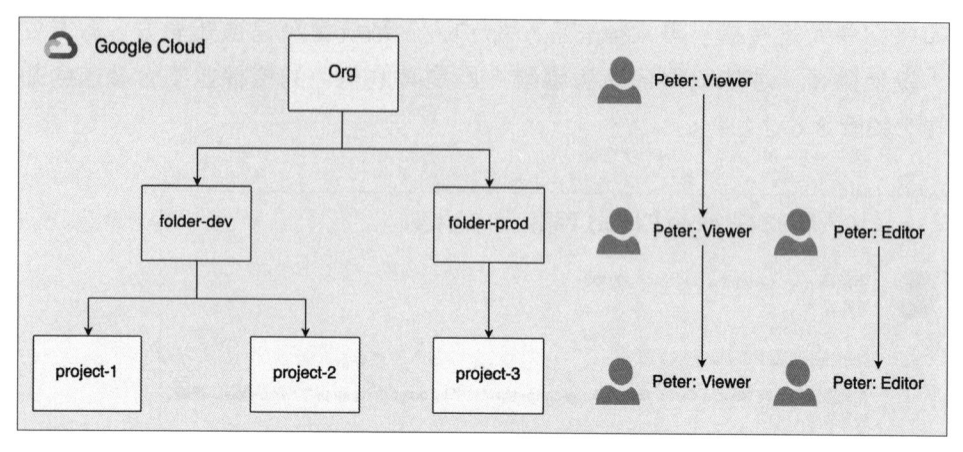

▲ 圖 3-6-3　Cloud IAM 的繼承機制

如果你在機構層級授權 Viewer 給同事，他就可以看到底下所有的專案，以及專案之下所有的資源。

如果你在「prod」資料夾又授權 Editor 給同事，因為 Editor 角色涵蓋的權限比 Viewer 多，所以會覆蓋原本 Viewer 的權限，同事在「prod」底下所有的專案就擁有 Editor 角色的權限。

◎ 遵守最小權限原則（Principle of Least Privilege）

權限這種東西，一旦授權出去，就很難再撤回，所以我們使用 Cloud IAM 時，務必遵守最小權限原則：

(1) 使用者只能擁有完成其工作所需的最小權限，也就是剛好必要的權限。

(2) 如果可以的話，授權的時間也要限制，時間到就撤銷。

(3) 預設拒絕所有權限，只開放必要的存取。

在權限角色的分配上，優先使用預先定義的角色或自訂角色，除非真的別無選擇，否則盡量不要用基本角色。

Service Account（服務帳戶）簡介

Service Account 是一種特殊的 Google 帳戶，用來代表應用程式或服務，而不是人類使用者，它能夠執行指定的任務並存取必要的資源。

和使用者帳號比起來，Service Account 的使用頻率更高，像我們人類平日會上下班，假日會休息，而 Service Account 是和程式一起，全年無休 24 小時運作的，因此它的權限設定更為重要。

⊙ Service Account 的功能和特色

1. 提供應用程式授權，以操作 Google Cloud 資源

無論是存取 Cloud Storage 中的檔案，還是對 BigQuery 的表格查詢，Service Account 都能作為應用程式的「身分」，確保只有經授權的應用程式能與資源互動，避免未經允許的存取行為。

2. 基於身分和角色的存取控制

Service Account 是被授權的「主體」，你可以授予任何角色來取得權限，讓它能操作 Google Cloud 的資源。

前面提到的自訂角色，用來管理一般使用者是比較麻煩的（因為人員異動或功能更新導致要常常調整），但是如果是給 Service Account 使用，反而很適合。因為你可以真的只給 1~2 條必要的權限，真正符合最小權限原則的精神。

3. 提供安全的 API 呼叫和資源操作方式

我們在 Google Cloud 的任何操作，背後都是 API 在運作的。而應用程式需要呼叫 Google Cloud API 時，Service Account 會以它的身分進行授權並簽署 API 請求。

⊙ Service Account 的運作流程

如圖 3-6-4 所示，Service Account 的運作流程可分為以下四個步驟：

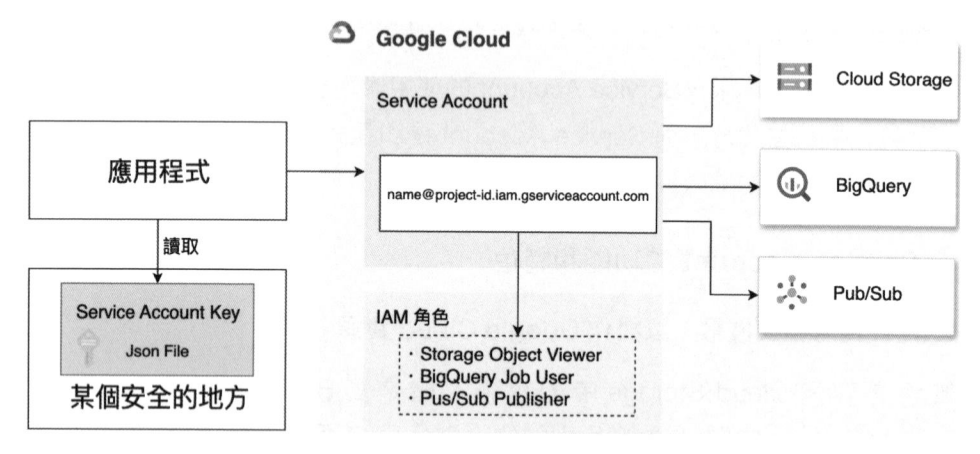

▲ 圖 3-6-4　Service Account 運作示意圖

(1) 應用程式保存著 Service Account Key 的 Json 格式金鑰檔案，裡面包含 Google Cloud Project ID、Service Account ID 和 Key 的內容等等。

(2) 當需要存取 Google Cloud 服務時，應用程式使用 Json Key 來呼叫 Google Cloud 的 API 進行身分驗證。

(3) Google Cloud 驗證金鑰的有效性，並確認對應的 Service Account。

(4) 驗證成功後，應用程式可以使用該 Service Account 被賦予的角色和權限存取 Google Cloud 服務。

⊙ 如何建立和管理 Google CloudService Account

1. 建立 Service Account

從主選單「IAM 與管理」的「服務帳戶」，點擊「建立服務帳戶」，如圖 3-6-5：

啟用你的 Google Cloud 環境　**03**

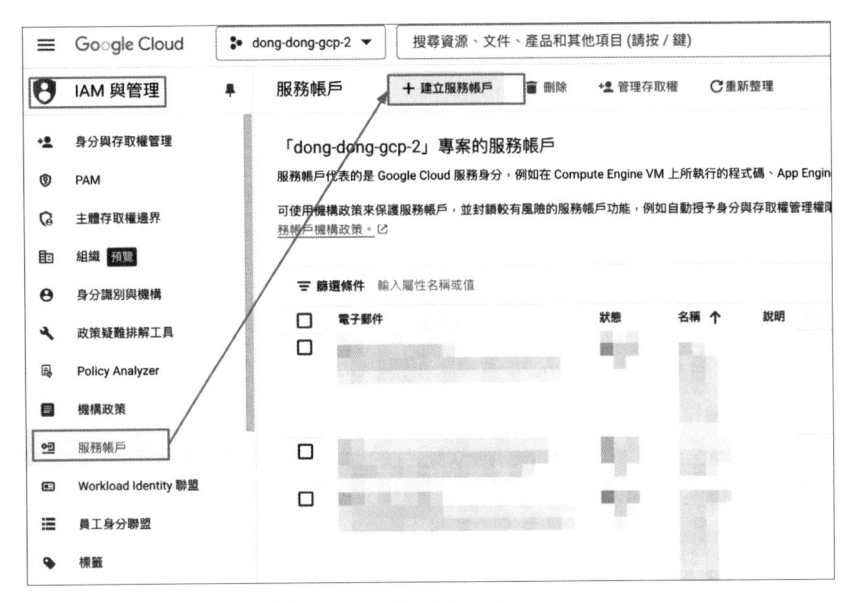

▲ 圖 3-6-5　建立 Service Account

接下來給 Service Account 命名，建議取一個容易了解的名字，或是設定一個命名原則，在說明欄也寫清楚這個 Service Account 的用途，讓其他人都看得懂。接下來按「建立並繼續」，如圖 3-6-6：

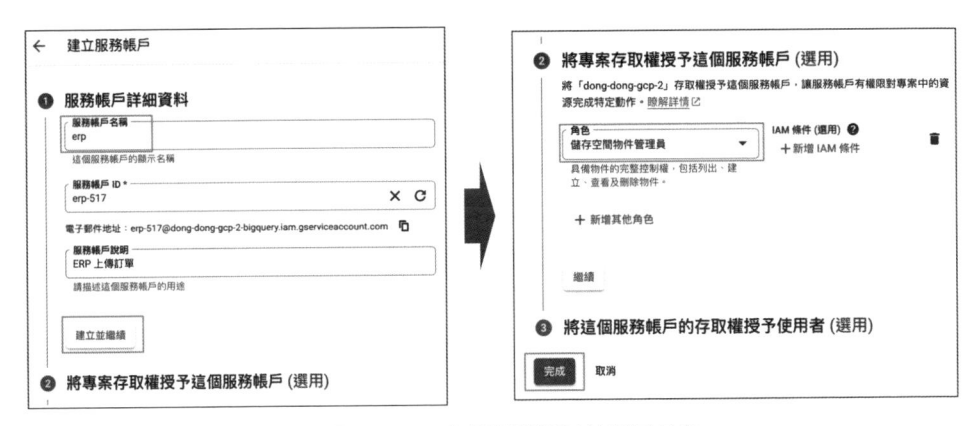

▲ 圖 3-6-6　命名服務帳戶並授予角色

接著設定要授予 Service Account 的角色，這個動作在 IAM 的主畫面也可以設定，如果還不確定要授予什麼角色，可以先跳過，如圖 3-6-7。如果你按

3-49

「繼續」，下一步驟是把 Service Account 的存取權給使用者，**這一步請跳過！！直接按下完成。**

> **東東眉角**
>
> 這個步驟為什麼要跳過？
>
> 這個動作是把 Service Account 的使用權給使用者，使用者會取得這個 Service Account 的所有權限，例如使用者原本只有 Compute Instance Admin 角色，只能管理虛擬機器，結果他拿到一個 Service Account 的存取權限，而這個 Service Account 可以存取 BigQuery 所有的資料，等於這個使用者也能看到 BigQuery 的資料。
>
> 因此這個動作會讓使用者的權限範圍擴大，違反最小權限原則，所以在不熟悉的情況下，不要任意使用喔！

按下完成之後，你可以點擊 Service Account 的名稱，進入它的詳細資訊頁面。

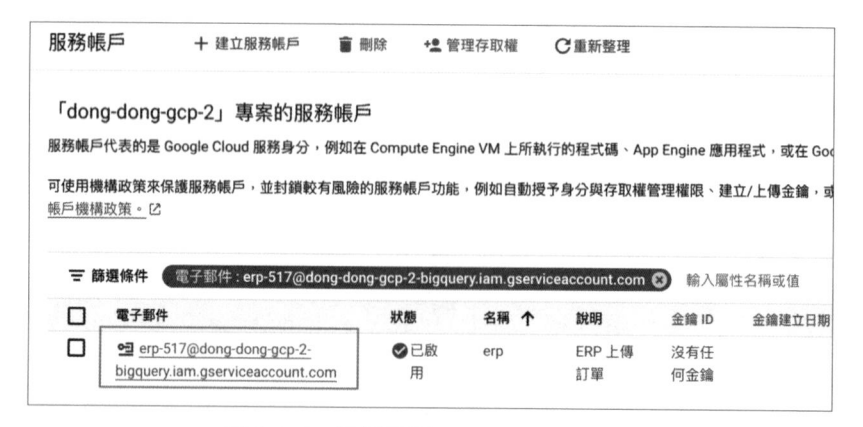

▲ 圖 3-6-7　點擊查看 Service Account 內容

在這裡你會看到專屬 ID，如果你再展開下方進階設定，還會看到用戶端 ID，這些都是機密資訊，不要隨便分享，如圖 3-6-8。

尤其是「網域層級委派」，這是一個在 Google Workspace 中的「超級無敵大權限」，它可以看到公司內所有人的雲端硬碟檔案，如果不懂絕對不要設定。

▲ 圖 3-6-8　Service Account 詳細資訊

2. 建立 Service Account Key

如果你的 Service Account 是要讓外部的應用程式存取 Google Cloud，就要再建立 Service Account Key，這時我們再點擊「金鑰」頁籤。

下方會看到「新增鍵」，這是 Google 翻譯得不好，其實就是「新增金鑰」，然後再「建立新的金鑰」，如圖 3-6-9：

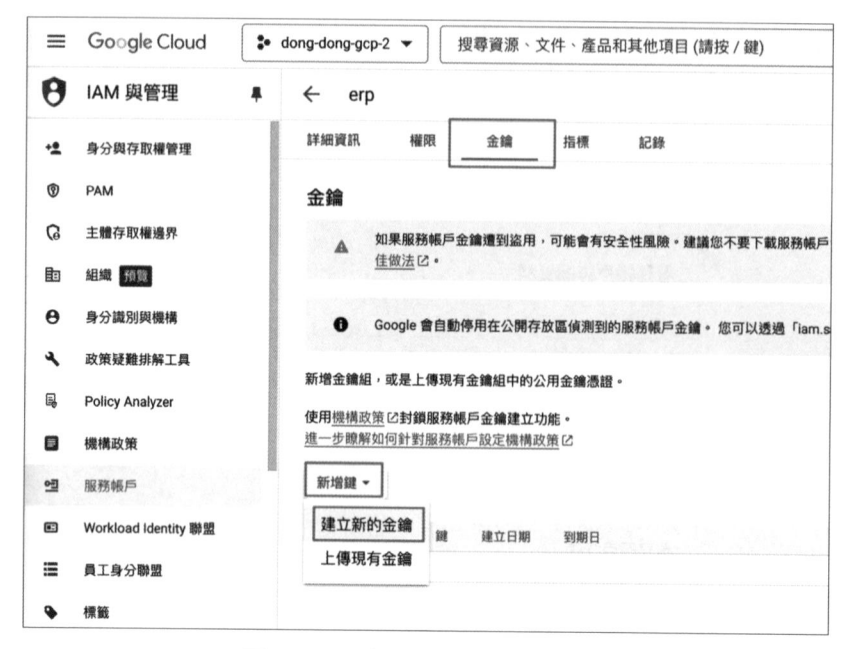

▲ 圖 3-6-9　建立 Service Account Key

點擊之後會彈出一個視窗，問你 Service Account Key 的檔案要下載成什麼格式，通常我們都用 Json 格式。按下「建立」之後，會自動下載金鑰檔案到你的本機電腦。如圖 3-6-10：

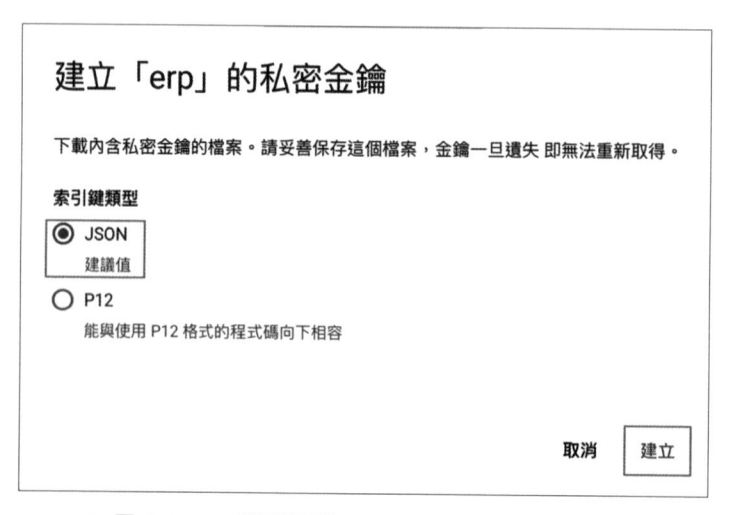

▲ 圖 3-6-10　選擇下載 Service Account Key 的格式

這裡要注意，我們只有在建立金鑰的這一刻，是唯一能下載金鑰檔案的機會，如果這次下載後，金鑰檔案弄丟了，那你是無法再次下載金鑰的。你只能再建立另一個新的金鑰，同時「要記得」在 Console 上刪除舊的金鑰，這樣即使舊的金鑰檔案被駭客取得，也不能發揮作用了。

下載完後，我們可以用文字編輯器打開檔案，像我是用 Firefox 瀏覽器打開，它能夠以 Json 格式呈現檔案的內容，包含 Project ID、Key ID 和 Key 的內容等，是應用程式要去呼叫 Google Cloud 的 API 時，做身分驗證要提供的內容，如圖 3-6-11：

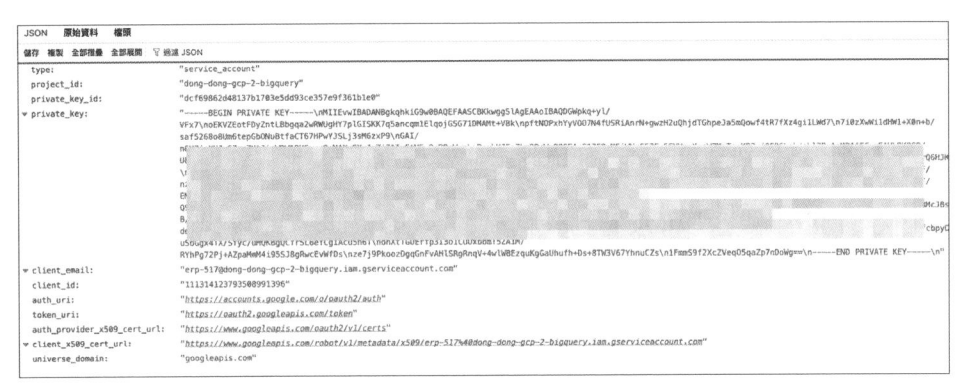

▲ 圖 3-6-11　Service Account Key 的內容

所以當你擁有這個金鑰檔案，你就能夠讓應用程式 Service Account 存取各項資源了。

東東雷點

你必須好好保管這個檔案，要注意：「非常非常多用戶」因為沒保管好金鑰檔案，導致檔案被駭客拿走，剛好這個 **Service Account** 權限又很大，讓駭客可以破壞你的專案環境，或是開一大堆機器在挖礦，這可以在一天之內產生上百萬元的 **Google Cloud** 費用，最後是由你來幫駭客買單，不可不慎！

3-7 免費的雲端測試機 Cloud Shell

Cloud Shell 是在 Google Cloud 環境上，一台免費給你用的 Debian Linux 主機，它有 5 GB 的硬碟空間，給你一個方便的工作環境。你可以上傳一些資料到這台機器上，編輯檔案、安裝軟體和測試程式碼的運作。

為什麼要使用 Cloud Shell 呢？

雖然我們有 Web Console 可以使用，但是當你的工作量變大的時候，例如你要建立 50 台虛擬機器，或是設定 20 個負載平衡器，如果讓你透過 Web Console 來操作，你可能會做到懷疑人生，或是容易出錯。

Cloud Shell 讓你可以用 gcloud 指令的方式更快速地工作，一條指令就建好一台機器，你也可以透過 Shell Scripts 寫一個迴圈，一次性建立大量主機。

我們在畫面的右上角可以看到一個敲指令的圖示，點擊它可以啟用 Cloud Shell，如圖 3-7-1：

▲ 圖 3-7-1　點擊啟用 Cloud Shell

啟用你的 Google Cloud 環境　**03**

點擊之後等待幾秒鐘讓它準備好環境，如圖 3-7-2：

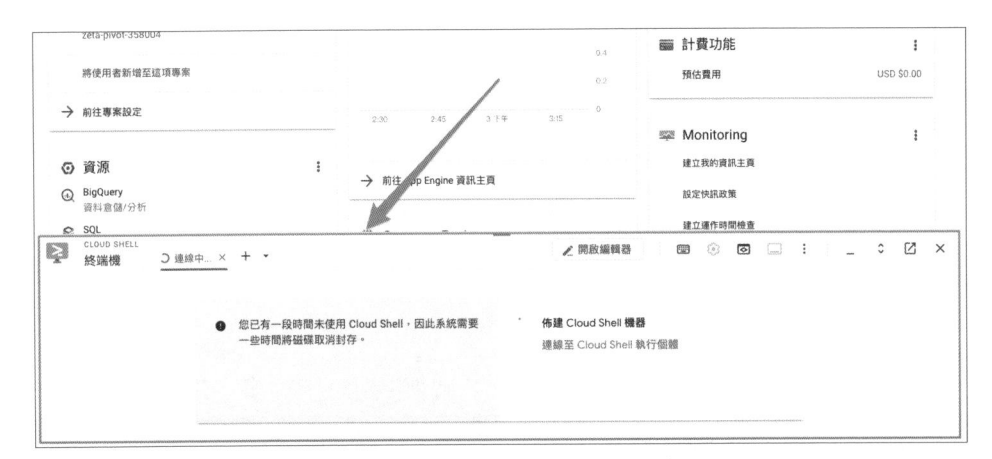

▲ 圖 3-7-2　等待 Cloud Shell 啟用完成

接下來就看到 Cloud Shell 正式出現啦，如圖 3-7-3：

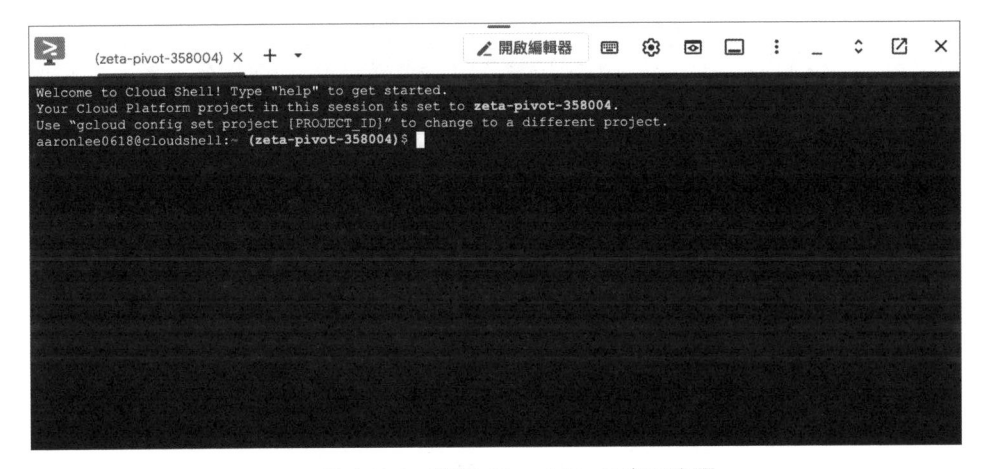

▲ 圖 3-7-3　確認 Cloud Shell 畫面出現

首先你會在畫面上看到它的提示，假如你手上有多個專案，你可以用這個指令切換到不同的專案：

```
gCloudconfig set project [project-id]
```

3-55

我們可以來試著下達 Linux 的指令，確認它的輸出結果，如圖 3-7-4：

查看目前所在的目錄：

```
pwd
```

列出當前目前所有的資料夾和檔案：

```
ls -l
```

▲ 圖 3-7-4　在 Cloud Shell 輸入 Linux 指令

> **東東眉角**
>
> 像我已經在 Cloud Shell 做過很多事情，所以產生了各種資料夾和檔案，如果你是第一次看到，沒有任何東西是正常的喔！

其實在 Google Cloud 上，每個操作都有指令可以執行，就是所謂 gcloud 指令，例如我們想知道目前 Google Cloud 有多少個資料中心，可以下這個指令：

```
gcloud compute regions list
```

如果你是第一次操作，它會詢問要不要啟用 API，因為「compute」背後就是和 Compute Engine 相關的服務，如圖 3-7-5，如果今天要使用 Cloud Run 指令，也會再詢問你要不要啟用 Cloud Run 的 API。我們在這裡就輸入 y，然後按下 Enter：

```
aaronlee0618@cloudshell:~ (zeta-pivot-358004)$ gcloud compute regions list
API [compute.googleapis.com] not enabled on project [zeta-pivot-358004]. Would you like to enab
le and retry
(this will take a few minutes)? (y/N)?  y
```

▲ 圖 3-7-5　詢問是否要啟用 API

接下來就看到它秀出各個 Google Cloud 的 Region，如圖 3-7-6：

```
aaronlee0618@cloudshell:~ (zeta-pivot-358004)$ gcloud compute regions list
API [compute.googleapis.com] not enabled on project [zeta-pivot-358004]. Would you like to
enable and retry (this will take a few minutes)? (y/N)?  y

Enabling service [compute.googleapis.com] on project [zeta-pivot-358004]...
Operation "operations/acf.p2-102825778142-e5221dfd-005e-4323-92f4-28810958c83a" finished successfully.
NAME: africa-south1
CPUS: 0/24
DISKS_GB: 0/4096
ADDRESSES: 0/8
RESERVED_ADDRESSES: 0/8
STATUS: UP
TURNDOWN_DATE:

NAME: asia-east1
CPUS: 0/24
DISKS_GB: 0/4096
ADDRESSES: 0/8
RESERVED_ADDRESSES: 0/8
STATUS: UP
TURNDOWN_DATE:

NAME: asia-east2
CPUS: 0/24
DISKS_GB: 0/4096
ADDRESSES: 0/8
RESERVED_ADDRESSES: 0/8
STATUS: UP
```

▲ 圖 3-7-6　秀出 Google Cloud Region 清單

關於檔案的編輯，除了我們可以使用 Linux 常用的文字編輯器 vim 和 nano 之外，也可以直接點擊上面的「開啟編輯器」，如圖 3-7-7：

▲ 圖 3-7-7　在 Cloud Shell 開啟檔案編輯器

你可以直接找到你想要的資料夾和檔案來編輯，也可以新增任何檔案，不需要下指令。你可以點擊「開啟終端機」再切回來，如圖 3-7-8：

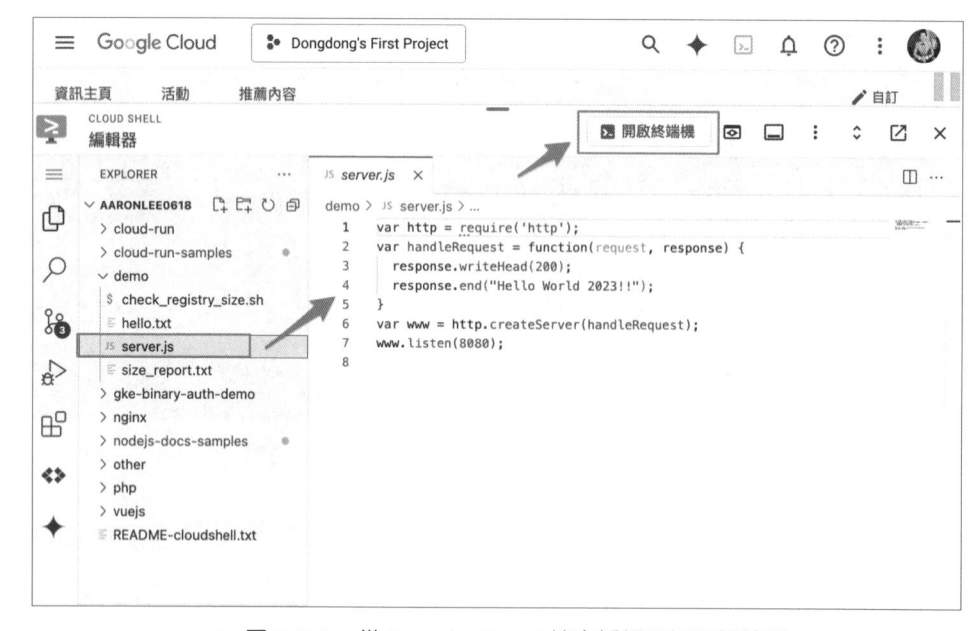

▲ 圖 3-7-8　從 Google Cloud 檔案編輯器切回終端機

啟用你的 Google Cloud 環境　03

假如你要上傳檔案，可以點擊右上方的三個小點，再點擊上傳，如圖 3-7-9：

▲ 圖 3-7-9　上傳檔案到 Cloud Shell 的操作按鈕

接著它會跳出一個讓你選擇檔案的視窗，你可以在本機電腦找到要上傳的檔案，再點擊上傳，如圖 3-7-10：

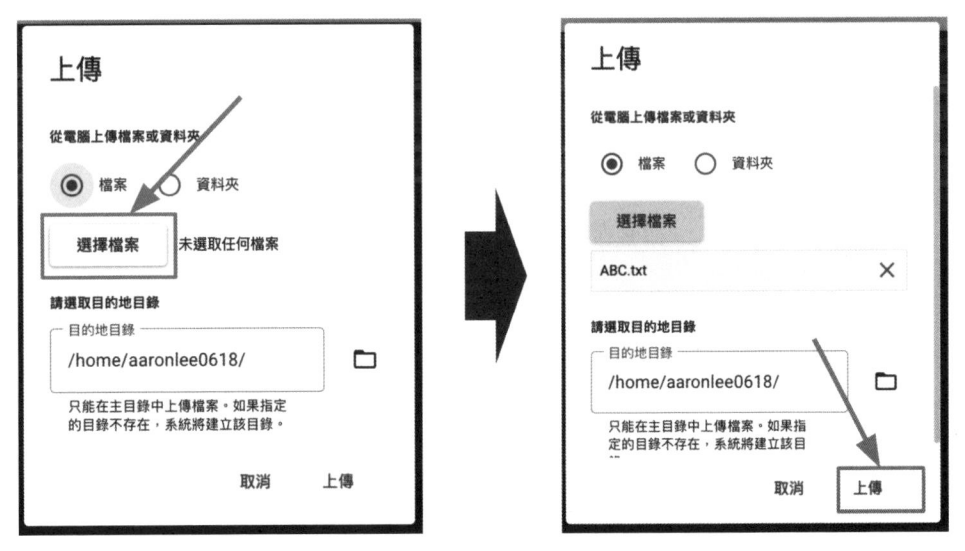

▲ 圖 3-7-10　選擇要上傳到 Cloud Shell 的檔案

3-59

從 Cloud Shell 下載檔案也是類似的操作，這裡就不再贅述喔！

◇ Cloud Shell 注意事項

Cloud Shell 分配的資源沒有很大，不要跑太重的任務，不然它會顯示為 Time Out，你就必須重啟這台機器，重點是你的檔案雖然會在（除非你超過 90 天都沒有進來操作），但是你安裝的軟體都會消失喔！

3-8 在地端操作 Google Cloud 的 Cloud SDK

如果你今天想在地端輸入 gcloud 指令來操作 Google Cloud 的資源，你可以直接搜尋「cloud sdk install」，第一個搜尋結果就是安裝 Cloud SDK 的官方說明文件，如圖 3-8-1：

▲ 圖 3-8-1　搜尋 Cloud SDK

如果你是用 Mac 電腦，官方文件提示你的環境必須要有 Python 3.8 到 3.13 的版本，如圖 3-8-2：

啟用你的 Google Cloud 環境　**03**

```
Installing the latest gcloud CLI version (520.0.0)

★ Note: If you are behind a proxy/firewall, see the proxy settings page for more information on installation.

Linux    Debian/Ubuntu    Red Hat/Fedora/CentOS    macOS    Windows    Chromebook

1. Confirm that you have a supported version of Python:

   • To check your current Python version, run python3 -V or python -V. Supported versions are
     Python 3.8 to 3.13.

   • The main install script offers to install CPython's Python 3.12.

   • Otherwise, to install a supported Python version, please visit the Python.org Python Releases
     for macOS.

   • If you have multiple Python interpreters installed on your machine, set the CLOUDSDK_PYTHON
     environment variable within your shell to point to the path of your preferred interpreter.

   • For more information on how to choose and configure your Python interpreter, see gcloud
     topic startup.
```

▲ 圖 3-8-2　官網提示必須有 Python 3.8 到 3.13 的版本

我們可以輸入以下指令來檢查，如圖 3-8-3：

```
python3 -V
```

```
aaronlee@AarondeMacBook-Air ~ % python3 -V
Python 3.13.1
aaronlee@AarondeMacBook-Air ~ %
```

▲ 圖 3-8-3　在本機命令列確認 Python 版本

如果版本沒問題，再從官方文件找到對應的版本來下載 Cloud SDK，如圖 3-8-4：

```
2. Download one of the following:

   ★ Note: To determine your machine hardware name, run uname -m from a command line.
```

Platform	Package	Size	SHA256 Checksum
macOS 64-bit (x86_64)	google-cloud-cli-darwin-x86_64.tar.gz	55.3 MB	3bb221362f40271d79bed23bb5d20d6dc05698e3b37d55fb3147a00a4a7f13f7
macOS 64-bit (ARM64, Apple silicon)	google-cloud-cli-darwin-arm.tar.gz	55.2 MB	c8777fc2598ebc5bc0d83dc460b28917f011c762aee04b96b8d387d260424e08
macOS 32-bit (x86)	google-cloud-cli-darwin-x86.tar.gz	53.8 MB	b003bd25c802a5a878342376403f67de8d20c770fe2c08a8da758bedb2b15051

▲ 圖 3-8-4　找到對應的版本來下載 Cloud SDK

3-61

下載完成後,把它解壓縮到你想要存放的目錄。接著輸入安裝指令:

```
./google-cloud-sdk/install.sh
```

接著看到歡迎畫面,它問你要不要允許它收集當機的資料來改善品質,你輸入 y 或 N 都可以,如圖 3-8-5:

```
aaronlee@AarondeMacBook-Air ~ % cd Desktop
aaronlee@AarondeMacBook-Air Desktop % mv google-cloud-sdk ~
aaronlee@AarondeMacBook-Air Desktop % cd ..
aaronlee@AarondeMacBook-Air ~ % ./google-cloud-sdk/install.sh
Welcome to the Google Cloud CLI!

To help improve the quality of this product, we collect anonymized usage data
and anonymized stacktraces when crashes are encountered; additional information
is available at <https://cloud.google.com/sdk/usage-statistics>. This data is
handled in accordance with our privacy policy
<https://cloud.google.com/terms/cloud-privacy-notice>. You may choose to opt in this
collection now (by choosing 'Y' at the below prompt), or at any time in the
future by running the following command:

    gcloud config set disable_usage_reporting false

Do you want to help improve the Google Cloud CLI (y/N)?
```

▲ 圖 3-8-5　詢問要不要允許它收集當機的資料來改善品質

接著它秀出各種即將安裝的套件,還有問你要不要更新 $PATH 變數和啟用 Shell 指令自動完成功能,在這裡我們按 Y,如圖 3-8-6:

```
Not Installed    kpt                                    kpt              14.4 MiB
Not Installed    kubectl                                kubectl           < 1 MiB
Not Installed    kubectl-oidc                           kubectl-oidc     20.9 MiB
Not Installed    pkg                                    pkg
Installed        BigQuery Command Line Tool             bq                1.7 MiB
Installed        Cloud Storage Command Line Tool        gsutil           11.8 MiB
Installed        Google Cloud CLI Core Libraries        core             20.5 MiB
Installed        Google Cloud CRC32C Hash Tool          gcloud-crc32c     1.2 MiB

To install or remove components at your current SDK version [504.0.1], run:
  $ gcloud components install COMPONENT_ID
  $ gcloud components remove COMPONENT_ID

To update your SDK installation to the latest version [504.0.1], run:
  $ gcloud components update


To take a quick anonymous survey, run:
  $ gcloud survey

Modify profile to update your $PATH and enable shell command completion?

Do you want to continue (Y/n)?
```

▲ 圖 3-8-6　詢問要不要更新 $PATH 變數和啟用 Shell 指令

啟用你的 Google Cloud 環境　03

接著它想要修改你的 shell rc 檔案，以便將 Google Cloud 命令行工具（CLIs）添加到你的環境路徑中，這樣你就可以直接在命令行中使用 gcloud、gsutil 等命令，而不需要每次都指定完整路徑。在這裡我們直接按 Enter 接受預設的 zshrc 檔案，如圖 3-8-7：

```
To take a quick anonymous survey, run:
  $ gcloud survey

Modify profile to update your $PATH and enable shell command completion?

Do you want to continue (Y/n)?  Y

The Google Cloud SDK installer will now prompt you to update an rc file to bring the Google Cloud CLIs into your
environment.

Enter a path to an rc file to update, or leave blank to use [/Users/aaronlee/.zshrc]:
```

▲ 圖 3-8-7　指定一個路徑去更新 rc 檔案

接著它又詢問，使用 Python 3.11 可以運作得更好，要不要安裝，你可以自行決定要不要接受，如果你的電腦可能同時在跑其他的 Python 程式，這裡就要謹慎決定。我就直接按 y，接著要輸入本機使用者的密碼，如圖 3-8-8：

```
The Google Cloud SDK installer will now prompt you to update an rc file to bring the Google Cloud CLIs into your
environment.

Enter a path to an rc file to update, or leave blank to use [/Users/aaronlee/.zshrc]:
Backing up [/Users/aaronlee/.zshrc] to [/Users/aaronlee/.zshrc.backup].
[/Users/aaronlee/.zshrc] has been updated.

==> Start a new shell for the changes to take effect.

Google Cloud CLI works best with Python 3.11 and certain modules.

Download and run Python 3.11 installer? (Y/n)?  Y

Running Python 3.11 installer, you may be prompted for sudo password...
Password:
```

▲ 圖 3-8-8　詢問要不要安裝 Python 3.11，同意後輸入密碼

最後它就一路執行安裝程序到結束，如圖 3-8-9：

```
installer: Package name is Python
installer: Upgrading at base path /
installer: The upgrade was successful.
Setting up virtual environment
Creating virtualenv...
Installing modules...
                                          5.5/5.5 MB 7.0 MB/s eta 0:00:00
                                          89.7/89.7 kB 811.0 kB/s eta 0:00:00
  Installing build dependencies ... done
  Getting requirements to build wheel ... done
  Preparing metadata (pyproject.toml) ... done
                                          58.4/58.4 kB 2.7 MB/s eta 0:00:00
                                          11.1/11.1 MB 11.1 MB/s eta 0:00:00
                                          164.9/164.9 kB 7.8 MB/s eta 0:00:00
                                          178.7/178.7 kB 9.5 MB/s eta 0:00:00
                                          117.6/117.6 kB 7.7 MB/s eta 0:00:00
  Building wheel for crcmod (pyproject.toml) ... done
Virtual env enabled.

For more information on how to get started, please visit:
  https://cloud.google.com/sdk/docs/quickstarts

aaronlee@AarondeMacBook-Air ~ %
```

▲ 圖 3-8-9　看到安裝程序執行結束

我故意輸入 gcloud 看看，會看到它先跳出一個錯誤訊息，接著跳到一個 gcloud 指令說明的畫面，代表 Cloud SDK 是有正確安裝並可以使用的，如圖 3-8-10：

```
aaronlee@AarondeMacBook-Air ~ % gcloud
ERROR: (gcloud) Command name argument expected.
```

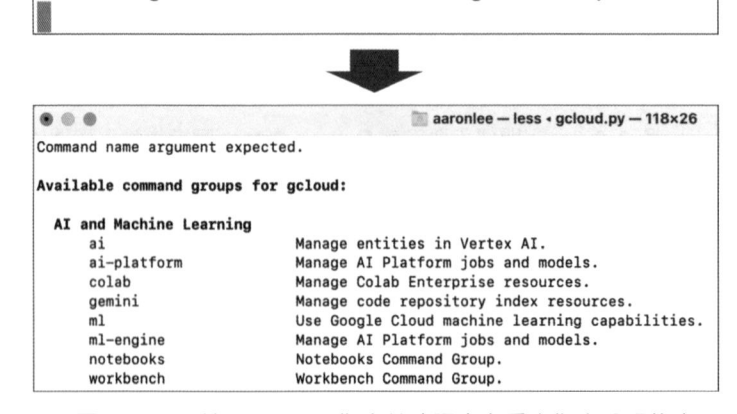

```
                                    aaronlee — less • gcloud.py — 118×26
Command name argument expected.

Available command groups for gcloud:

  AI and Machine Learning
      ai                      Manage entities in Vertex AI.
      ai-platform             Manage AI Platform jobs and models.
      colab                   Manage Colab Enterprise resources.
      gemini                  Manage code repository index resources.
      ml                      Use Google Cloud machine learning capabilities.
      ml-engine               Manage AI Platform jobs and models.
      notebooks               Notebooks Command Group.
      workbench               Workbench Command Group.
```

▲ 圖 3-8-10　輸入 gcloud 指令並確認它有秀出指令說明的畫面

為了要確保我們執行的指令，可以操作到 Google Cloud 的專案，我們要先執行初始化的動作，輸入指令 gcloud init，如圖 3-8-11：

在這裡會看到三個選項：

(1) 重新初始化原有設定檔（default）

(2) 建立新的設定檔

(3) 切換到另一個設定檔

如果你是第一次使用，看到的環境可能會跟我的不太一樣，或是直接跳到下個步驟，我在這裡就輸入 1，再按 Enter：

```
aaronlee@AarondeMacBook-Air ~ % gcloud init
Welcome! This command will take you through the configuration of gcloud.

Settings from your current configuration [default] are:
compute:
  region: asia-east1
  zone: asia-east1-c
core:
  account: a***************m
  disable_usage_reporting: 'True'
  project: dong-dong-gcp-3

Pick configuration to use:
 [1] Re-initialize this configuration [default] with new settings
 [2] Create a new configuration
 [3] Switch to and re-initialize existing configuration: [n*********]
Please enter your numeric choice:
```

▲ 圖 3-8-11　選擇要重新初始化原有設定檔，還是使用新的設定檔

這裡是問我要用哪一個帳號登入 Google Cloud，因為我曾經切換過不同帳號，所以它都會記錄起來，每次初始化都會再問我。如果你是第一次使用，可能會自動跳過這個步驟，如圖 3-8-12：

```
Choose the account you want to use for this configuration.
To use a federated user account, exit this command and sign in to the gcloud CLI
 with your login configuration file, then run this command again.

Select an account:
 [1] ***************m
 [2] ***************m
 [3] ***************m
 [4] Sign in with a new Google Account
 [5] Skip this step
Please enter your numeric choice:  2
```

▲ 圖 3-8-12　選擇要登入 Google Cloud 的帳號

這裡則是問我要操作哪一個專案環境，它會把你帳號有權限的環境都列出來，如圖 3-8-13：

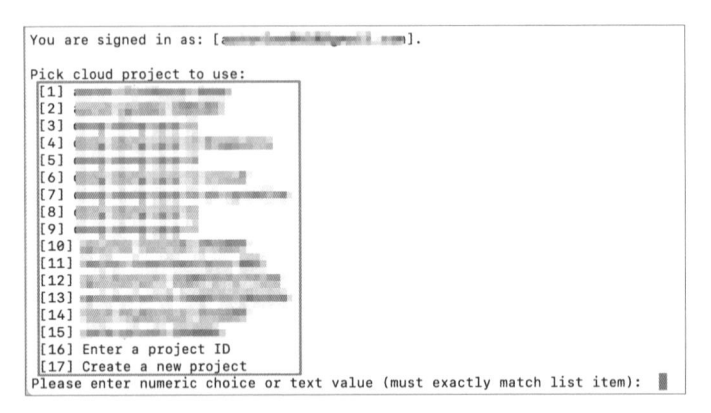

▲ 圖 3-8-13　選擇要操作哪一個 Google Cloud 的專案

這裡是問你有沒有主要操作的資料中心（Region 和 Zone），台灣的 Region 是 asia-east1，包含 a、b、c 三個 Zone，如圖 3-8-14：

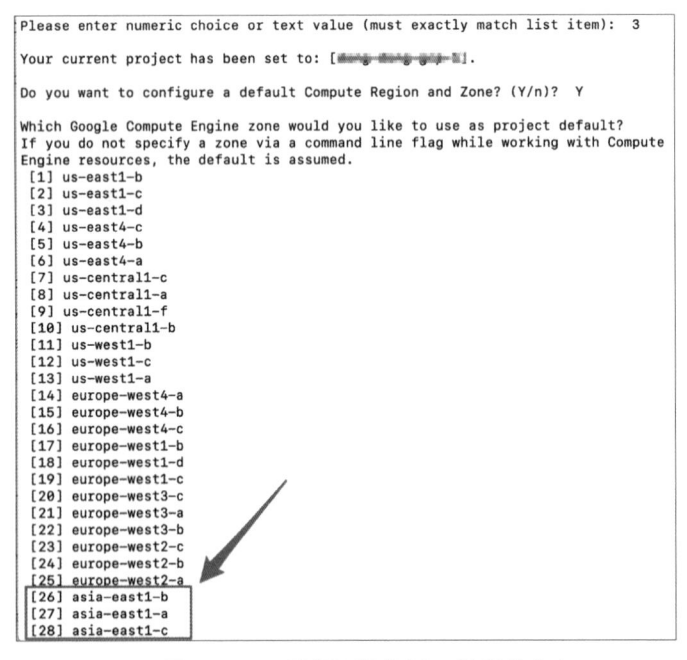

▲ 圖 3-8-14　選擇要操作哪一個資料中心

選一個偏好的 Zone 的號碼再按 Enter，最後它告訴你設定完成了，接下來就可以正式操作 Google Cloud，如圖 3-8-15：

```
Did not print [78] options.
Too many options [128]. Enter "list" at prompt to print choices fully.
Please enter numeric choice or text value (must exactly match list item):   28

Your project default Compute Engine zone has been set to [asia-east1-c].
You can change it by running [gcloud config set compute/zone NAME].

Your project default Compute Engine region has been set to [asia-east1].
You can change it by running [gcloud config set compute/region NAME].

The Google Cloud CLI is configured and ready to use!

* Commands that require authentication will use aaronlee0618@gmail.com by default
* Commands will reference project `dong-dong-gcp-1` by default
* Compute Engine commands will use region `asia-east1` by default
* Compute Engine commands will use zone `asia-east1-c` by default

Run `gcloud help config` to learn how to change individual settings

This gcloud configuration is called [default]. You can create additional configurations if yo
u work with multiple accounts and/or projects.
Run `gcloud topic configurations` to learn more.

Some things to try next:

* Run `gcloud --help` to see the Cloud Platform services you can interact with. And run `gclo
ud help COMMAND` to get help on any gcloud command.
* Run `gcloud topic --help` to learn about advanced features of the CLI like arg files and ou
tput formatting
* Run `gcloud cheat-sheet` to see a roster of go-to `gcloud` commands.
aaronlee@AarondeMacBook-Air ~ %
```

▲ 圖 3-8-15　Cloud SDK 設定完成

Note

CHAPTER 04

Compute Engine 虛擬機器平台簡介

- 4-1 Compute Engine 是什麼？
- 4-2 建立並連線到虛擬機器
- 4-3 在虛擬機器上架設一個 Apache 網站
- 4-4 給虛擬機器建立快照備份並還原
- 4-5 映像檔和機器映像檔
- 4-6 執行個體範本

4-1 Compute Engine 是什麼？

Compute Engine 是 Google 的虛擬機器平台，你可以使用免費的 Linux Server，如 Debian、Ubuntu、CentOS 等，也可以使用付費的 Windows Server（沒有 Desktop 版本）或 Redhat Linux 等。

它不只是讓你可以操作虛擬機器而已，它提供許多很方便的功能讓你可以很輕鬆地去管理你的虛擬機器，例如映像檔、快照備份、GPU、TPU、搬遷功能、和自動擴充的執行個體群組等等。

各種效能規格和自訂規格

如圖 4-1-1，它提供了各種不同硬體型號的 CPU 和記憶體，像是最早推出的 N1 機器類型提供 Intel Skylake、Broadwell、Haswell 等 CPU，N2 提供 Ice Lake 和 Cascade Lake CPU。還有最便宜的 E2 機器類型，提供 Intel、AMD EPYC Rome 和 Milan CPU。

如果想要使用 AMD 的 CPU，可使用 C3D、N2D、C2D 和 T2D 的機器，另外還有 ARM 的 CPU，包含 T2A 和 C4A。

其他高效能的機器例如儲存優化的 Z3、運算優化的 H3、C2、C2D、記憶體優化的 M1、M2、M3、X4、加速器優化的 G2、A2 和 A3 等等。

Series	說明	vCPUs	Memory	CPU 平台
C4	具備穩定高效能	2 - 192	4 - 1,488 GB	Intel Emerald Ra
C4A	採用 Arm 架構，可以持續提供卓越效能	1 - 72	2 - 576 GB	Google Axion
C4D	預覽 具備穩定高效能	2 - 384	3 - 3,024 GB	AMD Turin
N4	靈活彈性且成本最佳化	2 - 80	4 - 640 GB	Intel Emerald Ra
C3	具備穩定高效能	4 - 192	8 - 1,536 GB	Intel Sapphire Ra
C3D	具備穩定高效能	4 - 360	8 - 2,880 GB	AMD Genoa
E2	低成本，適合日常運算	0.25 - 32	1 - 128 GB	Intel Broadwell
N2	兼顧價格和效能	2 - 128	2 - 864 GB	Intel Cascade La
N2D	兼顧價格和效能	2 - 224	2 - 896 GB	AMD Milan
T2A	向外擴充工作負載	1 - 48	4 - 192 GB	Ampere Altra
T2D	向外擴充工作負載	1 - 60	4 - 240 GB	AMD Milan
N1	兼顧價格和效能	0.25 - 96	0.6 - 624 GB	Intel Haswell

▲ 圖 4-1-1　Compute Engine 提供虛擬機器各種機器類型和規格

看到那麼多機器類型，如果不知道到底要選擇哪一種的話，你就選擇 N1 或 N2，如果只想要最便宜的，那選 E2 就對了（當然它的效能就不如 N1 和 N2）。

關於 CPU 和記憶體的搭配，它有一個固定的比例，例如 N1 是 1 個 vCPU 配 3.75 GB 記憶體，其他型號大部分是 1 個 vCPU 配 4 GB 記憶體。

除了它搭配好的比例之外，你也可以自訂其他的比例，例如一個 vCPU 配上 624 GB 記憶體這種非常極端的比例，是你在其他雲端平台做不到的，如圖 4-1-2：

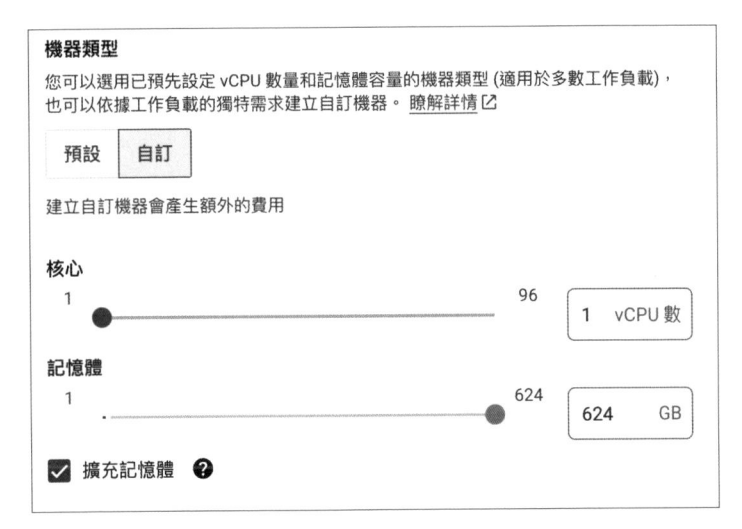

▲ 圖 4-1-2　自訂 CPU 和記憶體的比例

優化過的作業系統

上面提到的作業系統，Google 並不是直接向來源機構取得原始版本的映像檔，Google 有對這些映像檔做一些優化跟調整。除此之外，Google 也會定期或是針對重大漏洞的修補推出更新的版本，讓你可以安全地使用虛擬機器喔！

提供各種效能等級的硬碟類型

它提供各種永久磁碟（Persistent Disk），從一般的傳統硬碟（Standard Disk）和固態硬碟 SSD，如果你希望硬碟的 IOPS 效能高一點，卻又不想花費太高的成本，可以使用已平衡的永久磁碟（Balanced PD）。

另外，如果想要更高 IOPS 的話，還有 Hyperdisk 和 Extreme Disk 可以使用。

既然有永久磁碟，就有臨時的磁碟，如果你需要非常快速的 IOPS 時，可以使用 Local SSD。

但要注意，只要你重開機，資料會全部消失喔！它的 IOPS 很快是為了輔助你暫存資料，而不是永久儲存，如果你要永久儲存，還是要選上面的永久硬碟喔！

這裡提供官網的 Disk 效能表格如圖 4-1-3：

	區域標準 PD	區域 Balanced PD	區域 SSD PD	區域 Extreme PD	多重寫入模式下的區域 SSD PD
每 GiB 的讀取 IOPS	0.75	6	30	–	30
每 GiB 的寫入 IOPS	1.5	6	30	–	30
每執行個體的讀取 IOPS*	7,500	80,000	100,000	120,000	100,000
每執行個體的寫入 IOPS*	15,000	80,000	100,000	120,000	100,000

▲ 圖 4-1-3　不同 Disk 類型的效能比較

（資料來源：https://cloud.google.com/compute/docs/disks/performance）

關於快照（Snapshot）、映像檔（Image）和執行個體範本（Instance Template），我們會在後面深入介紹喔！

4-2 建立並連線到虛擬機器

經過前面這麼多前置作業，我們終於要開始操作 Google Cloud 了，馬上就來建立第一台虛擬機器吧！

我們現在在 Google Cloud 的資訊主頁，就先進入「Compute Engine」=>「VM 執行個體」，然後點擊「建立執行個體」，如圖 4-2-1：

Compute Engine 虛擬機器平台簡介　04

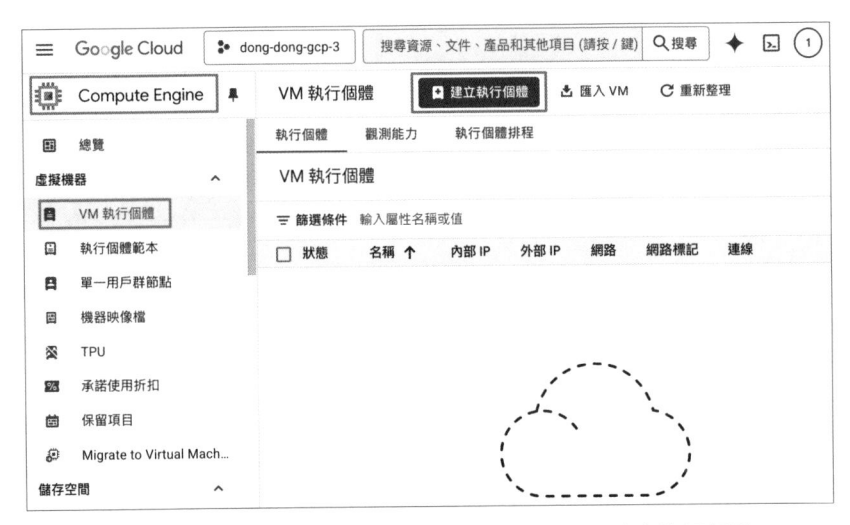

▲ 圖 4-2-1　從 Compute Engine 選單進入並建立執行個體

> **東東碎唸**
>
> 「執行個體」是什麼？為什麼不叫「虛擬機器」？
>
> 執行個體指的是雲端服務中一個正在運行的服務單位，是從服務角度來命名的概念，像之後的 Google App Engine 和 Cloud Run 運作的環境，也叫「執行個體」，但是實際上規格和底層的內容都不同，只是為了方便描述，統一稱為「執行個體」。本書還是使用「虛擬機器」或「主機」，方便大家容易理解喔！

機器設定

首先主機名稱會自動帶入日期和時間（UTC 時間），通常我們會把它改成自己想要的名字來方便辨識主機的用途，我這裡為了 Demo 方便就改成「instance-1」。

區域（Region）指的是 Google 在全世界提供 Google Cloud 服務的資料中心，我們可以選擇 asia-east1（台灣），而在可用區（Zone）的部分，台灣有 a、b、c 三個可用區，「不限」就是交給 Google 來幫你選擇，如圖 4-2-2：

4-5

> **東東眉角**
>
> 建議你可以選擇 a 或 c，因為 Zone b 的 CPU 蠻容易被用滿，有時候開機會失敗。

```
機器設定
 名稱 *
 instance-1

 區域 *                                 可用區 *
 asia-east1 (台灣)                      asia-east1-a
 地區經設定後即無法變更                    可用區一經設定即無法變更
```

▲ 圖 4-2-2　主機名稱和位置設定

接下來規格的部分，如上一單元所說，你可以依照使用場景來選擇適合的主機規格。雖然 E2 機器類型是單價最便宜的，但是如果你要選擇最小規格的機器，你可以選擇 N1 的 f1-micro，如圖 4-2-3。

你可以看到你在調整規格的時候，右邊的預估費用也會跟著自動更新，讓你可以預先知道這台機器一個月下來會花多少錢。

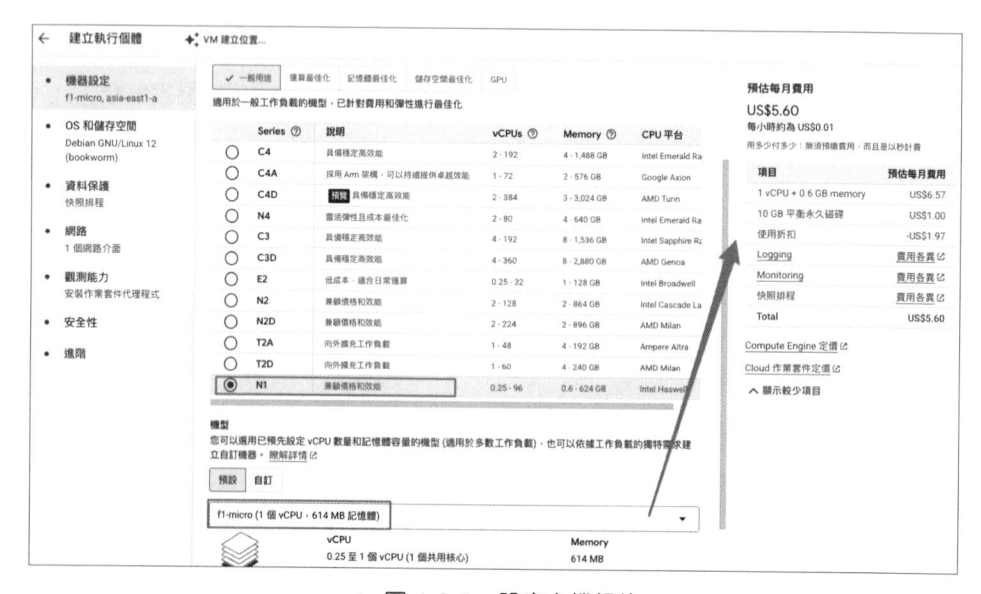

▲ 圖 4-2-3　設定主機規格

OS 和儲存空間

在作業系統和儲存空間這部分，你會看到它預設帶入的作業系統是 Debain Linux 的版本，你如果偏好使用其他版本，可以點擊變更來調整，如圖 4-2-4。

你也會看到它所使用的硬碟是「新的已平衡永久磁碟」，我們如果只是為了測試，可以把它改成更便宜的「標準永久磁碟」。

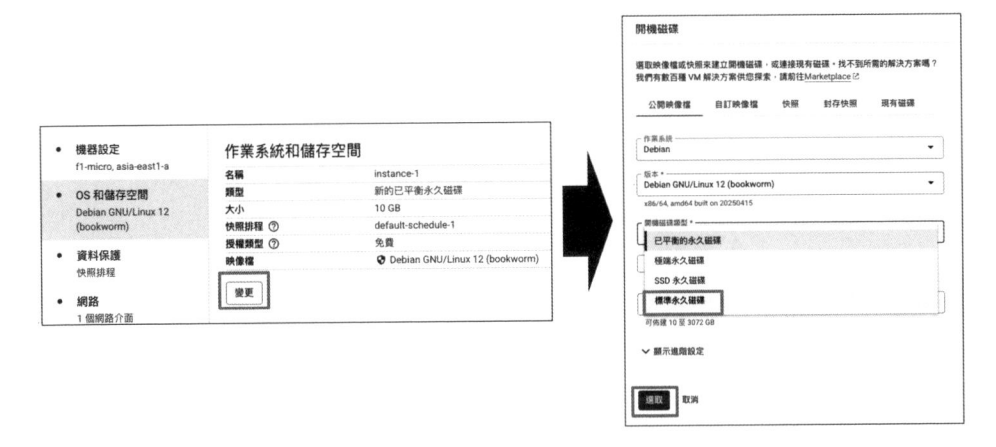

▲ 圖 4-2-4　調整磁碟類型

資料保護

你可以在備份資料看到「備份計畫」、「快照排程」和「不備份」三個選項，如圖 4-2-5。

備份計畫是 Google Cloud 最新的備份功能，由於它的設定相對複雜，我們就先不採用備份計畫。

快照排程則是 Google Cloud 行之有年、方便又簡單的備份功能，它自動帶入預設值，讓你每天定時給主機的資料做快照。當你需要還原的時候，你可以選擇最新的快照來還原成主機。在這裡我們就使用預設的「快照排程」。

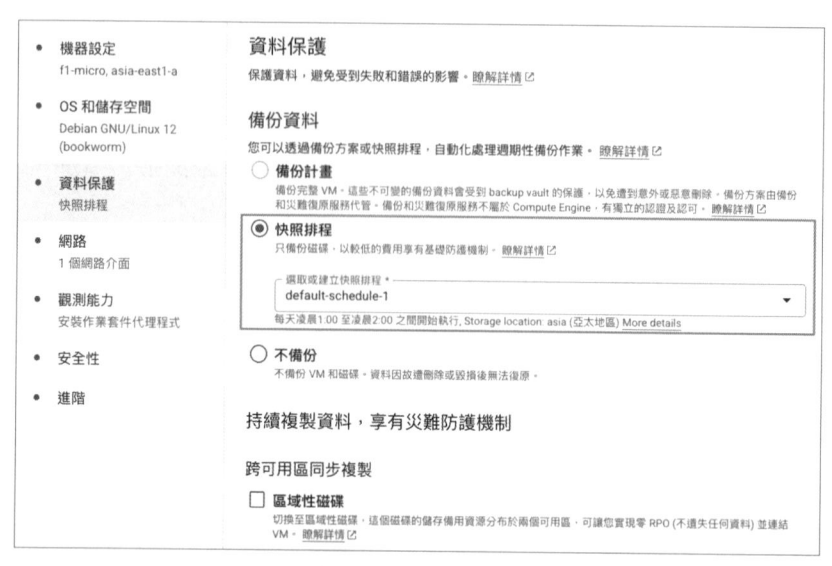

▲ 圖 4-2-5　在資料保護部分選擇「快照排程」

網路

在防火牆的部分，有提供幾個快速的選項給你勾選，如圖 4-2-6。如果你準備要在下一個單元建立測試網頁的話，你可以先勾選「允許 HTTP 流量」，它會建立一條防火牆規則，允許全世界任何的來源 IP 存取到你主機的 80 port。

而在網路標記的部分，要跟防火牆規則所對應的標記相同，這樣防火牆的規則就會套用到這台主機上，我們在後面的單元會詳細說明。

▲ 圖 4-2-6　防火牆和網路標記設定

我們展開下方的網路介面，首先你會看到網路和子網路的選項，如圖 4-2-7，這是我們剛開始使用 Google Cloud 專案預設的網路環境，你也可以建立自己的網路和子網路，後面的單元會提到。

關於外部 IPv4 位址有三個選項，「無」就是不要使用外部 IP，你也可以選擇「臨時」，代表每次開機 Google 會隨機分配一個外部 IP 給這台主機，如果你的機器有重開，Google 可能會分配新的 IP 給這台主機。

但如果你不希望每次開機，它的 IP 都跳來跳去的話，你可以選擇「保留靜態外部 IP 位址」，這樣每次開機 IP 就會保持固定。我們現在就保持「臨時」就好。

下方的網路服務級別有分成 Premium 和標準級，Premium 就是網路傳輸的速度較快，可以使用的網路功能也比較多，我個人建議使用 Premium，才不會缺少某些重要的網路功能。

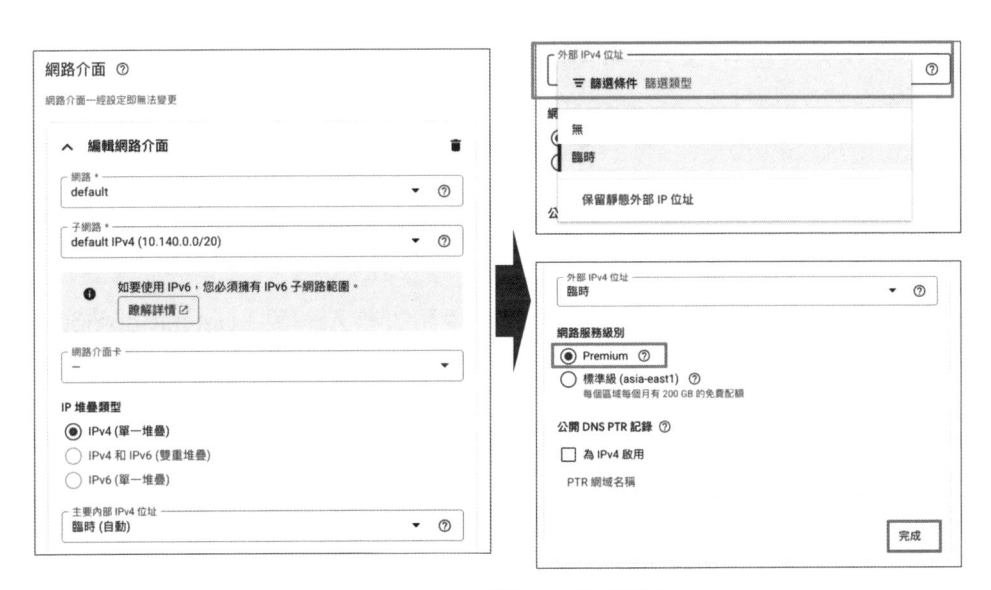

▲ 圖 4-2-7　網路介面詳細設定

觀測能力

接下來觀測能力的部分，是在詢問我們要不要安裝 Ops Agent 來收集主機上的效能指標和系統的記錄，如圖 4-2-8。

如果沒有勾選，我們就只能監控到 CPU 使用率、網路速度和磁碟的讀寫速度，但是沒有辦法收集記憶體和磁碟的使用率。也沒有辦法收集到主機本身的系統記錄檔，我們就保持勾選。

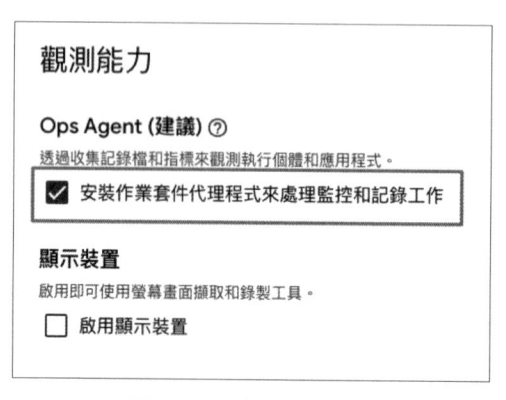

▲ 圖 4-2-8　勾選 OPs Agent

安全性

在安全性的部分，首先我們看到服務帳戶預設帶入一個「Default compute service account」，這個服務帳戶具有「編輯者」的角色，權限是蠻大的，如圖 4-2-9。

但是因為它的存取權範圍是「允許預設存取權」，其實它只能夠讀取同專案 Cloud Storage 的資料，以及將效能指標和系統記錄寫入 Cloud Monitoring 和 Cloud Logging，以利我們在 Console 監控。

所以它的權限是不大的，我們保持預設值就好。如果你以後會把開發好的程式部署到主機上，那你就要另外建立服務帳戶，並且賦予較小的權限角色，確保它不會有過多的權限。

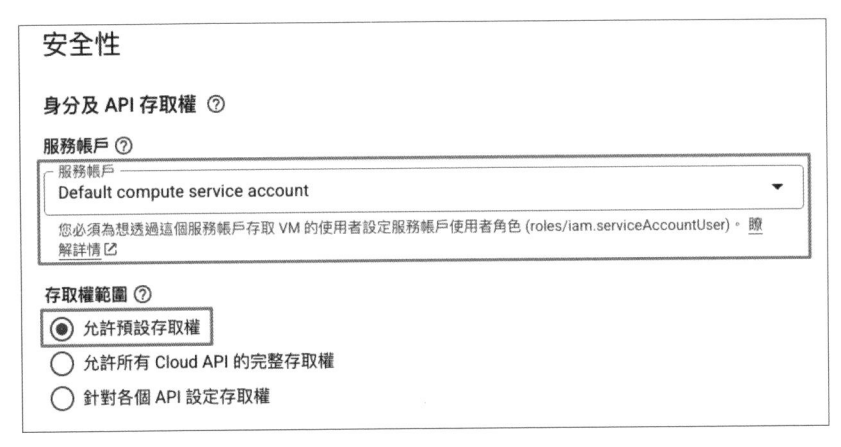

▲ 圖 4-2-9　設定服務帳戶和存取權

進階

我們最後展開「進階」的區塊，如圖 4-2-10，最上方的「說明」只是讓你記錄這台主機的相關說明，方便大家辨識用而已。比較重要的是下面的「防刪除功能」，因為在雲端操作實在是太方便了，我們只要勾選一下機器就可以馬上把它刪除，就是怕大家不小心手滑刪掉機器，資料就完全救不回來，所以 Google Cloud 提供這個功能，讓你不會誤刪機器。

下面還有一個「自動化—開機指令碼」的功能，它讓你每次開機器時，能自動執行一些指令，例如安裝所需要的軟體或套件，或者是去某個地方下載程式碼，然後自動啟用功能並且對外服務。是一個很方便的功能，以後在設定自動擴充的時候，可能也會用到它喔。目前我們暫時用不到，可以先保持空白。

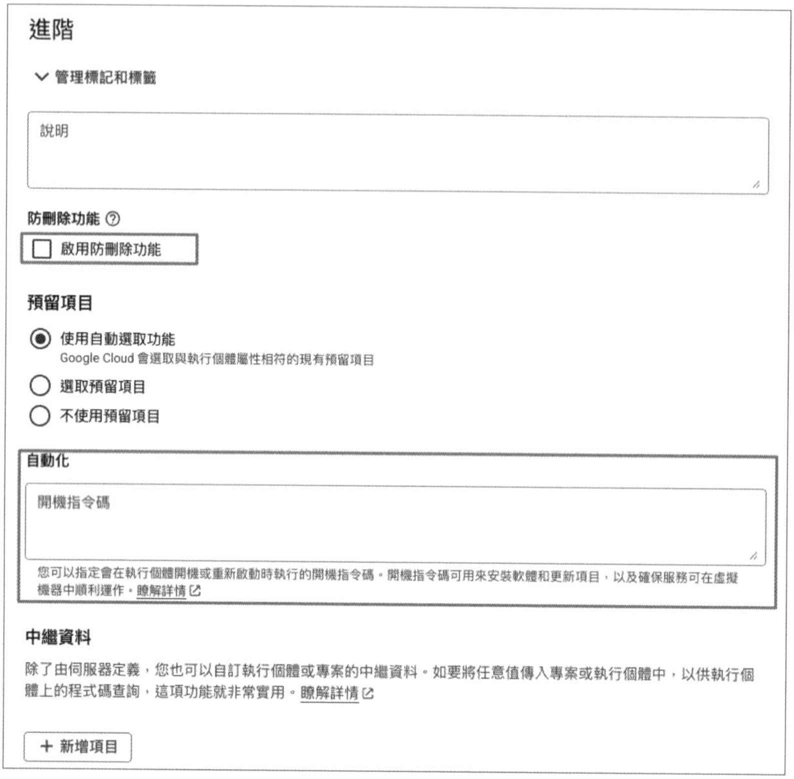

▲ 圖 4-2-10　防刪除功能和開機指令碼

再來是佈建模型的部分，你會看到它分成標準和 Spot，標準指的是這台機器是永久存在的，Spot 是沒有辦法保證機器用多久，但是它非常便宜（60％～91％ 折扣），如圖 4-2-11。

因為 Google Cloud 提供非常多機器給全世界用，而機器的使用會有尖峰跟離峰時間，所以有時會閒置很多機器，Google Cloud 為了讓機器盡量被使用，所以才提供很深的折扣。

如果今天有一個客戶要開標準的機器的時候，如果閒置的機器都用完了，它就會把 Spot 的機器回收，讓給標準的使用者（畢竟他是支付原價）。有點像是你坐火車沒買對號入座的票，你看到空位就先坐下去，但有對號座位票的人來了，你就要讓給他坐了。

那機器不是會突然被中斷？是的，所以你只能把非緊急的排程工作，交給 Spot 主機來執行，像是對外 24 小時服務的網站或資料庫，當然不可能用 Spot 來跑囉！

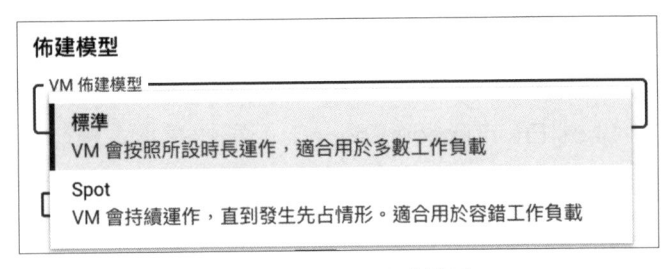

▲ 圖 4-2-11　佈建模型

再往下的「設定 VM 的時間限制」功能，你可以「指定時數」，就是「幾小時後關機」。「指定日期」就是幾月幾號幾點幾分，時間到它就關，如圖 4-2-12。

而「按適當流程關閉 VM」指的是在你閉關或刪除主機後，預留一個緩衝期間讓你的應用程式可以執行告一段落，你可以設定從一秒到一個小時的緩衝期。

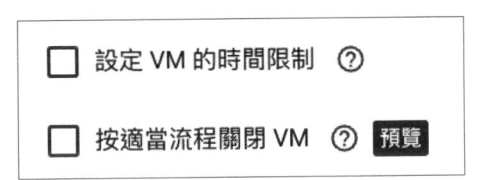

▲ 圖 4-2-12　VM 時間限制和按適當流程關閉 VM

再往下的設定蠻重要的，指的是 Google 會「不定期」維護你的主機，或是做一些安全性的更新。為此它會暫時把你的主機移動到另外的硬體上，甚至會將你的主機重開機，如圖 4-2-13。

你可能會覺得有點莫名其妙，為什麼它要重開你的主機？

事實上，對你來說 Google Cloud 是雲端，但是對 Google 來說還是實際的硬體設備，所以維護是避免不了的。

首先是在主機維護期間，你要選擇「遷移」還是「終止」？當然是「遷移」，因為「終止」就是讓它直接關機不再運作，而且「遷移」只會有短暫幾秒鐘的時間，你的主機效能差一點點而已。

主機錯誤逾時（hostErrorTimeoutSeconds）指的是當主機發生錯誤造成當機，你要等多久讓它重新啟動？因為它有可能自動復原，也有可能一直當機下去。如果你保持「未指定（預設）」，它就會等待 330 秒，你可以設定在 90 秒到 330 秒之間。

「自動重新啟動」指的是當主機在維護或發生故障的時候，你要讓它重新啟動（啟用）還是不理它（停用）？你如果不讓它重啟，它身上可能會累積各種奇奇怪怪的問題，硬著頭皮運作下去。只怕到了哪一天，它就完全死當，就算你重新開機也連不進去，那還不如有問題就讓它重「重新啟動」，雖然機器可能會受到短暫的影響，但至少比將來有一天完全動不了還好。

你會看到這部分都已經帶入我們想要的預設值，所以保持不變就好。

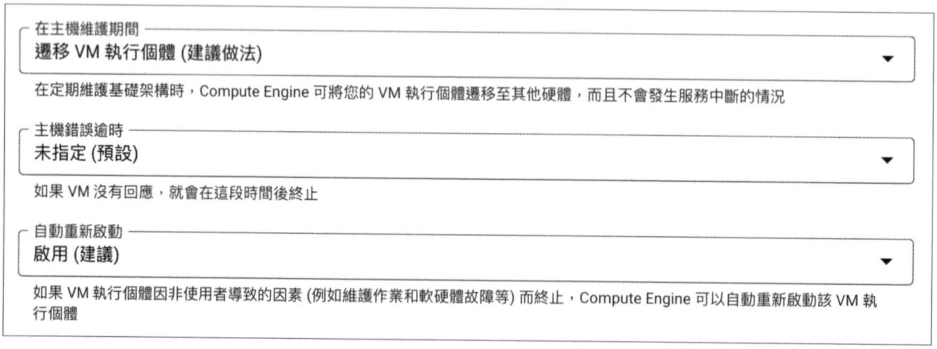

▲ 圖 4-2-13　VM 的維護政策

它最下面還有一個按鈕叫「等效程式碼」，點擊之後旁邊會出現一個視窗，把你剛剛在 Console 上面的設定轉換成 gcloud 指令、Rest API 和 Terraform 設定檔，如圖 4-2-14。

好處是當你有大量的動作要執行,可以透過這個方式一口氣地完成,因為人工操作效率會比較慢,也有可能會出錯。像是建立一台主機的指令只要像下面這樣,你就不用在 Console 上勾選半天:

```
gcloud compute instances create instance-1 --machine-type=f1-micro --zone=asia-east1-a
```

我們終於了解建立機器過程中各個重要的設定選項,現在可以直接按下「建立」。

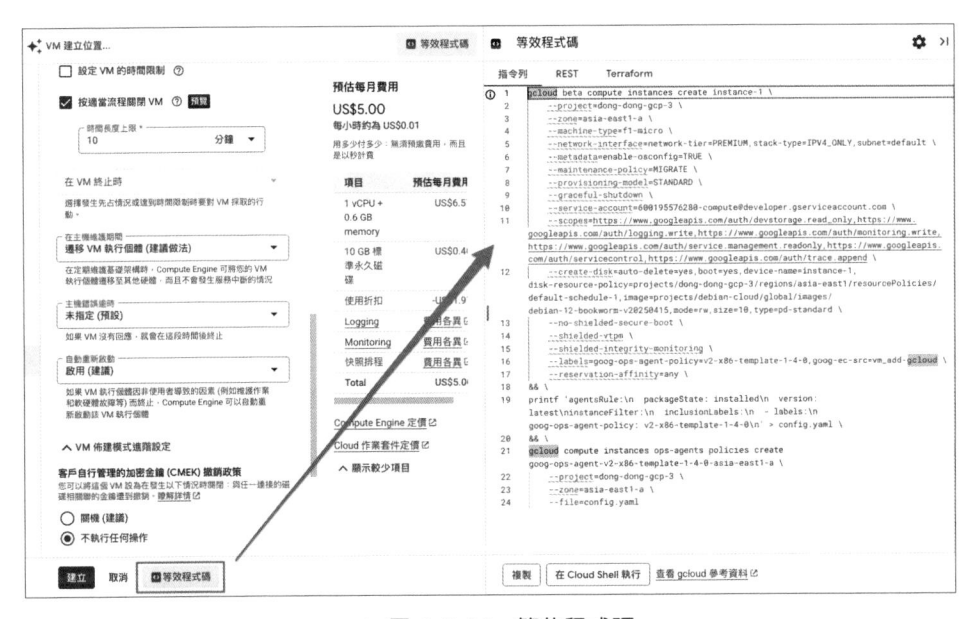

▲ 圖 4-2-14　等效程式碼

接下來我們就等待它開機完成,你會看到它的狀態是在轉圈圈,通常只要等 15 到 20 秒,同時你可以按一下重新整理按鈕,當它顯示為綠色勾勾,就代表開機完成了,真的非常快速,如圖 4-2-15:

| VM 執行個體 | 建立執行個體 | 匯入 VM | 重新整理 |

執行個體　觀測能力　執行個體排程

VM 執行個體

▼ 篩選條件　輸入屬性名稱或值

☐	狀態	名稱 ↑	可用區	建議	使用者	內部 IP	外部 IP	連線
☐	◯	instance-1	asia-east1-a					SSH ▼

| VM 執行個體 | 建立執行個體 | 匯入 VM | 重新整理 |

執行個體　觀測能力　執行個體排程

VM 執行個體

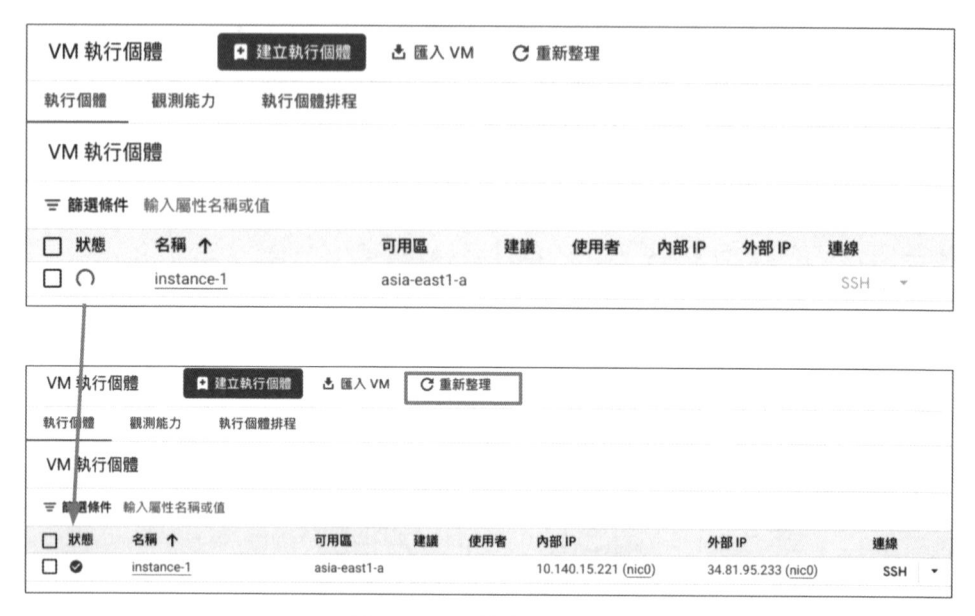

▼ 篩選條件　輸入屬性名稱或值

☐	狀態	名稱 ↑	可用區	建議	使用者	內部 IP	外部 IP	連線
☐	✓	instance-1	asia-east1-a			10.140.15.221 (nic0)	34.81.95.233 (nic0)	SSH ▼

▲ 圖 4-2-15　等待 VM 開機完成

> **東東眉角**
>
> 建立機器的 Console 介面更新頻率很高，幾乎 1~2 周就會看到一點變動，所以書上的畫面可能會跟你看到的不太一樣，但是操作起來大同小異喔！

4-3 在虛擬機器上架設一個 Apache 網站

Apache HTTP 伺服器（簡稱 Apache）是目前全球最受歡迎的開源網頁伺服器之一。它穩定、靈活且支援多種模組，可滿足不同網站需求。

接下來我們就在上一單元建好的機器上，架設 Apache 並且寫一個 Hello World 首頁吧！首先我們點擊旁邊的 SSH 按鈕，如圖 4-3-1：

Compute Engine 虛擬機器平台簡介　04

▲ 圖 4-3-1　點擊 SSH 按鈕連線到主機

你會看到它跳出一個授權視窗，這時按下 Authorize，如圖 4-3-2：

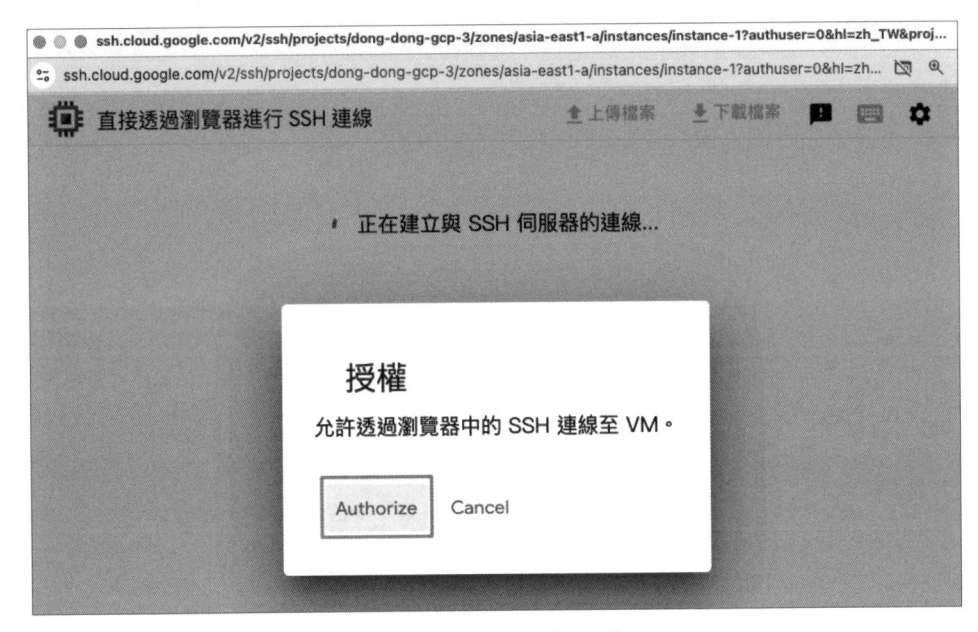

▲ 圖 4-3-2　點擊授權

過沒多久它會打開 SSH 視窗，讓你可以在這邊下各種 Linux 指令，如圖 4-3-3。接下來就輸入指令，檢查是否有可用的更新：

```
sudo apt update
```

4-17

```
aaronlee0618@instance-1:~$ sudo apt update
Get:1 file:/etc/apt/mirrors/debian.list Mirrorlist [30 B]
Get:5 file:/etc/apt/mirrors/debian-security.list Mirrorlist [39 B]
Hit:7 https://packages.cloud.google.com/apt google-compute-engine-bookworm-sta
ble InRelease
Hit:2 https://deb.debian.org/debian bookworm InRelease
Hit:8 https://packages.cloud.google.com/apt cloud-sdk-bookworm InRelease
Hit:3 https://deb.debian.org/debian bookworm-updates InRelease
Hit:4 https://deb.debian.org/debian bookworm-backports InRelease
Hit:6 https://deb.debian.org/debian-security bookworm-security InRelease
Hit:9 https://packages.cloud.google.com/apt google-cloud-ops-agent-bookworm-2 
InRelease
Reading package lists... Done
Building dependency tree... Done
Reading state information... Done
4 packages can be upgraded. Run 'apt list --upgradable' to see them.
aaronlee0618@instance-1:~$
```

▲ 圖 4-3-3　輸入指令檢查是否有可用的更新

如圖 4-3-4，再輸入安裝 Apache 的指令：

```
sudo apt install apache2 -y
```

```
aaronlee0618@instance-1:~$ sudo apt install apache2 -y
Reading package lists... Done
Building dependency tree... Done
Reading state information... Done
The following additional packages will be installed:
  apache2-bin apache2-data apache2-utils libapr1 libaprutil1
  libaprutil1-dbd-sqlite3 libaprutil1-ldap libgdbm-compat4 libjansson4
  liblua5.3-0 libperl5.36 perl perl-modules-5.36 ssl-cert
Suggested packages:
  apache2-doc apache2-suexec-pristine | apache2-suexec-custom www-browser
  perl-doc libterm-readline-gnu-perl | libterm-readline-perl-perl make
  libtap-harness-archive-perl
The following NEW packages will be installed:
  apache2 apache2-bin apache2-data apache2-utils libapr1 libaprutil1
  libaprutil1-dbd-sqlite3 libaprutil1-ldap libgdbm-compat4 libjansson4
  liblua5.3-0 libperl5.36 perl perl-modules-5.36 ssl-cert
0 upgraded, 15 newly installed, 0 to remove and 4 not upgraded.
Need to get 9689 kB of archives.
```

▲ 圖 4-3-4　輸入安裝 Apache 的指令

如果我們使用的主機規格比較小，在這裡我們會多等幾秒，正常情況下不會超過 3 分鐘就安裝完成了，如圖 4-3-5：

▲ 圖 4-3-5　確認 Apache 安裝完成

在 Apache 安裝好之後，它會自動產生一個預設的網頁，我們只要輸入 IP 就可以打開這個網頁，如圖 4-3-6。你可以點擊「複製到剪貼簿」把 IP 複製起來。

▲ 圖 4-3-6　點擊複製到剪貼簿

然後打開一個新的瀏覽器分頁輸入 http://[你剛複製的 IP]，按下 Enter，就看到預設的網頁出現了，如圖 4-3-7：

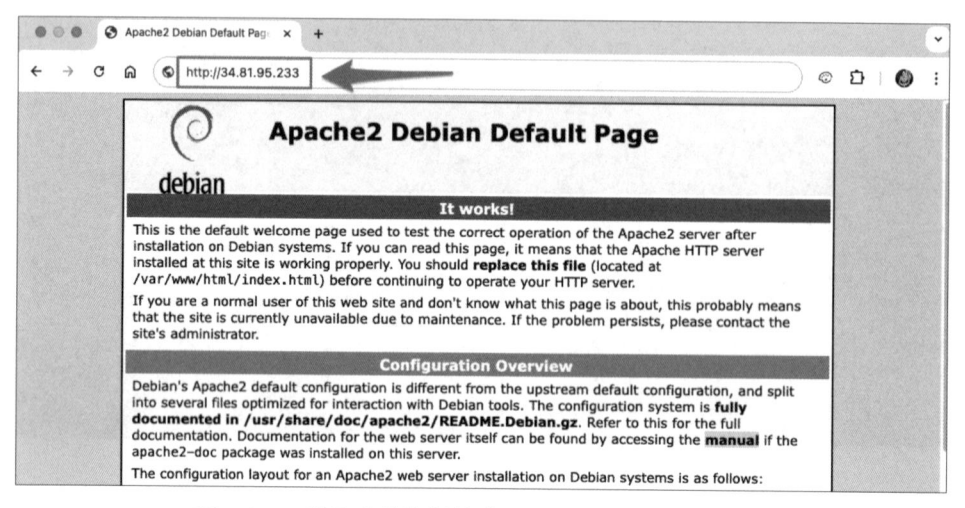

▲ 圖 4-3-7　輸入完整的網址（http 不要加 s）看到預設網頁

> **東東眉角**
>
> 你可能會好奇為什麼不直接點擊上面那個 IP 的超連結？因為你直接點擊的話，它打開的網址是 https，而非 http 的，你會發現網頁打不開。s 代表有使用 SSL 憑證，而且是走 Port 443，但我們目前並沒有 SSL 憑證，而且預設網頁是 Port 80。所以雖然只差一個 s，但我們到達的是不一樣的地方喔！

接著我們來更改首頁的內容，我們先進入存放首頁的資料夾：

```
cd /var/www/html
```

如圖 4-3-8，接著查看資料夾是否有一個首頁的 html 檔案：

```
ls
```

```
aaronlee0618@instance-1:~$ cd /var/www/html
aaronlee0618@instance-1:/var/www/html$ ls
index.html
```

▲ 圖 4-3-8　進入存放首頁的資料夾

如圖 4-3-9，我們再把原有首頁改名（保留首頁原來的版本）：

```
sudo mv index.html index.html.bak
```

然後建立新的首頁：

```
sudo nano index.html
```

```
aaronlee0618@instance-1:/var/www/html$ sudo mv index.html index.html.bak
aaronlee0618@instance-1:/var/www/html$ sudo nano index.html
```

▲ 圖 4-3-9　把原有首頁改名，然後建立新的首頁

把下面的 HTML 內容直接複製起來：

```html
<html>
    <head>
        <title> Hello World !!</title>
    </head>
    <body>
        <h1> Hello World !! </h1>
    </body>
</html>
```

把 HTML 原始碼貼到 Nano 編輯畫面中，如圖 4-3-10。接下來按「ctrl + o」來存檔，然後再按「ctrl + x」離開 Nano。

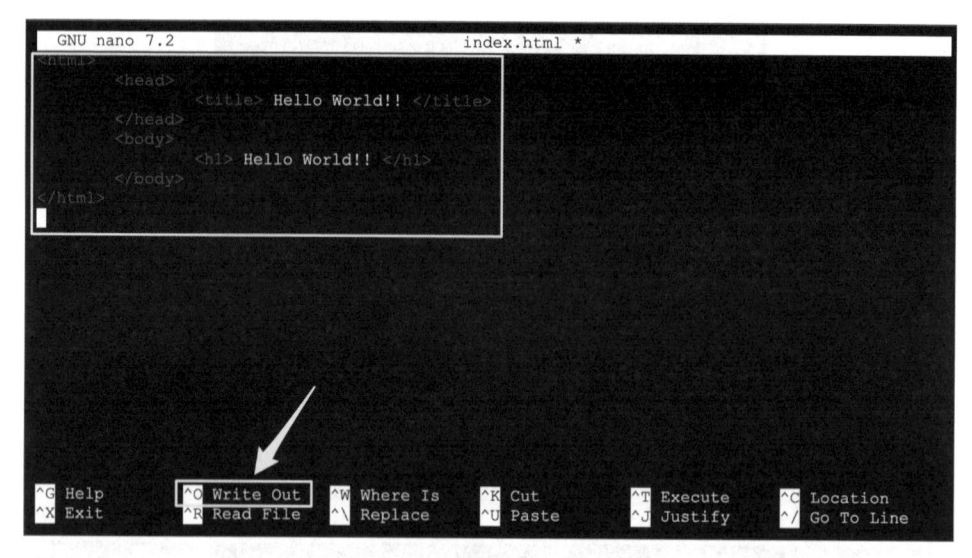

▲ 圖 4-3-10　貼上 HTML 原始碼，按「ctrl + o」來存檔

最後點擊瀏覽器上的重新整理按鈕，就會立即看到改好的首頁，如圖 4-3-11：

▲ 圖 4-3-11　點擊重新整理圖示，看到改好的首頁

本單元的 index.html 可以掃描以下 QR Code 快速取得喔，如圖 4-13-12：

▲ 圖 4-3-12　範例網頁原始碼

4-4 給虛擬機器建立快照備份並還原

快照（Snapshot）是虛擬機器基本的備份功能，能夠捕獲 Disk 的當前狀態，即使機器還在運作，也能直接備份。你也可以設定排程快照，讓機器能夠自動做備份。

我們就來針對上個單元的機器，來示範一次建立快照的過程吧！我們的網頁目前寫著「Hello World!!」，現在直接點擊「快照」，如圖 4-4-1：

▲ 圖 4-4-1　確認目前主機的狀態並進入快照功能

東東眉角

眼尖的朋友會發現，怎麼 IP 跟上次不一樣？因為我是用「臨時 IP」，上次做完後有關機，再重開機就會換另一個 IP 位址。

再按「建立快照」,如圖 4-4-2:

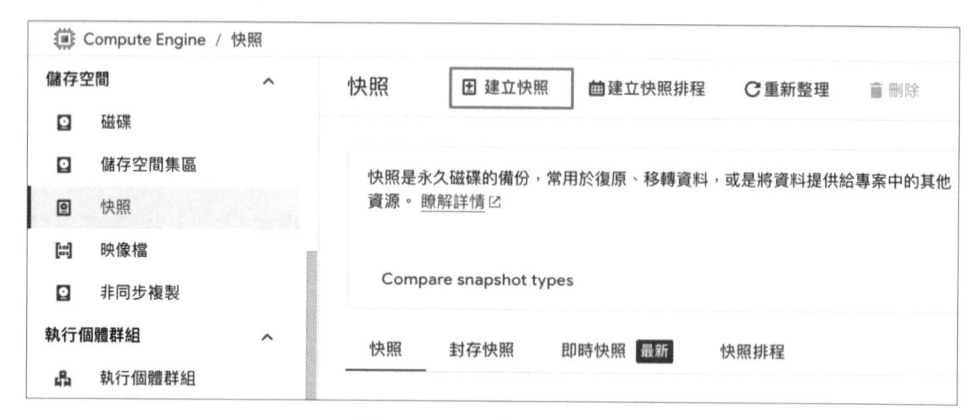

▲ 圖 4-4-2　點擊「建立快照」

命名會自動帶入,我們保持預設就好。在選擇來源磁碟的部分,你會看到我們這台機器開機磁碟的名字和主機名稱一模一樣,這是為了讓我們方便辨識,如圖 4-4-3:

▲ 圖 4-4-3　快照命名並選擇來源磁碟

如圖 4-4-4，你會看到快照有三種，我們直接選擇標準的「快照」，「即時快照」用在快速還原，如果你的應用程式希望縮短停機維護時間，可以選「即時快照」，而「封存快照」和「快照」差不多，它只是比較便宜。

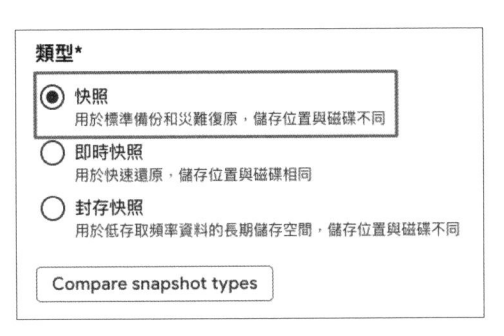

▲ 圖 4-4-4　選擇快照類型

接下來你會看到，快照可以儲存在單一 Region 或多個 Region，如圖 4-4-5，其他保持預設值，就可以按下「建立」：

▲ 圖 4-4-5　選擇把快照儲存在 asia-east1（台灣）並按下「建立」

4-25

如果你的專案已有很多快照，可以用「建立時間」來倒序排列，剛建立的快照就會出現在第一筆，如圖 4-4-6：

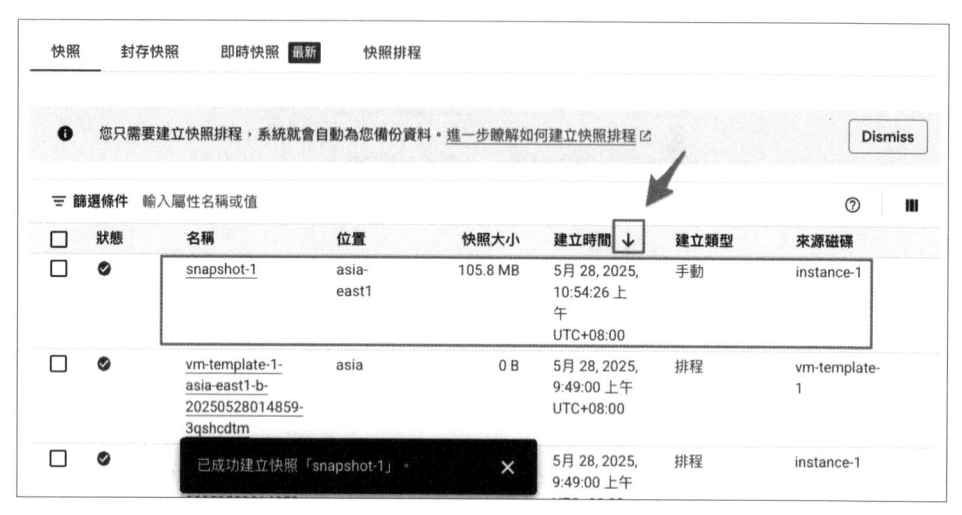

▲ 圖 4-4-6　看到快照成功建立

接下來我們再用這個快照還原成主機，我們直接點擊「snapshot-1」，如圖 4-4-7：

▲ 圖 4-4-7　點擊剛剛建立好的快照

在這個快照詳細資料的頁面，點擊「建立執行個體」，如圖 4-4-8：

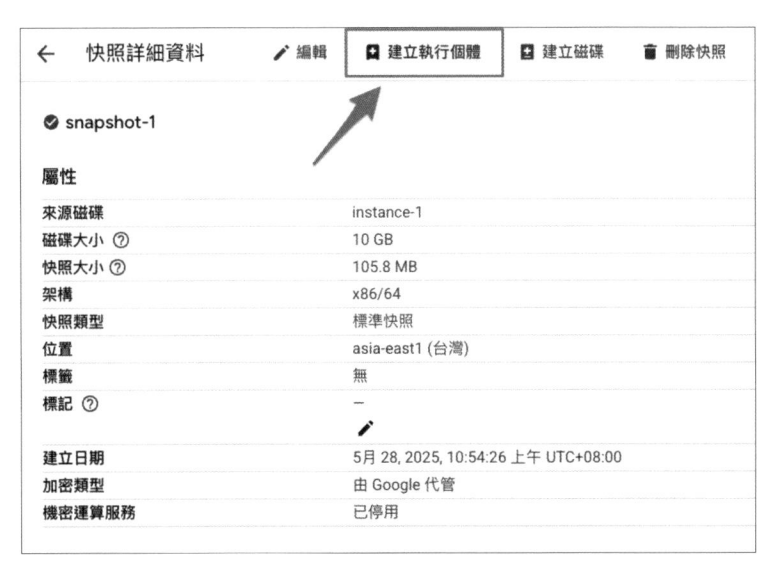

▲ 圖 4-4-8　點擊「建立執行個體」

接下來就照建立機器的流程往下走，如圖 4-4-9：

▲ 圖 4-4-9　設定主機名稱和位置

我們一樣選擇最小規格的機器，如圖 4-4-10：

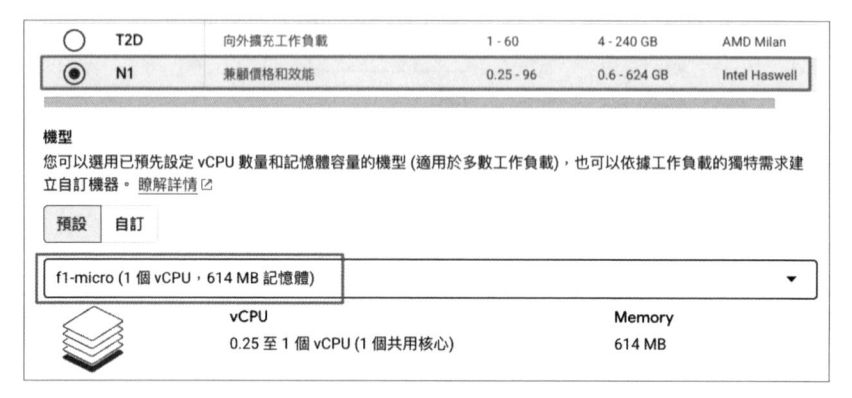

▲ 圖 4-4-10　規格一樣選擇最小的機器 f1-micro

要注意的地方是這裡，我們點擊「變更」進去確認一下，如圖 4-4-11：

▲ 圖 4-4-11　在 OS 和儲存空間點擊「變更」

因為我們是直接在快照頁面點擊建立機器，所以它會自動帶入快照，而開機磁碟類型是帶入預設的「已平衡永久磁碟」，為了省錢可以再改成「標準永久磁碟」，如圖 4-4-12：

▲ 圖 4-4-12　變更 Disk 為「標準永久磁碟」

在「資料保護」部分，我們先選擇不備份，等一下我們會單獨練習設定快照排程，如圖 4-4-13：

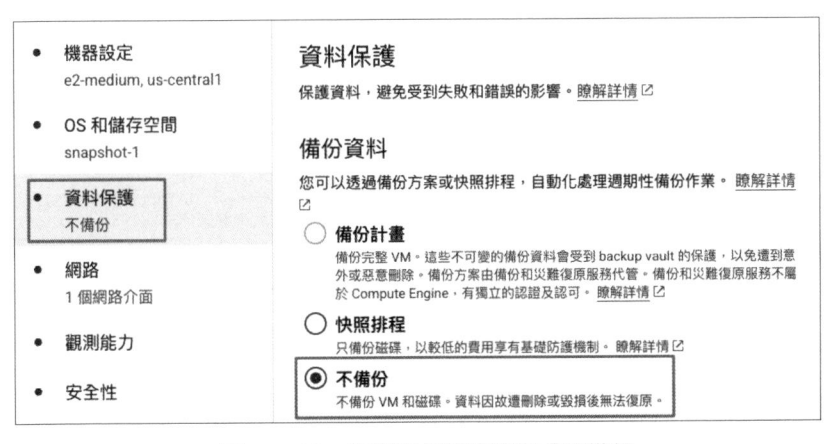

▲ 圖 4-4-13　在資料保護先選擇「不備份」

記得在「網路」只要勾選「允許 HTTP 流量」，其他保持預設，就可以建立機器了，如圖 4-4-14：

▲ 圖 4-4-14　記得在「網路」勾選「允許 HTTP 流量」

過了幾秒之後，第二台機器也建立成功了，而且網頁跟第一台一樣顯示為「Hello World!!」，如圖 4-4-15：

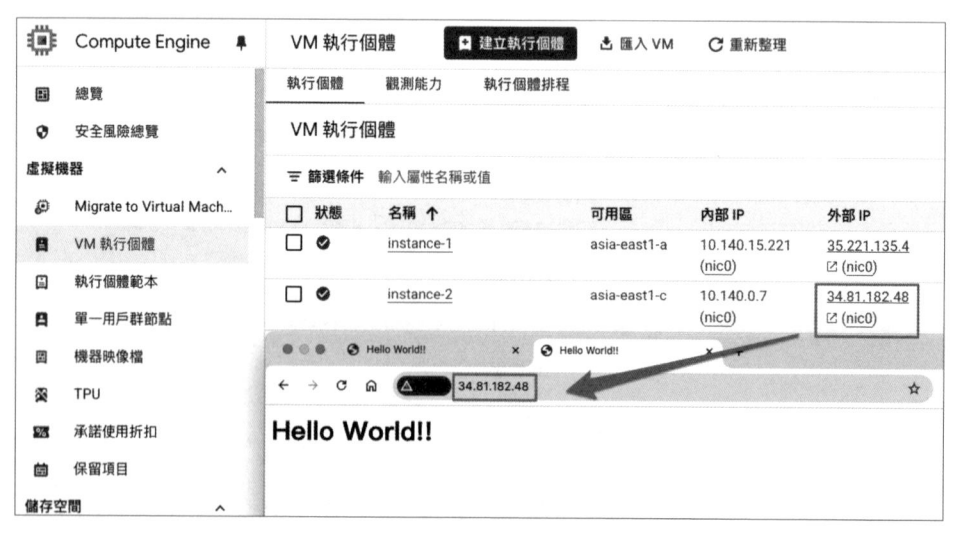

▲ 圖 4-4-15　看到新的主機呈現一模一樣的網頁

> **東東碎唸**
>
> 你會發現所謂的「還原」，其實是開出另一台機器，而不是覆蓋原本的主機。這一點要注意，如果未來機器有問題，從快照還原之後，對外的 IP 或連線方式記得要切換到新的機器上喔！

如果你還記得的話，當初建立機器時，可能已經一鍵勾選快照排程。我們這裡還是完整示範建立快照的排程給大家看，點擊「建立快照排程」，如圖 4-4-16：

▲ 圖 4-4-16　點擊「建立快照排程」

我們在快照排程名稱就保持預設，排程位置選擇我們主機所在的地方 asia-east1。

而快照儲存位置，實務上可以選擇「多地區」，或台灣以外的地區，這樣如果機器有問題，同時 asia-east1 有其他異常，導致我們拿不到快照的話，你可以從別的地區拿到快照，再還原成一台新的主機，如圖 4-4-17：

▲ 圖 4-4-17　設定快照排程名稱、排程位置和儲存位置

如圖 4-4-18，排程頻率的「每小時」，不是真的每「1」個小時，要看下面的重複間隔，預設是 8，即每 8 小時才會做一次快照。真的要每小時可以調成「1」。

> **東東眉角**
>
> 你會看到它的開始時間是世界標準時間（UTC+0），而台灣是 UTC+8，所以你不能直接認定它是台灣時間，假如你要在凌晨 03:00 做快照，那你就要設定 3+24-8= 19，即台灣晚上 19:00~20:00 的時間。

而它也會針對放太久的快照自動刪除，由於快照是增量備份，快照刪除的部分，自動會累加到現有的快照當中，這點不用擔心。

另外下方刪除規則會再問，如果原來 Disk 刪除，快照要不要跟著刪除，你可以視自身情況決定。

Compute Engine 虛擬機器平台簡介　04

如果都沒問題，就可以按下「建立」，如圖 4-4-18：

▲ 圖 4-4-18　快照排程細節設定

接著你就會看到有一個新的排程，但沒有機器在用，所以現在要設定機器來套用排程。注意，我們實際上是要去「磁碟」頁面，而不是直接去虛擬機器設定喔，如圖 4-4-19：

▲ 圖 4-4-19　進入磁碟設定快照排程

4-33

進入磁碟列表，再點擊要套用排程的磁碟，如圖 4-4-20：

狀態	名稱 ↑	類型	大小	可用區	使用者	快照排程	動作
✓	instance-1	標準永久磁碟	10 GB	asia-east1-a	instance-1	default-schedule-1	⋮
✓	instance-2	標準永久磁碟	10 GB	asia-east1-c	instance-2	無	⋮

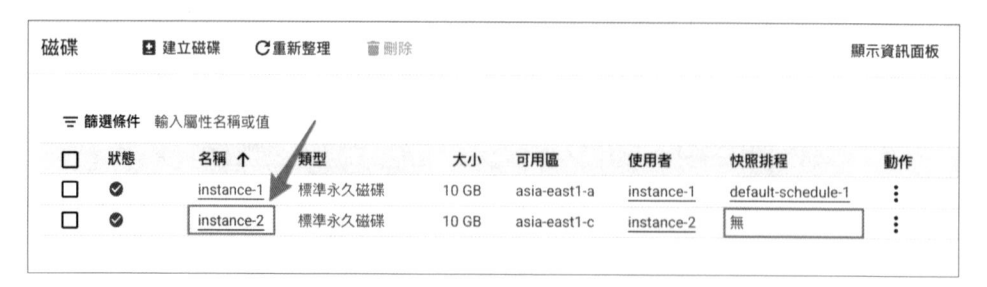

▲ 圖 4-4-20　點擊尚未納入排程的主機

進入磁碟後，點擊「編輯」，如圖 4-4-21：

管理磁碟　　建立執行個體　建立快照　建立映像檔　複製磁碟　建立次要磁碟　✏編輯

✓ instance-2

詳細資訊　觀測能力

屬性

類型	標準永久磁碟
大小 ⓘ	10 GB
架構	x86/64
區域	asia-east1-c
標籤	無
標記 ⓘ	—
使用者	instance-2
快照排程	無
來源快照	snapshot-1
加密類型	由 Google 代管
一致性群組	無
儲存空間集區	無
機密運算服務	已停用

▲ 圖 4-4-21　點擊右上角的「編輯」

在快照排程的下拉式選單，選擇剛剛的 schedule-1，並且按下儲存。如圖 4-4-22：

Compute Engine 虛擬機器平台簡介　04

▲ 圖 4-4-22　選好要套用的排程並按下「儲存」

最後就看到磁碟的排程資訊，確定設定完成了，如圖 4-4-23：

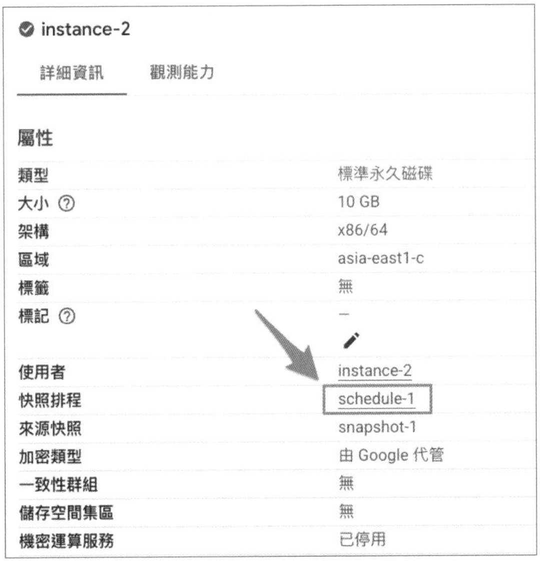

▲ 圖 4-4-23　點擊磁碟的快照排程

4-35

假如你要刪除排程，無法直接刪除，你要先像上面提到的，找到有排程的磁碟，先「編輯磁碟」，把排程改成「沒有任何排程」再儲存，讓排程沒有套用的磁碟，才能刪除排程喔！

最後提醒一下，快照是針對作業系統層級的簡易備份方案，如果是高速讀寫的資料庫，則不保證備份資料完整性，建議用 Cloud SQL 的備份功能，我們在後面章節會提到喔！

4-5 映像檔和機器映像檔

映像檔跟快照有點類似，都有備份的效果，但映像檔主要是為了方便你建立常用的機器，例如你可能經常架設 Apache、PHP 和 MySQL 的主機，你就可以先在一台主機安裝好 Apache，再給它做映像檔，有點類似給它燒光碟的概念。

以後你要用機器，就不用每次都從 Google 的空白主機重新安裝軟體，而是直接用映像檔開機器，這樣效率就會提高很多喔！

那「機器」映像檔又是什麼？兩者有什麼不同？

映像檔只能針對開機磁碟建立，如果你的主機有另外掛載額外的磁碟，映像檔就沒辦法同時針對開機磁碟和額外的磁碟一起備份。而機器映像檔可以做到，還能夠記錄主機規格、中繼資料、服務帳戶和網路介面等等。

這裡就快速示範一下建立映像檔的過程，我們直接到「映像檔」的「建立映像檔」，如圖 4-5-1：

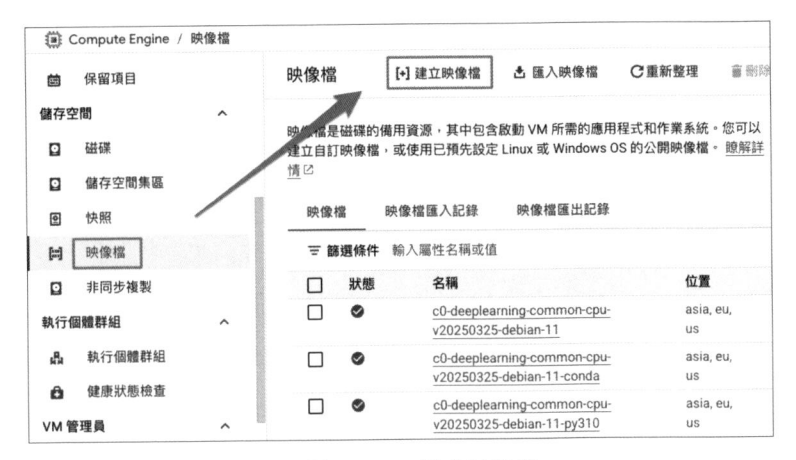

Compute Engine 虛擬機器平台簡介 **04**

▲ 圖 4-5-1　建立映像檔

為了要辨識清楚我們是從哪一台機器建立的映像檔，所以我前面會保留主機的名稱，再帶 Image 的版本號碼，因為我們可能會多次對同一台機器建立映像檔，加版本編號會比較好辨識。沒問題就可以直接按下建立，如圖 4-5-2：

▲ 圖 4-5-2　建立映像檔相關設定

4-37

畫面回到映像檔的主頁，你會看到怎麼有一大堆映像檔？映像檔也算一種資料備份，該不會它們的費用都算在我們身上？

不用擔心，這些都是 Google 自己的映像檔，就是給我們建立機器用的各種作業系統，你會看到它的建立者就是各家作業系統的名字，如圖 4-5-3 中的 Debian。

那我們建立的映像檔跑去哪裡了？要怎麼找到它呢？最簡單的方式就是直接針對建立時間的欄位倒序排列，另外一個方法則是把你的 Project ID 放到它的篩選條件「建立者」當中。

東東眉角

Project ID 可以直接從上面的網址列複製起來喔！

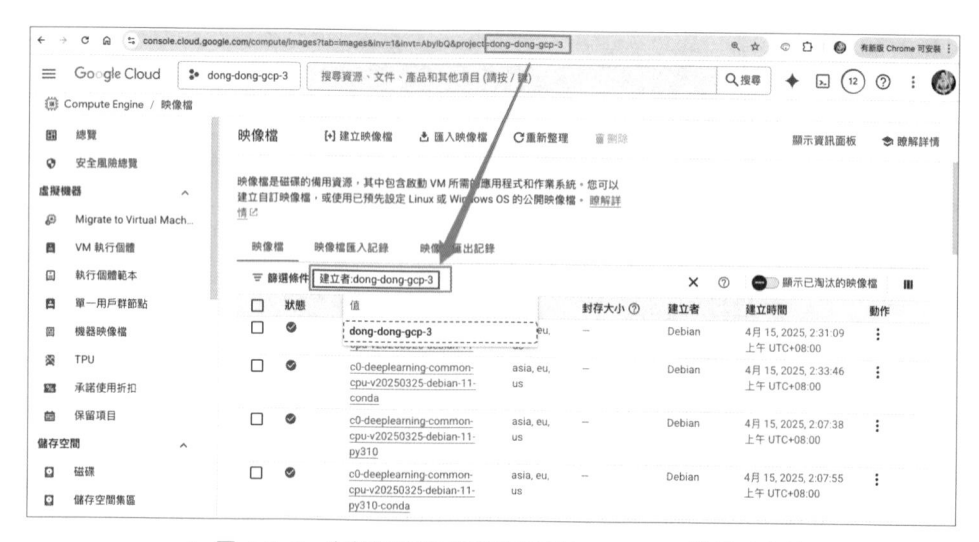

▲ 圖 4-5-3　在篩選條件的建立者用 Project ID 搜尋映像檔

這樣子我們就可以看到剛剛建立的映像檔了。如果要從映像檔建立主機，可以從旁邊的動作找到「建立執行個體」的按鈕，如圖 4-5-4，之後建立的畫面跟建立機器的過程幾乎一樣，這裡就不贅述囉！

Compute Engine 虛擬機器平台簡介 ┉ 04

▲ 圖 4-5-4　從映像檔建立虛擬機器

建立機器映像檔的建立過程，和映像檔差不多，如果你的機器有新增其他的磁碟，它都會一起備份，在「新增磁碟」的部分列出來。

除此之外，它還會記錄你的機器規格、網路標記、服務帳戶和網路介面的設定等等，讓你開機更快喔！

● 4-6　執行個體範本

上面我們介紹了快照、映像檔和機器映像檔，那執行個體範本又是什麼呢？

就是幫你記住所謂的中介資料（Metadata）。

因為一個映像檔中，除了你選擇的作業系統和事先裝好的軟體之外，它在 Google Cloud 的設定資訊，像主機要開在哪一個 Region 和 Zone、規格大小、用多大的 Disk、用哪一個 Service Account（主機的身分）、防火牆標記（Network Tag）、用哪一個 VPC 網路和網段（Subnet）、要不要外部 IP 等等一大堆資訊，如圖 4-6-1。

所以你雖然有了映像檔，但是當你在開機器的時候，還是有很多額外的設定要去做，而執行個體範本就可以讓你一次性地設定各種資訊，讓你的機器可以開得更快。

4-39

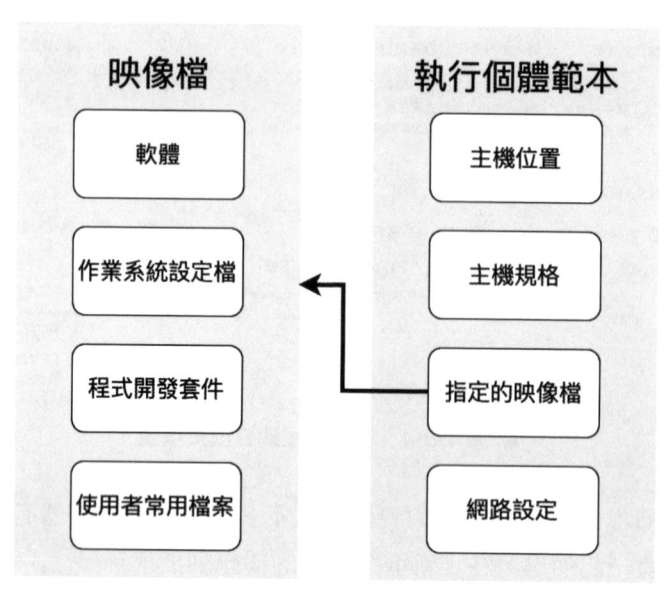

```
        映像檔                    執行個體範本
    ┌───────────┐              ┌───────────┐
    │   軟體    │              │ 主機位置  │
    └───────────┘              └───────────┘
    ┌───────────┐              ┌───────────┐
    │作業系統設定檔│ ←──────  │ 主機規格  │
    └───────────┘              └───────────┘
    ┌───────────┐              ┌───────────┐
    │程式開發套件│              │指定的映像檔│
    └───────────┘              └───────────┘
    ┌───────────┐              ┌───────────┐
    │使用者常用檔案│            │ 網路設定  │
    └───────────┘              └───────────┘
```

▲ 圖 4-6-1　映像檔和執行個體範本的關係

這樣看起來映像檔＋執行個體範本的組合，好像又跟機器映像檔很像，它們到底差在哪裡？

在官網有機器映像檔、快照、自訂映像檔和執行個體範本的比較，如圖 4-6-2：

情境	機器映像檔	標準磁碟快照	自訂映像檔	執行個體範本
備份單一磁碟	是	是	是	否
備份多個磁碟	是	否	否	否
備份異動內容	是	是	否	否
執行個體複製	是	否	是	是
用於複製的基礎映像檔	否	否	是	否

▲ 圖 4-6-2　機器映像檔、快照、自訂映像檔和執行個體範本的比較
（資料來源：https://cloud.google.com/compute/docs/machine-images?hl=zh-tw）

Compute Engine 虛擬機器平台簡介 **04**

我們簡單看一下建立執行個體範本的畫面，其實就跟建立虛擬機器的畫面一模一樣，如圖 4-6-3：

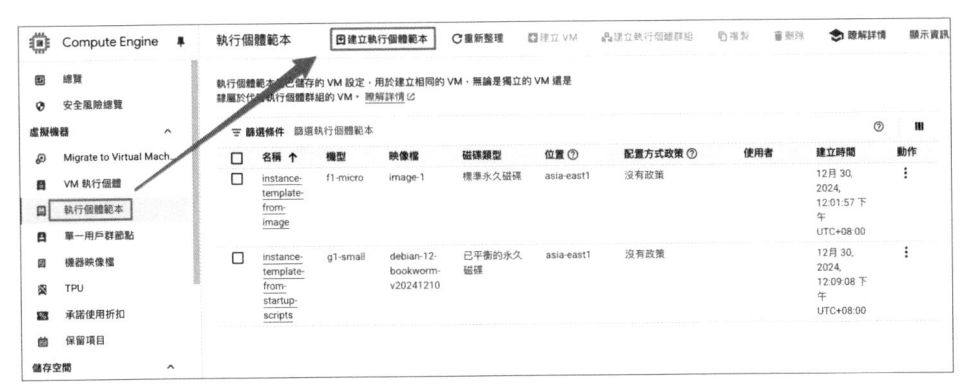

▲ 圖 4-6-3　建立執行個體範本

給執行個體範本命名和設定位置，下面的規格如果要省錢記得要選到 f1-micro 喔，如圖 4-6-4：

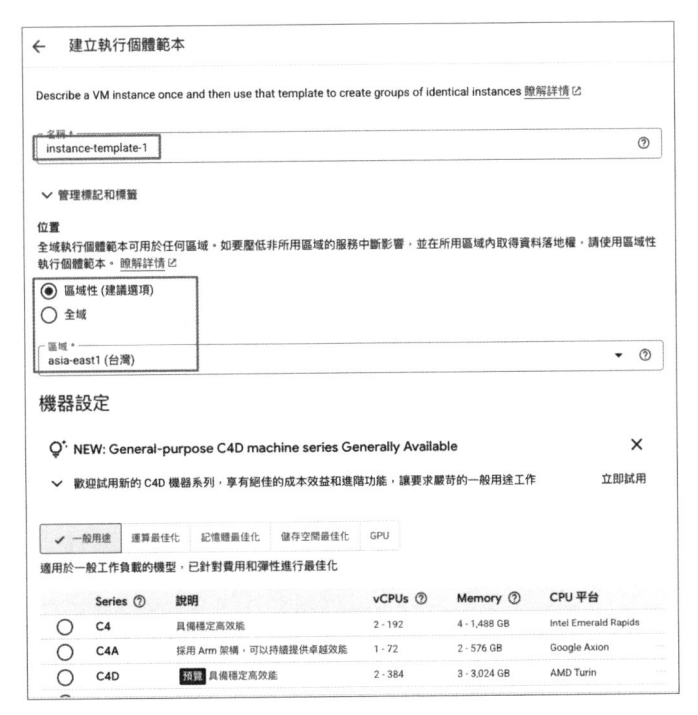

▲ 圖 4-6-4　給執行個體範本命名和設定位置

4-41

比較重要的是開機磁碟的部分，記得要選到我們前面已經建立好的映像檔，如果要省錢記得選擇標準永久磁碟喔，如圖 4-6-5：

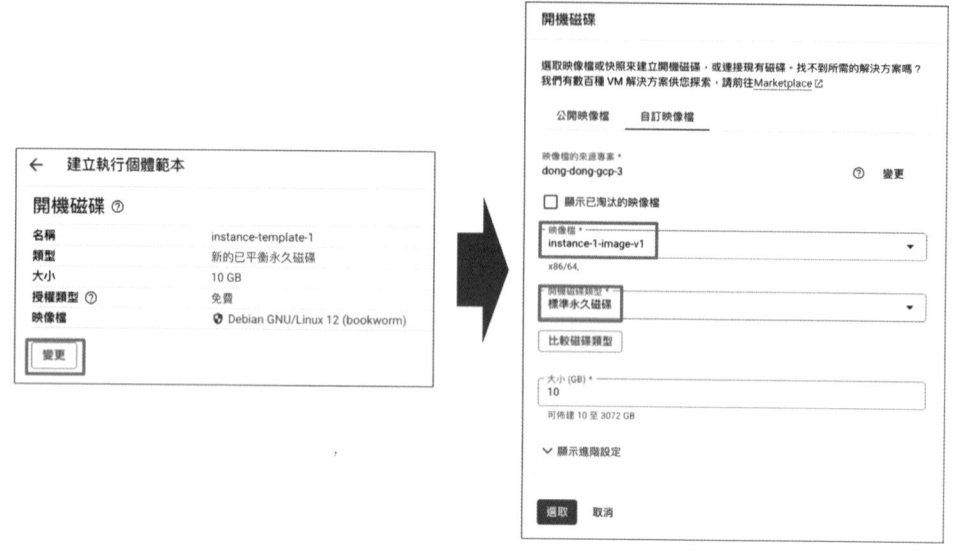

▲ 圖 4-6-5　選擇剛剛建立的映像檔並且調整開機磁碟類型

防火牆也是勾選允許 HTTP 流量，並且按下建立，如圖 4-6-6：

▲ 圖 4-6-6　勾選「允許 HTTP 流量」並且按下「建立」

最後我們就看到剛剛建好的執行個體範本了。

這裡也先預告一下，未來當你要給你的系統設定負載平衡和自動擴充，就需要映像檔跟執行個體範本的配合喔！

CHAPTER 05

Google Cloud 的維運和監控

- 5-1 使用 Cloud Monitoring 監控虛擬機器的效能
- 5-2 設定監控警告通知
- 5-3 使用 Cloud Logging 查詢虛擬機器的記錄

5-1 使用 Cloud Monitoring 監控虛擬機器的效能

Google Cloud 方便的地方就是，它提供了很多輔助工具，幫你監控系統各方面的狀況，我們不用花時間連到每個系統去檢查，它能主動幫你把資訊收集起來，統一顯示到 Google Cloud Console 上，節省你做各種維運的時間。

Cloud Monitoring 可以監控主機的效能，它會收集主機的各種指標，呈現在效能圖表上，例如：主機現在的 CPU 使用率多少、我們的磁碟的 Disk IO 多少，或是網路流量的進出各為多少。

如果主機有安裝 Ops Agent，它可以幫你額外記錄記憶體和磁碟的使用量，也可以透過額外的設定，去接收第三方應用程式的指標，例如：Apache、IIS、Nginx 等等。

你在建立虛擬機器的時候，會看到如下的畫面，要記得勾選，如圖 5-1-1：

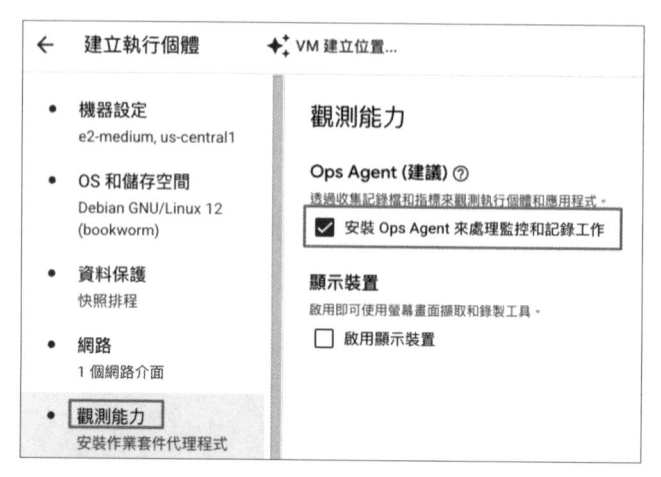

▲ 圖 5-1-1　建立 VM 時要勾選安裝 OPs Agent

那如果當時忘記安裝怎麼辦？最簡單無腦的方法就是進入 Cloud Monitoring 的資訊主頁，然後再進入 VM Instances 資訊主頁，如圖 5-1-2：

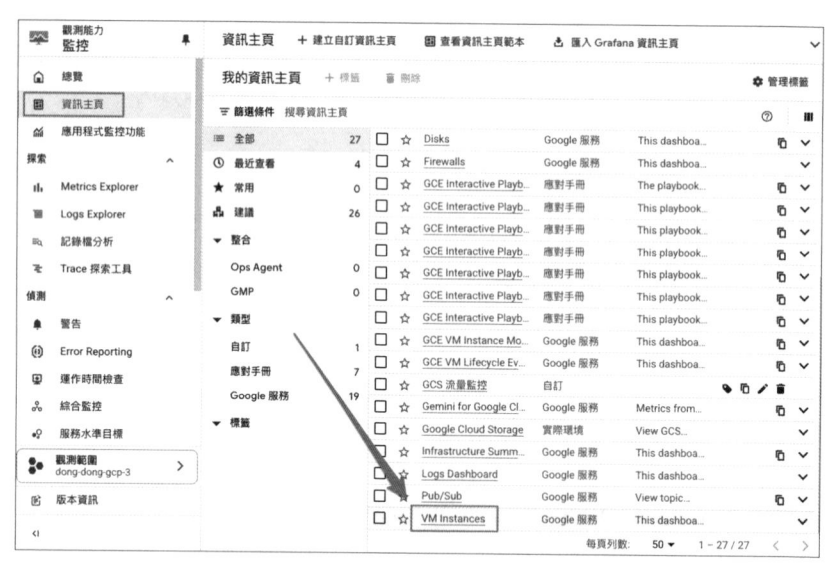

▲ 圖 5-1-2　進入 VM Instances 資訊主頁

在這裡會看到主機有三種狀態，如圖 5-1-3，像 instance-1 沒有開機，所以它直接告訴你「已停止」。

instance-2 是有開機的,而且它已經安裝好 OPs Agent,它的效能指標能夠顯示在 Cloud Monitoring 圖表上。

instance-3 也是有開機的,但是因為沒有安裝 OPs Agent,所以它顯示為「未偵測出」。我們可以將它勾選起來,點擊上方按鈕「安裝 / 更新作業套件代理程式」,它會自動執行安裝作業。

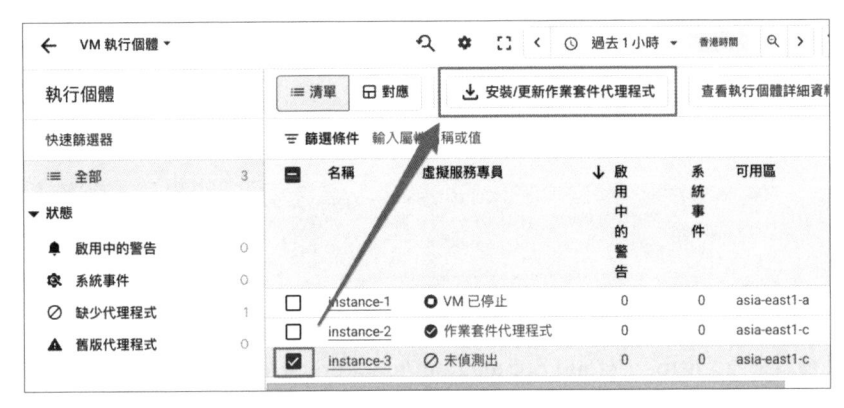

▲ 圖 5-1-3　勾選機器安裝 OPs Agent

我們大概需要等待 5 分鐘左右才會顯示已安裝的狀態。如果你不想要等那麼久,也可以直接 SSH 連線進去輸入安裝指令。

我們可以直接搜尋關鍵字「ops agent install」,然後直接點擊第一個搜尋結果進入官方說明文件,如圖 5-1-4:

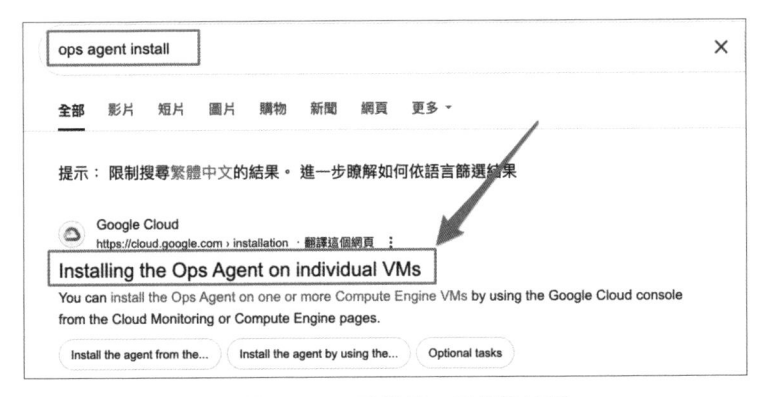

▲ 圖 5-1-4　點擊第一個搜尋結果

5-3

在這份官方文件內，你可以根據你的作業系統類型，直接複製安裝的指令，貼到你虛擬機器的 Command Line 視窗上，如圖 5-1-5：

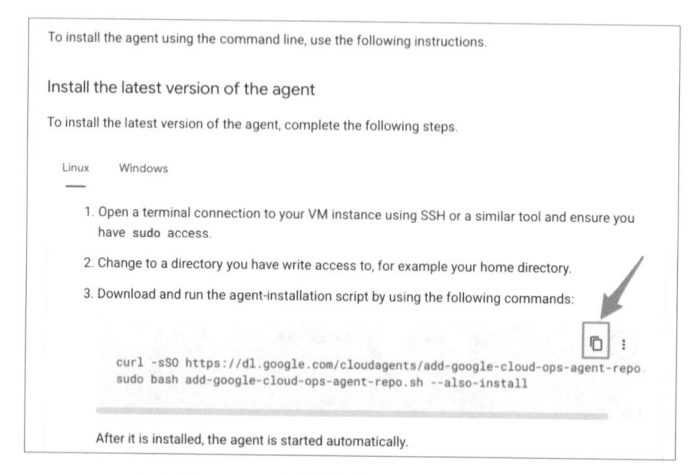

▲ 圖 5-1-5　複製安裝 OPs Agent 的指令

（資料來源：https://cloud.google.com/stackdriver/docs/solutions/agents/ops-agent/installation?hl=zh-tw）

接著 SSH 連進去主機，貼上剛剛複製的安裝指令並執行，如圖 5-1-6：

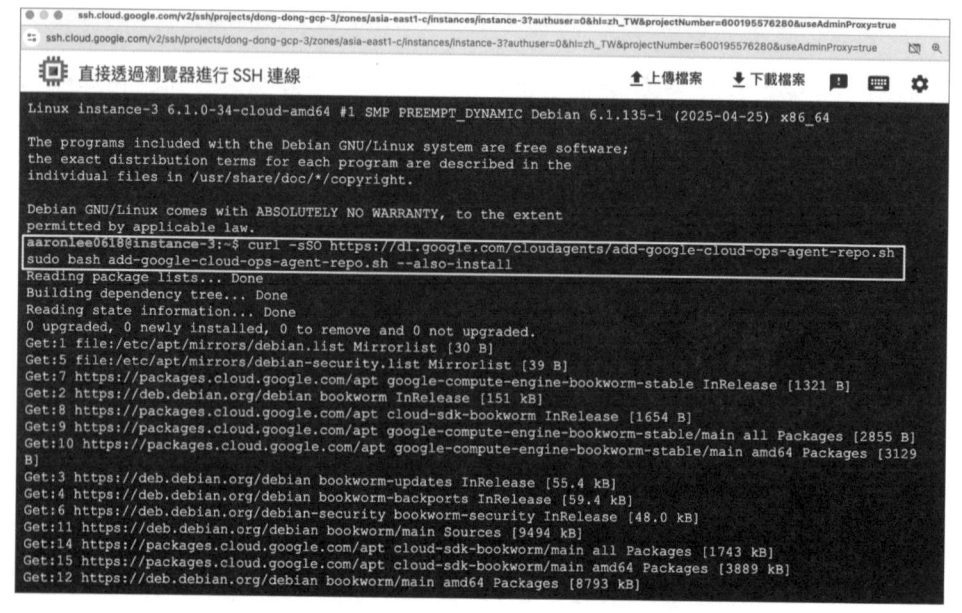

▲ 圖 5-1-6　貼上 OPs Agent 安裝指令並執行

接下來就等待 OPs Agent 安裝完成，然後我們可以再輸入以下指令，確認 OPs Agent 有正常運作：

```
sudo systemctl status google-cloud-ops-agent"*"
```

你會看到它有兩個 Agent，一個是 Metrics Agent，就是本單元介紹的監控 Agent，另一個 Logging Agent 是後面單元會介紹的記錄 Agent，如圖 5-1-7：

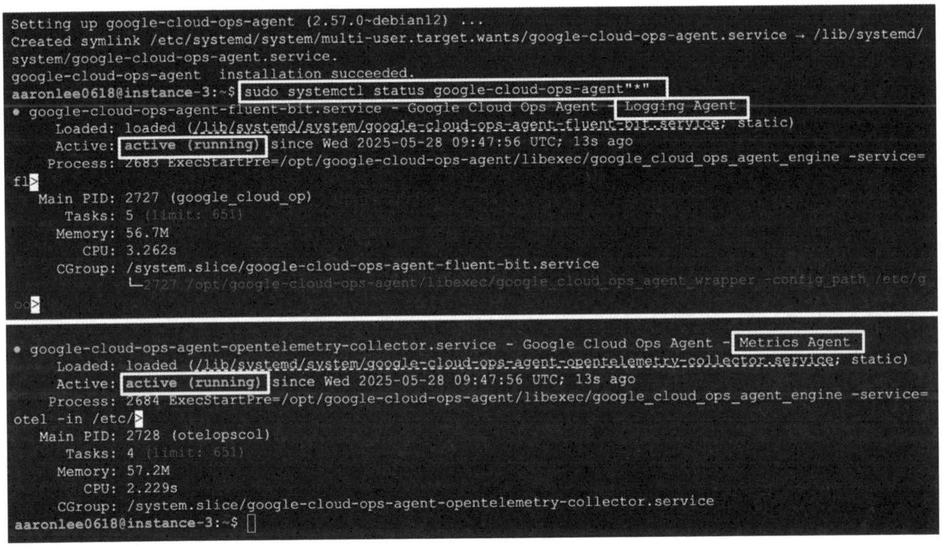

▲ 圖 5-1-7　OPs Agent 呈現 Running 狀態

如果我們都裝好了，就可以去看虛擬機器的相關指標，如果你要一口氣查看所有虛擬機器的指標，可以在 VM 執行個體直接點擊右上方的查看指標按鈕，如圖 5-1-8：

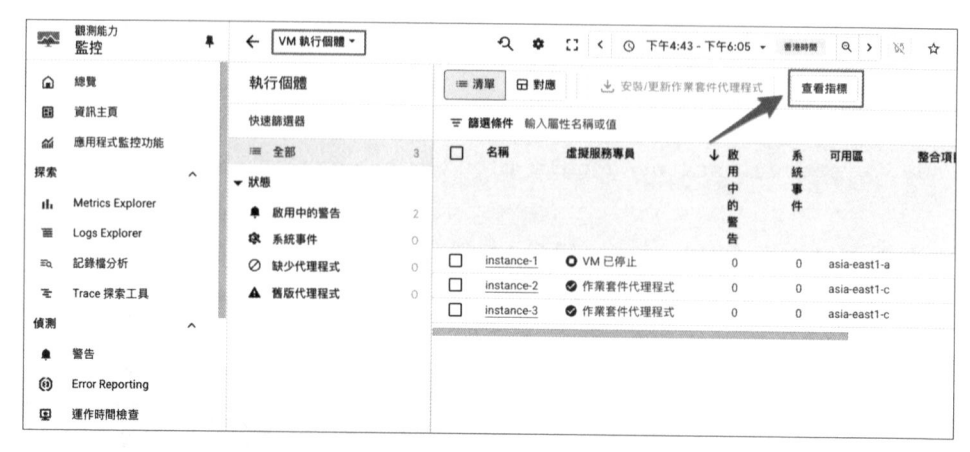

▲ 圖 5-1-8　查看所有主機的指標

你會看到它已經先幫你整理好 CPU、記憶體和磁碟的使用率以及網路流量，但是它在畫面呈現上並不好看；我們也可以建立自己的資訊主頁。先點擊右上方離開此畫面，如圖 5-1-9：

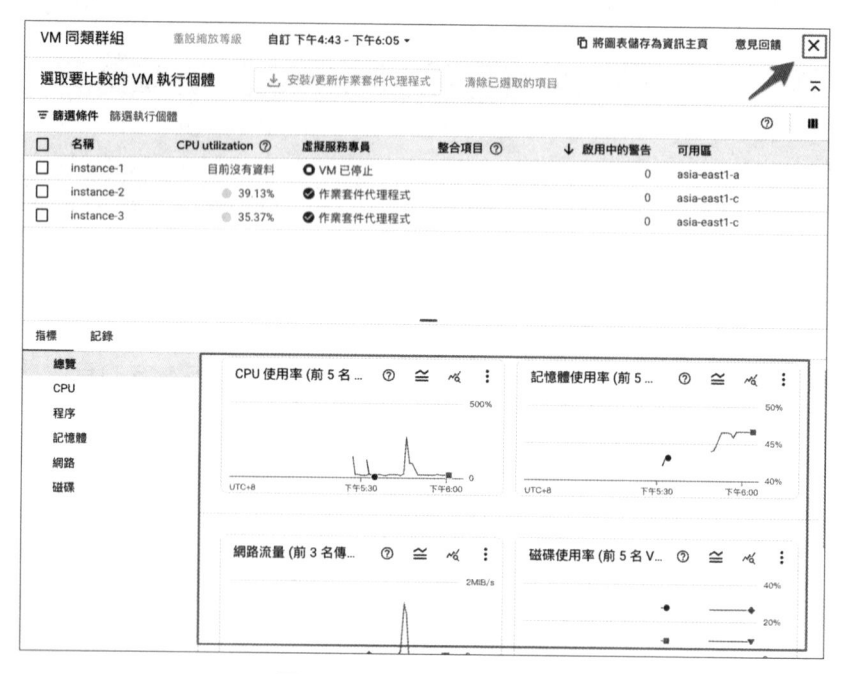

▲ 圖 5-1-9　看到預先建好的指標

然後點擊「建立自訂資訊主頁」，如圖 5-1-10：

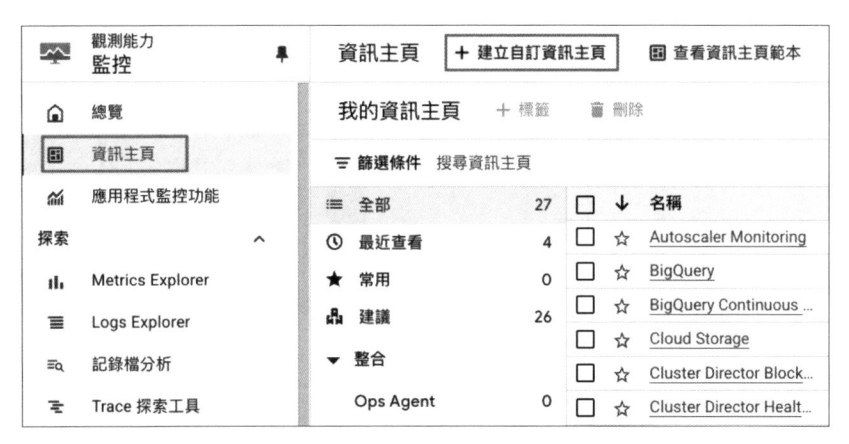

▲ 圖 5-1-10　建立自己的資訊主頁

它會使用你當下建立的時間作為命名，你可以改成自己想要的名字，如圖 5-1-11：

▲ 圖 5-1-11　給資訊主頁修改名稱

資訊主頁只是一個容器，在這裡我們要新增小工具，就是把效能指標呈現為你想要看的圖表，在這裡我們選折線圖，如圖 5-1-12：

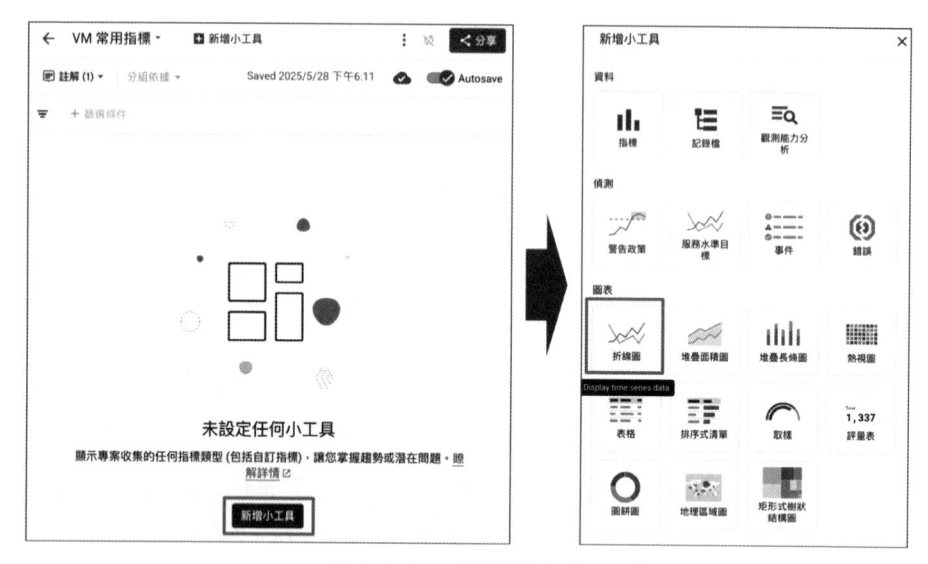

▲ 圖 5-1-12　新增折線圖小工具

接下來要尋找你想看的指標，因為 Google Cloud 的服務眾多，所以指標非常多，你可以從「VM Instance」開始找到「cpu」，再找到「CPU load（1m）」，按「套用」，如圖 5-1-13：

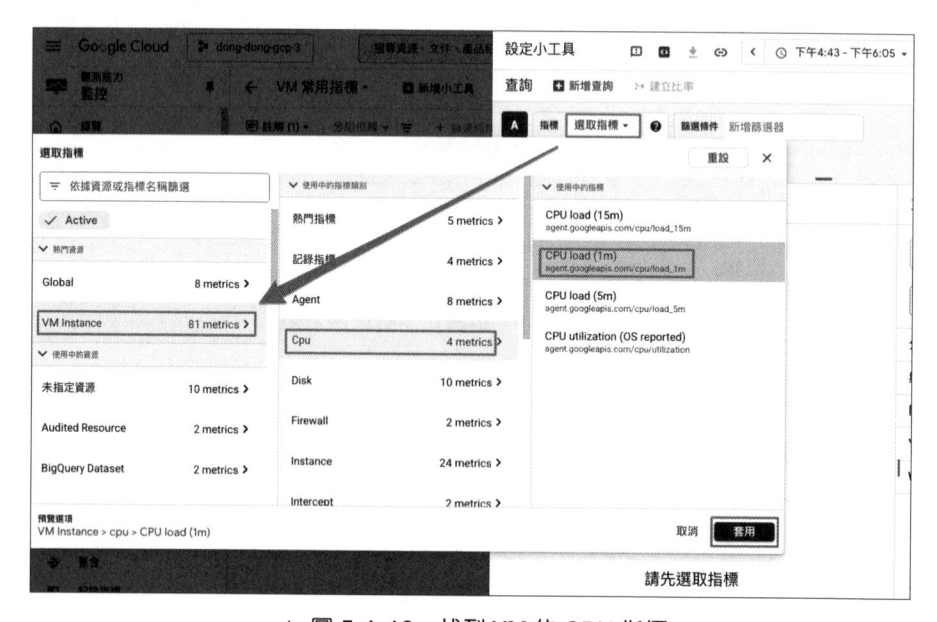

▲ 圖 5-1-13　找到 VM 的 CPU 指標

5-8

接著你就會看到折線圖了，但是我們看到兩條線都是相同顏色，分不出是哪一台主機的指標，我們還要做一些調整，如圖 5-1-14：

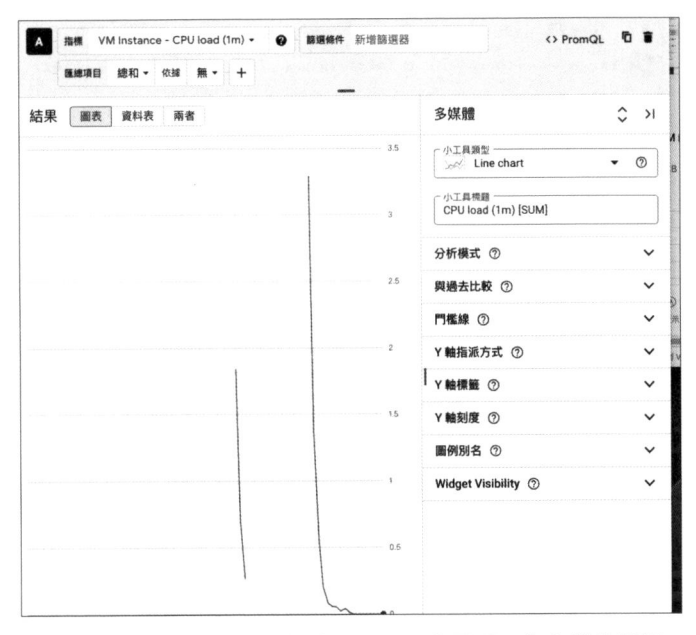

▲ 圖 5-1-14　看到兩條線，但分不出是哪一台主機的指標

點擊「匯總項目」的「依據」選單，選「name」，就是主機名稱，按下「確定」，如圖 5-1-15：

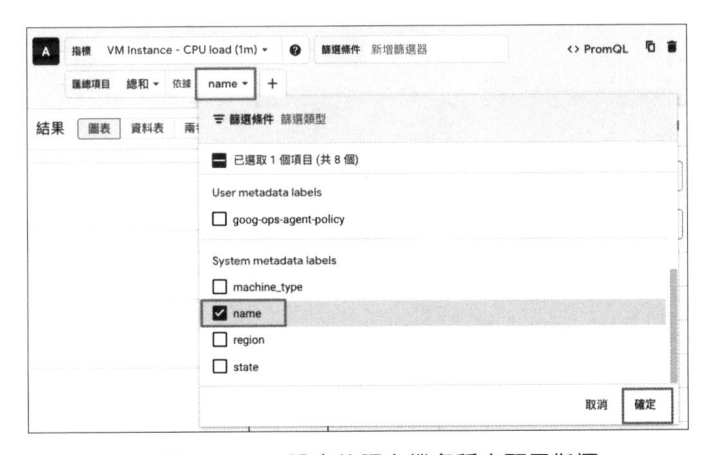

▲ 圖 5-1-15　設定依照主機名稱來顯示指標

現在能分得出是哪一台機器的指標了，我們就按下「套用」，如圖 5-1-16：

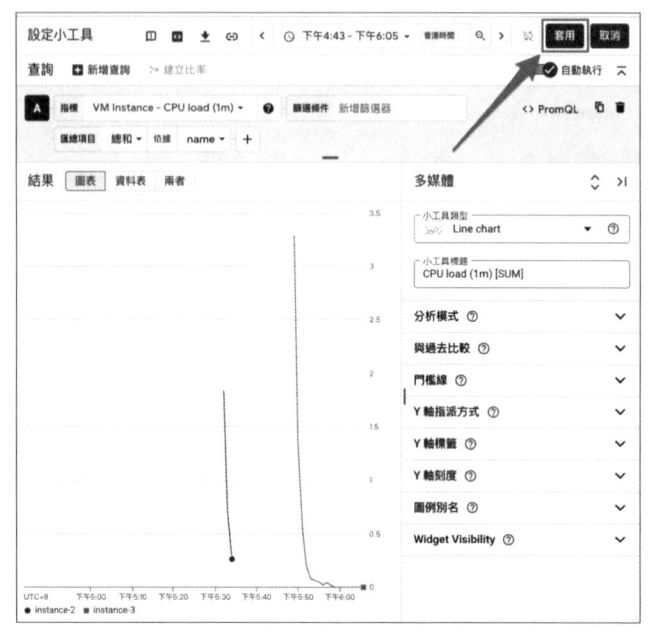

▲ 圖 5-1-16　確認無誤就按右上角「套用」

接著我們再新增第二個小工具，要看記憶體的使用率，如圖 5-1-17：

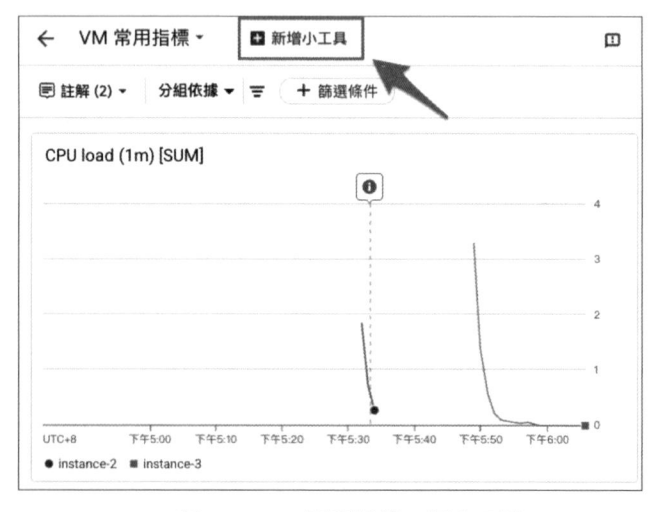

▲ 圖 5-1-17　再新增第二個小工具

我們可以從「VM Instance」開始找到「Memory」，再找到「Memory utilization」，按「套用」，如圖 5-1-18：

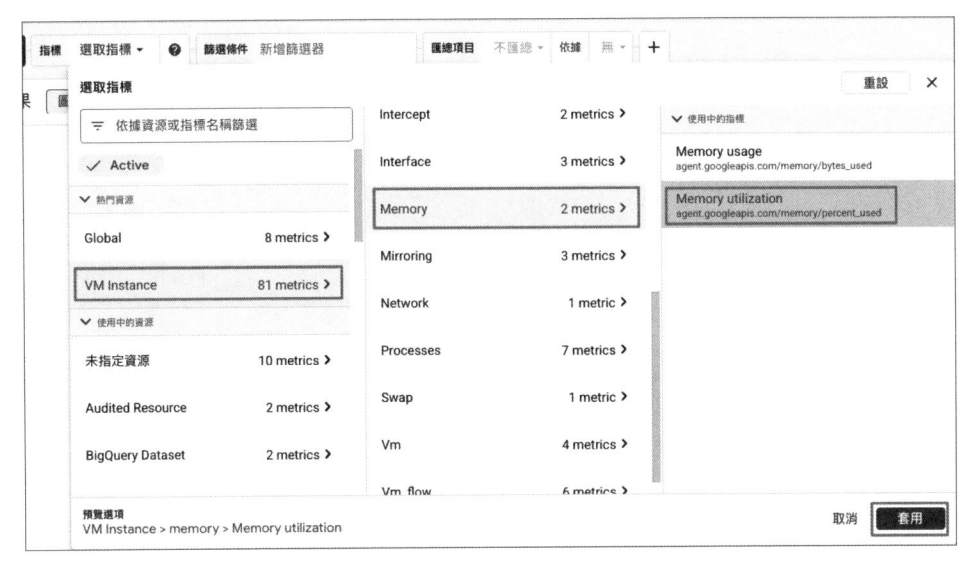

▲ 圖 5-1-18　找到記憶體使用率指標

我們一樣依照主機名稱來區別看到的效能指標，你會看到主機大部分都是在閒置的狀態，可是為什麼記憶體的使用率這麼高呢？如圖 5-1-19：你看它的篩選條件顯示的是「state != free」。

因為記憶體在作業系統裡面除了 used 和 free 兩種狀態意外還包含了 cached、buffered、slab 狀態，所以 Google Cloud 為了表達嚴謹，它採用 state != free 讓記憶體的使用率高估。

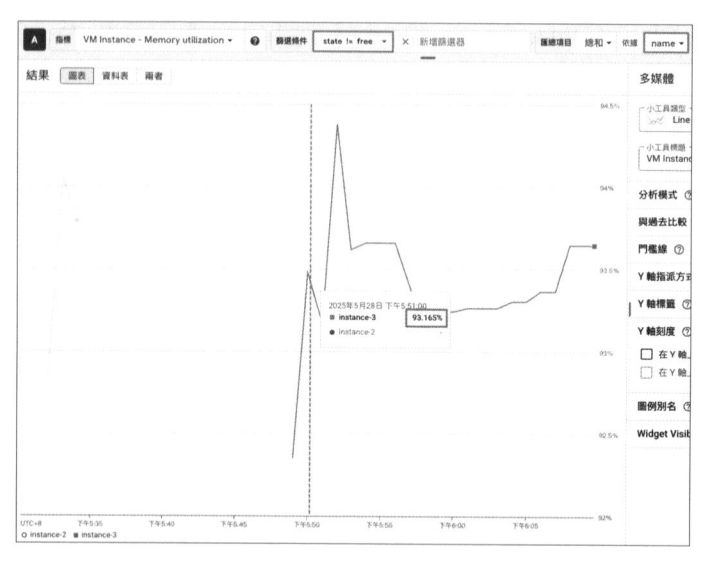

▲ 圖 5-1-19　記憶體使用不等於 free 的狀態

如果你只想要看到 used 的記憶體使用率，可以點擊篩選條件來調整，例如改成「state = used」，它就會呈現比較真正的使用率，如果確認無誤就可以點擊右上角的「套用」，如圖 5-1-20：

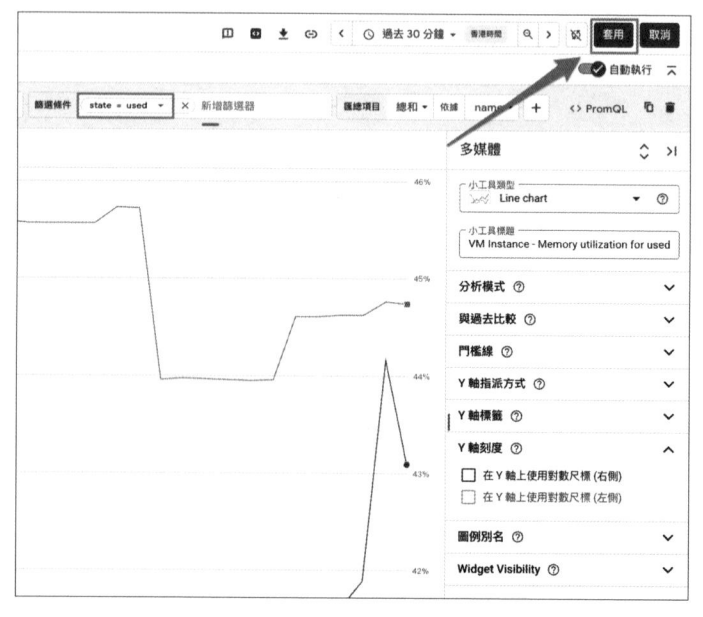

▲ 圖 5-1-20　確認指標無誤按下「套用」

Google Cloud 的維運和監控　05

我們以此類推再來新增磁碟使用率的指標，一樣從「VM Instance」開始找到「Disk」，再找到「Disk utilization」，按「套用」，如圖 5-1-21：

▲ 圖 5-1-21　指標 Disk Utilization

因為 Linux 作業系統在開機磁碟可能會有多個分割區，所以我使用 Name 和 Device 來區別，你會看到它的篩選條件一樣是「state != free」，你可以考慮改成「state = used」，如果沒問題就直接按下「套用」，如圖 5-1-22：

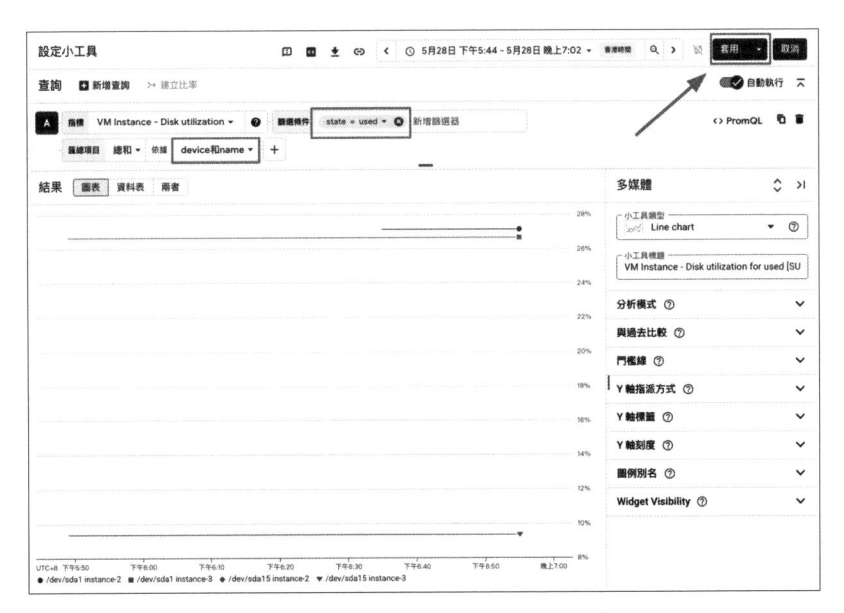

▲ 圖 5-1-22　確認篩選條件並按下「套用」

5-13

最後我們已經完成 CPU、記憶體和 Disk 的折線圖了！你可以按右上角的「分享」，把這個資訊主頁傳送給相關人員，如圖 5-1-23：

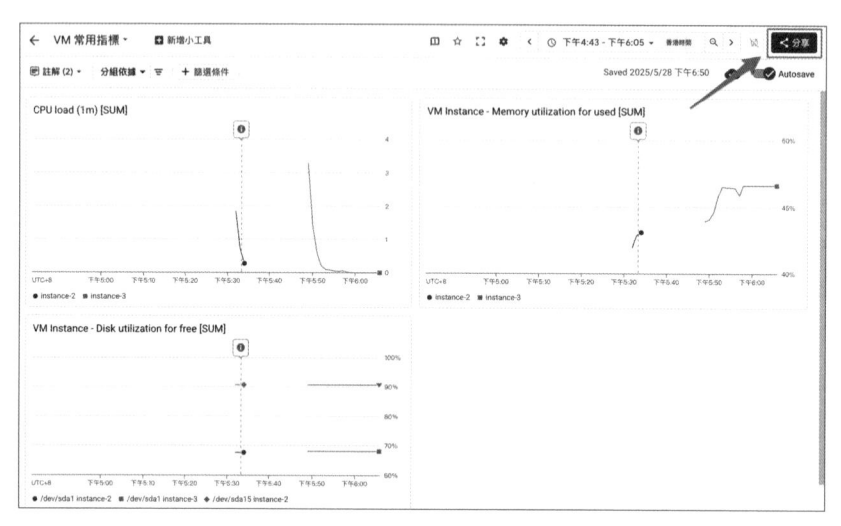

▲ 圖 5-1-23　完成並分享

以後你在資訊主頁的列表，就可以看到自己建立好的資訊主頁了，如圖 5-1-24：

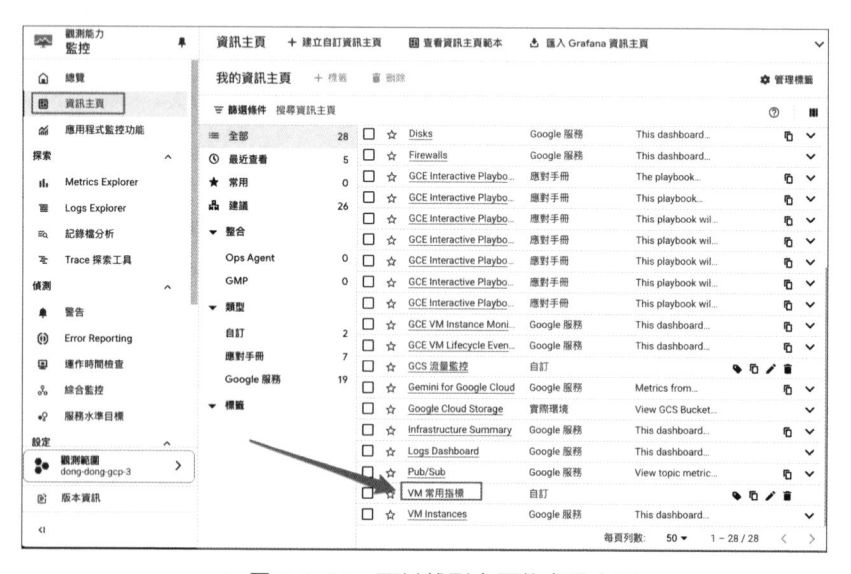

▲ 圖 5-1-24　可以找到自訂的資訊主頁

5-2 設定監控警告通知

前面建立好要監控的圖表，但是會監控還不夠，因為我們不可能整天都看著監控螢幕，針對重要的效能指標，我們可以設定警告通知（或叫快訊）。

在設定警告通知之前，我們要先設定通知管道，就是用什麼方式接收通知以及通知哪些人。我們先去「警告」，再按「Edit notification channels」，如圖 5-2-1：

▲ 圖 5-2-1　設定通知管道

首先你會看到 Mobile Devices，因為 Google Cloud 有推出 App，可以對你的機器做一些基本操作，也可以接收警告通知，如圖 5-2-2：

東東眉角

你的手機必須要先安裝好 Google Cloud App，才能在這個畫面上按下「Add New」，要不然你就無法設定 App 通知喔！

▲ 圖 5-2-2　設定 Google Cloud App 通知

再來還有很多可以接收通知的管道，在這裡我們就選擇 Email，如圖 5-2-3：

▲ 圖 5-2-3　設定 Email 通知

它的設定方式很簡單，就是輸入名字跟 Email 地址，如圖 5-2-4：

▲ 圖 5-2-4　設定通知名稱和 Email 地址

另外我們也可以設定接收簡訊通知，在 SMS 區塊右上角按下「Add New」，如圖 5-2-5：

▲ 圖 5-2-5　確認 Email 通知設定完成並設定簡訊通知

我們要先選擇所在的國家和電話號碼，另外可以設定顯示的名稱，然後發送驗證碼，如圖 5-2-6：

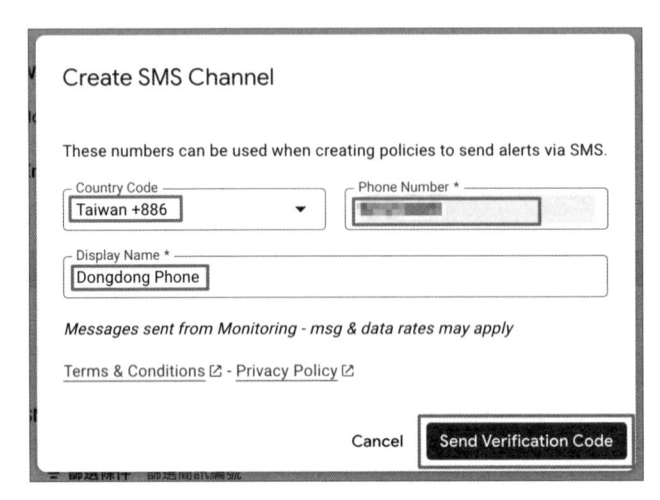

▲ 圖 5-2-6　設定收簡訊的手機號碼

如果驗證完成，它就會顯示為「Verified」，如圖 5-2-7：

▲ 圖 5-2-7　簡訊通知設定完成

前面設定完成通知管道了，那我們現在就來正式設定警告通知，假設我們要設定記憶體使用率的警告通知，就在警告頁面按下「Create policy」，如圖 5-2-8：

東東碎唸

假設要監控記憶體使用率，記得要先裝 OPs Agent，不然監控不到指標喔！

Google Cloud 的維運和監控　**05**

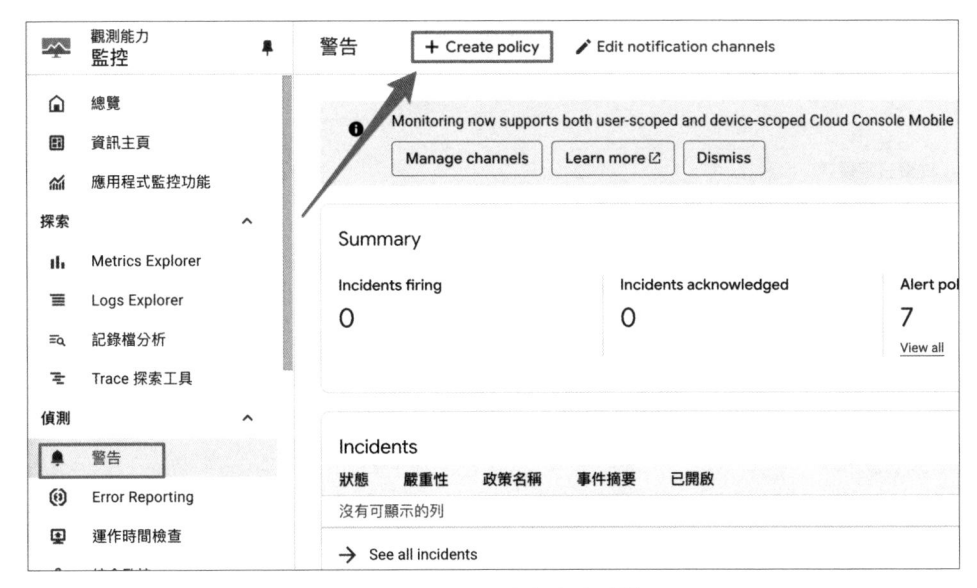

▲ 圖 5-2-8　建立警告政策

接下來選取要監控的指標，如圖 5-2-9：

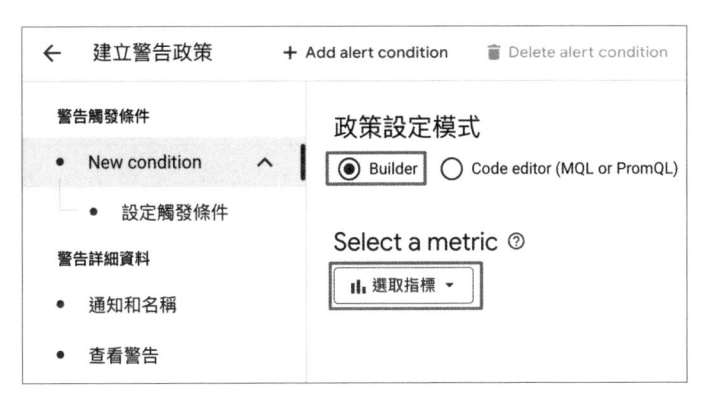

▲ 圖 5-2-9　點擊「選取指標」

5-19

和上一個單元提到的一樣，我們選擇「Memory Utilization」，並按下「套用」，如圖 5-2-10：

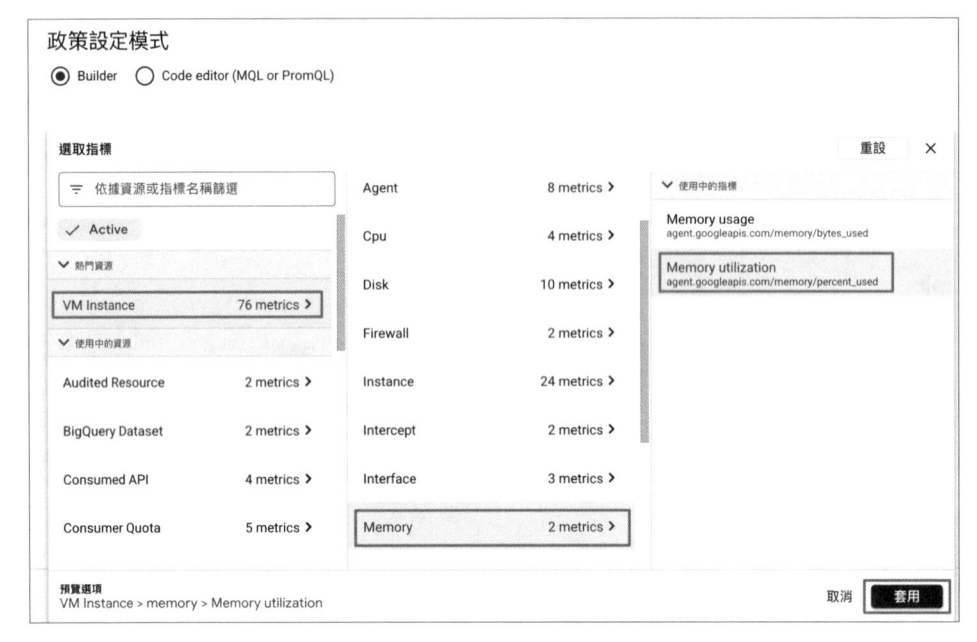

▲ 圖 5-2-10　選擇「Memory Utilization」

> **東東眉角**
>
> 如果你找不到指標，要點一下「Active」取消選取，因為你的機器可能沒有在運作，它只會秀出有在運作的服務相關指標，把它取消選取就能看到所有指標。

像記憶體的狀態很多，如果要選擇指定的狀態例如「state = used」或「state != free」，你就要透過篩選器來指定，按下「Add a filter」，如圖 5-2-11：

▲ 圖 5-2-11　新增篩選器

接著會出現一個選單，我們選擇「state」再按「確定」，在「Value」欄位選「used」，再按完成，如圖 5-2-12：

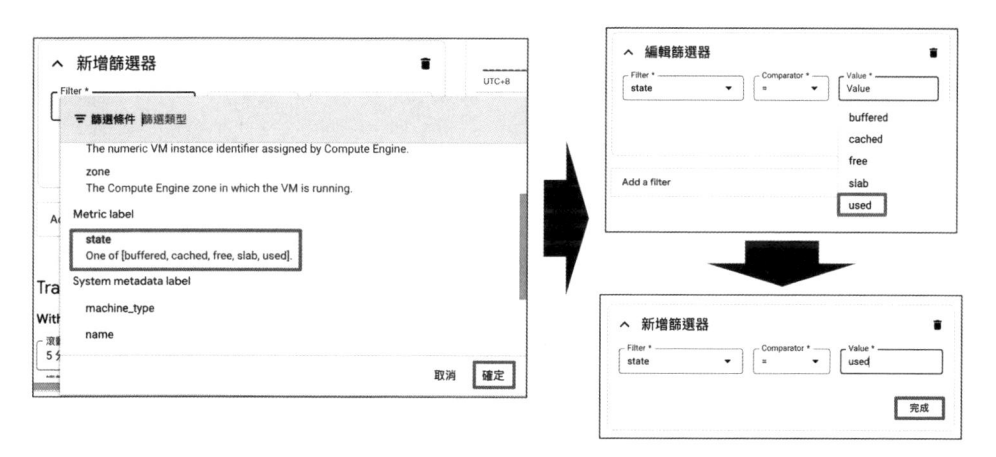

▲ 圖 5-2-12　設定篩選器

滾動周期指的是多久計算一次指標，可以保持預設，記憶體使用率預設是每分鐘從 OPs Agent 回傳一次，我們就讓它每五分鐘計算一次平均值。沒問題就按「Next」，如圖 5-2-13：

5-21

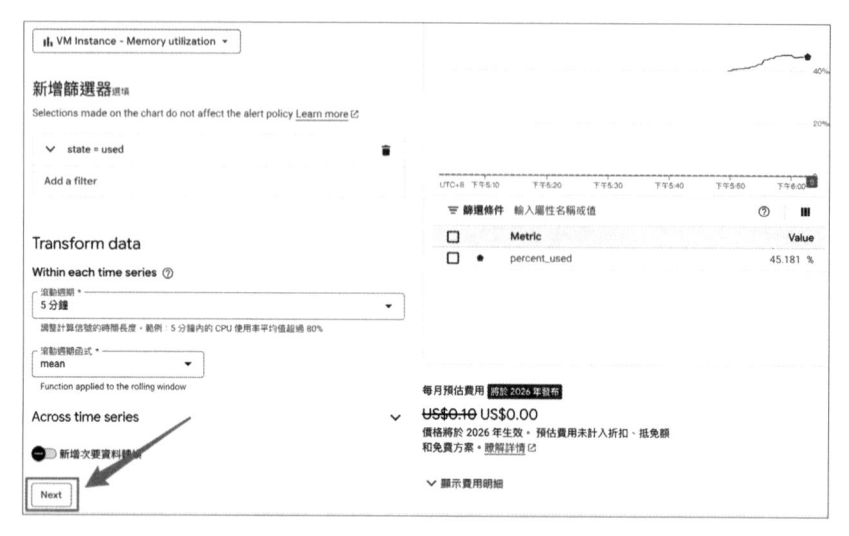

▲ 圖 5-2-13　下一步設定觸發條件

我們會看到目前機器的記憶體使用率，條件選擇「Threshold」，Alert Trigger 選擇「任何時間序列違反條件時」，門檻位置選擇「高於門檻」，如圖 5-2-14。

為了測試觸發條件，我們故意設定「一定會觸發警告的值」，所以設定為 40%。下面就給條件命名，再按「Next」。

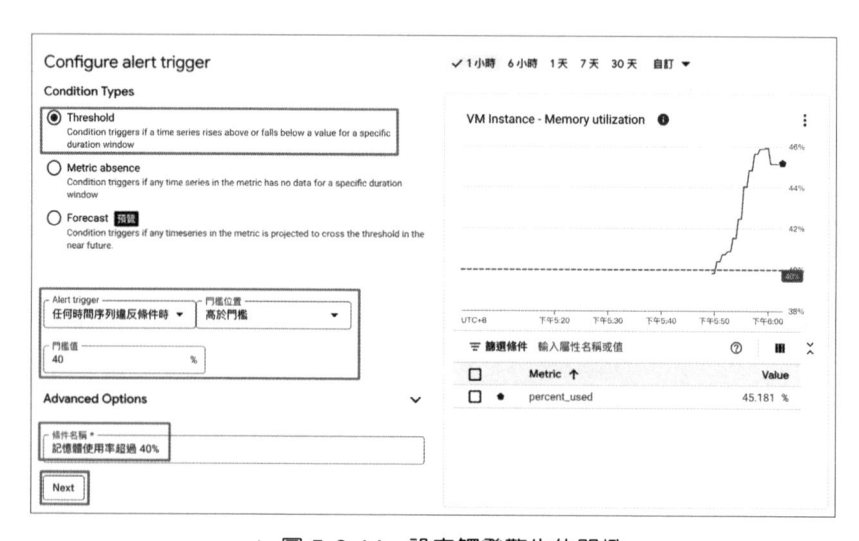

▲ 圖 5-2-14　設定觸發警告的門檻

接著再勾選要接收通知的管道，把剛剛設定的管道都全部勾起來，然後按下「確定」，如圖 5-2-15：

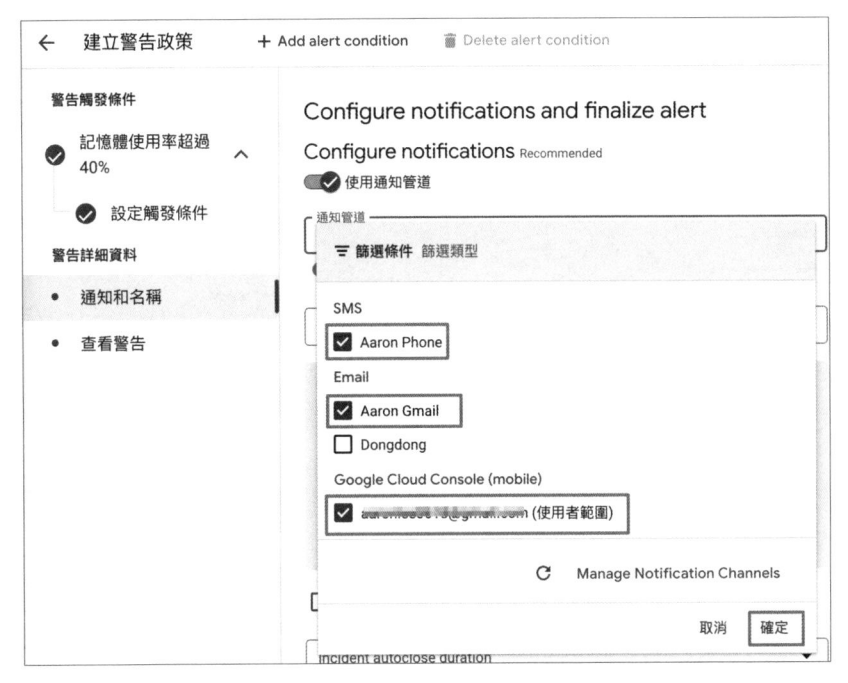

▲ 圖 5-2-15　設定這個警告政策的通知管道

然後在設定通知的主旨，還有勾選假如沒有再收到資料，就讓事件自動關閉的功能，你還可以設定這個事件的嚴重性等級、這個通知的內文，以及警告政策的名稱，再按「Next」，如圖 5-2-16：

▲ 圖 5-2-16　為主旨命名、設定關閉時間、事件等級、通知內容、警告政策名稱

最後給你檢查整體設定有沒有問題，如果沒問題就可以按下「建立政策」，如圖 5-2-17：

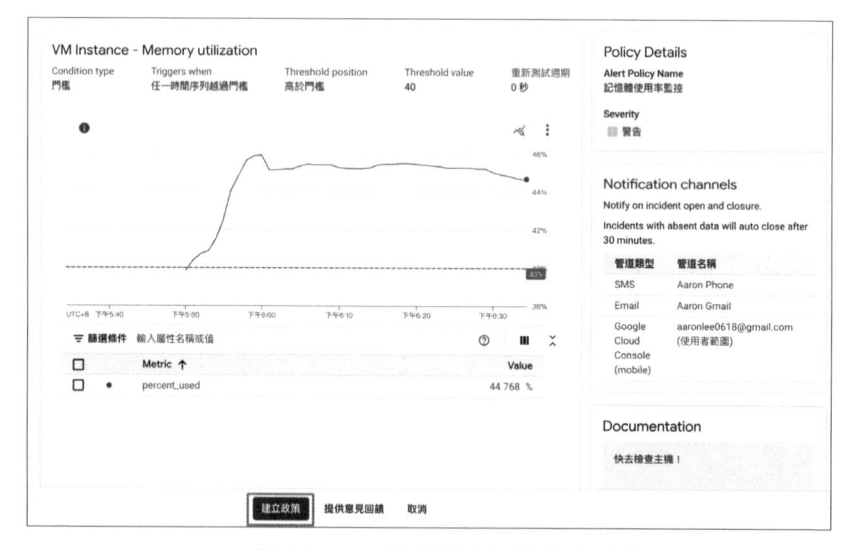

▲ 圖 5-2-17　檢查警告設定並建立政策

當這個指標超過我們設定的值，就會發出警告通知，如圖 5-2-18 就是我收到的 Email 通知，我們可以再點擊「VIEW INCIDENT」打開通知的頁面：

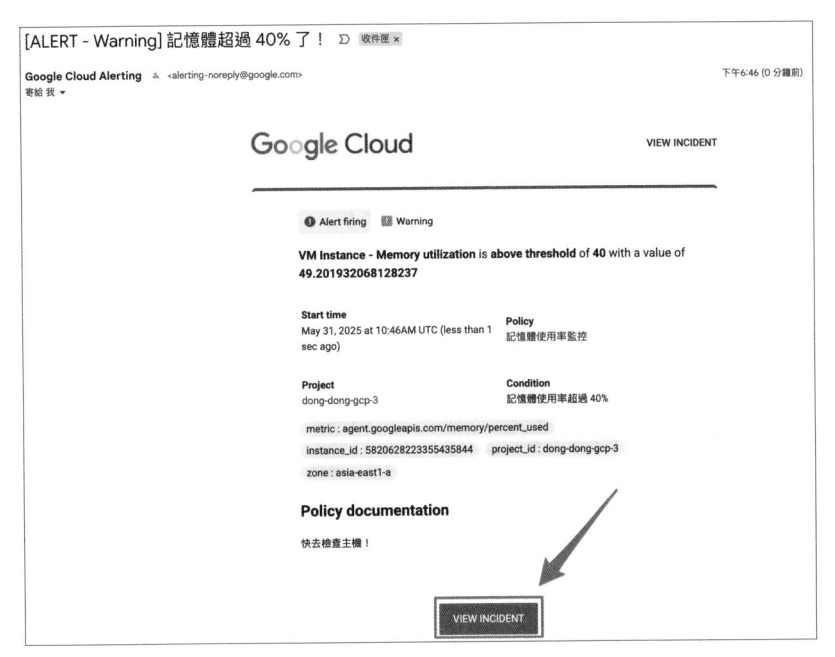

▲ 圖 5-2-18　收到 Email 警告通知

你會看到上面有三個按鈕：「確認事件」是讓這個事件標示為「已確認」，不一定處理完成。「Snnoze」是貪睡，能設定一個貪睡時間，貪睡時間一過就會再發一次警告。如果處理完成，可以「關閉事件」。但如果它還是偵測到超過 40%，就會再發出下一個事件通知，如圖 5-2-19：

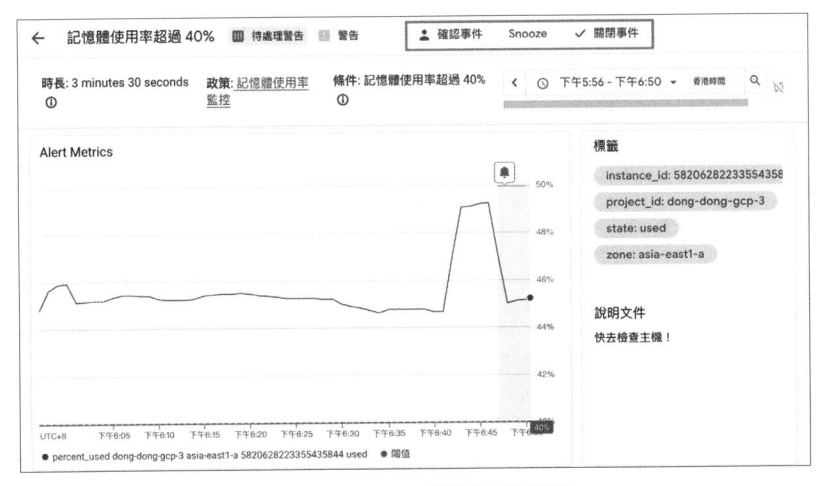

▲ 圖 5-2-19　管理事件狀態

5-25

我的手機同時也收到簡訊和 App 的通知，點擊 App 通知可以看到事件詳細資料，如圖 5-2-20：

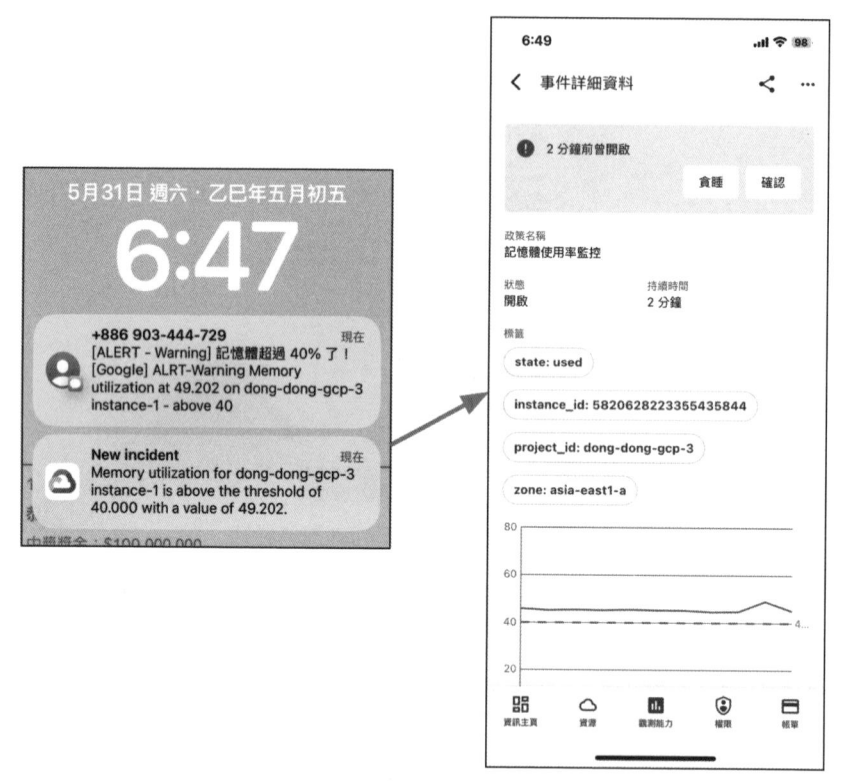

▲ 圖 5-2-20　手機同時收到簡訊和 App 的通知

我們以後可能會陸續建立更多警告政策，針對不用的警告政策，可以暫時停用，不用整個刪掉，例如有時候要停機維護，這個功能就很方便，如圖 5-2-21：

▲ 圖 5-2-21　不用的警告政策可以暫時停用

5-3 使用 Cloud Logging 查詢虛擬機器的記錄

Cloud Logging 能夠自動收集 Google Cloud 上各種事件的記錄，例如：某個 API 被啟用了、某個使用者建立了一台虛擬機器或是某一條防火牆規則變動了。

如果 OPs Agent 有安裝的話，就能查詢虛擬機的系統記錄，例如 Syslog 都可以傳到 Cloud Logging，你就不用 SSH 到主機裡面才能查看。

如圖 5-3-1，這是從主選單「記錄」=>「資訊主頁」進來的畫面，如果要查看虛擬機器的相關記錄可以直接點擊「VM 執行個體」，它就會自動過濾出虛擬機器相關的記錄。

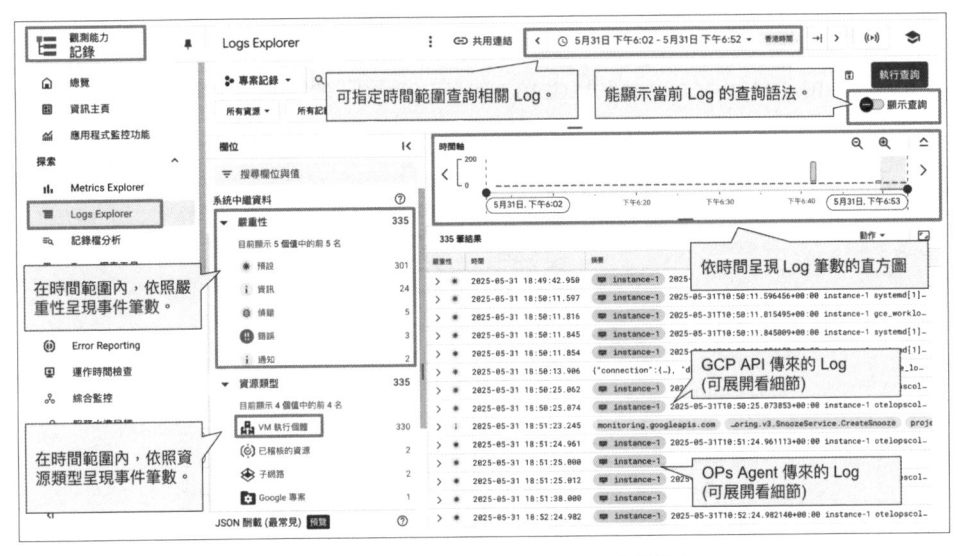

▲ 圖 5-3-1　Cloud Logging 主畫面

現在看到很多虛擬機器的系統 Log，有點雜亂，假設我們只想查詢虛擬機器開機或關機的記錄，其他不想看的話，可以點擊「compute.googleapis.

com」，然後再點擊「顯示相符的項目」，整個畫面就會過濾出機器被操作的記錄，如圖 5-3-2：

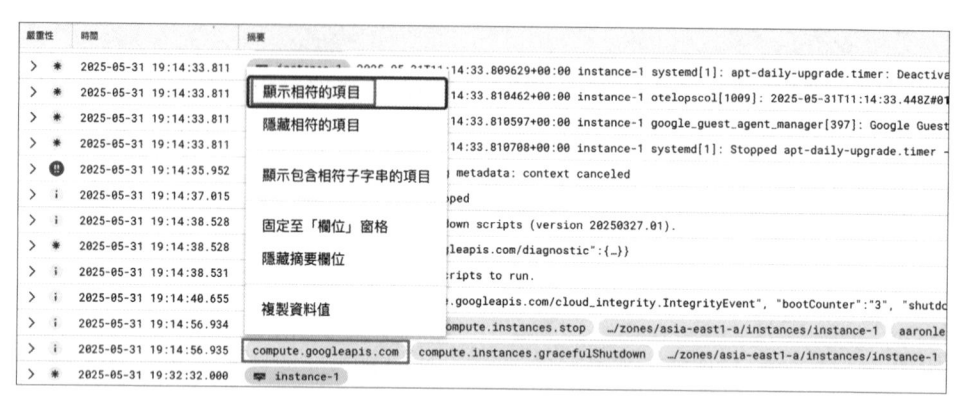

▲ 圖 5-3-2　顯示想要看的 Log 類型

如圖 5-3-3，我們現在看到有各種主機被操作的記錄，如果我們編輯這台主機的內容，例如設定外部 IP、網路標記或 SSH Key，它在動作上就會顯示 v1.compute.instances.setMetadata，如果今天只想要看到開關機的記錄，我們可以直接把這個類型的記錄隱藏起來，如圖 5-3-3：

▲ 圖 5-3-3　隱藏不想看的 Log 類型

我們可以把其中一筆記錄展開看，到裡面有各式各樣的訊息，如圖 5-3-4，每一個藍色的字都可以拿來篩選或是過濾出你想看到的記錄。你可以看到是「誰」在「什麼時候」對「哪一台機器」進行「什麼樣的操作」，以及「他是從哪一個 IP 進來」都能夠查詢得到，這就是 Google Cloud 所提供的稽核記錄。

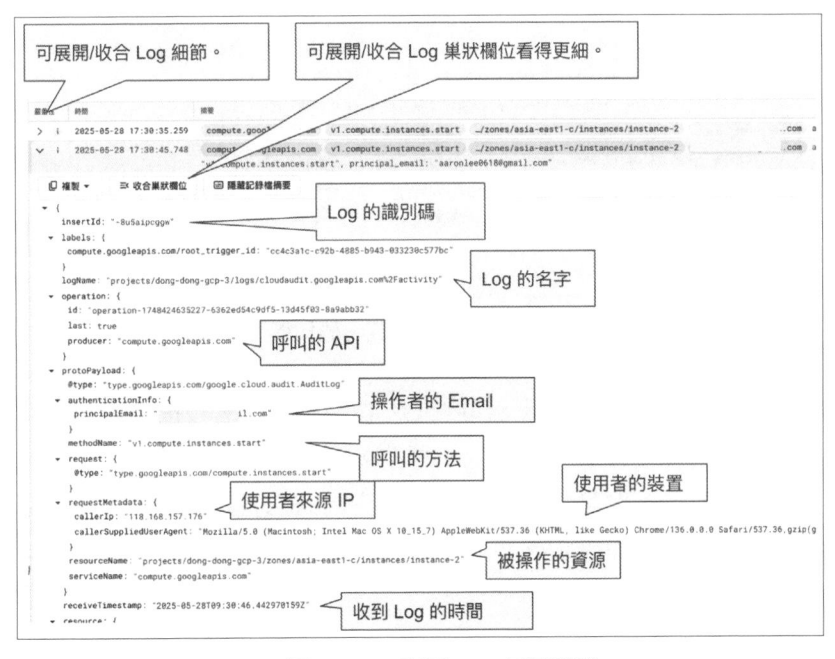

▲ 圖 5-3-4　查看 Log 各項細節

你可以點擊右上角的「動作」，它有提供各式各樣的 Log 操作，除了可以直接下載成 Json 格式之外，你也可以針對目前篩選的 Log 來建立接收器，如圖 5-3-5。

因為在 Cloud Logging 上的 Log 無法永久保存，你可以設定讓它以後自動匯出到其他地方，例如 Cloud Storage 或 BigQuery，就可以點擊「建立接收器」來設定。

我們也可以針對這些事件來建立一個指標，讓它自動畫成一個圖表，我們就可以知道在某個時間之內，有多少筆機器被開機或關機的記錄：

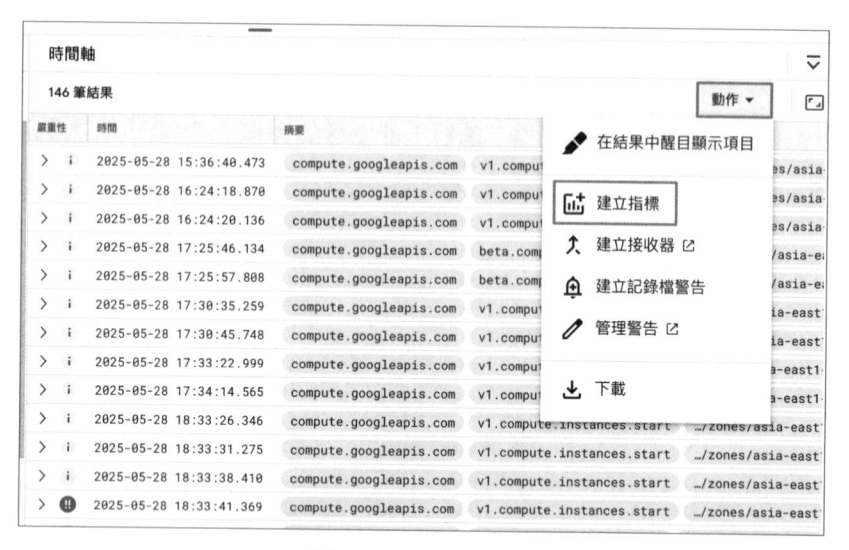

▲ 圖 5-3-5　建立一個指標

假如我們想計算某個指標出現的次數,可以在「指標類型」選擇「Counter」,然後在詳細資訊設定指標的名稱和相關的說明。如果你對指標的查詢語法很熟悉,你可以把你調整過的查詢語法直接貼到「建立篩選器」的欄位;由於我們已經設定好了,所以就不用再調整它,直接按下「建立指標」,如圖 5-3-6:

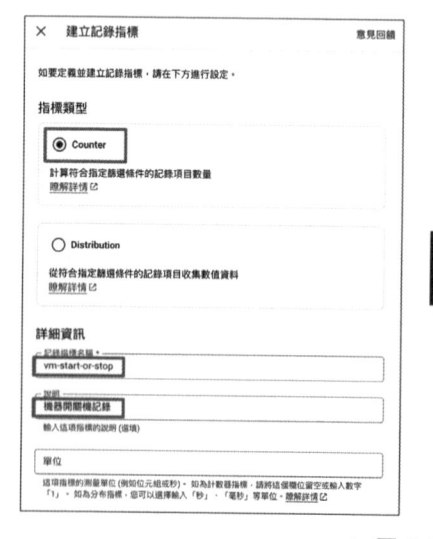

▲ 圖 5-3-6　設定指標內容

接著我們就看到系統提示指標建立完成，可以直接點擊在「Metrics Explorer 中查看」，如圖 5-3-7：

▲ 圖 5-3-7　看到指標建立訊息，去 Metrics Explorer 查看

剛開始還沒有看到任何的數值出現，因為它只會在我們「建立指標之後」才會顯示資料，之前開關機器的記錄不會出現，我們現在去把一台虛擬機開起來，再回來看這個指標，時間範圍可以設定在 15 分鐘之內，如圖 5-3-8。

接下來還有一個問題，這個折線圖的單位是顯示的是「速度」，就是每秒有幾個指標，但是我們要看的是累計的次數，所以我們要點擊「匯總項目」的「總和」來調整：

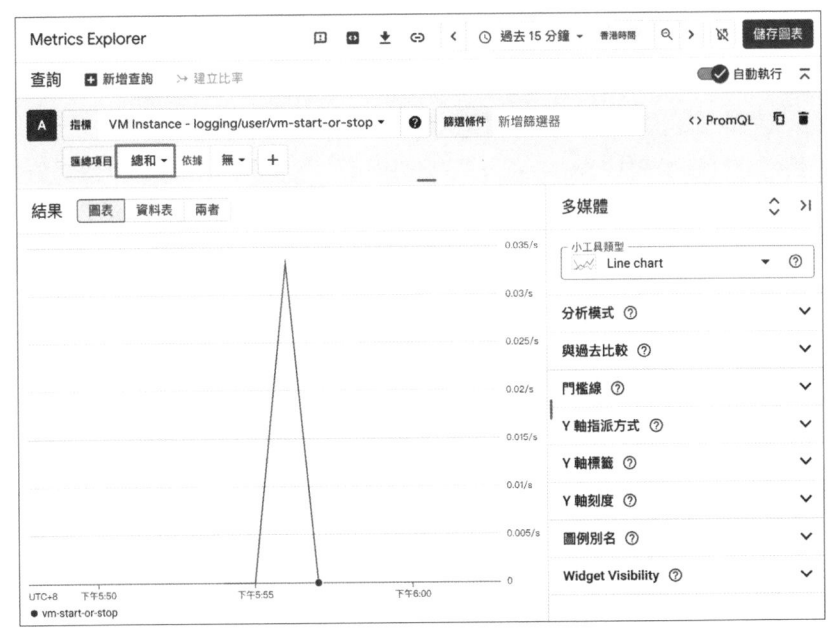

▲ 圖 5-3-8　看到指標呈現不正常，點擊「總和」

5-31

我們點擊「設定校正函式」，然後在「校正函式」的選單中選擇「數量」，如圖 5-3-9：

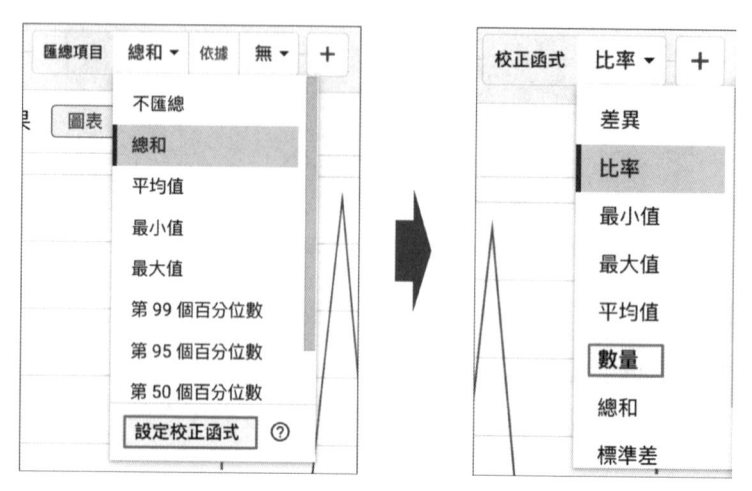

▲ 圖 5-3-9　設定校正函式為「數量」

我們看到它的單位顯示正常了，如圖 5-3-10：

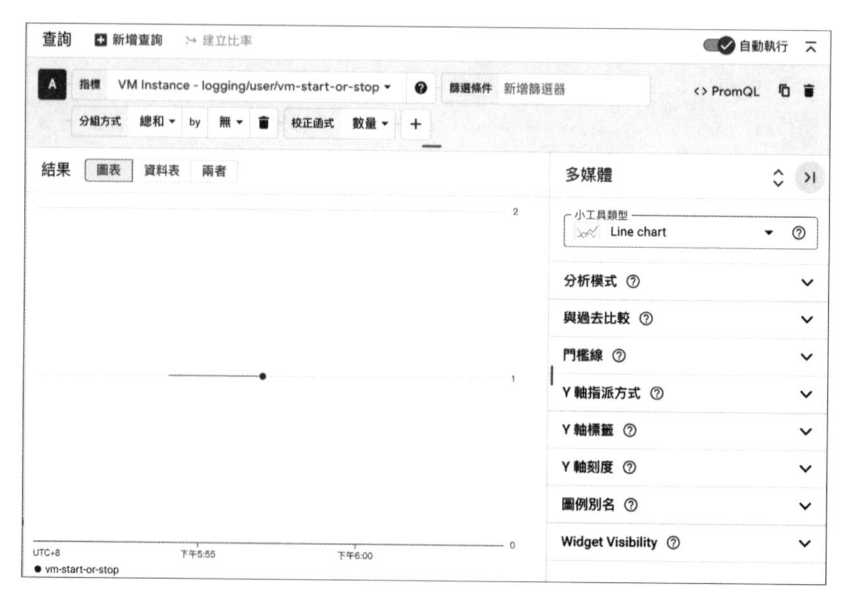

▲ 圖 5-3-10　看到指標正常顯示

我們也可以針對這個指標設定警告政策，我們要用剛剛設定的名稱，才能找到這個指標喔，如圖 5-3-11：

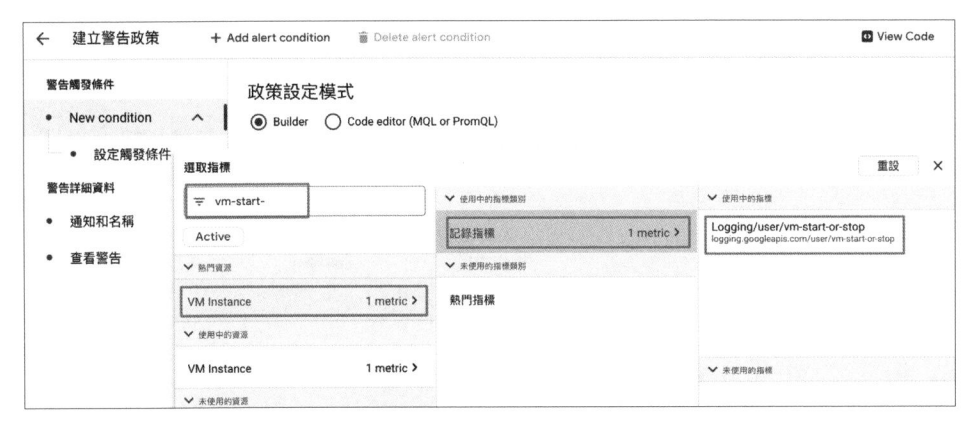

▲ 圖 5-3-11　也能針對自訂指標設定警告

其實在 Google Cloud 中有很多現成的指標，你可以在記錄指標的頁面，看到自己設定的指標和系統定義的指標，如圖 5-3-12：

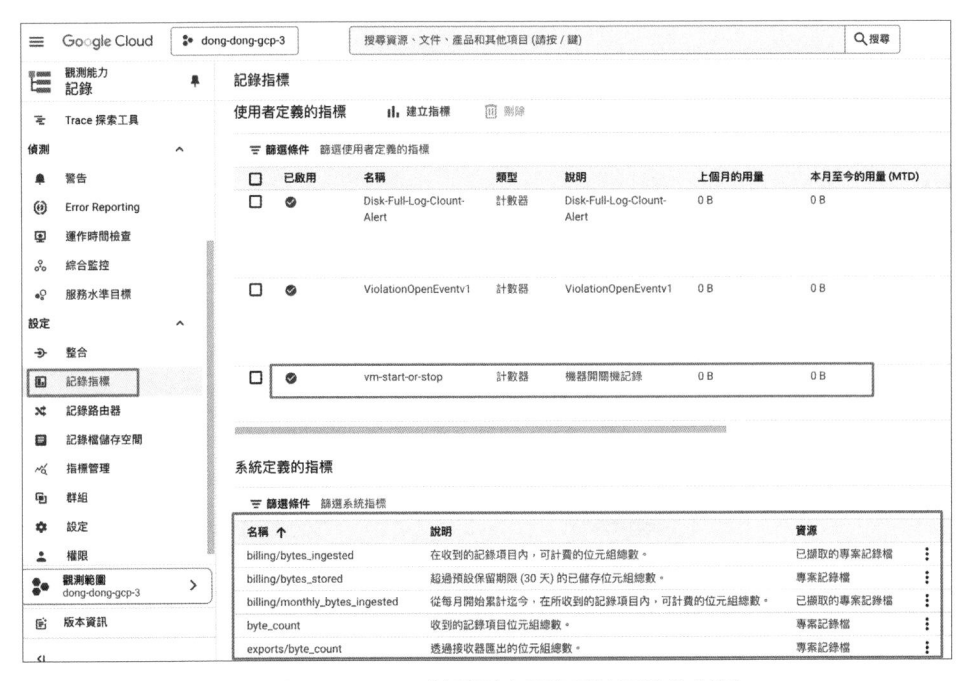

▲ 圖 5-3-12　可以看到自訂和系統預設的指標

我們目前在 Cloud Logging 看到的 Log，主要包含管理員操作和系統事件為主。如果你想要收集更多的 Log，我們可以去「IAM」=>「稽核記錄」，在篩選條件的服務輸入「Compute Engine API」並勾選起來，點擊「顯示資訊面板」，如圖 5-3-13：

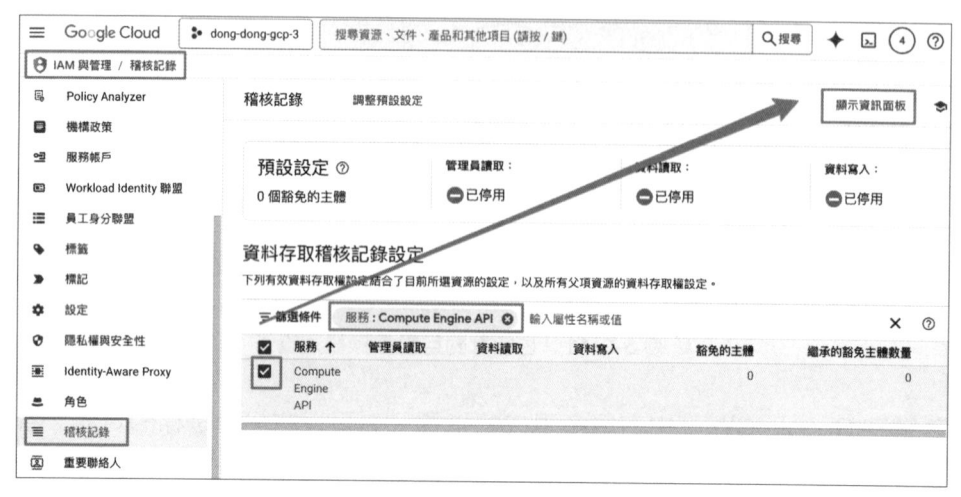

▲ 圖 5-3-13　可以看到自訂和系統預設的指標

在這裡可以看到，我們除了管理員操作機器的記錄之外，你還可以設定收集到更多的記錄。只要勾選起來按下儲存即可，如圖 5-3-14：

▲ 圖 5-3-14　設定更多想看的記錄

但是這些記錄的儲存也是需要費用的，像是我們給機器開關機的記錄是存在 _Required 這個值區（Bucket），它可以免費儲存 400 天不計任何的費用。而我們透過 OPs Agent 或者是像上圖額外接收的稽核記錄，則是存在 _Default Bucket 中，它可以免費儲存 30 天，你可以設定額外的接收器，讓它在 Cloud Logging 儲存更長的時間，但是額外的儲存時間就會計費喔，如圖 5-3-15：

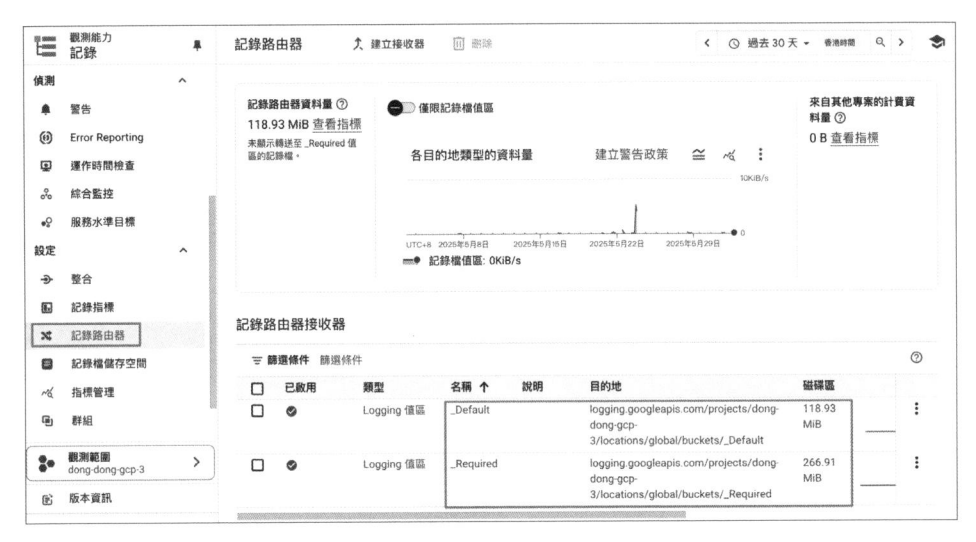

▲ 圖 5-3-15　記錄路由器的 _Default 和 _Required Bucket

Cloud Logging 跟 Cloud Monitoring 一樣，除了虛擬機器之外，其他 Google Cloud 服務也都會包含各種記錄，以後你操作其他服務，都可以進來看看喔！

Note

CHAPTER 06

Google Cloud 的網路基礎知識

▶ 6-1 Vitual Private Cloud（VPC）和 Subnet 介紹

▶ 6-2 防火牆規則

▶ 6-3 安全連線到虛擬機器的三種方法
（SSH Key、gcloud、Cloud IAP）

6-1 Vitual Private Cloud（VPC）和 Subnet 介紹

前面介紹了虛擬機器的基本操作，目的是想先讓大家有感覺，接下來我們要介紹重要的網路基礎概念，大家千萬不要跳過這個章節喔！

Google Cloud 的網路，就是 VPC Virtual Private Cloud，中文叫虛擬私有雲網路。那我們就簡稱它網路就好了。VPC 網路是全球的 Google Cloud 的內網，意思是說 Google 在全世界的資料中心（Region），都可以有一個子網路，我們稱之為 Subnet（也可以叫網段），你在任何一個 Subnet 建立虛擬機器，只要透過內部 IP，它們彼此之間都可以互相溝通，就像區域網路一樣，而且速度非常快。

> **東東眉角**
>
> 很多熟悉地端的朋友會以為，面對不同的子網路，就要給它分配一個 IP，其實不需要喔！在同一個 VPC 裡面，你的虛擬機器只要有一個內部 IP，就可以跟所有子網路裡的機器互相溝通，除非你的機器要跟不同的 VPC 網路的機器溝通，才需要再給它另一個 VPC 的內部 IP 喔！

例如你在台灣跟美國各開一台 VM，它們可以直接互相溝通。那如果這兩台 VM 在不同 VPC 的話，即使這兩台 VM 都開在台灣，它們也沒有辦法互相溝通，因為它們處於不同的網路，如圖 6-1-1：

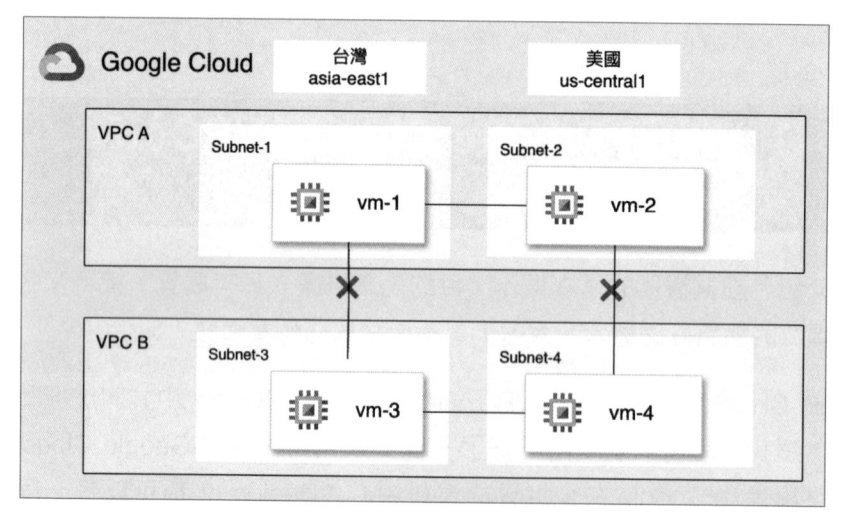

▲ 圖 6-1-1　VPC 網路的連接性

接下來我們直接去看畫面，你會看到在我的專案裡面有兩個 VPC 網路，當一個新的 Google Cloud 的專案建立起來之後，會自動產生 default 網路，另外一個則是我另外建立的 vpc-3。我們再點擊 default 進去看看，如圖 6-1-2：

Google Cloud 的網路基礎知識　06

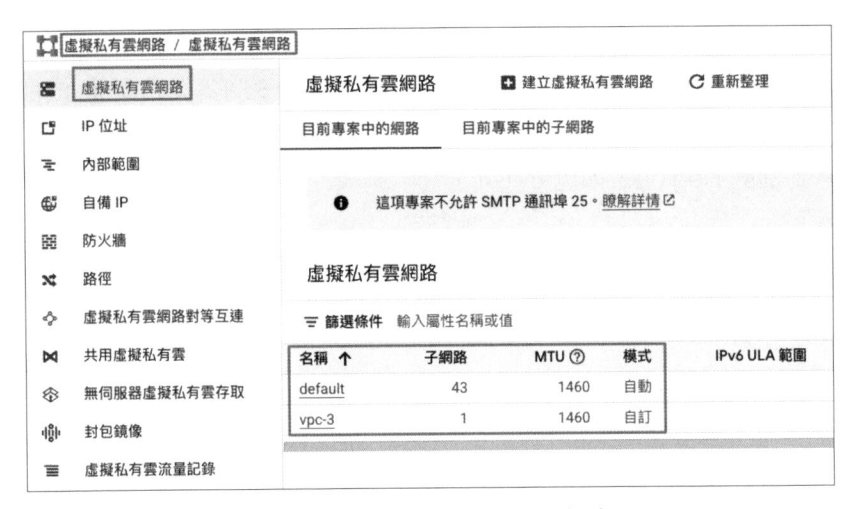

▲ 圖 6-1-2　專案內的 VPC 網路

default 網路屬於自動模式，它會先在全世界的 Region 都開一個子網路出來。「detault」只是一個名字，沒有其他的意思。你可以再點擊子網路看看，如圖 6-1-3：

▲ 圖 6-1-3　default VPC 網路

6-3

你會看到每個子網路各有不同的 IP 範圍。每個子網路都是 /20 的這個大小。它能分配的內部 IP 數量 32 - 20 = 2，就是約有 2 的 12 次方個 IP 位址。在這裡我們也可以知道一個子網路最大的範圍就是在一個 Region 裡面，它不會橫跨到別的 Region，如圖 6-1-4。

另外在自動模式底下，你沒有辦法去變更 Subnet 的 IP 範圍，也無法新增其他的 Subnet，你可以把自動模式轉換成自訂模式，但是之後就沒有辦法再轉回自動模式喔！

名稱 ↑	區域	堆疊類型	主要 IPv4 範圍	閘道
default	africa-south1	IPv4 (單一堆疊)	10.218.0.0/20	10.218.0.1
default	asia-east1	IPv4 (單一堆疊)	10.140.0.0/20	10.140.0.1
default	asia-east2	IPv4 (單一堆疊)	10.170.0.0/20	10.170.0.1
default	asia-northeast1	IPv4 (單一堆疊)	10.146.0.0/20	10.146.0.1
default	asia-northeast2	IPv4 (單一堆疊)	10.174.0.0/20	10.174.0.1
default	asia-northeast3	IPv4 (單一堆疊)	10.178.0.0/20	10.178.0.1
default	asia-south1	IPv4 (單一堆疊)	10.160.0.0/20	10.160.0.1
default	asia-south2	IPv4 (單一堆疊)	10.190.0.0/20	10.190.0.1
default	asia-southeast1	IPv4 (單一堆疊)	10.148.0.0/20	10.148.0.1
default	asia-southeast2	IPv4 (單一堆疊)	10.184.0.0/20	10.184.0.1
default	australia-southeast1	IPv4 (單一堆疊)	10.152.0.0/20	10.152.0.1
default	australia-southeast2	IPv4 (單一堆疊)	10.192.0.0/20	10.192.0.1
default	europe-central2	IPv4 (單一堆疊)	10.186.0.0/20	10.186.0.1
default	europe-north1	IPv4 (單一堆疊)	10.166.0.0/20	10.166.0.1
default	europe-north2	IPv4 (單一堆疊)	10.226.0.0/20	10.226.0.1
default	europe-southwest1	IPv4 (單一堆疊)	10.204.0.0/20	10.204.0.1

▲ 圖 6-1-4　default VPC 各個 Subnet 的 IP 範圍

東東眉角

如果你的虛擬機器幾乎都開在台灣，建議你使用自訂的 **VPC**，這樣可以避免太多 **IP** 範圍開在一些你完全都用不到的 Region，佔用你可以分配 **IP** 的空間。

我們再回到虛擬私有雲網路的主頁，來試著建立一個自訂的 VPC 看看，我們給這個 VPC 命名為 test-1，然後把子網路建立模式設定為「自訂」，IPv6 位址的部分可以不用設定，因為到現在為止，使用 IPv6 的網路設備還沒有那麼普及。如圖 6-1-5：

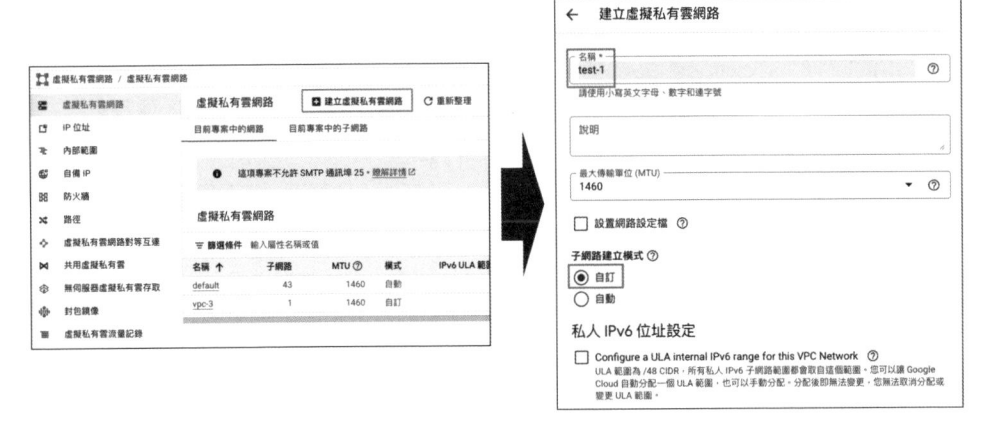

▲ 圖 6-1-5　建立一個自訂的 VPC 網路

再往下你會看到在自訂的 VPC 底下，每一個 Subnet 都要自己命名，我們給它命名「test-1-tw」，然後設定 IP 範圍，建議你設定在 10.0.0.0/8 或 192.168.0.0/16 這兩個範圍之中，例如我設定為 10.0.0.0/20，如圖 6-1-6。

接著「次要 IPv4 範圍」，如果你的虛擬機器同時有多個服務對外，或是有不同的容器在運作的話，可以設定這個範圍，在這裡我們不需要設定。

流量記錄可以收集在這個 Subnet 所有網路傳輸的記錄，例如從哪一台機器傳出來、走什麼通訊協定和 Port，以及傳輸的目的地，如果你要診斷網路問題可以暫時啟用它。如果不用記得要停用，因為它也會佔用 Cloud Logging 的資料儲存量。

接下來我們可以直接按下「完成」，如果你想要再新增其他子網路，可以點擊下方的「新增子網路」。

▲ 圖 6-1-6　子網路命名、區域和 IP 範圍設定

東東雷點

這邊提醒一下，各個子網路的 IP 範圍不能重疊喔！

接下來它問你要不要勾選這些防火牆規則，我們先全部勾選起來，下個單元會再詳細介紹。最後，其他選項保持預設，直接點擊下方的「建立」按鈕，如圖 6-1-7：

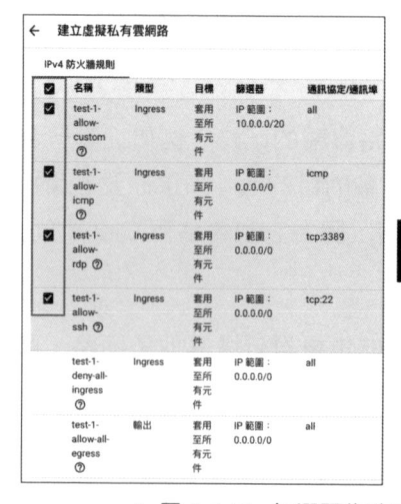

▲ 圖 6-1-7　勾選預先建立的防火牆規則並按下「建立」

最後我們就看到成功建立 VPC 網路的訊息了，如圖 6-1-8：

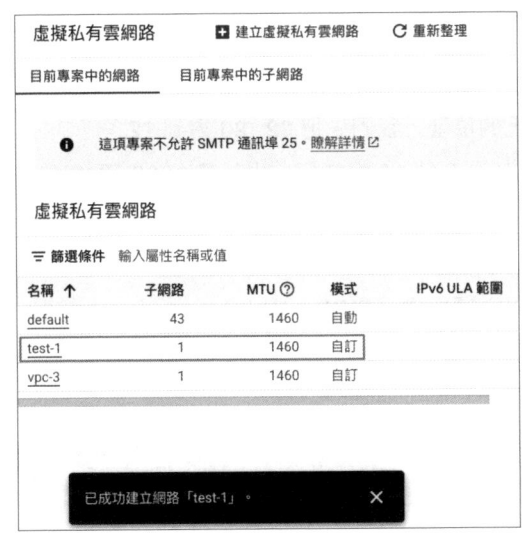

▲ 圖 6-1-8　成功建立 VPC 網路

我們可以跳到建立虛擬機器的畫面，你就會看到可以在新的 VPC 網路建立你的主機，如圖 6-1-9：

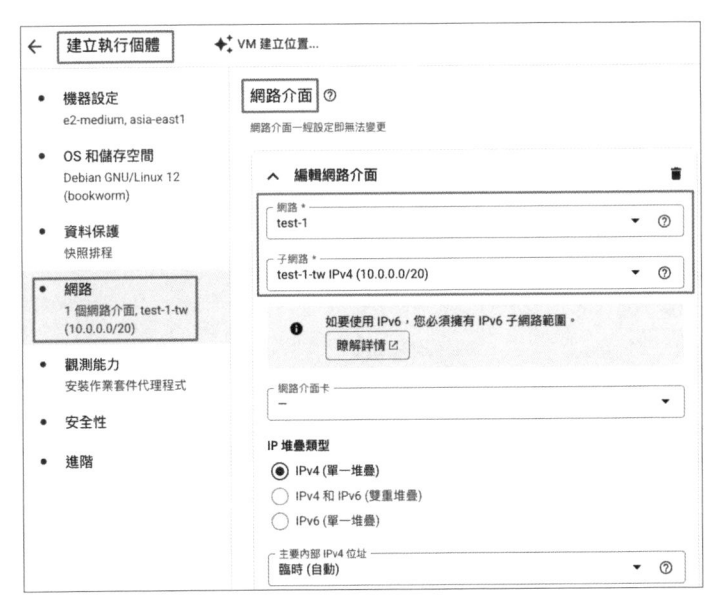

▲ 圖 6-1-9　可以在新的 VPC 網路建立 VM

> **東東眉角**
>
> IP 位址的算法：10.140.0.0/20 有幾個 IP 位址？
> IPv4 使用 32 位元的位址，我們先把 32- 20 得到 12。
> 所以 IP 位址數量就是 2 的 12 次方個，也就是 4096 個 IP 位址。
> 再減去 .0（子網路）、.1（閘道）和 255（廣播位址），則有 4093 個可用的 IP 位址。
> 想知道更詳細可以上網搜尋「CIDR」喔！

6-2 防火牆規則

建立好 VPC 網路之後，接下來就要來了解一下防火牆功能。Google Cloud 的防火牆並不是實體的機器，而是一個分散式的網路系統，所以也不需要管理機器或是擔心它的效能問題，Google Cloud 都幫你處理好了。

我們直接來看防火牆的頁面吧！直接從虛擬私有雲網路點擊「防火牆」，如圖 6-2-1：

▲ 圖 6-2-1　進入防火牆功能

進來畫面之後，你可能會覺得怪怪的，右邊的主選單本來不是「虛擬私有雲網路」嗎？怎麼現在變成「網路安全性了」？因為防火牆和網路安全有關，所以 Google Cloud 也把防火牆的功能選單設定在這裡，從兩個主選單都可以進來找到這個功能。

接下來你會看到它分成防火牆「政策」和防火牆「規則」，我們先來介紹防火牆規則。我們先用篩選條件的「網路」，把前面建立的 test-1 輸入進去，按下 Enter，如圖 6-2-2：

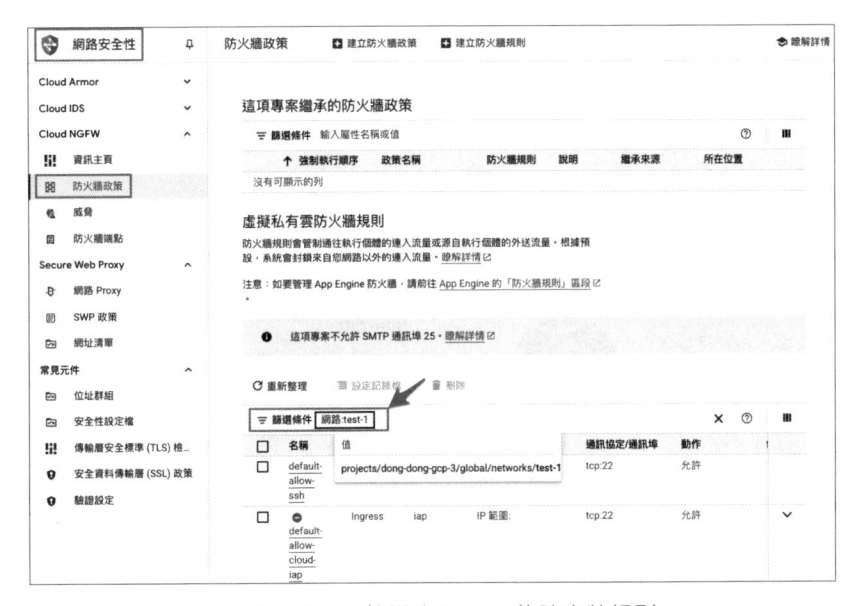

▲ 圖 6-2-2　篩選出 test-1 的防火牆規則

首先你會看到四條預先建立的防火牆規則，就是我們在上個單元勾選建立的規則。在這裡你會看到防火牆規則的各種屬性，接下來我們就來逐一說明各個屬性的意義，如圖 6-2-3：

名稱	類型	目標	篩選器	通訊協定/通訊埠	動作	優先順序	網路	記錄
test-1-allow-custom	Ingress	全部套用	IP 範圍:	全部	允許	65534	test-1	關閉
test-1-allow-icmp	Ingress	全部套用	IP 範圍:	icmp	允許	65534	test-1	關閉
test-1-allow-rdp	Ingress	全部套用	IP 範圍:	tcp:3389	允許	65534	test-1	關閉
test-1-allow-ssh	Ingress	全部套用	IP 範圍:	tcp:22	允許	65534	test-1	關閉

▲ 圖 6-2-3　預先建立的防火牆規則

首先，防火牆規則的類型包含 Ingress 輸入和 Egress 輸出，只要存取的目的地是到目標主機，不管從外部（Internet）或從 VPC 內部其他主機過來的，都屬於 Ingress。反過來說，只要封包是離開主機，不管到外部（Internet）或到 VPC 內部其他主機，都算 Egress，如圖 6-2-4：

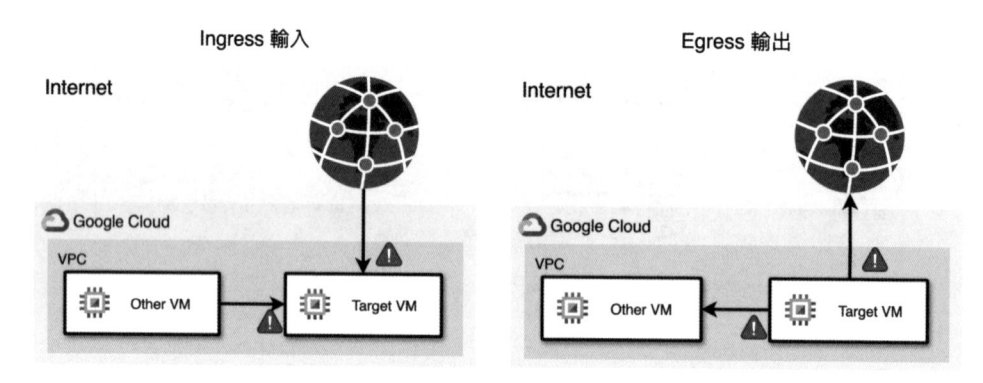

▲ 圖 6-2-4　防火牆的 Ingress 和 Engress

而目標指的就是要套用的主機，除了我們在表格中看到的「全部套用之外」，還包含「指定的目標標記」和「指定的服務帳戶」，在這裡特別說明一下目標標記的意思。

我們設定防火牆並不是一台一台指定要套用規則的目標主機，而是可以用標籤式管理的方法一次套用到多台目標主機。

例如，我們現在有兩條防火牆規則，第一條規則指定的目標標記為 web，代表這條規則只會套用到 vm-1 這台虛擬機器，它允許任何地方的主機存取它

的 80 Port，但是另外兩台主機不會對外開放 80 Port，如圖 6-2-5；第二條防火牆規則指定的目標標記為 db，代表這條規則只會套用 vm-2 和 vm-3，它只允許來源 IP 是 10.128.0.5 的主機去存取 3306 Port，任何其他來源的主機接無法存取。

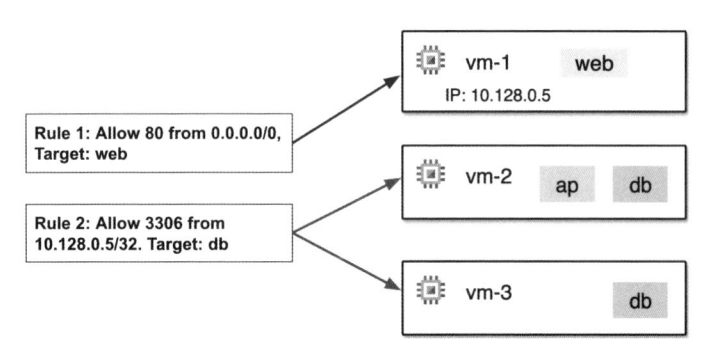

▲ 圖 6-2-5　防火牆的標籤式管理概念

因為你的防火牆規則不一定要套用到所有的主機，所以我們使用網路標記的方式，可以只套用到部分的主機。

在這樣的情況下，除了防火牆規則要設定目標標記之外，我們也要給機器加上網路標記，讓我們的機器可以套用到防火牆規則，如圖 6-2-6。

如果你有很多應用程式主機，彼此要互相存取，也可以使用「指定的服務帳戶」來管理防火牆規則。

▲ 圖 6-2-6　主機要設定網路標記來套用防火牆規則

針對其他防火牆規則的屬性，我們直接建立一條規則來看看，假設我們現在要建立允許任何來源存取到 80 Port 的規則，點擊「建立防火牆規則」，不要點到「建立防火牆政策」喔，如圖 6-2-7：

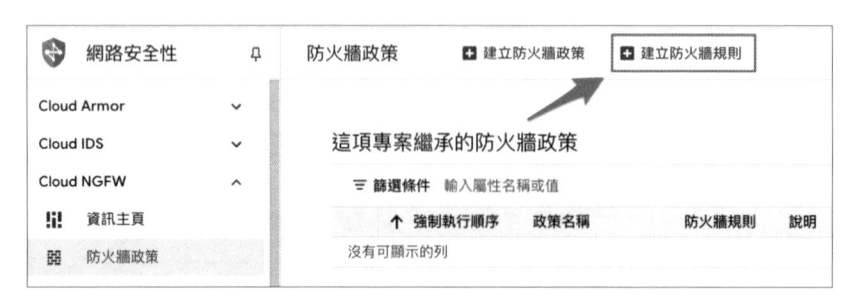

▲ 圖 6-2-7　建立防火牆規則

首先我們通常會把 VPC 網路的名字寫在最前面，然後再寫允許或拒絕哪一個通訊協定或 Port，如圖 6-2-8。

如果你想要排除網路問題的話，可以啟用記錄功能。 因為我們現在有多個 VPC 網路，務必要選到正確的（因為常常忘記選）。

優先順序是指從 0 到 65535 的範圍當中，數字越小的規則越優先，例如，你可以設定一個優先順序為 10000 的防火牆規則，拒絕所有來源存取，再設定一個 1000 的防火牆規則，只允許某個特定的 IP 範圍，這樣特定範圍的主機可以過來存取，同時也能阻擋其他範圍的主機流量。

在這裡優先順序自動帶入 1000，我們就保持預設。 因為現在流量方向是從外部進來存取到主機，所以我們就選擇 Ingress。動作就包含「允許」和「拒絕」兩種，在這裡就選擇「允許」。

▲ 圖 6-2-8　防火牆規則命名和基本設定

假設我等一下會建立一台主機名稱叫做 demo-1，我就可以在目標標記也輸入相同的主機名稱，如圖 6-2-9。

而篩選器的部分包含 IPv4 範圍和標記，針對 Ingress 方向，就是設定從什麼地方、從什麼 IP 範圍過來的流量，或是 VPC 內有帶特定標記的來源主機，針對 Egress 方向，就是設定主機要去哪一個 IP 範圍，或是 VPC 內有帶特定標記的目的主機。

6-13

我要做一個允許任何來源存取的網頁,所以在來源篩選器的 IPv4 範圍,我就輸入 0.0.0.0/0。

關於通訊協定和通訊埠,可以設定的範圍包含 TCP 從 0 到 65535 的 Port,以及 UDP、ICMP(ping)、ESP 等。在這裡我們只要勾選 TCP,然後在 Port 輸入 80 即可。

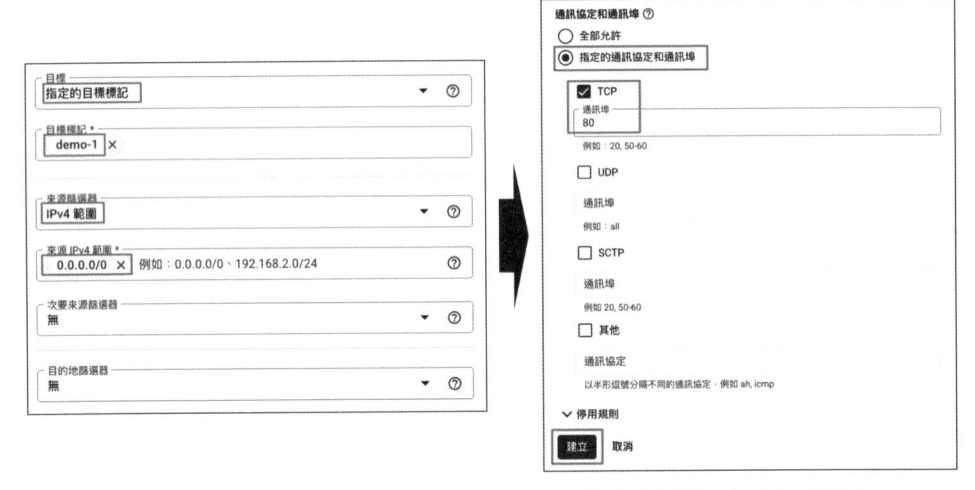

▲ 圖 6-2-9　指定目標標記、IPv4 範圍、通訊協定和通訊埠並按下「建立」

然後我們就看到防火牆規則成功建立了,如圖 6-2-10:

▲ 圖 6-2-10　看到防火牆規則成功建立

Google Cloud 的網路基礎知識　06

為了要測試這條規則是否生效，我們就來建立一台虛擬機器名叫 demo-1，要記得設定網路標記並且把機器開在正確的 VPC 和子網路喔！如圖 6-2-11：

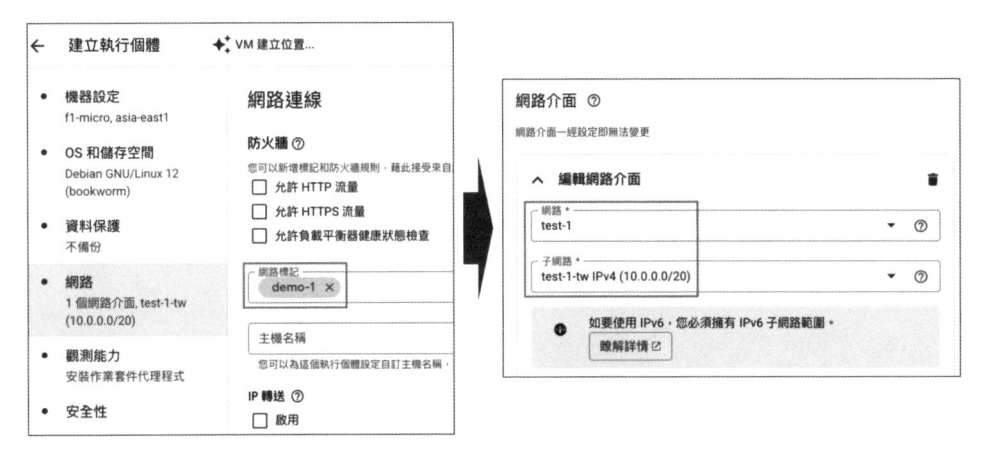

▲ 圖 6-2-11　建立主機設定網路標記並指定 VPC 和子網路

接著我們輸入 http://[主機的 IP]，就可以看到網頁囉！如圖 6-2-12：

▲ 圖 6-2-12　輸入主機 IP 並看到網頁呈現

6-15

我們來點擊剛剛建好的防火牆規則，查看它的內容，如圖 6-2-13：

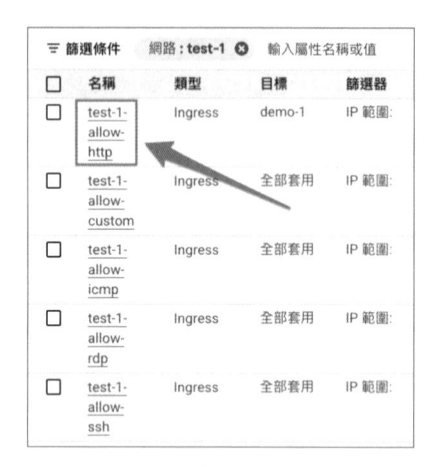

▲ 圖 6-2-13　點擊剛建立的防火牆規則

接著把視窗往下滑，你也可以看到套用到這條規則的虛擬機器有哪些，我們就看到 demo-1 有套用這條防火牆規則，如圖 6-2-14：

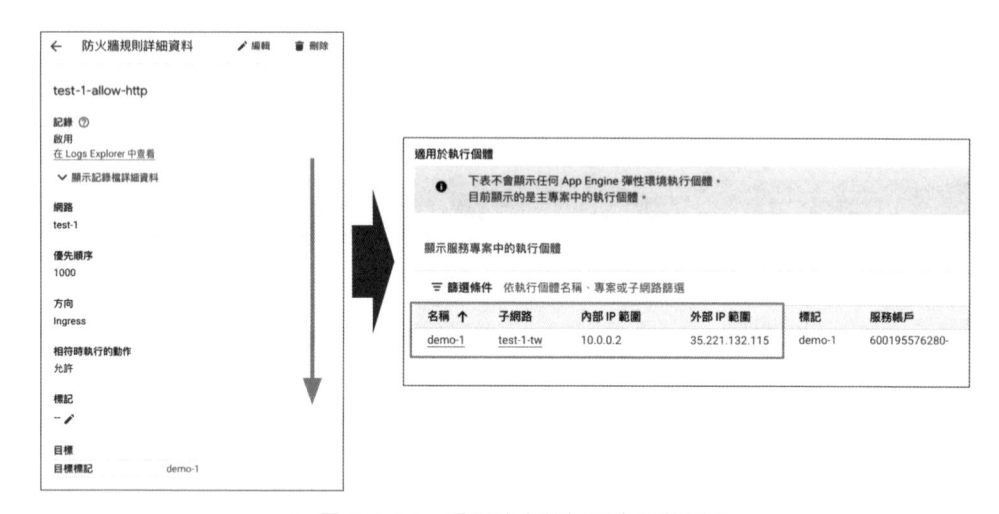

▲ 圖 6-2-14　看到防火牆規則套用的機器

你可以在這裡點擊「在 Log Explorer 中查看」，它會直接帶入查詢語法，秀出和這條防火牆規則相關的存取事件，我們再點擊其中一筆 Log 展開，如圖 6-2-15：

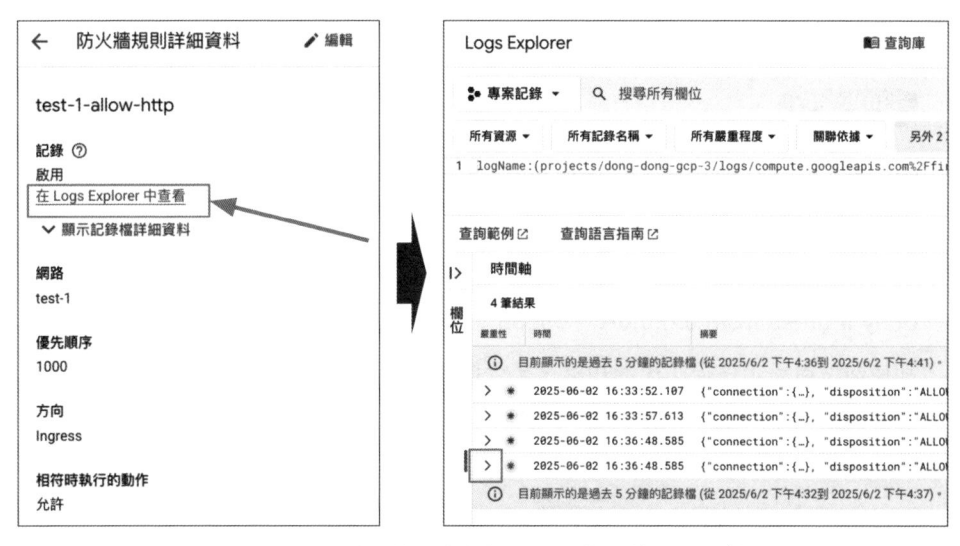

▲ 圖 6-2-15　看到和防火牆規則相關的記錄，再點擊展開

接著我們就看到完整的 Log，包含我們從哪一個來源 IP 存取這台主機的網頁，以及這個動作剛好符合哪一條防火牆規則，和防火牆採取的動作等等，如圖 6-2-16：

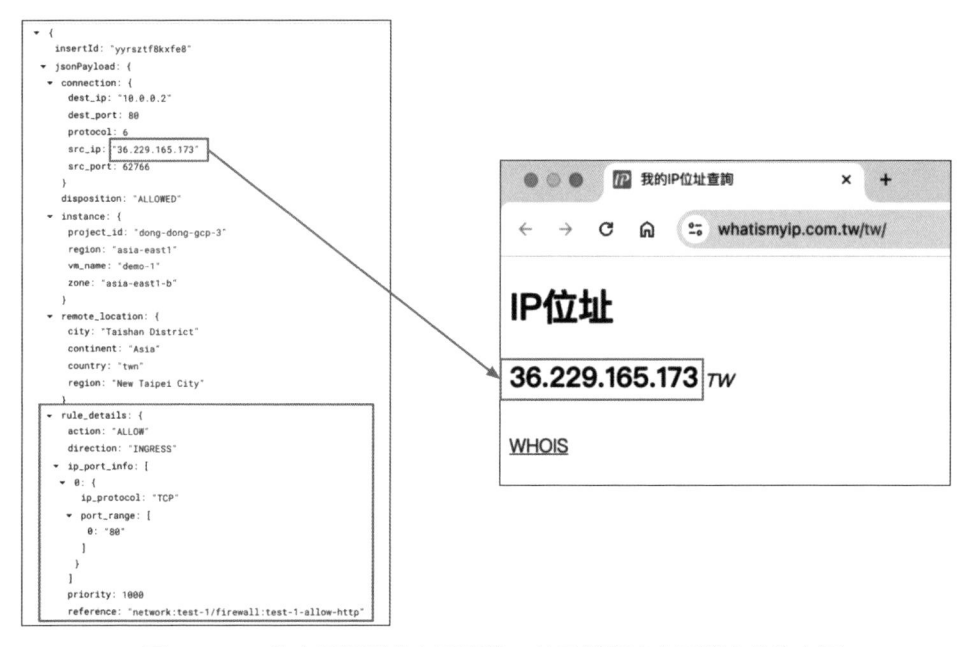

▲ 圖 6-2-16　防火牆規則的存取記錄，並且能指出客戶端主機的來源 IP

6-17

> **東東眉角**
>
> 除了我們在 Google Cloud Console 上「看得到」的防火牆規則，還有兩條「隱含」的防火牆規則：
>
> allow Egress to 0.0.0.0/0，65535（允許所有主機發出流量去任何地方）
>
> deny Ingress from 0.0.0.0/0，65535（拒絕所有存取主機的流量）
>
> 即使你沒有設定任何防火牆規則，至少這兩條還是生效的，主要是為了方便你的主機上網，和基本的安全性，只要你建立任何小於 65535 的防火牆，就可以覆蓋它們喔！

Google Cloud 還有所謂的防火牆「政策」，它包含從機構和資料夾層級繼承下來的政策（比防火牆規則優先），還有在專案內部的全域政策和區域政策（比防火牆規則後面）。我們直接看下方的流程圖，你可以看到所有的政策和規則，如果同時一起運作的話，會非常複雜，如圖 6-2-17：

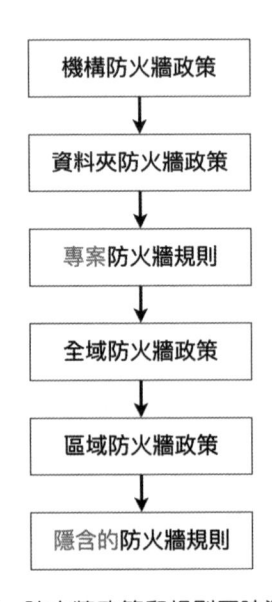

▲ 圖 6-2-17　防火牆政策和規則同時運作的優先順序

如果你是大企業，並且要集中管理所有的防火牆，再考慮規劃防火牆政策，如果你的環境比較單純，建議只要使用防火牆規則就非常足夠。

6-3 安全連線到虛擬機器的三種方法（SSH Key、gcloud、Cloud IAP）

記得在上一個小節我們有看到，預先建立的防火牆裡面有一條規則是允許 SSH（22 Port）連線的，這個連線方式雖然很方便，只要點擊 SSH 按鈕就可以快速連線，但它的問題是，它允許 0.0.0.0/0，也就是**全世界的任何人都可以連線到這個 Port**。

雖然你會覺得這種連線方式禁用帳號密碼登入，一般人不會輕易登入成功，但你要想的是，會來登入的絕對不是一般人，而是擁有超高技術的駭客，所以這個 Port 對全世界開放，還是會有很多潛在的風險，最好還是要限定可以連線進來的 IP。

你看我的主機才開一個多小時，馬上就有奇怪的人來連線，如圖 6-3-1：

▲ 圖 6-3-1　隨時有人嘗試登入主機

方法一、設定 SSH Key 從地端連線

安全連線到 VM 的第一種方式，也就是在本機自建 SSH Key，從本機的 Command Line 用 SSH 指令連線，這樣就可以設定防火牆只允許你的 IP 可以連線，阻擋其他來源 IP。

我們在所有的 Linux 或 Mac 電腦，都可以用這樣的方式連線，而 Windows 電腦只要安裝 PuTTYgen 產生 SSH Key，再用 PuTTY 帶著 Key 也可以連線到 VM 喔！

搜尋「google Cloud ssh key」，點擊第一個搜尋結果「Create SSH Keys」，如圖 6-3-2：

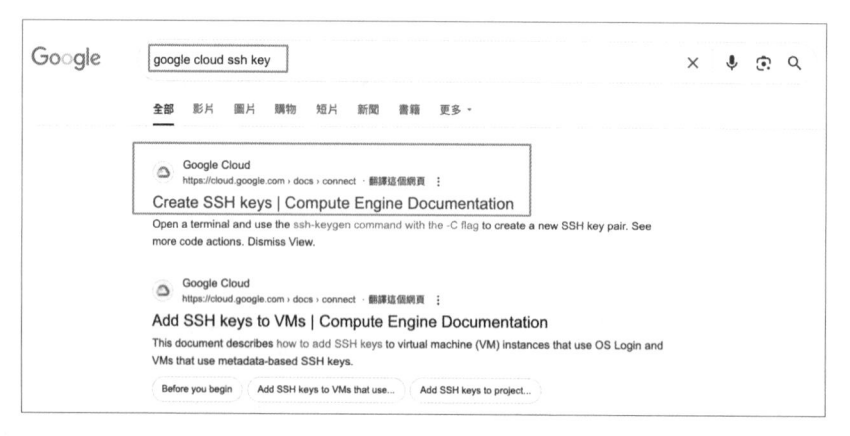

▲ 圖 6-3-2　搜尋 Google Cloud ssh key

進入這份官方文件之後，往下滑到 Create an SSH key pair 段落，下方有一個編輯指令的地方，你可以點擊鉛筆更改這個 key 的檔案名稱（建議取名 id_rsa），並設定連線的使用者名稱。然後按旁邊的複製圖示，把整條指令複製起來，如圖 6-3-3：

Google Cloud 的網路基礎知識　06

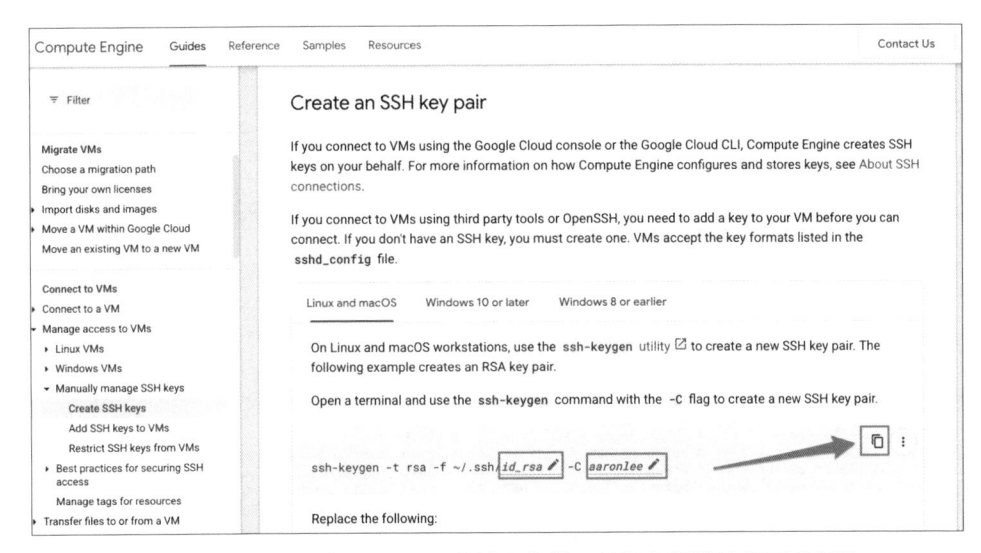

▲ 圖 6-3-3　更改 SSH Key 的檔案名稱，並設定連線的使用者名稱

接著我們打開本機的 Command Line，貼上指令並按下 Enter，如圖 6-3-4：

▲ 圖 6-3-4　貼上指令按 Enter 並且設定 SSH Key 的密碼

我們進入存放 Key 的資料夾，如圖 6-3-5：

```
cd .ssh
```

6-21

查看目錄的檔案：

```
ls -lia
```

看到 .ssh 目錄裡有 SSH Key 檔案，秀出公鑰內容，再選取複製內容：

```
cat .ssh
```

▲ 圖 6-3-5　看到 .ssh 目錄裡有 SSH Key 檔案，並複製公鑰內容

然後去我們主機的頁面上按下「編輯」，如圖 6-3-6：：

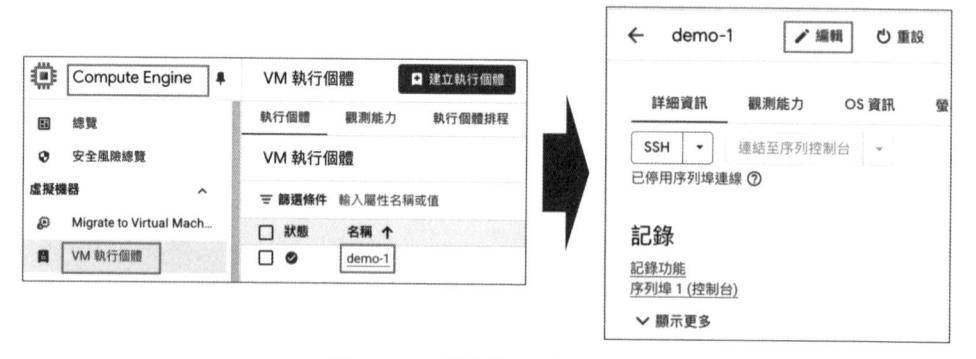

▲ 圖 6-3-6　編輯要連線的虛擬機器

往下找到「安全殼層金鑰」，把剛剛複製的公鑰內容貼上，如圖 6-3-7：

▲ 圖 6-3-7　貼上金鑰內容並按下儲存

這樣我們的 SSH Key 就設定完成了，再來去設定防火牆，點擊「建立防火牆規則」，如圖 6-3-8：

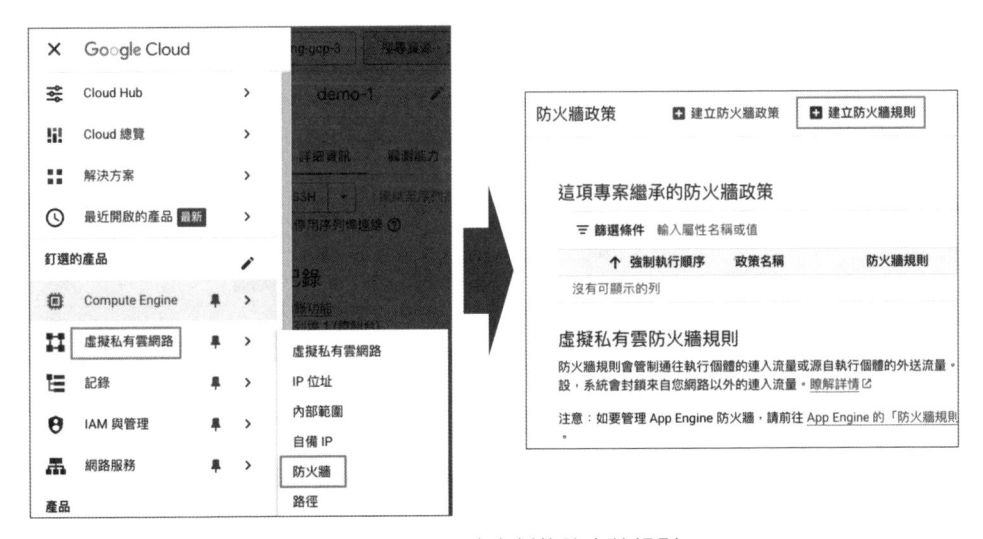

▲ 圖 6-3-8　建立新的防火牆規則

6-23

防火牆就按照上個單元的設定方法,要注意的是,「來源 IPv4 範圍」要設定為自己辦公室的 IP,如圖 6-3-9:

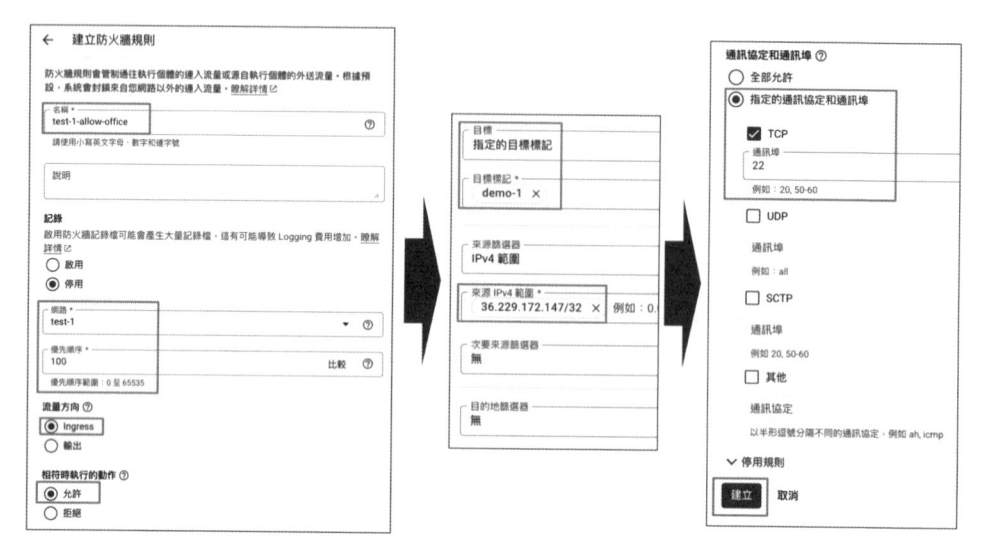

▲ 圖 6-3-9　設定只允許自己辦公室的 IP 去連線

同時把原本允許任何地方進行 SSH 連線的規則停用,如圖 6-3-10:

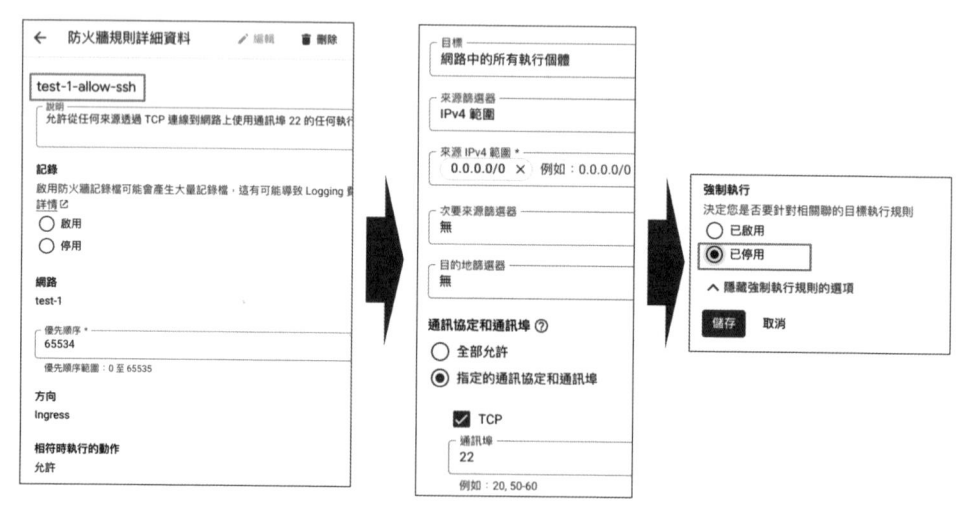

▲ 圖 6-3-10　同時把原本允許任何地方進行 SSH 連線的規則停用

Google Cloud 的網路基礎知識　06

接下來就輸入連線的指令：

```
ssh [你的 ID]@[你的來源 IP]
```

如果有連線成功，它會再要求你輸入密碼，像我是使用 Mac 電腦，如果連線成功的話，會看到游標左邊變成綠色的字體，如圖 6-3-11：

▲ 圖 6-3-11　輸入 SSH 指令確認連線成功

另外你也可以把 SSH 公鑰設定在中繼資料（Metadata）的安全殼層金鑰，這樣你就可以存取整個專案內所有的主機，就不用一台一台 VM 設定 SSH Key 喔！如圖 6-3-12：

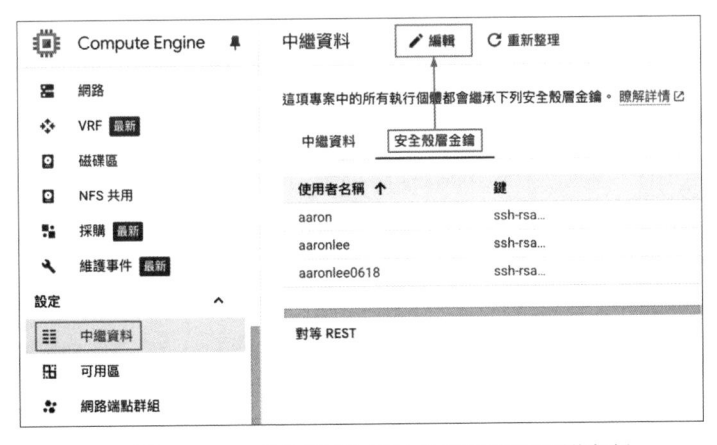

▲ 圖 6-3-12　也可以把 SSH 公鑰設定在中繼資料

方法二、透過 gcloud 指令連接

假如你懶得設定 SSH Key 的話，你可以直接使用這個指令：

```
gcloud compute ssh [主機名稱] --zone [你主機所在的 Zone]
```

這樣可以連線成功，也不用再設定 SSH Key，但前提是你的防火牆還是有允許你的辦公室 IP，如圖 6-3-13：

▲ 圖 6-3-13　使用 gcloud compute ssh 指令連到 VM

如果我們回到 Google Cloud 的 Console 上直接點擊 SSH 按鈕，是連不進去的。因為我們在前一段已經限制不讓任何 IP 來連線，所以你看到無法連線是正常的，如圖 6-3-14：

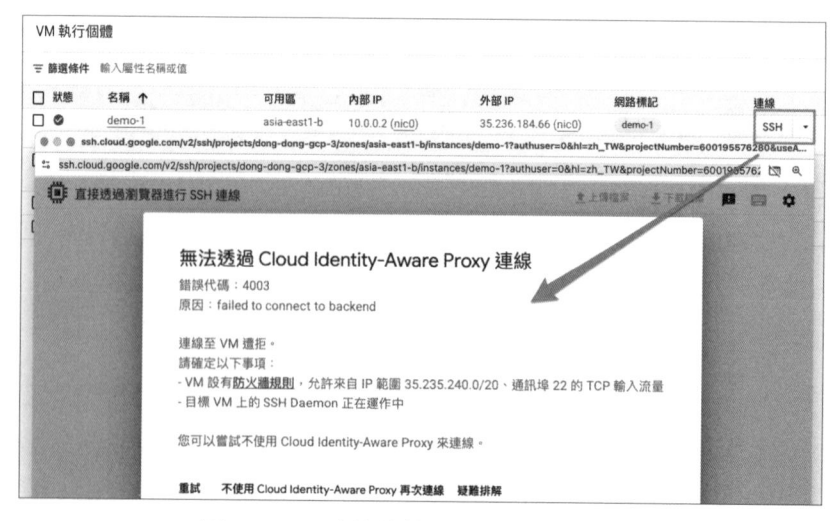

▲ 圖 6-3-14　直接點擊 SSH 按鈕是連不進去的

同理,從 Cloud Shell 也連不進去,因為 Cloud Shell 也是從 Google 拿到一個隨機分配的 IP,並不是從我們辦公室的 IP 去連線,所以連不進去也是正常的。

方法三、使用 Cloud IAP 連線

第三種連線到 VM 的方式是使用 Cloud IAP（Identity-Aware Proxy）,我們一樣是點擊主機的 SSH 按鈕連線。這不就是最原始的連線方法嗎？它跟前面教的方法感覺很像啊！那到底差在哪裡呢？

主要的差異是防火牆的設定,它並沒有允許 0.0.0.0/0 任何 IP 位址,它只允許一個專屬的 IP 網段,就是 35.235.240.0/20,這個網段是 Google 專屬的網段,所以這個網段是安全的,駭客不會從這邊出現並且連到你的主機。

所以只要設定防火牆允許這個網段,我們點擊 SSH 按鈕一樣可以連到主機,只是它的連線是用 Cloud IAP 的方式去連,我們現在就來實際執行看看。首先來設定新的防火牆規則,可以命名為「test-1-allow-iap」,要注意的是設定 35.235.240.0/20 這個網段,如圖 6-3-15：

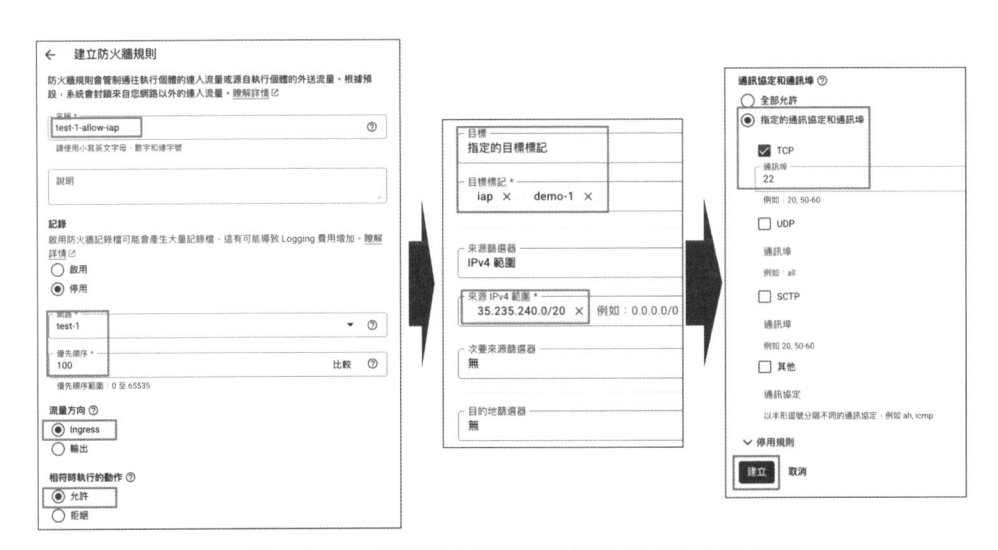

▲ 圖 6-3-15　建立防火牆規則只允許 35.235.240.0/20

接下來就可以直接連線了,你會看到它很快就連線成功,如圖 6-3-16：

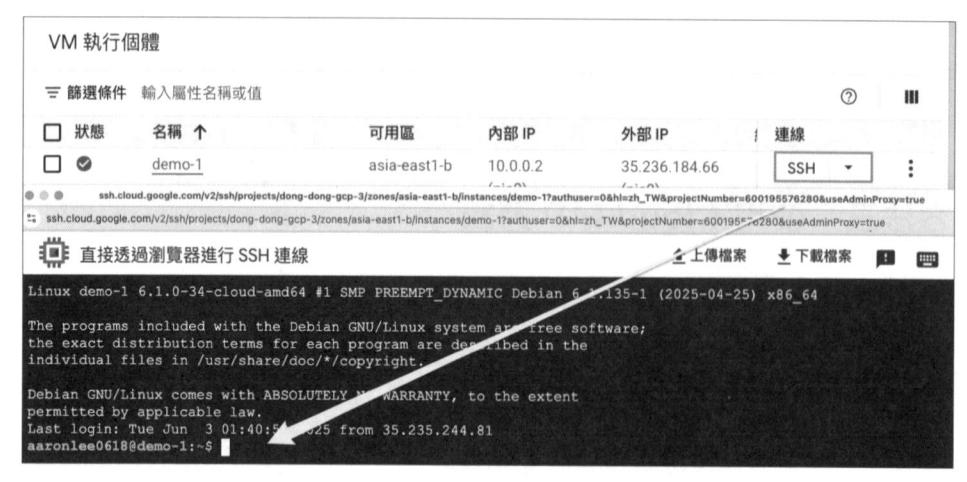

▲ 圖 6-3-16　點擊 SSH 按鈕連線成功

補充、使用 Windows 電腦連到 Linux 虛擬機器

上面介紹的是使用 Mac 電腦連線的方式，以下我們再提供使用 Windows 電腦設定 SSH Key 的連線方法，我們要先上網下載 PuTTY 軟體，它會包含產生 SSH Key 的 PuTTYGen 工具，然後就點擊 PuTTYGen，在主畫面點擊「Generate」按鈕，如圖 6-3-17：

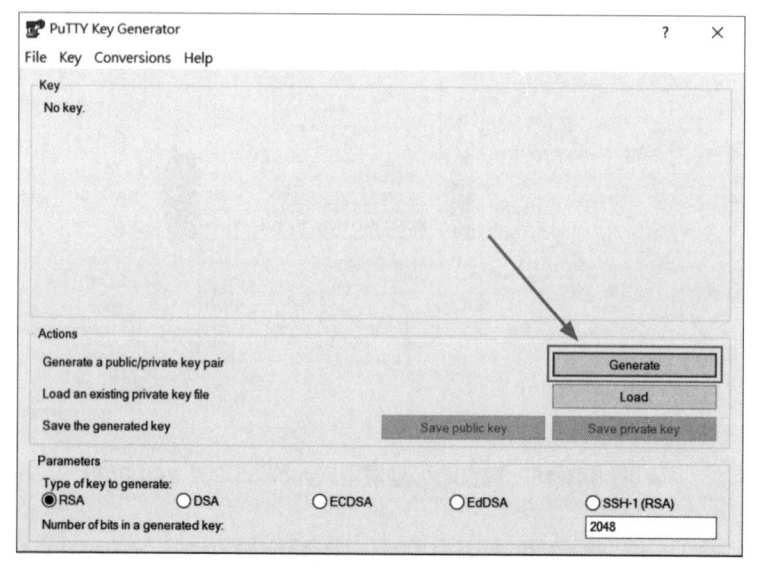

▲ 圖 6-3-17　用 PuTTYGen 產生 Key

Google Cloud 的網路基礎知識 ◀◀ **06**

接下來它會依照你滑鼠的移動軌跡，隨機產生公鑰和私鑰。

然後我們在「Key comment」設定連線的使用者 ID，然後在 Key passphrase 設定 SSH Key 的密碼，再把公鑰和私鑰儲存到 Windows 本機，如圖 6-3-18。

接著把上面出現的公鑰內容複製起來，按照上面提到的方法，儲存到到主機的「安全殼層金鑰」上。

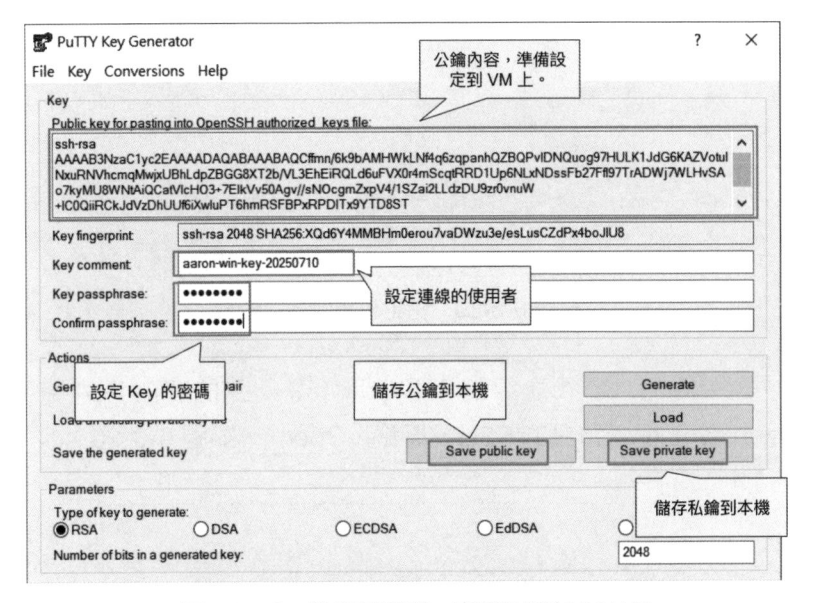

▲ 圖 6-3-18　設定使用者、密碼並儲存 SSH Key

然後打開 PuTTU，進入「Connection => SSH => Auth => Credentials」，點擊「Private key file for authentication」旁邊的「Browse」，指定剛剛儲存私鑰的位置，如圖 6-3-19：

6-29

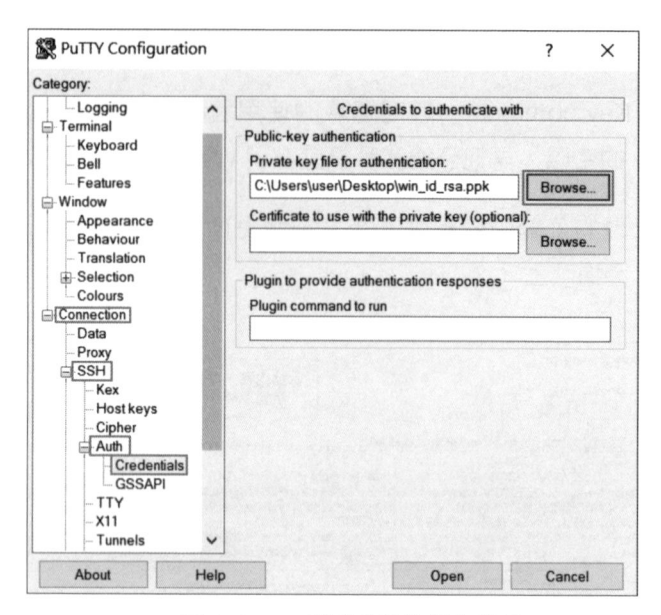

▲ 圖 6-3-19　指定私鑰的儲存位置

再回到「Session」，輸入連線的字串 [id]@[辦公室的 IP]，Port 輸入 22，Connection Type 保持預設的 SSH，再點「Open」，如圖 6-3-20：

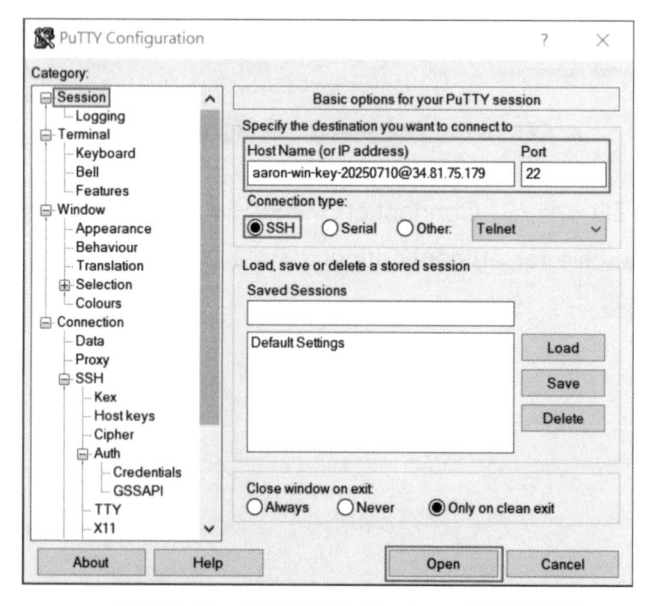

▲ 圖 6-3-20　設定連線字串、Port 和通訊協定

接著它就打開一個 Command Line 視窗，並提示你輸入 SSH Key 的密碼，驗證通過後就連線成功了！如圖 6-3-21：

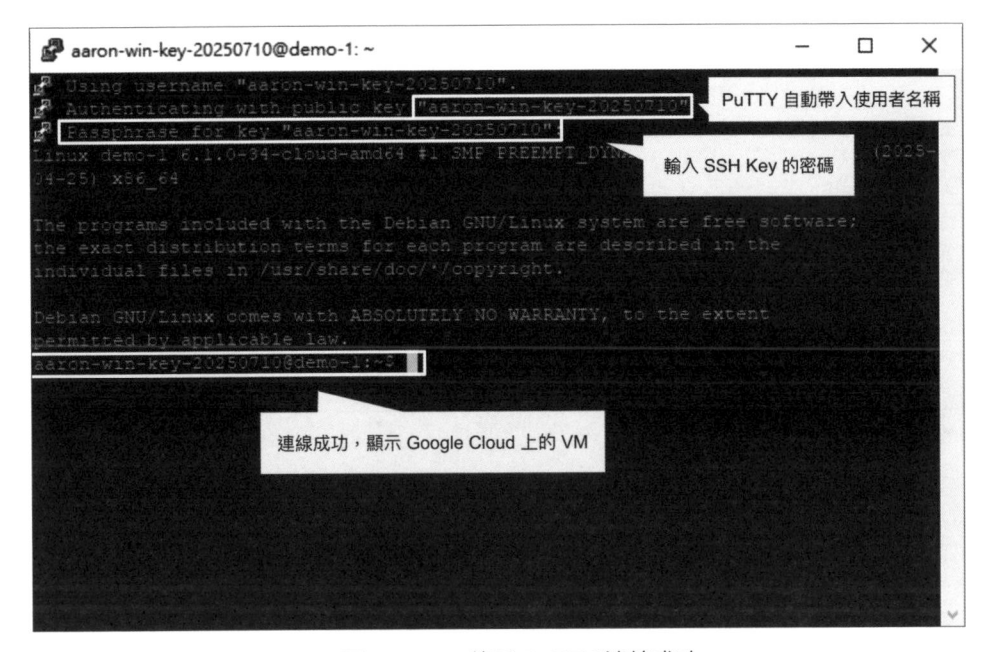

▲ 圖 6-3-21　使用 PuTTY 連線成功

> **東東碎唸**
>
> 如果連線的對象是 Windows Server 作業系統，就是用我們一般慣用的「遠端桌面連線」，請務必設定防火牆（Port 3389）只允許你自己的 IP，其他 IP（0.0.0.0/0）都要阻擋，並且把密碼設定得困難一點，否則兩三下就輕易地被駭客攻破了！這是我個人的慘痛經驗＞＜！

Note

CHAPTER 07

Google Cloud 的儲存服務

▶ 7-1 雲端檔案儲存 Google Cloud Storage 介紹與基本操作

▶ 7-2 雲端資料庫 Cloud SQL 介紹與基本操作

▶ 7-3 其他資料儲存服務簡介

7-1 雲端檔案儲存 Google Cloud Storage 介紹與基本操作

Google Cloud Storage 是一個企業等級的物件儲存服務（Object Storage），擁有無上限的儲存空間，主要用來儲存和存取任何類型的資料，包括網站內容、資料備份和歸檔資料等。

Cloud Storage 提供多種儲存級別（Class）來配合不同需求和成本考量，從資料存取頻率依序包括 Standard、Nearline、Coldline、Archive，而且它在世界各地都有資料中心，提供高達 99.999999999%（11 個 9）的資料持久性，你可以選擇把資料儲存在單一地區（Single-Region）或是兩個地區（Dual-Region），甚至三個地區（Multi-Region）都可以，跨 Region 之間會自動複製資料，即使某一個 Region 無法存取或遺失資料，仍然可以由其他 Region 來提供資料。

建立 Cloud Storage Bucket 操作

我們就來操作看看吧！首先建立一個 Bucket（值區），你會看到我在專案裡已經有許多不同的 Bucket 存在，如圖 7-1-1：

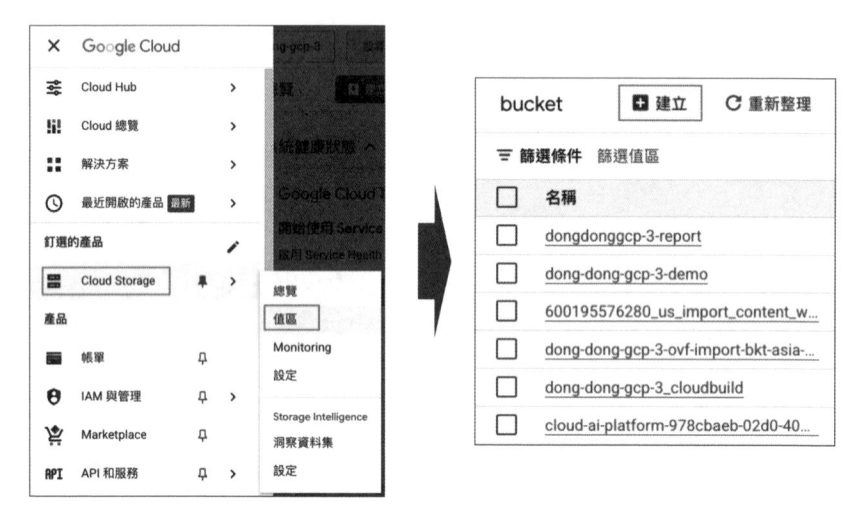

▲ 圖 7-1-1　建立一個 Cloud Storage Bucket

接下來給這個 Bucket 命名，要注意，這個命名空間會跟全世界所有使用者共用，你可能會和別人已經建立好的 Bucket 名字衝突，所以必須要取一個獨一無二的名字。接下來要選擇資料的儲存位置，我們就選擇台灣 asia-east1，如圖 7-1-2：

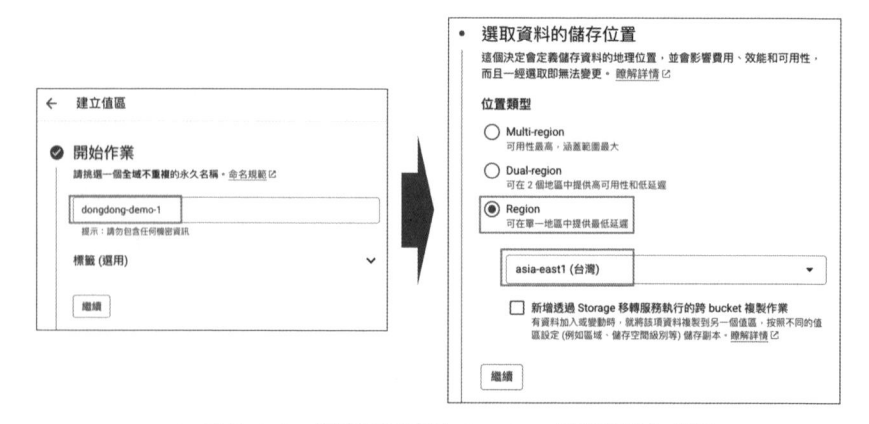

▲ 圖 7-1-2　設定不重複的 Bucket 名稱和儲存位置

如果你的檔案在一個月內會被存取多次的話，直接選擇 Standard 就可以了。如果是用在歸檔的用途，例如 30 天才會存取一次，可以選擇 Nearline，90 天才會存取一次選擇 Coldline，365 天才存取一次選擇 Archive。

雖然從 Nearline、Coldline 到 Archive 的儲存費用會越來越便宜，但是當物件在上述時間範圍內被存取第二次的話，會被收取較高的存取費用，所以你要很確定物件未來會被存取的頻率。

但是大部分的人，根本不知道什麼時候會存取這些檔案，針對這個問題 Cloud Storage 有推出 Autoclass，它會讓你先把所有物件設定為 Standard，如果超過 30 天沒有存取會自動轉成 Nearline，累積超過 90 天再轉成 Clodline，累積超過 365 天再轉成 Archive。過程中只要被存取一次，就會一律先轉換成 Standard，這樣就不會被收取到存取的費用。另外在存取控管請勾選「統一」，整個 Bucket 會用同一張權限管理表，如果選「精細」，每個物件都要個別管理權限。如圖 7-1-3：

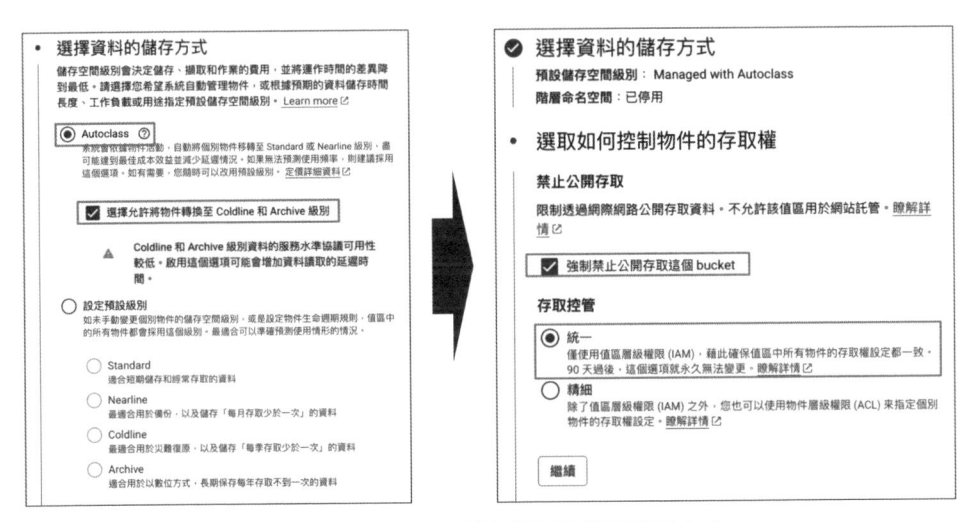

▲ 圖 7-1-3　設定儲存級別和權限管理方式

接下來你可以設定資料保護的「虛刪除政策」，就類似資源回收桶的意思，預設它會保留 7 天再永久刪除，你也可以更改保留的天數。然後就按「建立」，如圖 7-1-4：

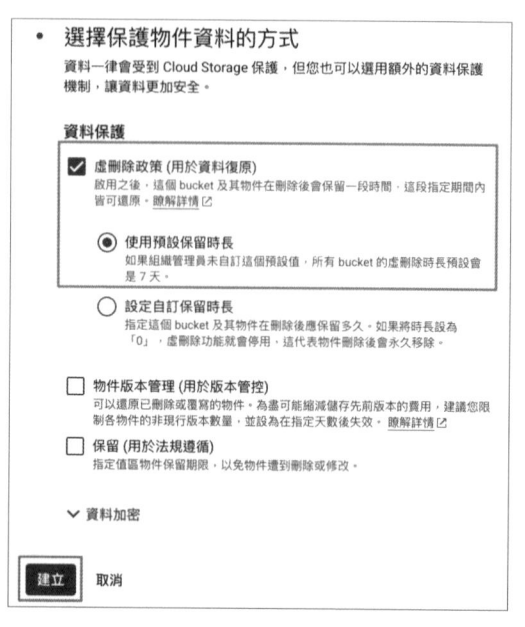

▲ 圖 7-1-4　保持虛刪除政策和其他預設值並按下「建立」

接著系統會跳出一個視窗，如果你的資料是私人使用，可以勾選「強制禁止公開存取這個 Bucket」確保你的資料不會不小心設為公開，導致資料外洩，勾選之後再按「確認」，這個 Bucket 就建立完成了，如圖 7-1-5：

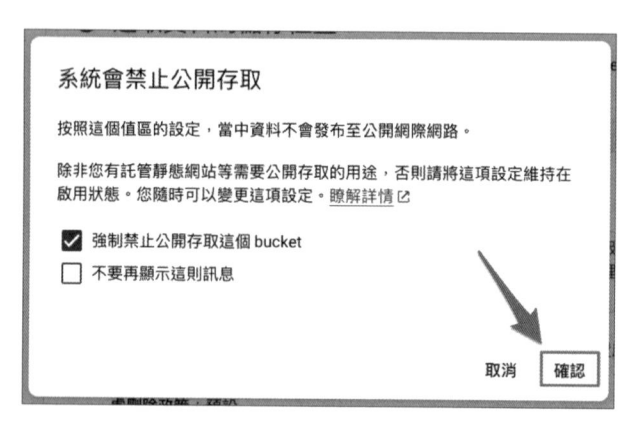

▲ 圖 7-1-5　確認禁止公開存取

接下來你可以試著拖曳本機電腦的檔案進去，它就會直接上傳到 Bucket 中。接著就會看到檔案已經上傳完成了，我們再點擊這個檔案名稱，如圖 7-1-6：

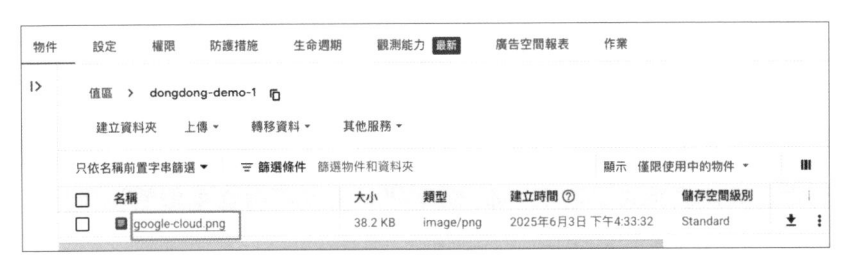

▲ 圖 7-1-6　點擊物件名稱

它會進入這個檔案的中繼資料（Metadata）頁面，可以看到檔案類型、大小、建立時間、儲存空間級別、存取網址等各種資訊，如果是圖片類型還可以預覽圖片，如圖 7-1-7：

▲ 圖 7-1-7　看到檔案的各項細節設定跟圖片預覽

配合對外網站顯示圖片

從雲端架構的角度來看，Cloud Storage 的定位是為了要減輕應用程式的負擔，現今大部分的網站都會展示各種圖片和影片，如果透過主機來傳給用戶，會消耗主機大量的 CPU 和記憶體資源。

我們可以把圖片和影片都放在 Cloud Storage 上，它們會產生公開存取的網址，我們再把這個網址寫在 HTML 檔案裡，它就不會從主機傳出來給用戶，而是由 Cloud Storage 的 API 自己來傳給用戶。

原本網頁伺服器要傳出大量的圖片和影片，現在只要傳送 HTML 或 CSS 這種文字檔出去，不覺得它的負擔減輕很多嗎？

那接下來我們就來試著做做看，首先我們在「權限」分頁把這個 Bucket 改成對外公開，它會再跳出一個確認視窗，我們就按下「確認」，如圖 7-1-8：

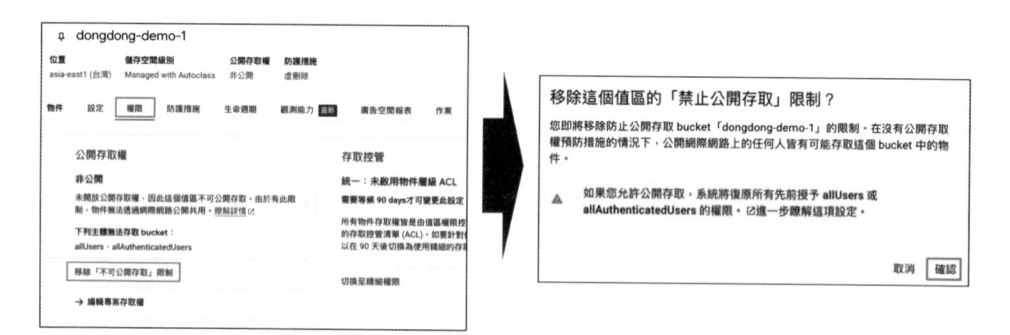

▲ 圖 7-1-8　移除 Bucket 不可公開存取限制

現在它只是移除不能公開存取的限制，但不代表它已經公開了，接下來要設定 Bucket 權限，讓它真的對外公開。我們在 Bucket 的權限頁面按下「Grant access」，如圖 7-1-9：

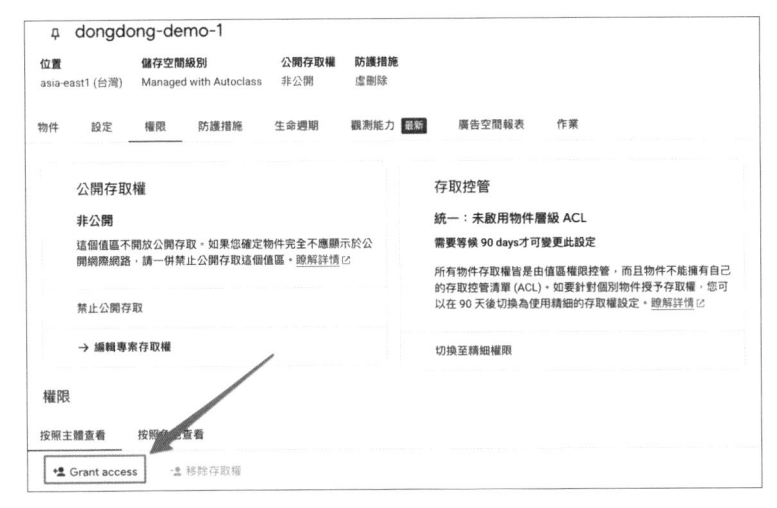

Google Cloud 的儲存服務　07

▲ 圖 7-1-9　設定 Bucket 權限

在新增主體的欄位輸入「allUsers」，代表網路上的任何使用者，都可以直接存取這個檔案，權限角色的部分選擇為「Storage 物件檢視者」，再按下「儲存」，如圖 7-1-10：

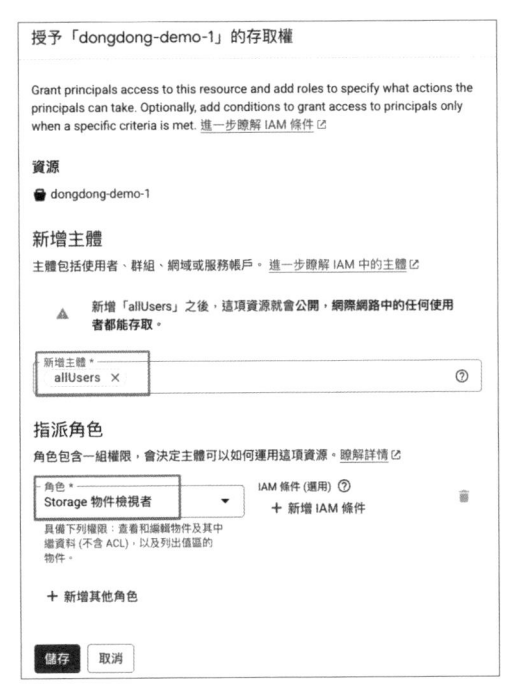

▲ 圖 7-1-10　新增主體 allUsers 並指派 Storage 物件檢視者角色

7-7

設定完成之後，我們去中繼資料頁面，把它的公開網址在無痕視窗打開看看，確定是不是能夠直接看到圖片，如果可以代表已經正式對外公開，如圖 7-1-11：

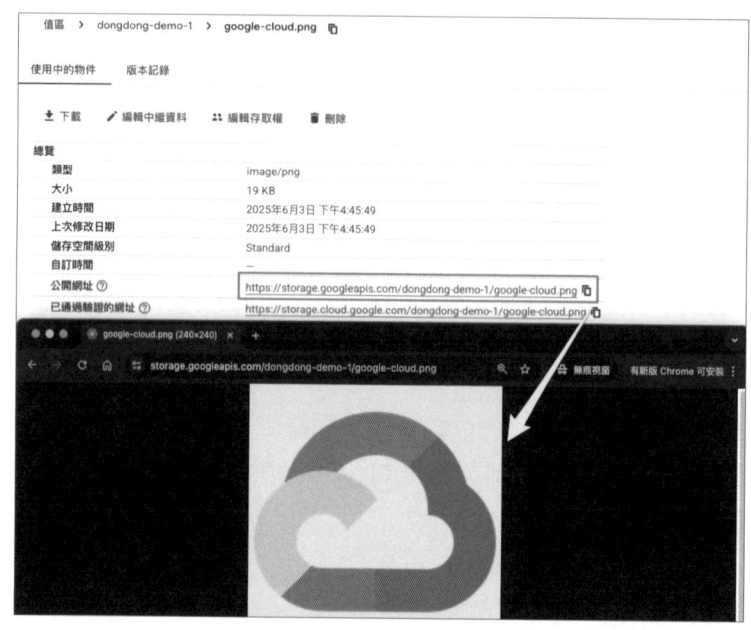

▲ 圖 7-1-11　物件產生的公開網址可以在無痕視窗中查看

接著我們打開已經設定好的網頁（index.html）原始碼，把剛剛物件的公開網址貼進來，如圖 7-1-12：

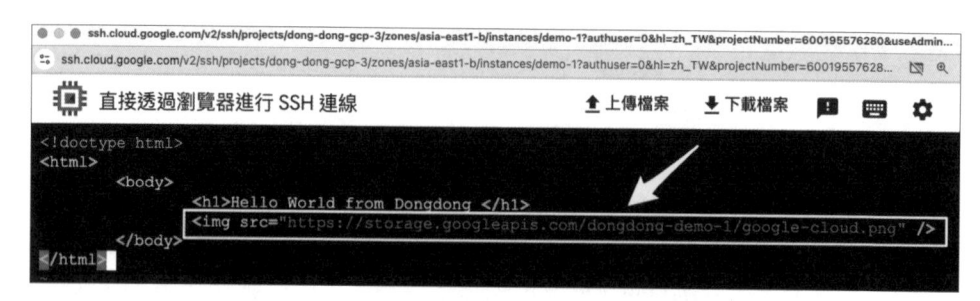

▲ 圖 7-1-12　編輯首頁的 HTML 原始碼，加入圖片網址

編輯完成之後，直接再打開一次網頁，你就會看到圖片可以正常顯示，但這張圖片不是從主機傳出來的，而是從 Cloud Storage 提供的，如圖 7-1-13：

▲ 圖 7-1-13　可以正常地顯示圖片

短期開放物件公開存取的 Signed URL

那這樣會有另外一個問題，會不會有人無緣無故一直下載某個檔案，造成你龐大的流量呢？該怎麼預防？

像這樣的應用也很常見，例如遊戲廠商給使用者下載遊戲安裝檔，或是軟體廠商給用戶下載軟體，我們可以使用 Signed URL 功能，將私有物件開放存取一段時間，步驟如下：

(1) 建立一個自訂角色，例如，命名為「Signed_URL 角色」，包含 storage.objects.get 和 storage.objects.create 兩個權限。

(2) 建立一個服務帳戶，例如，命名為「signed_url」。

(3) 去 IAM 分配「Signed_URL」角色給「signed_url」這個服務帳戶。

(4) 再為這個服務帳戶產生一個金鑰，把這個金鑰檔案命名為「signed_url_key.json」，然後把金鑰上傳到 Cloud Shell。

(5) 接下來就可以開始測試了，在 Cloud Shell 輸入以下指令，產生 Signed URL 網址：

```
gsutil signurl -d 10m signed_url_key.json gs://[your_bucket]/[your_file]
```

-d 10m 代表這個 Signed URL 檔案的有效期限只有 10 分鐘。

接著你就會看到網址順利生成了，如圖 7-1-14：

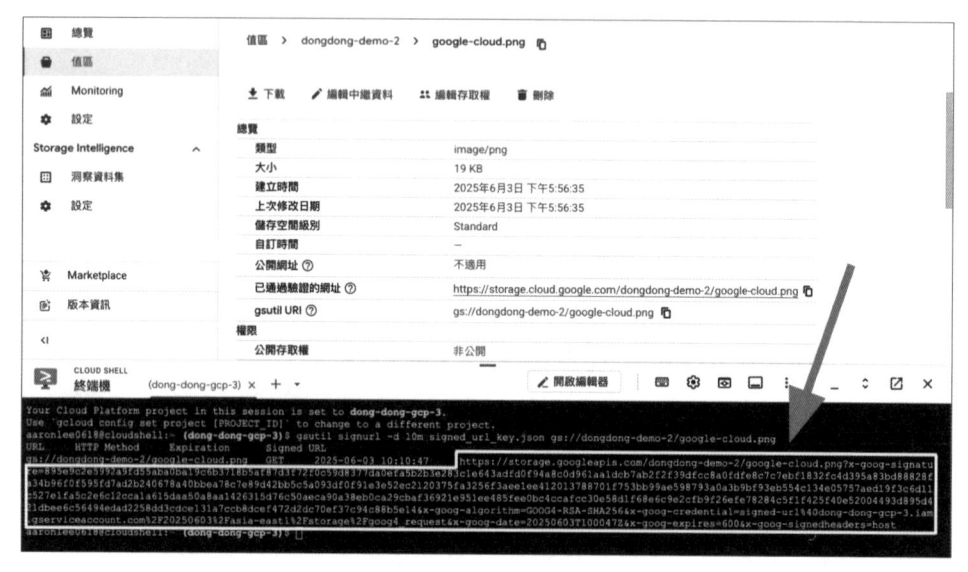

▲ 圖 7-1-14　產生 Signed URL 網址

你可以在無痕視窗上打開來看，10 分鐘內圖片都能正常顯示，若果超過 10 分鐘，再次點擊相同的網址，會看到這個檔案就無法再存取，如圖 7-1-15：

Google Cloud 的儲存服務 **07**

▲ 圖 7-1-15　10 分鐘內可以存取檔案，超過時間就無法再存取

物件生命週期、版本管理和保留期限

接下來我們再來看看其他功能，物件生命週期可以讓你設定這些儲存的檔案，只要滿足某一種條件之後（例如，副檔名為 .png 並且儲存超過 100 天），自動執行轉換，例如，刪除或轉換成另一種儲存級別，如圖 7-1-16：

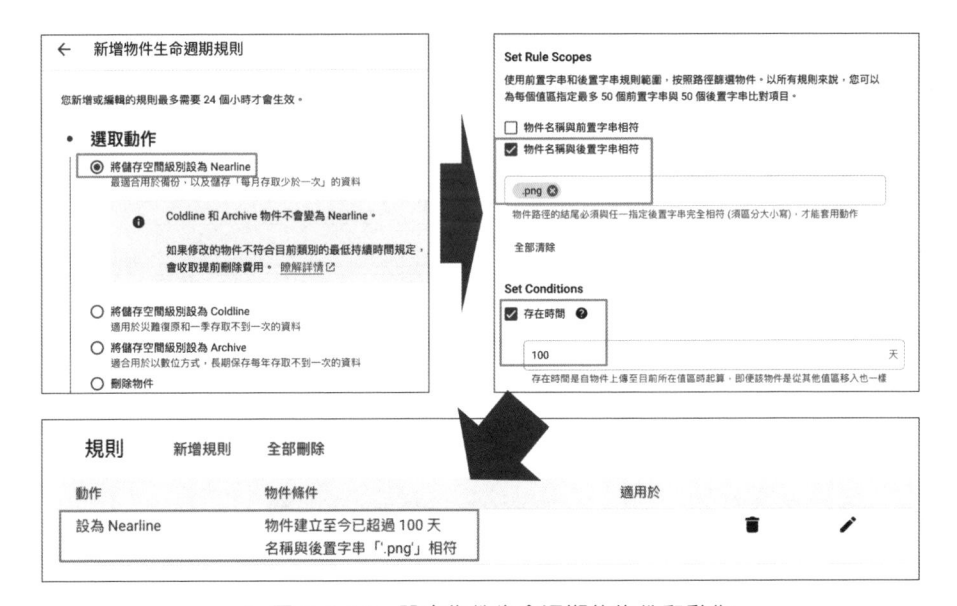

▲ 圖 7-1-16　設定物件生命週期的條件和動作

7-11

如果你有啟用物件版本管理，當你上傳和現有物件一模一樣的檔案名稱，它就會自動產生多個版本，外部存取到的都是最新版本，如果要用舊版就要先將它還原，如圖 7-1-17：

▲ 圖 7-1-17　啟用物件版本管理看到的效果

保留期限可以讓你設定 Bucket 裡的物件無法刪除。某些產業由於法規或稽核的需求，必須要將某些檔案儲存一定的時間，就可以使用這個功能，避免不小心刪掉檔案。

如圖 7-1-18，我們針對有保留期限的物件執行刪除功能，你會看到它顯示刪除失敗的錯誤訊息：

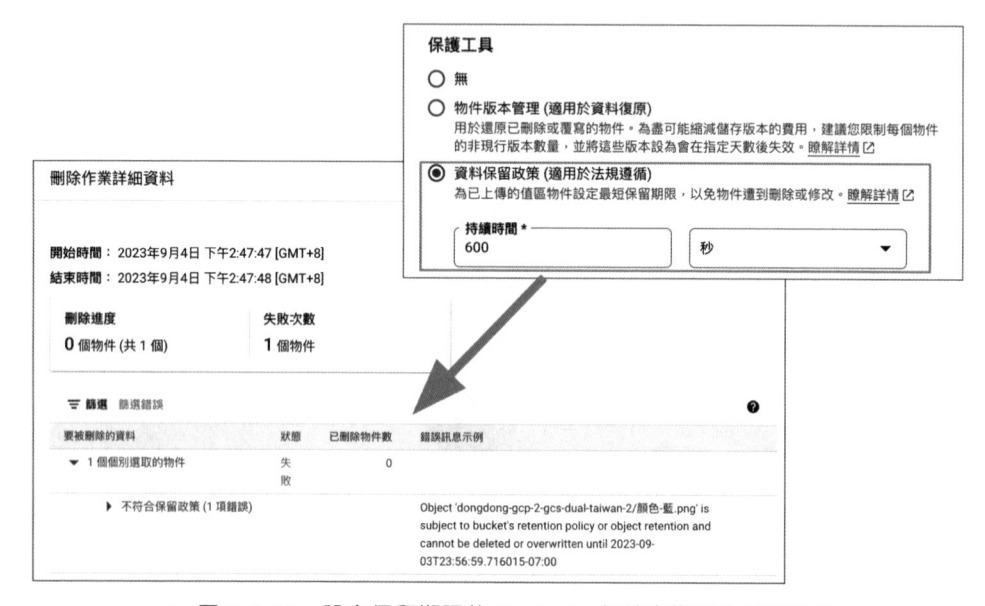

▲ 圖 7-1-18　設定保留期限的 Bucket，無法在期限內刪除物件

7-2 雲端資料庫 Cloud SQL 介紹與基本操作

Cloud SQL 是代管的關聯式資料庫，意思是它沒有虛擬機器讓你連到 SSH，或是在它的目錄安裝任何東西，我們只能用 Client 端（例如 MySQL Workbench）軟體連線，如果要管理資料庫設定的話，則是透過 Web Console 或是 gcloud sql 指令來操作。

看起來似乎有點麻煩？其實反而是好處，因為 Google 幫你把資料庫的各種維護功能改成「一鍵勾選」，例如排程備份、資料復原、容錯移轉和唯讀副本等等，滑鼠點幾下就完成了，比你以前全部自己來做，簡直方便得多！

建立 Cloud SQL 資料庫

我們一邊建立 Cloud SQL 資料庫，一邊來了解它的功能吧！首先我們從主選單「SQL」=>「執行個體」進入，點擊「建立執行個體」，如圖 7-2-1：

▲ 圖 7-2-1　建立 Cloud SQL 執行個體

接下來你會看到 Cloud SQL 支援的市面上常見的資料庫版本，包含 MySQL、PostgreSQL 和 SQL Server，版本可能會隨著時間變動，記得不要選擇太舊的版本，不然資料庫有問題的話，Google Cloud 官方可能無法再提供技術支援喔！在這裡我們用 MySQL 來示範，如圖 7-2-2：

▲ 圖 7-2-2　選擇 MySQL 資料庫

你會看到它有 Enterprise Plus 和 Enterprise 兩個版本，你可以看到兩者在功能上的差異，在這裡我們就選擇 Enterprise 版本就好。

下面還有一個版本預設設定，包含正式環境、開發和沙箱，它們主要是在 CPU 和記憶體以上的差異，在這裡我們先改成沙箱，後面可以再進一步調整規格，如圖 7-2-3：

▲ 圖 7-2-3　選擇 Cloud SQL 版本和預設設定

你可以按右邊的產生密碼按鈕，如圖 7-2-4，它會幫你產生一個超級複雜的密碼，確保你的資料庫不會輕易被駭客入侵，像它幫我產生的密碼長得像這個樣子：3y>A）FGU{*;{NLj:

▲ 圖 7-2-4　設定機器的 ID 和密碼

在區域的部分，我們一樣選擇 asia-east1，而可用區分成單一可用區和多可用區，看你只要開一台機器就好，或是在兩個 Zone 各開一台機器作為高可用（HA；High Availibility）架構，如圖 7-2-5。

HA 平常只有一台機器對外服務，另外一台作為 Stand by 的角色。當主要的機器無法服務的話，Stand by 的主機就會自動站出來持續對外服務，切換動作大約花 60 秒左右的時間，而前端的應用程式不需要修改任何連線資訊，整個切換過程自動完成，非常方便。

因為 HA 就是兩台主機，所以就會計算兩台機器的費用，至於要選擇哪一個可用區，你也可以不特別設定，讓 Google Cloud 自己幫你選擇。

▲ 圖 7-2-5　選擇 Regoin 和 Zone

接下來可以設定具體的機器規格，像虛擬機器一樣，它包含專屬核心跟共用核心，那我們就選擇共用核心當中最小的規格，如圖 7-2-6：

▲ 圖 7-2-6　選擇機器規格

接下來關於儲存空間，你可以選擇 HDD 或 SSD，你可以指定一開始的容量大小，容量越大它的效能會越好，如圖 7-2-7。

另外還提供自動增加儲存空間的功能，因為資料庫最怕你的空間用完，造成整台機器完全無法運作，你可以勾讓它每次接近容量上限，就會自動增加空間，不用人工進去調整，也是一個方便的功能。

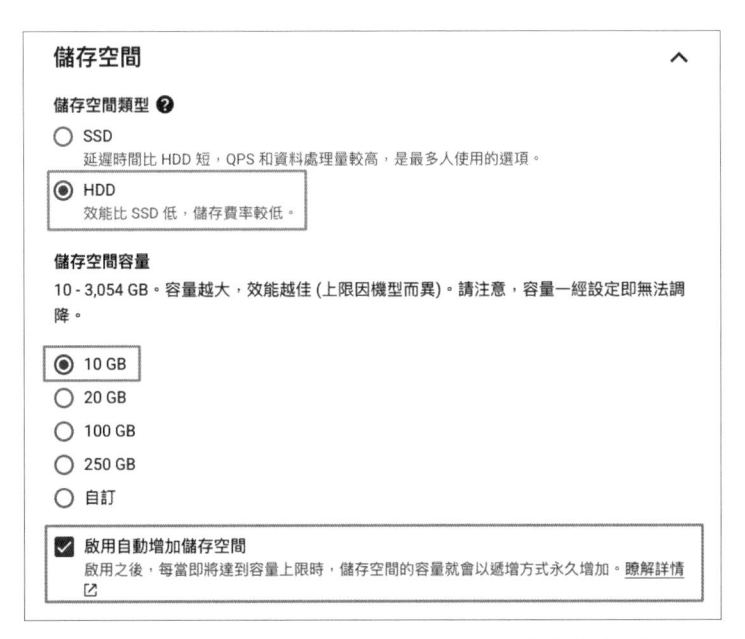

▲ 圖 7-2-7　選擇儲存空間類型、容量和自動擴充功能

接下來連線的部分，包含私人 IP 跟公開 IP。在這裡先說明公開 IP，我們會分配給機器一個外部 IP，讓我們的應用程式或其他外部的來源可以存取得到，但是因為有公開 IP 曝露在外面，會比較危險，我們可以透過授權網路，用白名單的方式來設定可以連線的 IP，這樣就可以擋掉其他的來源，如圖 7-2-8：

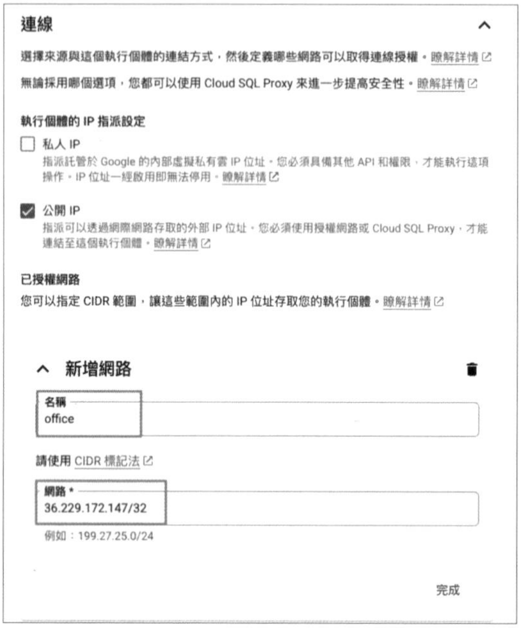

▲ 圖 7-2-8　設定公開 IP 與授權網路

在私人 IP 的部分，我們必須要設定私人服務連線（Private Service Access），這個功能會跟你指定的 VPC 連接在一起，就是你以後會建立虛擬機器連到 Cloud SQL 的 VPC，然後按下「設定連線」，如圖 7-2-9：

▲ 圖 7-2-9　設定私人 IP 的私人服務連線

接著視窗右邊會跳出一個說明頁面，你可以展開它的示意圖，如圖 7-2-10，你會發現 Cloud SQL 資料庫並沒有建立在我們自己的 VPC 網路裡面，而是在 Google 另外建立的 VPC 網路內，然後兩個 VPC 網路彼此連接在一起。

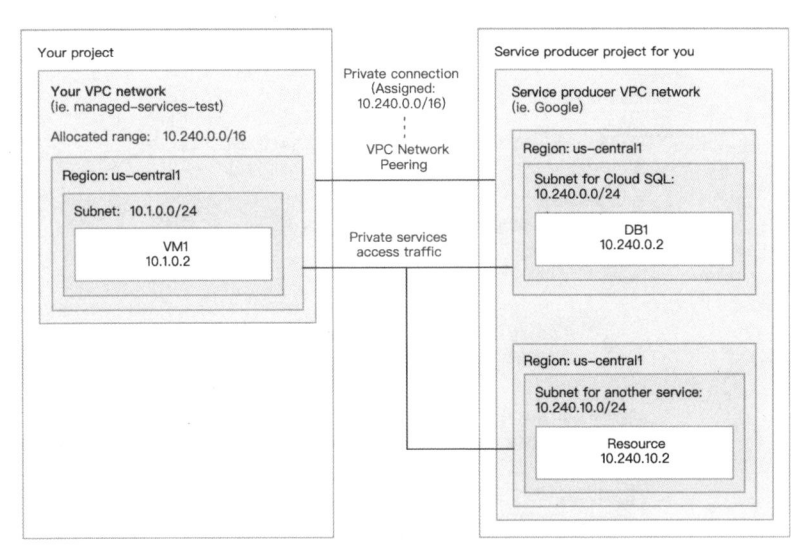

▲ 圖 7-2-10　私人服務連線示意圖

畫面再往下會看到，我們必須要啟用 Service Networking API，然後設定一個 IP 範圍，在這裡建議使用系統自動分配的範圍就好，不要設定太小，以免它能分配給資料庫的 IP 不夠喔！如果都沒問題就按下「建立連線」，如圖 7-2-11：

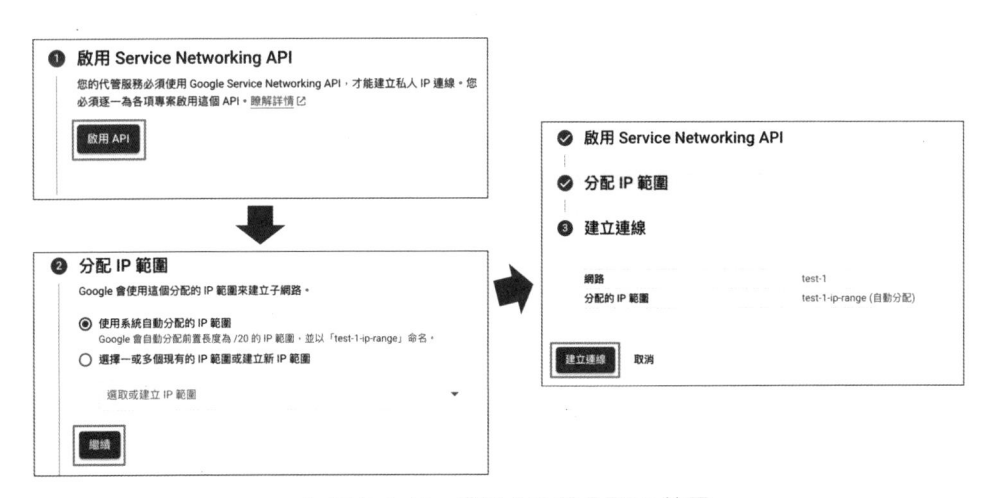

▲ 圖 7-2-11　啟用 API 並分配 IP 範圍

大概就等待幾秒鐘，就會看到連線建立成功的畫面。畫面會回到主選單，我們看到它已經成功建立 VPC test-1 到 Cloud SQL 的 VPC 的連線，往下會看到它詢問你要不要設定 Cloud SQL 的 IP 範圍，也可以讓它自動幫你分配 IP，如圖 7-2-12：

▲ 圖 7-2-12　私人服務連線設定完成

接下來安全性的部分，是關於選擇你要如何去驗證連接到資料庫的身分，「Google 代管的內部憑證授權單位」代表 Google 會自動幫你管理所有安全憑證，我們選擇這個就好，如圖 7-2-13：

▲ 圖 7-2-13　伺服器憑證授權單位模式

如果我們在前面有選擇 HA 架構,它就會強制啟動每天的自動備份,你可以設定備份資料要保留的天數,以及每天備份的時間點,它會給你一個 4 小時的區間,通常會建議在凌晨的時候執行備份。

關於備份的儲存位置,你不一定要選擇台灣(asia-east1),你可以選擇美國和歐洲的區域,但是因為還原還要花時間從你備份的地方拉資料回來,所以還是建議選擇比較接近的地方。

另外還有時間點復原的功能,它可以非常精確地還原到指定的幾點幾分幾秒。Enterprise 版本可以保留 7 天的復原點,如果你想要更長的時間,可以選擇 Enterprise Plus 版本,如圖 7-2-14:

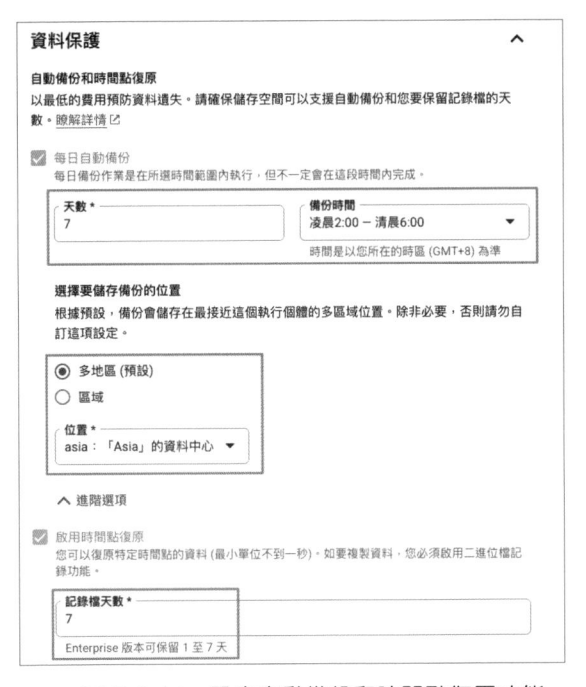

▲ 圖 7-2-14　設定自動備份和時間點復原功能

再來是防止刪除的功能,因為你只要勾選機器,就可以直接按刪除,怕有人不小心手滑直接刪除資料庫,你可以勾選起來防止別人誤刪。

另外你還可以保留備份,即使機器被刪除,你還是可以從備份去還原資料庫,如圖 7-2-15:

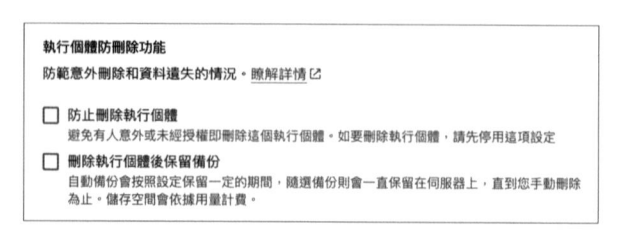

▲ 圖 7-2-15　防止刪除和刪除後保留備份功能

接下來的維護作業跟前面虛擬機器的情況類似，Google 每年會在某個時間點維護你的資料庫主機，而這個維護是無法避免的。

但是你可以指定維護要安排在哪一週、星期幾、幾點到幾點來執行維護作業。

除此之外，你還可以指定「一定不能被維護的期間」，每年可以指定 90 天的範圍，假設你的應用是電子商務網站，通常在年底的期間會比較繁忙。你就可以指定每年的 11 月 1 號到隔年的 1 月 30 號，拒絕 Google 來維護你的主機，如圖 7-2-16：

▲ 圖 7-2-16　設定維護期間和排除期間

最後幾個功能設定分別說明如下：

⊙ 標記或旗標（Flag）

因為 Cloud SQL 資料庫是代管的，我們沒有辦法進入資料庫的底層，調整各項功能或參數，但是它有提供標記的功能給我們設定，例如 MySQL 資料庫可以設定像是 max_connections 或 innodb_buffer_pool_size 等參數，你可以去 Google Cloud 官方文件查看到所有可以設定的標記。

⊙ 查詢洞察

查詢洞察的功能就如下圖所說，你可以用來檢查機器的效能或是找出查詢太慢的語法。

以上如果都沒問題就可以點擊「建立執行個體」，如圖 7-2-17：

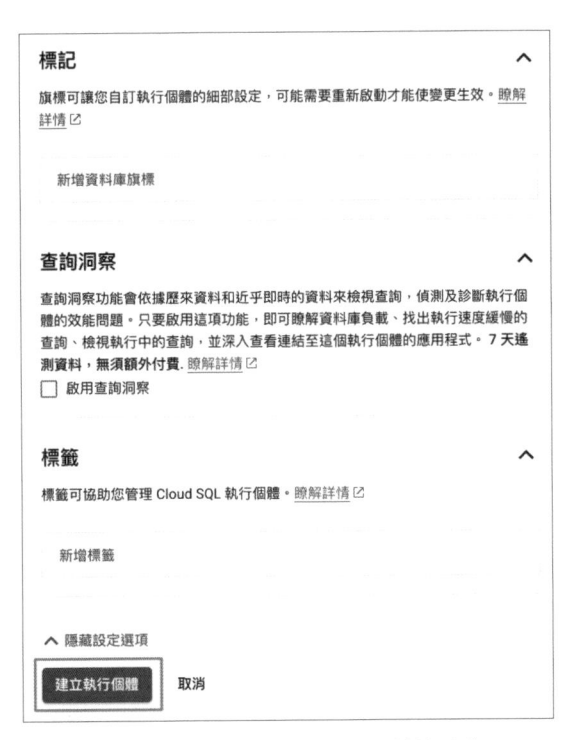

▲ 圖 7-2-17　Cloud SQL 其他設定

接下來我們就等待機器建立完成，完成後會顯示綠色勾勾圖示，如圖 7-2-18：

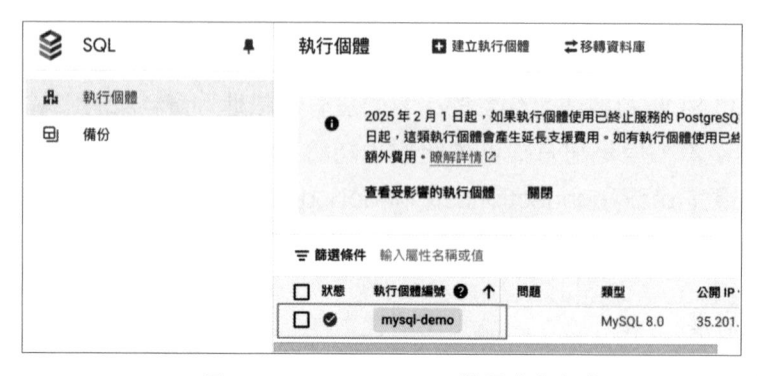

▲ 圖 7-2-18　Cloud SQL 機器建立完成

> **東東碎唸**
>
> 因為本書示範用的是最小的規格，大概要等 30 分鐘左右才會建立完成，如果是真正在使用的資料庫通常不會開到這麼小，所以通常 5 分鐘左右就會建立完成。

設定 Cloud SQL 維護通知

現在機器建立好了，為了要確保 Cloud SQL 在維護的時候可以收到通知，我們要去個人的「偏好設定」當中，如圖 7-2-19：

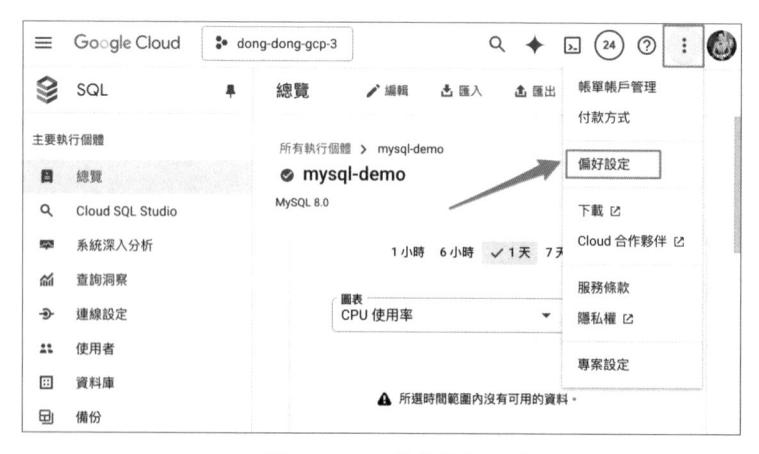

▲ 圖 7-2-19　前往偏好設定

你可以在通訊的頁面看到各種 Google Cloud 的產品通知，像我自己最常使用 Cloud SQL 和 Cloud Memorystore，就可以把這兩個勾起來，其他產品你可以視情況決定，如圖 7-2-20：

▲ 圖 7-2-20　設定接收維護通知的專案和服務

以後維護前夕會收到 Email 通知，告訴你機器預計維護的時間，如圖 7-2-21：

▲ 圖 7-2-21　維護前夕會收到 Email 通知

你也可以到 Cloud SQL 的主頁面看到相關訊息，其實你可以在維護之前點擊「重新安排時間」，它會延後 1~2 個禮拜，到時會再發一封 Email 給你，無論如何它都會提前告知，如圖 7-2-22：

▲ 圖 7-2-22　可以在維護之前重新安排另一個維護時間

東東碎唸

當然你可以一直重新安排時間，讓維護這件事情無限延後，但為了確保你資料庫的穩定性，總有一天還是要乖乖讓它幫你維護一下喔！

連線到資料庫

我們回到 Cloud SQL 主頁，把公開 IP 位址複製起來，如圖 7-2-23：

Google Cloud 的儲存服務　07

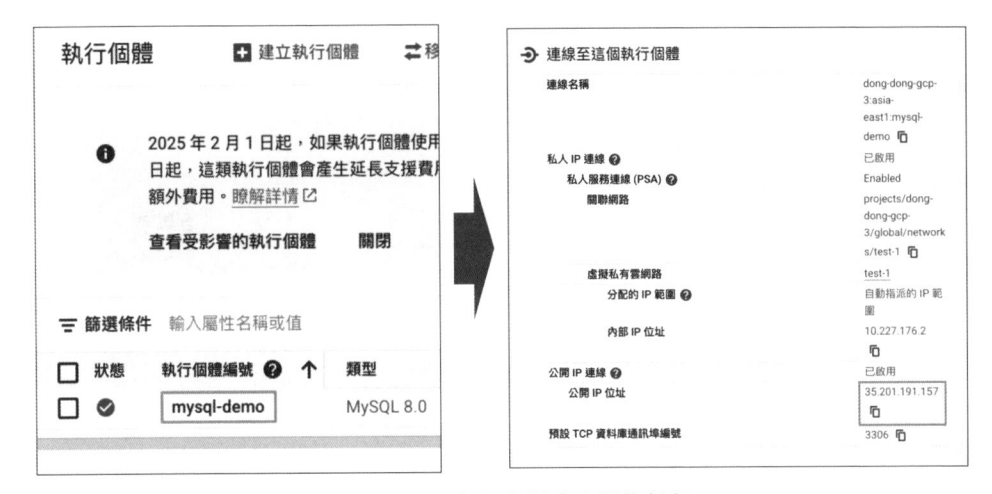

▲ 圖 7-2-23　複製資料庫主機的外部 IP

我們打開 MySQL Client 端工具 MySQL Workbench，點擊「Edit Connection」編輯連線資訊，如圖 7-2-24：

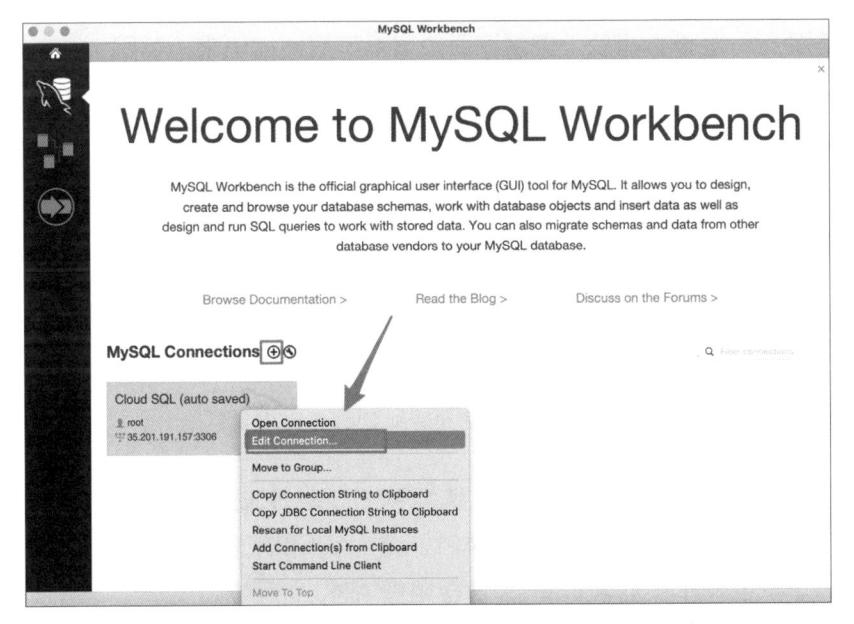

▲ 圖 7-2-24　開啟本機 MySQL Client 端連線設定

7-27

輸入連線的外部 IP 和帳號密碼之後，可以點擊下面的「Test Connection」按鈕，確認它連線成功，如圖 7-2-25：

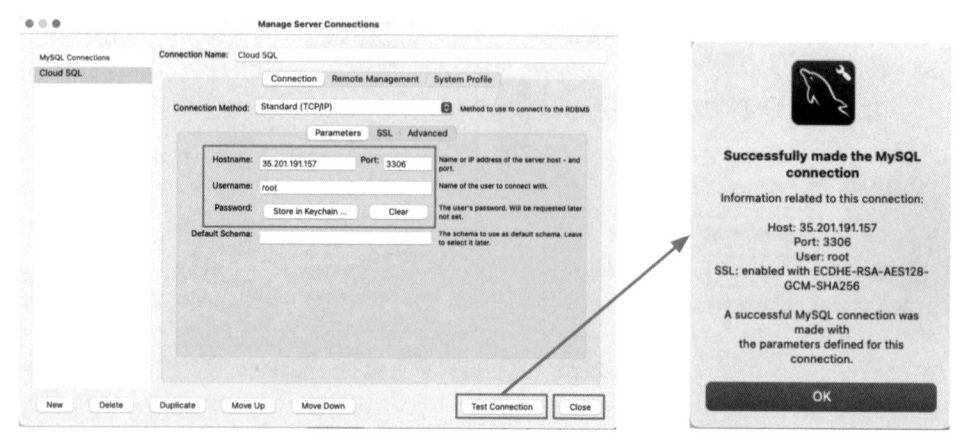

▲ 圖 7-2-25　輸入連線資訊並測試連線成功

接下來就正式連線，你會看到它連線成功，並且秀出系統資料庫，我們也可以隨便執行一些查詢語法，確認裡面的資料可以被撈出來，如圖 7-2-26：

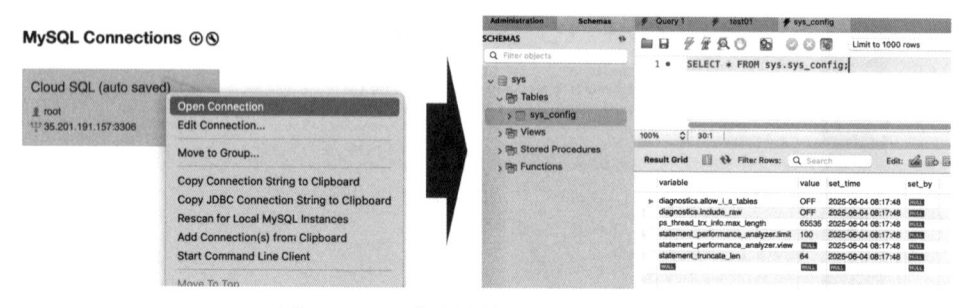

▲ 圖 7-2-26　成功連線到 Cloud SQL 資料庫

接下來順便介紹從 Cloud Shell 快速連到 Cloud SQL 資料庫的方法。首先我們要先啟用 Cloud SQL Admin API，從「API 和服務」進入「程式庫」頁面，查詢「Cloud SQL Admin」，並啟用該 API，如圖 7-2-27：

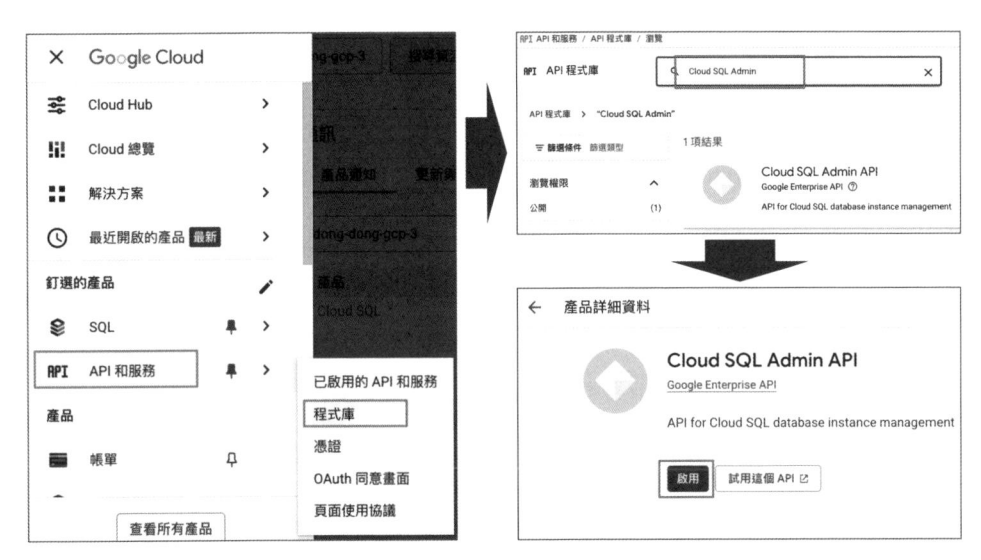

Google Cloud 的儲存服務 ◀◀ **07**

▲ 圖 7-2-27　啟用 Cloud SQL Admin API

然後開啟 Cloud Shell 輸入以下指令，再輸入密碼，就連線成功了，如圖 7-2-28：

```
gcloud sql connect mysql-demo --usrt=root --quiet
```

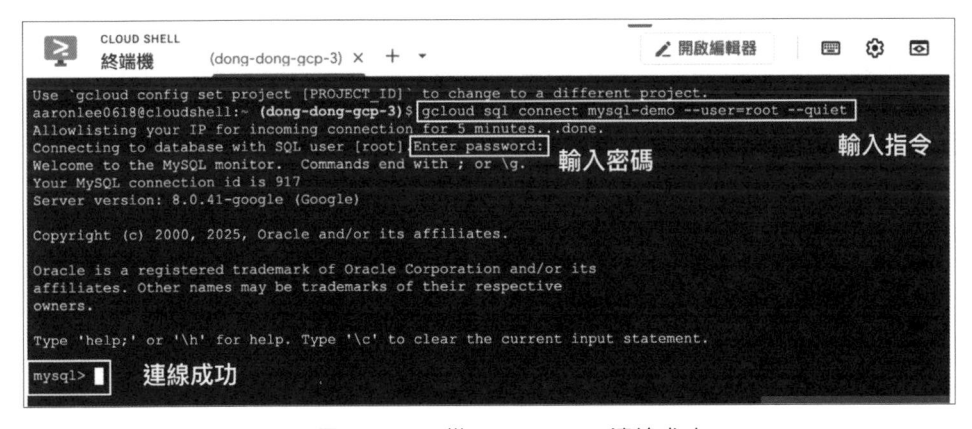

▲ 圖 7-2-28　從 Cloud Shell 連線成功

建立唯讀副本

通常在大部分的資料庫作業中，都是讀取（Select）資料的次數遠遠超過寫入（Insert、Update、Delete）資料的次數，而且讀取往往都會消耗大量資源。

為了減輕主機的負擔，我們會建立唯讀副本，把讀取作業指向副本，因為當新的資料寫入主要的資料庫時，它馬上就會同步到副本上，不需要人工介入就能同步完成，是一個非常重要的功能。

我們直接進去副本的頁面，點擊「建立備用資源」，如圖 7-2-29：

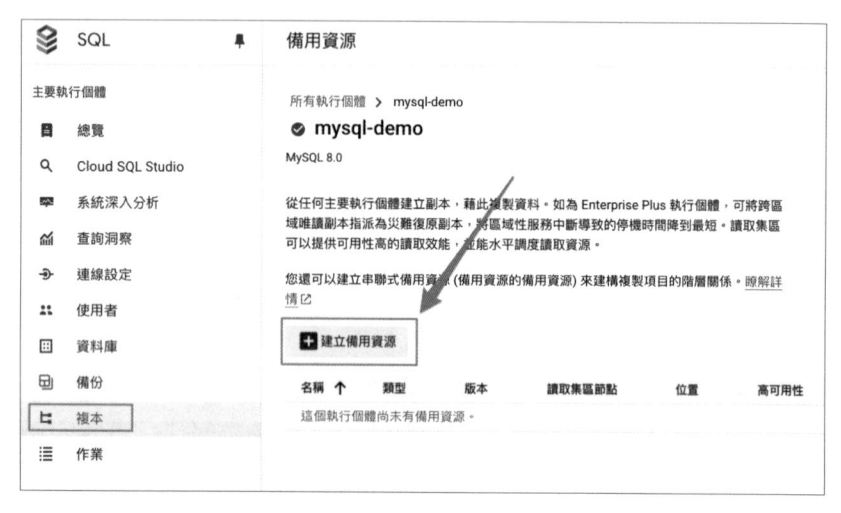

▲ 圖 7-2-29　建立備用資源

唯讀副本並沒有限制只能在同一個 Region，你可以建立副本到美國或歐洲，它可以用非常快的速度跨洲同步資料，如圖 7-2-30：

▲ 圖 7-2-30　命名副本並設定副本位置

在規格的部分，唯讀副本沒有要求跟原來的機器使用相同的規格，你可以設定比較大或較小的機器。如果沒有問題，其他選項可以保持預設，然後按下建立備用資源，如圖 7-2-31：

▲ 圖 7-2-31　建立備用資源

過幾分鐘之後，唯讀副本就建立完成了，你可以在主頁上看到它是用階層方式顯示，讓你可以確定它是屬於副本的角色，如圖 7-2-32：

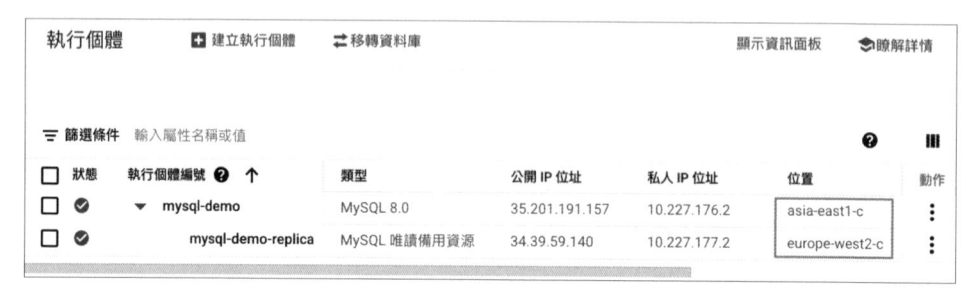

狀態	執行個體編號	類型	公開 IP 位址	私人 IP 位址	位置
✓	mysql-demo	MySQL 8.0	35.201.191.157	10.227.176.2	asia-east1-c
✓	mysql-demo-replica	MySQL 唯讀備用資源	34.39.59.140	10.227.177.2	europe-west2-c

▲ 圖 7-2-32　主要資料庫主機與備用資源

> **東東眉角**
>
> 未來如果有需要，你可以直接將這個副本升級為獨立的資料庫主機，這樣你也可以寫入資料到這台機器上，但是要注意它從此以後就跟原始資料庫脫勾，不會再跟原始資料庫同步囉！

7-3 其他資料儲存服務簡介

在 Google Cloud 上，還有其他很多資料儲存的服務，在這裡我們就快速介紹一遍。

雲端版的 NFS - Filestore

除了 Cloud Storage，還有另外一個檔案儲存的服務叫做 Filestore，它是代管的檔案儲存機器，支援 NFS 通訊協定，代表你可以從虛擬機直接掛載 Filestore。

更重要的是它支援多寫多讀，因為 Compute Engine 的 Disk 只支援一寫多讀，沒有辦法讓多台機器同時寫入一個 Disk，而 Filestore 可以做到。

比較需要注意的地方是，它最小的規格就有 1TB 的儲存容量，這樣才能支援較高的 IOPS 速度，也代表會有比較高的費用。

圖 7-3-1 是 Filestore 建立完成的畫面，我們可以自訂分享的名稱例如 vol1，同時它提供一個可以掛載的 IP 位址：

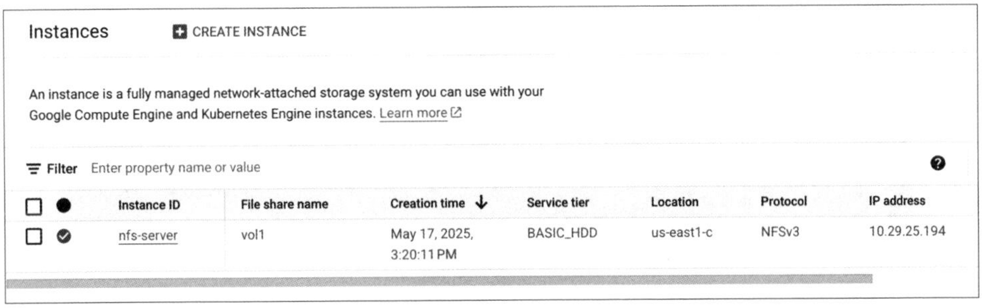
Instances
CREATE INSTANCE
An instance is a fully managed network-attached storage system you can use with your Google Compute Engine and Kubernetes Engine instances. Learn more
Filter Enter property name or value
Instance ID
File share name
Creation time
Service tier
Location
Protocol
IP address
nfs-server
vol1
May 17, 2025, 3:20:11 PM
BASIC_HDD
us-east1-c
NFSv3
10.29.25.194

▲ 圖 7-3-1　Filestore 建立完成的畫面

你可以在要掛載的虛擬機器上執行這個指令安裝 NFS 軟體：

```
sudo apt-get -y update && sudo apt-get install nfs-common
```

然後建立一個資料夾：

```
sudo mkdir -p /mnt/test
```

將 Filestore 掛載到主機上：

```
sudo mount -o rw 10.29.25.194:/vol1 /mnt/test
```

再調整一下資料夾權限，讓它可以被寫入：

```
sudo chmod go+rw /mnt/test
```

這樣就掛載成功了，你可以輸入 df -Th 來看看 Filestore 掛載的情況和容量大小，如圖 7-3-2：

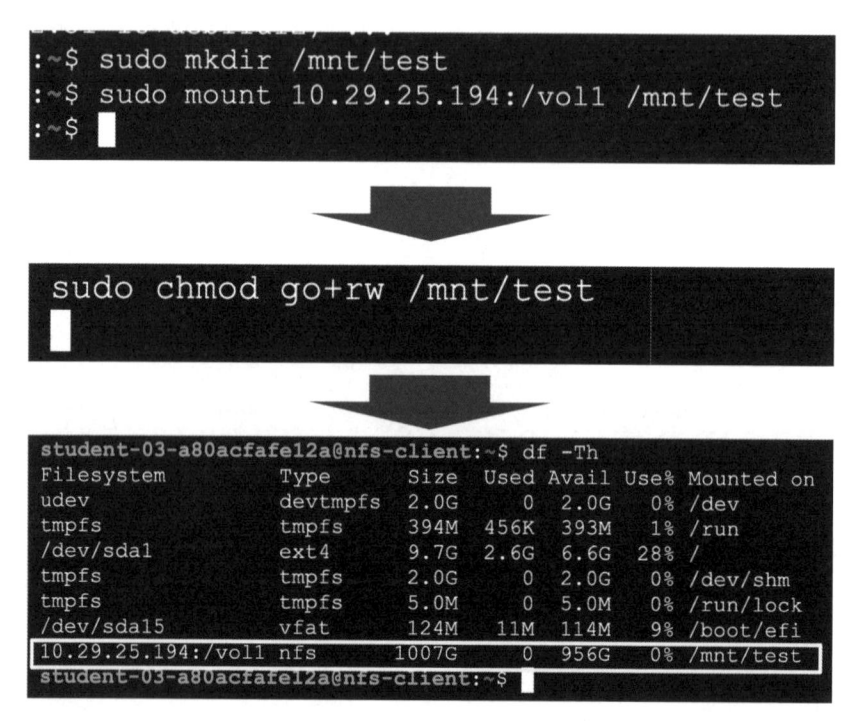

▲ 圖 7-3-2　掛載 Filestore 並查看大小

打破 CAP 定理的資料庫 - Spanner

Spanner 由是 Google 自行開發，企業等級的關聯式資料庫。談到它就要介紹一下 CAP 定理，強調資料庫只能具備以下三個理想特性中的兩個：

C：一致性，意味著所有人看到的資料都是一樣的。

A：100% 可用性，包括讀取和更新操作。

P：網路斷線，系統還是要能繼續運作。

以上三者不能同時兼得。而 Spanner「號稱」打破 CAP 定理的限制，真的嗎？

其實 Spanner 是一個 CP 系統，當網路分割真的發生時，它會選擇保持一致性，犧牲可用性。但 Spanner 的可用性高達「五個九」（99.999%），意思是一年中停機時間少於 5.26 分鐘，其實可用性還是很高。

關鍵在於 Google 完全控制自己的基礎設施，確保硬體和網路都有備援，加上多年的營運優化，讓它好像真的突破 CAP 的限制。

那 Spanner 和 Cloud SQL 有什麼不同呢？可以參考表 7-3-1：

表 7-3-1　Cloud SQL 和 Spanner 比較

服務	Cloud SQL	Spanner
原生資料庫	MySQL、PostgreSQL 和 SQL Server	無，Google 自行開發
資料庫遷移	支援相同的資料庫	需要比對資料庫格式和索引
全球同步	單一 Region 讀寫 跨 Region 唯讀	多 Region 讀寫並同步
擴充	垂直（原機）擴充儲存空間（會影響效能）	水平擴充（加 Node）（不影響效能）
一致性模型	ACID 事務一致性模型	外部一致性
成本	低	高（最少 3 台）

假如你的公司預算足夠，想要轉到 Spanner 的話，你必須要做到 Schema 轉換，並且將資料轉進去之後，再修改 SQL 查詢語法等等。

但如果是從 PostgreSQL 遷移到 Spanner 比較容易，因為 Spanner 的 SQL 語法與 PostgreSQL 較為接近，Google 也提供專門的 PostgreSQL 到 Spanner 遷移工具，以及 Schema 轉換工具 HarbourBridge，讓你的遷移過程更快速方便。

不過，無論從哪個資料庫搬過去，都需要考慮索引設計、成本、效能和備份備援等等，建議還是要先做 POC（概念驗證），評估實際的遷移複雜度和效能表現。

雲端代管的快取資料庫 - Cloud Memorystore

Cloud Memorystore 是 Google Cloud 代管的記憶體資料庫服務,想像你的電腦有硬碟和記憶體(RAM)。硬碟容量大但讀取慢,記憶體容量小但讀取超快。記憶體資料庫就是把資料存在記憶體裡,讓你能極快速地存取資料。

Cloud Memorystore 包含 Redis 和 Memcached,分別介紹如下:

- **Redis**:Redis 像是一個超快的資料儲存箱,不只能存簡單的鍵值對(key-value),還支援各種資料結構,功能很多但相對複雜一點。
- **Memcached**:Memcached 就像一個簡單高效的快取盒子,專門用來暫存資料加速存取,功能比較單純。

兩者原本都是 Open Source 的版本,後來被 Google Cloud 代管到 Cloud Memorystore 上。相較於自己架設,Memorystore 幫你處理了自動備份和維護、監控和警告、安全性設定、自動擴展和高可用性,以及跟 Google Cloud 各個服務整合,用起來就更為方便。

兩者的差異簡單整理,如表 7-3-2:

表 7-3-2 Memorystore 的 Redis 和 Memcached 比較

	Memorystore for Redis	Memorystore for Memcached
支援資料型態	字串、清單、集合、雜湊、串流	僅鍵值對(Key-Value)
資料持久化	☑ RDB 快照支援	☒ 純記憶體快取
讀取效能	極快單執行緒效能,適合複雜操作	極快多執行緒效能,適合簡單操作
寫入效能	快速,支援批次操作	極快,專為快取最佳化
使用場景	複雜的資料結構和操作、資料持久化、交易支援	純粹的快取、多執行緒高效能

支援各種場景的 NoSQL 資料庫服務

Google Cloud 的 NoSQL 服務包含：與 Datastore 相容的 Firestore、原生的 Firestore 和 Bigtable，你看到這些名字一定覺得非常混亂，讓我娓娓道來：

⊙ 與 Datastore 相容的 Firestore（Firestore in Datastore Mode）

Datastore 是一個完全託管的 NoSQL 文件資料庫，專為自動擴充的 Web 和行動應用程式而設計。它提供強一致性的查詢、ACID 事務處理，並且能夠自動處理分片和複製，原本作為 Google App Engine 的專屬資料庫服務，後來也開放和其他 Google Cloud 服務整合。

⊙ 原生的 Firestore

後來 Google 收購 Firebase，這是一個專為行動和 Web 應用設計的後端服務平台。Firebase 包含了自己的即時資料庫 Firebase Realtime Database，提供即時同步功能，深受行動應用開發者喜愛。

然後 Google 在 2017 年推出了 Cloud Firestore，這是一個全新設計的 NoSQL 文件資料庫，結合了 Datastore 的可擴充性和查詢能力，和 Firebase 的即時同步和易用性，還有更現代化的資料模型（集合 - 文件結構）。

由於兩者太像，Google 決定將兩個服務整合到同一個技術平台上，將原本的 Cloud Datastore 重新架構在 Firestore 的底層技術之上，現在我們看到的名稱就是「Firestore in Datastore Mode」，保持原有的 Datastore API 完全不變，並且維持原有 Datastore 的所有功能，也無需任何程式碼修改。

⊙ Bigtable

和上述 NoSQL 資料庫一樣，Bigtable 也是一個完全代管的 NoSQL 資料庫服務，和前兩者不同的是，Bigtable 是「寬列」（Wide Column）資料庫，是一種以列為導向的 NoSQL 資料庫架構。每一行可以有完全不同結構的列，非常「寬泛」和彈性。

Google 在 2006 年發表了 Bigtable 論文，這是一個分散式、可擴展的結構化資料儲存系統，專門用來處理 PB 級別的資料，主要用來支援 Google 自家的各種服務如搜尋引擎、Gmail、Google Maps 等，Google 自己都用了，代表它的效能和擴展性是 Google 自己都認同的！

所以 Bigtable 能夠為大規模分析和營運系統而設計，如果你想要一個高度擴展、彈性的資料結構、高效能讀寫或時間序列相關應用的資料庫，首選 Bigtable。

三種 NoSQL 資料庫比較整理如表 7-3-3：

表 7-3-3　三種 NoSQL 資料庫比較

	與 Datastore 相容的 Firestore	原生的 Firestore	Bigtable
資料結構	實體屬性模型	階層文件模型	稀疏多維表格
查詢語言	GQL（類似 SQL）	Firestore 查詢 API	按 Key 範圍掃描
自動擴充	自動分散式擴充	自動擴充	水平擴充至 PB 等級
效能特性	查詢效能隨結果集擴充	毫秒級回應	微秒到毫秒等級
資料量	TB 級	TB 級	PB 級
API 支援	Datastore API	Firestore API	HBase API
適用場景	OLTP、結構化資料應用	即時應用、行動應用	大數據分析、IoT、時間序列
與 Google 整合	App Engine 原生支援	Firebase 平台整合	Hadoop/Spark 生態系統

Google Cloud 的儲存服務 **07**

> **東東眉角**
>
> 前一段的 Redis 也是 NoSQL 資料庫，是屬於鍵值資料庫（Key-Value）的類型，我們是將 Redis 往快取資料庫的方向介紹，所以就不在這裡贅述囉！

最後將本章提到的服務整理如表 7-3-4：

表 7-3-4　各種資料儲存服務比較

服務名稱	儲存類型	說明
Cloud Storage	檔案儲存	無限大儲存空間，無伺服器 API。
Filestore	檔案儲存	雲端版 NFS，高 IOPS 主機，多讀多寫。
CloudSQL	關聯式	全代管資料庫 MySQL、PostgreSQL、SQL Server。
Spanner	關聯式	企業級資料庫，全球同步，強一致性，支援 SQL 語法。
Datastore	NoSQL	全代管無伺服器資料庫
Firestore	NoSQL	全代管無伺服器資料庫，更高擴展性和一致性
Bigtable	NoSQL	企業級 NoSQL 資料庫，高效能，低延遲
Memorystore	NoSQL 快取	全代管快取資料庫，Redis、Memorycache

7-39

Note

CHAPTER 08 打造高可用與自動擴展的雲端架構

- 8-1 建立自動擴充的執行個體群組
- 8-2 建立負載平衡器並啟用 Cloud CDN
- 8-3 網路攻擊防禦 Cloud Armor
- 8-4 其他網路服務介紹

• 8-1 建立自動擴充的執行個體群組

雲端環境和地端最大的不同,就是資源可以無限擴充,而要達成自動擴充,就不得不介紹這個重要的角色──執行個體群組(Instance Group)。

Instance Group 就是一群虛擬機器,因為機器可能是一台以上,還會自動擴充或減少機器的數量,如果你在運作對外的應用程式有多台機器,你必須要處理從外部進來的流量,會很麻煩。

但你可以跟負載平衡器搭配使用,它可以自動幫你把流量分流到正常運作的機器上,不需要人工處理流量的管控,因此兩者的結合,能夠充分發揮雲端架構的優勢。我們就先來了解執行個體群組的功能吧!

執行個體群組的類別

執行個體群組可以細分成三種,但是在介紹之前要先解釋「無狀態」和「有狀態」這兩種形容詞。

「狀態」指的是應用程式或系統需要記住的資訊,例如:使用者的登入狀態、設定檔案、資料庫的資料和主機目錄裡的檔案,都是一種狀態。

如果一台機器或系統,在不同的時間點,有不同的參數、檔案或資料庫的內容,例如昨天資料庫裡有一筆訂單,今天變成兩筆訂單,那就是有狀態的。如圖 8-1-1:

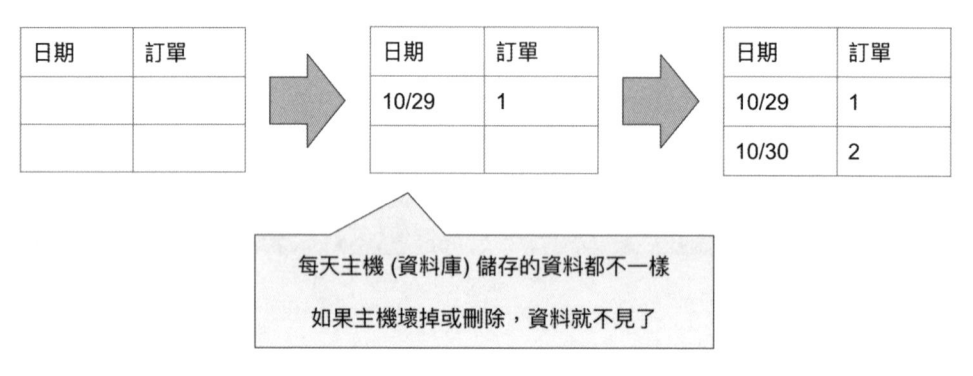

日期	訂單

➡

日期	訂單
10/29	1

➡

日期	訂單
10/29	1
10/30	2

每天主機(資料庫)儲存的資料都不一樣
如果主機壞掉或刪除,資料就不見了

▲ 圖 8-1-1　有狀態

像這種有狀態的系統,就沒有辦法使用自動擴充;假設這個系統現在有三台機器,今天應用程式來更新其中一台機器的訂單變成三筆,但是另外兩台還是兩筆,就會造成資料不一致的情況。如果今天有另外一個人進來讀取到舊的資料,就會造成商業上的錯誤,如圖 8-1-2:

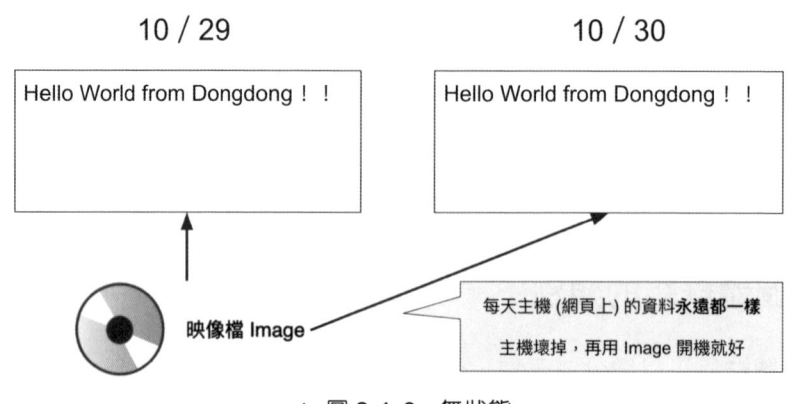

10 / 29

Hello World from Dongdong!!

10 / 30

Hello World from Dongdong!!

映像檔 Image

每天主機(網頁上)的資料永遠都一樣
主機壞掉,再用 Image 開機就好

▲ 圖 8-1-2　無狀態

以靜態網頁為例，靜態網頁永遠都是呈現一模一樣的內容，假設它的機器由於某些原因造成損毀，我們只要使用映像檔再重新建立一台機器，就可以照常對外服務。

但是大部分的系統都必須要寫入資料，這應該要怎麼處理呢？我們通常會把「有狀態」和「無狀態」的機器區隔開來，所以會變成前端的網頁和應用程式是無狀態的，但後端的資料庫是有狀態的，如圖 8-1-3：

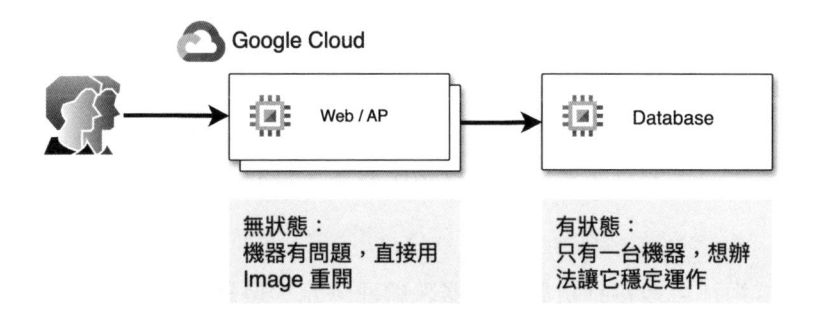

▲ 圖 8-1-3　讓無狀態和有狀態的機器分開運作

了解以上概念之後，我們再看下面的執行各群組分類，就會更容易理解它們：

1. Stateless Managed Instance Group（無狀態代管執行個體群組）

它會自動管理機器的生命週期，包括建立、刪除和重新建立機器。當機器不正常時，系統會自動用相同的執行個體範本建立新機器來替換，但不會保留原機器的任何狀態或資料。

也就是說，機器有問題就直接刪除掉，然後再重新開一台就好，反正每一台機器都長得一模一樣。也正因為如此，它才可以拿來做成自動擴充的架構，只要在建立群組的時候，指定好範本，它就會依照範本的描述來建立所有的主機。

8-3

2. Stateful Managed Instance Group（有狀態代管執行個體群組）

Stateful Managed IG 適用於需要保留機器的永久磁碟、靜態 IP 位址和其他狀態資訊。當機器需要重新建立時，系統會嘗試保持這些狀態不變。

通常會用在資料庫，或是檔案經常變動的應用程式，這種情況通常只能保持一台機器，不能做成自動擴充的架構，也因為從頭到尾只有一台，我們必須想盡辦法讓它持穩定運作。

3. Unmanaged Instance Group（非代管執行個體群組）

Unmanaged IG 指的就是在這個群組內，每一台機器都是手動建立和管理的，我們會先建立一個群組，然後再挑選要放進群組的機器。因為機器都是人工建立，所以並沒有參考任何執行個體範本，沒有範本也就不提供自動管理功能。

雖然整個群組都可以接到負載平衡器來處理分流，但是因為沒有自動擴充或修復的功能，機器有問題要自己連線進去排除，機器不夠的話也要手動建立機器，再放進群組。

當我們了解上面三種執行個體群組的類型，就可以針對應用程式的特性，設計相對應的架構。

例如前端的網頁和應用程式可以使用 Stateless Managed IG，一方面可以做到自動擴充，另一方面，當機器有問題，它也能夠自行重建。

後端的資料庫因為是有狀態的，只能保持一台機器，所以我們必須盡量保持這台機器穩定運作。

雖然 Stateful Managed IG 可以在機器重建的時候，讀取到原來資料庫的內容，但是比較難做到備份和備援的機制，所以通常會建議直接使用 Cloud SQL，可以做到備份備援，還可以將讀取作業分流到唯獨副本上，讓主要的資料庫負載不會太重。如圖 8-1-4：

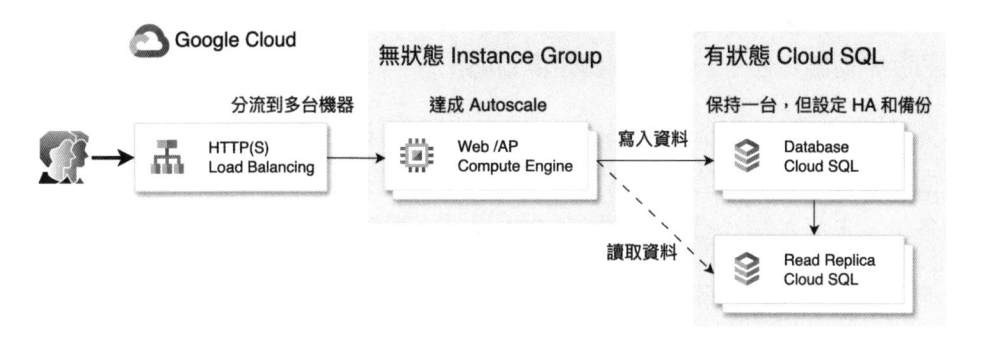

▲ 圖 8-1-4　針對應用程式的特性，設計相對應的架構

建立執行無狀態執行個體群組

到這裡我們已經了解執行個體群組的分類，接下來我們整理一下執行個體群組建立的完整過程。

執行個體群組建立的來源是執行個體範本，我們會在這個範本裡面指定一個映像檔，它包含了我們預先安裝的應用程式或軟體，而這個映像檔是從我們自己搭建的虛擬機器做出來的。

有些應用程式的程式碼會經常更新，如果每次都要調整自訂的機器再做出映像檔，整個過程會很繁瑣，所以在建立執行個體範本的時候，也可以輸入開機指令碼，讓機器在建立的時候，自動去某個來源（例如：GitHub）下載程式碼，如圖 8-1-5。這樣的話，就不用每次更新程式碼都要重新建立映像檔跟執行個體範本，節省很多力氣。

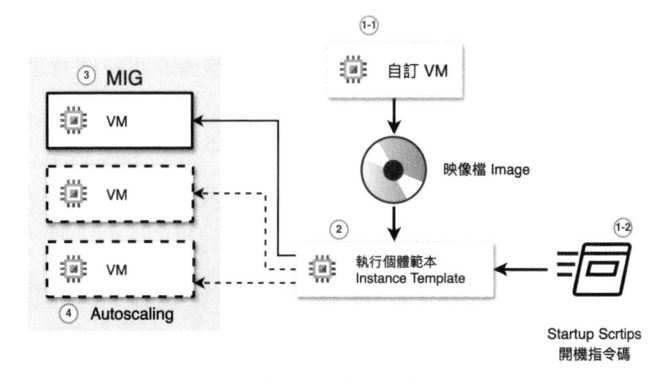

▲ 圖 8-1-5　執行個體群組建立的完整過程

8-5

到這裡我們就對 Google Cloud 自動擴充的原理，有一個完整的了解了！那我們就準備開始建立一個執行個體群組吧！

另外，由於這裡涉及到非常多重要的專有名詞，因此我們就盡量改用英文的介面。因為當你需要查詢官方技術文件，多數還是以英文為主，所以強烈建議各位，去個人偏好設定切換為英文的操作介面喔！

我們上次有建立好一個 Instance Template，但是有幾個重要的設定跟之前的不同，我們這邊重新再建一次，在這裡我命名為 apache-template-v1，你可以使用任何你偏好的名字，如圖 8-1-6：

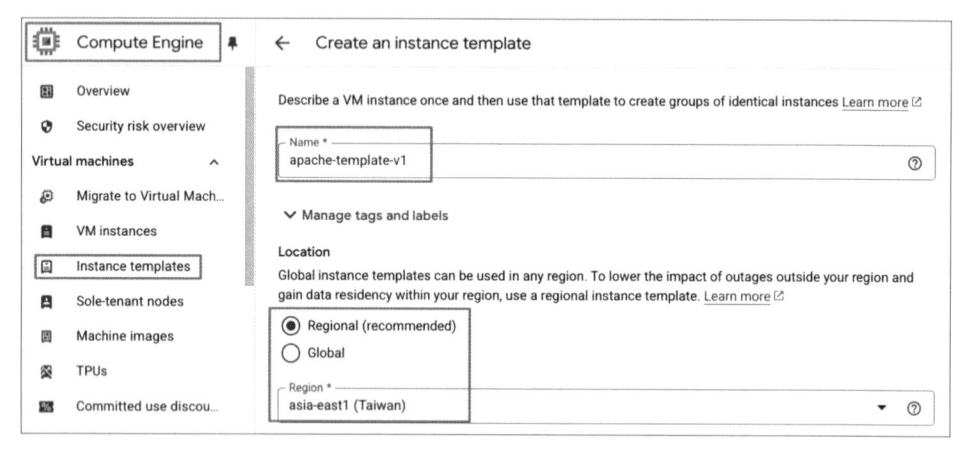

▲ 圖 8-1-6　建立新的 Instance Template

> **東東碎唸**
>
> 接下來記得在 Boot Disk 部分指定你做好的映像檔喔！可以回去參考圖 4-6-5 的操作。

在防火牆的部分，我們不要勾選它的預設選項。為什麼呢？

因為我們未來的流量都會從負載平衡器送進來，我們的機器不需要再對外。如果我們在這裡勾選「Allow HTTP」或「HTTPS」的話，它會讓我們的機器直接對外開放存取，這樣是多此一舉，也會增加機器暴露在外的風險。另外，Load Balancer Health Checks，稍後會再特別說明。如圖 8-1-7。

再往下的 Network Tags，我建議設定和執行個體範本一樣的名稱，到時候如果需要調整防火牆的設定，就可以在防火牆規則設定相同的標記，方便管理這些主機。如果沒有這樣設定的話，到時候你就很難管理這些機器的防火牆喔！在這裡我就給它設定為「apache-template」。

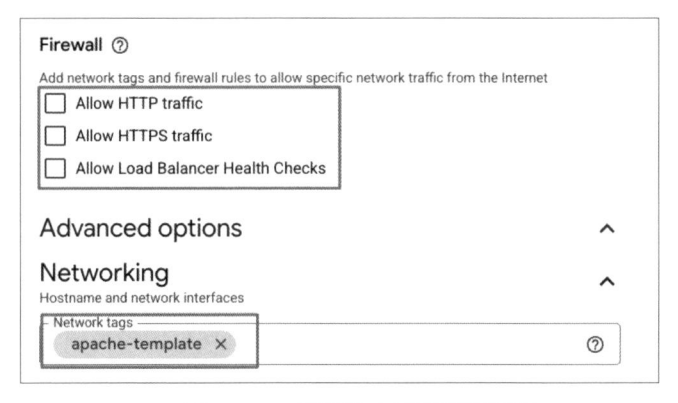

▲ 圖 8-1-7　設定防火牆和網路標記

網路介面的部分，注意「不要」給機器設定外部 IP，否則外部的流量能直接存取到這台機器喔！如果沒問題的話，先按右邊的「Done」，再按下面的「Create」，如圖 8-1-8：

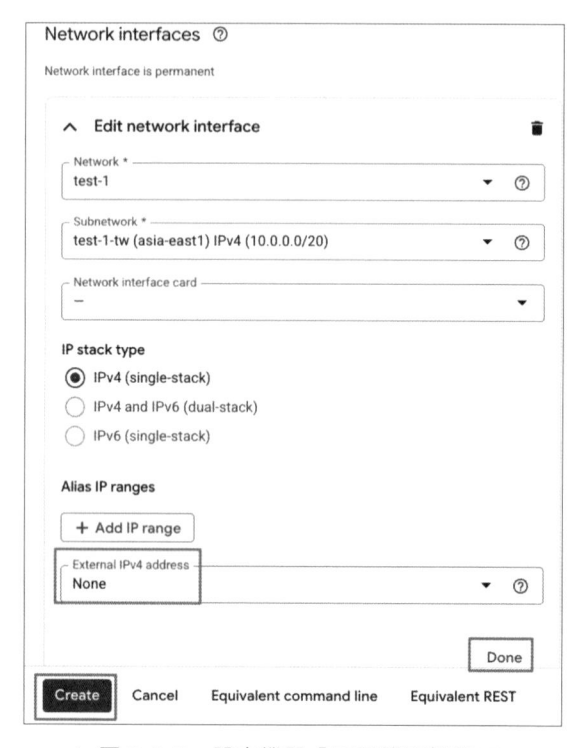

▲ 圖 8-1-8　設定機器「不要使用外部 IP」

Instance Template 設定完成之後，緊接著再來建立執行個體群組，如圖 8-1-9：

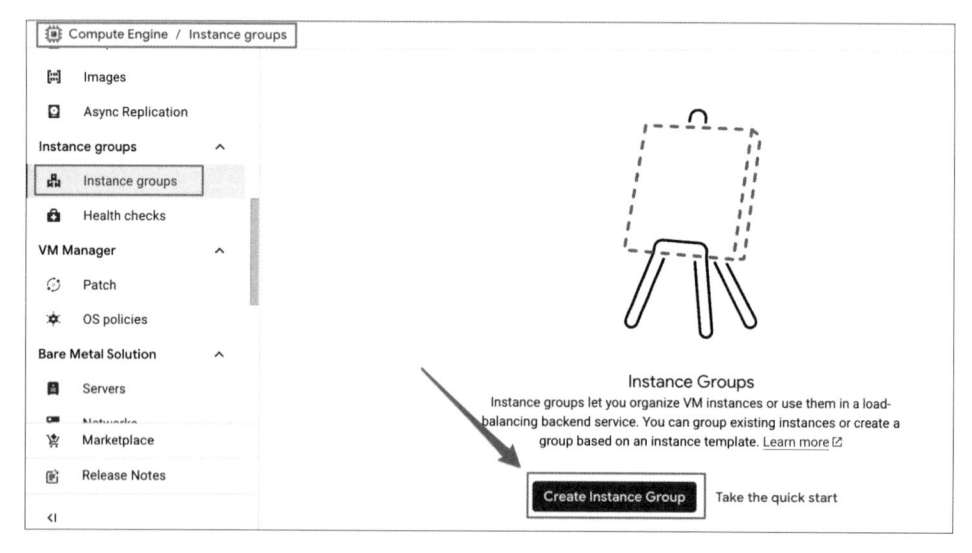

▲ 圖 8-1-9　建立執行個體群組

執行個體群組類別，就保持預設無狀態的代管執行個體群組，在名字的部分我命名為 apache-ig-1，你也可以設定任何偏好的名字，如圖 8-1-10：

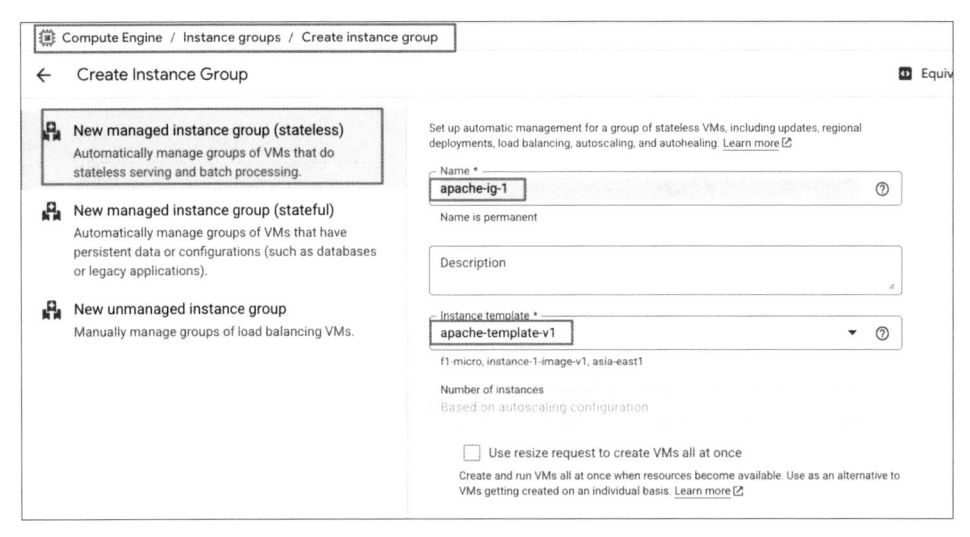

▲ 圖 8-1-10　選擇 IG 類型、命名並選擇 Template

接下來 Location 建議選擇「Multiple Zones」，因為你既然要 Autoscale，就是想提高可用性，你不會把所有機器都集到同一個機房（Zone），在這裡你就應該選擇「Multiple Zones」，讓機器橫跨 A、B、C 三個 Zone，萬一有個 Zone 無法連線，其他 Zone 的主機還是可以對外服務，如圖 8-1-11：

▲ 圖 8-1-11　設定 Instance Group 的位置

接下來的「Target Distribution Shape」指的是，你的機器如何分配到這些 Zone。「Even」指的是 IG 會 100% 做到機器數量都平均分散在三個 Zone 中，使命必達的概念。「Balanced」指的是 IG 會「儘量」做到機器數量都平均分散在三個 Zone 中，它會考慮每個 Zone 的資源可用性，不一定能達到三個 Zone 都平均。在此我們選擇「Balanced」就好，如圖 8-1-12：

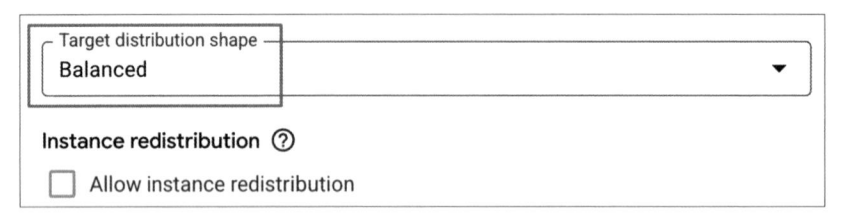

▲ 圖 8-1-12　設定 Instance Group 的主機位置分配策略

接下來是 Autoscaling Mode，它問你三種模式要選擇哪一種？

(1) On：自動增加也自動縮減機器

(2) Sacle out：自動增加機器，但不自動縮減

(3) Off：不要擴充也不要縮減

我們在這裡就選擇 (1)，自動增加和縮減機器，如圖 8-1-13：

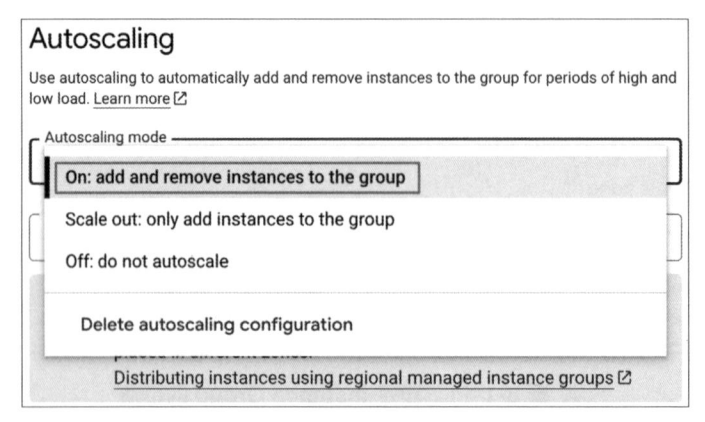

▲ 圖 8-1-13　Instance Group 的擴充模式

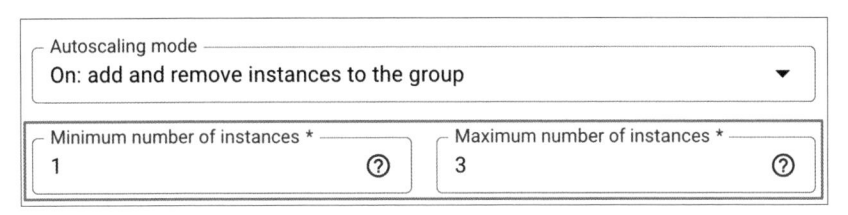

打造高可用與自動擴展的雲端架構 **08**

Minimum/Maximum number of instances 就是你整個 IG 機器數量的上下限，我們就先設定 1～3 台，如圖 8-1-14：

▲ 圖 8-1-14　Instance Group 的主機數量上下限

再往下 Autoscaling signals 指的是觸發你擴充機器的時機，在這裡我們保持預設值 CPU utiliztion 為 60 %，如圖 8-1-15：

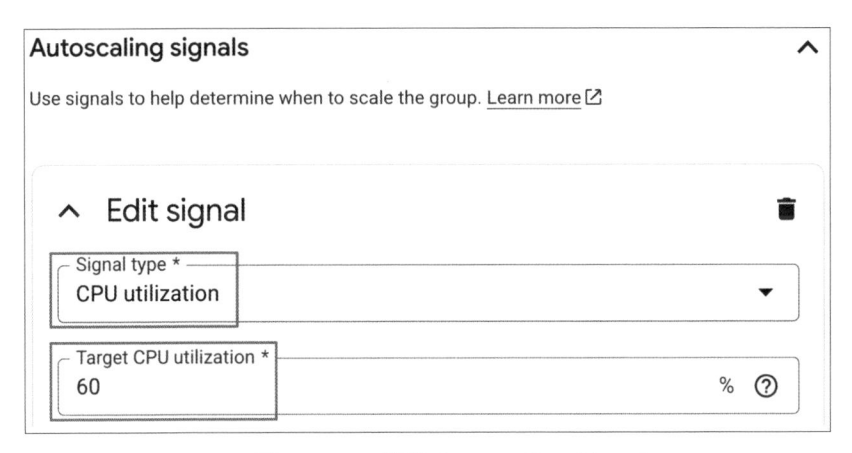

▲ 圖 8-1-15　設定 Autoscaling Signal

Predictive Autoscaling 指的是透過預測來提早擴充，它會依照你過去主機擴充的歷史記錄，用來建立機器學習的模型，到時候會提前擴充機器。但是它要求你的服務至少要開 3 天以上，才有足夠資料讓它可以訓練。在這裡我們就選擇「Off」即可，這段沒問題就可按下「Done」，如圖 8-1-16：

8-11

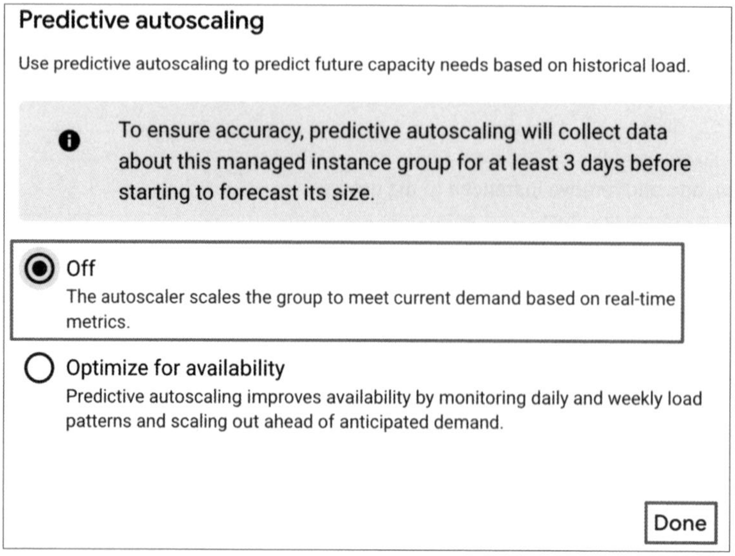

▲ 圖 8-1-16　關閉 Predictive Autoscaling

Autoscaling Schedules 是依照時間來自動擴充的功能，如果你能確定流量較大的時間，例如每天晚上八點到十點，你就可以設定此功能。但我們現在是依照 CPU 的負載來決定是否擴充，這兩個功能是互斥的，所以就不能再設定它，如圖 8-1-17，它呈現反灰的狀態：

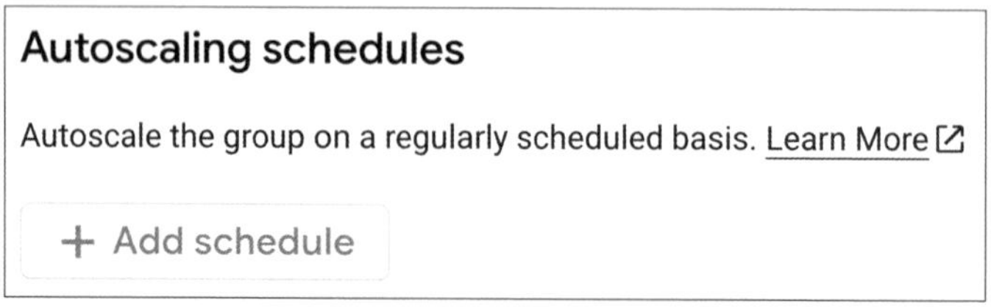

▲ 圖 8-1-17　Instance Group 的 Autoscaling Schedules

Initialization period 指的是新的機器擴充出來之後，要等它多少時間準備好，因為每次開新機器，都要跑一遍開機過程，CPU 使用率都會飆高，所以要預

留時間等它開好，讓 CPU 使用率降回平常的水準。在這裡我們只是一個簡單的網頁，依照預設的 60 秒即可，如圖 8-1-18：

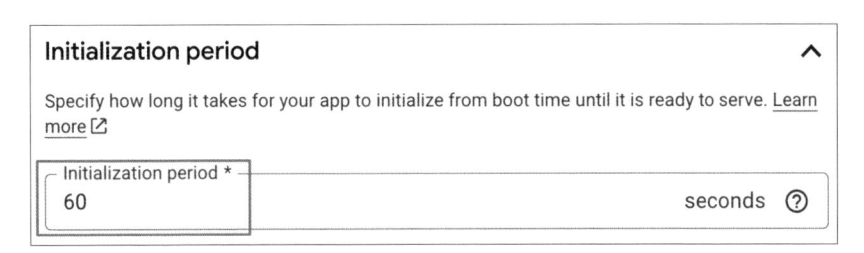

▲ 圖 8-1-18　Instance Group 的 Initialization Period

Scale-in controls 就是反過來，關於機器縮減的速度控制。例如，你的用戶流量突然降下來，但沒多久又飆上去，這時如果機器自動縮減了，會來不及再次擴充出來應付流量。

這裡就是為了防止機器太快縮減而設定的緩衝時間，在實務上你可以設定 10 分鐘內不要刪除超過一台機器，或 20% 的機器。在這裡我們為了測試就不用勾選它，如圖 8-1-19：

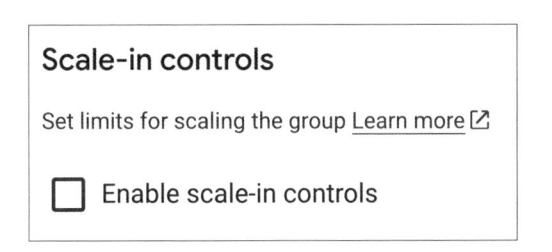

▲ 圖 8-1-19　Instance Group 的 Scale-in controls

接下來進入 VM instance lifecycle 的環節，首先第一個選項是 Action on failure，它是問你如果當 IG 發現機器有問題的話，應該如何處理，這裡保持預設就可以，就是有問題就「修復」它，如圖 8-1-20：

8-13

▲ 圖 8-1-20　Action on failure

在 Autohealing 的部分，由於 Google Cloud 是透過「健康狀態檢查」（Health Check），明確地判斷它「健康」或「不健康」，再決定要不要「修復」你的主機，我們要點擊「CREATE A HEALTH CHECK」，如圖 8-1-21：

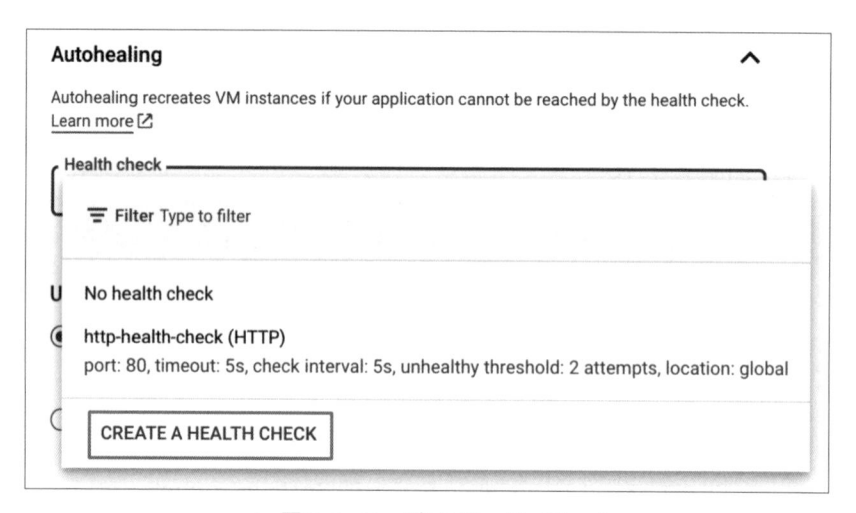

▲ 圖 8-1-21　建立 Health Check

當我們進入 Health Check 之後，首先給它命名，例如「http-hc」。然後在 Scope 部分，我們是要建立 Global 的 LB，所以我們在這裡也選 Global。

而 Protocol 部分，因為我們是網頁，你可以選擇 HTTP 或 TCP，但我們「一定要」選 HTTP，因為它能夠檢查你的網頁回應碼是不是「200 OK」。如果你選 TCP，那網頁可能是「404 Error」，而檢查結果仍然是「健康」，那就是誤判，所以千萬不要選錯。

至於 Logs 是檢查成功或失敗的 Log，我們勾起來，如果有系統有問題可以回來查詢 Log。

而 Health Criteria 就是你的判斷基準，怎樣叫健康，怎樣叫不健康。例如預設值提到的，每 5 秒鐘檢查一次你的網頁，然後等 5 秒鐘看有沒有回應「200 OK」：

- 如果連續兩次都回應「200 OK」，則視為「健康」；
- 如果連續兩次都不回應「200 OK」，則視為「不健康」；

如果介於兩者之間，就繼續等它檢查完，直到確定是否健康為止。如果沒問題就可按下 Save，如圖 8-1-22：

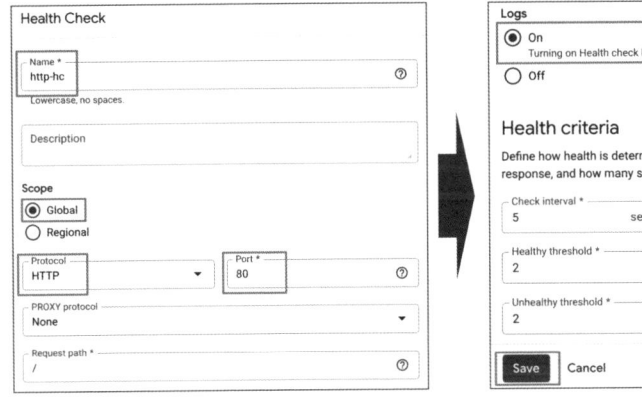

▲ 圖 8-1-22　Health Check 設定

Initial Delay 指的是剛自動擴充一台機器的時候，你要不要給它一個前置時間，等它準備完成再進行 Health Check 檢查。

因為你如果太早檢查，但機器還沒準備好，就會被誤判為「不健康」，機器會被刪除掉再重建，所以不要把時間設得太短。我們設 60 秒，對於我們只有一個 Apache 網頁的機器來說，還算足夠。

On failed health check 是 Health Check 失敗時的動作，它預設就是會把不健康的機器刪除，然後重新建立一台新的，我們保持預設就好，如圖 8-1-23：

▲ 圖 8-1-23　設定 Initial Delay 和 Health Check 失敗時的動作

Updates During VM Instance Repair 指的是我們的應用程式會改版，在 IG 上就是會切換 Instance Template，它是問要不要在主機剛好要重建的時候，順便採用新的 Template 來建立機器。

Keep the same instance configuration 就是保持舊 Template，Update the instance configuration 就是換新 Template。在這裡我們只有一個版本，所以保持預設值即可，如圖 8-1-24：

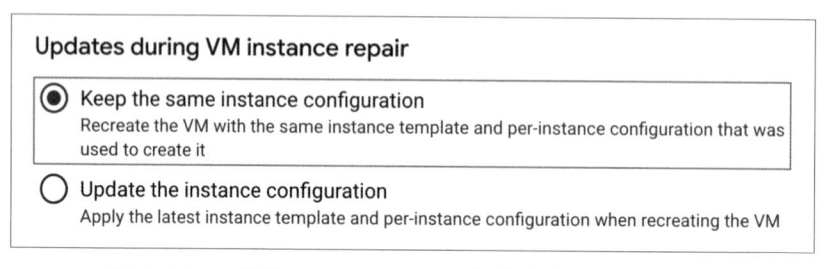

▲ 圖 8-1-24　設定 Instance Group 主機重建時是否要更新版本

Port mapping 是未來 Load Balancer 要傳送流量進來的時候，是經過哪一個 Port，我們就先設定 Name 為 http，Port 設定為 80。如果沒問題，就可以按下「Create」了，如圖 8-1-25：

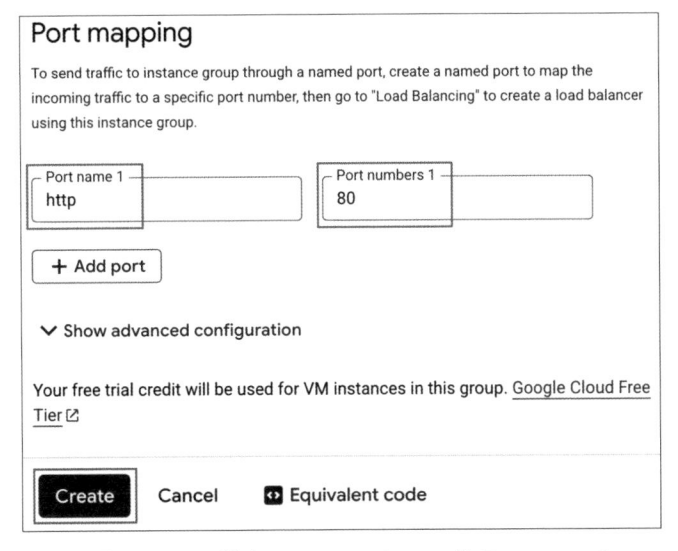

▲ 圖 8-1-25　設定 Instance Group 的 Port mapping

等待幾分鐘之後你會看到一個奇怪的狀況，怎麼看起來機器好像有問題？健康狀態檢查顯示為 0% Healthy——都不健康的意思，如圖 8-1-26：

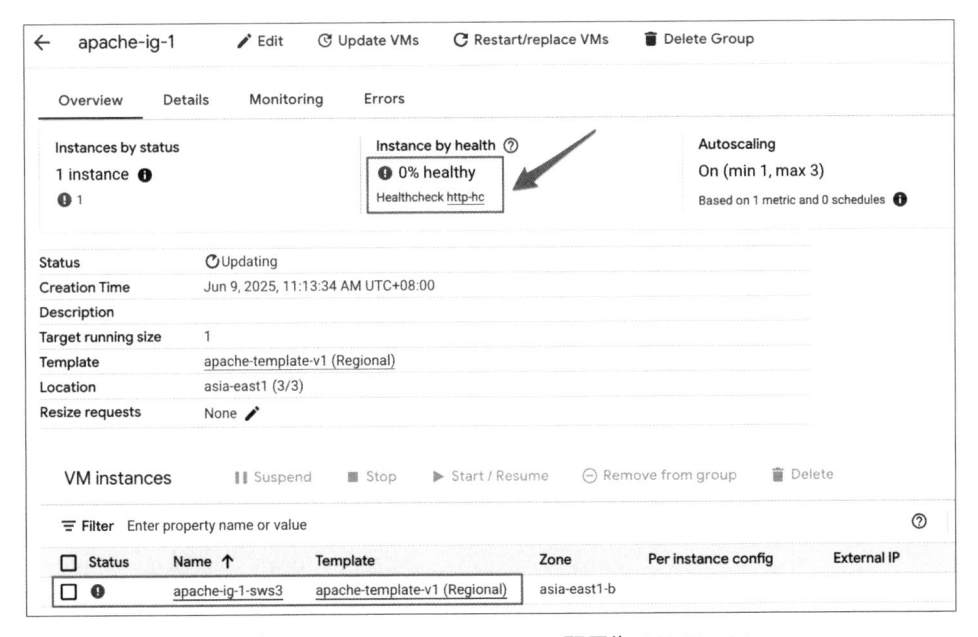

▲ 圖 8-1-26　Instance Group 顯示為 0% Healthy

8-17

這裡帶你去看一下 Cloud Logging，你會看到 Health Check 的記錄，它顯示建立好的機器被判定為不健康，所以把機器刪除再重建，然後就一直不斷反覆這個循環，如圖 8-1-27：

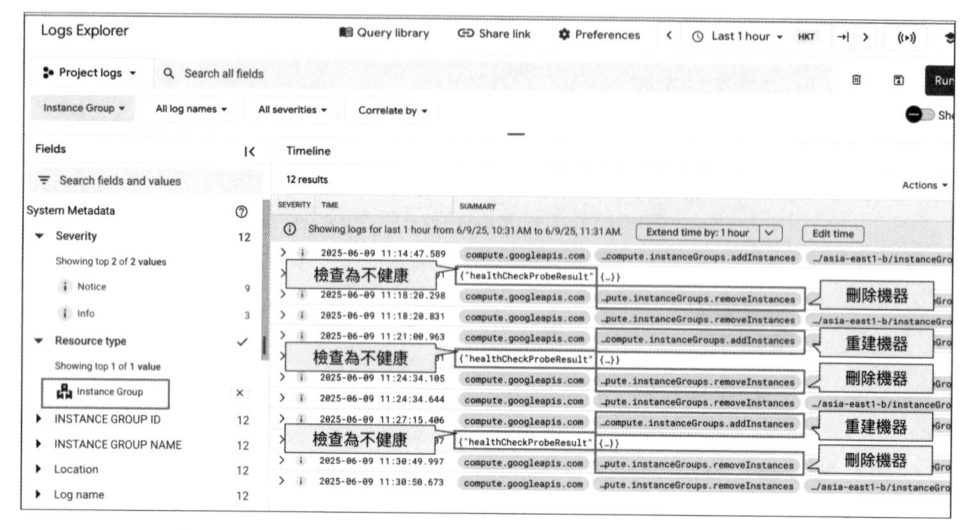

▲ 圖 8-1-27　從 Logging 查看到 Instance Group 被檢查為不健康

我們把「healthCheckProbeResult」這個 Log 展開，你會看到 Health Check 是從一個 35.191.207.149 的 IP 過來檢查的，如圖 8-1-28。

因為我們目前還沒有給這個 IG 建立任何的防火牆規則，所以目前沒有任何的網路流量可以存取到這些機器。因為 IG 檢查不到主機，所以視機器為「不健康」，觸發它刪掉原有的主機，然後再重建。

打造高可用與自動擴展的雲端架構 **08**

```
v i  2025-06-09 11:15:05.691  {"healthCheckProbeResult":{…}}
  Explain this log entry   Copy ▼   ≡< Collapse nested fields   Hide log summ
▼ {
    insertId: "1xzjrwxd1dvz"
  ▼ jsonPayload: {
    ▼ healthCheckProbeResult: {
        detailedHealthState: "TIMEOUT"
        healthCheckProtocol: "HTTP"        檢查為不健康
        healthState: "UNHEALTHY"
        ipAddress: "10.0.0.17"
        previousDetailedHealthState: "UNKNOWN"
        previousHealthState: "UNHEALTHY"
        probeCompletionTimestamp: "2025-06-09T03:15:04.439978371Z"
        probeRequest: "/"
        probeResultText: "HTTP response: , Error: Timeout waiting for connect"
        probeSourceIp: "35.191.215.187"
        responseLatency: "5.000767s"       這次 Health Check 的來源 IP
        targetIp: "10.0.0.17"
        targetPort: 80                     檢查的目標主機 IP 和 Port
      }
    }
    logName: "projects/dong-dong-gcp-3/logs/compute.googleapis.com%2Fhealthchecks"
    receiveTimestamp: "2025-06-09T03:15:06.083548350Z"
  ▶ resource: {
```

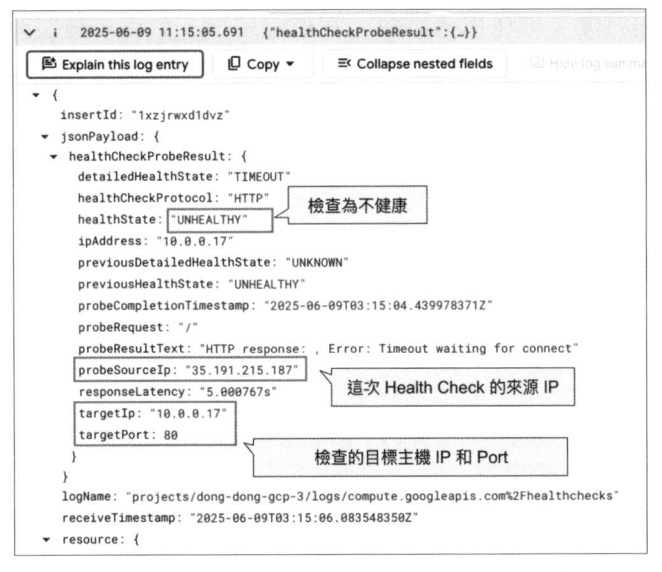

▲ 圖 8-1-28　展開 Log 查看 Health Check 結果

接下來，我們就去設定防火牆規則，讓 Health Check 可以找到主機。從 VPC Network => Firewall 進去防火牆設定頁面，如圖 8-1-29：

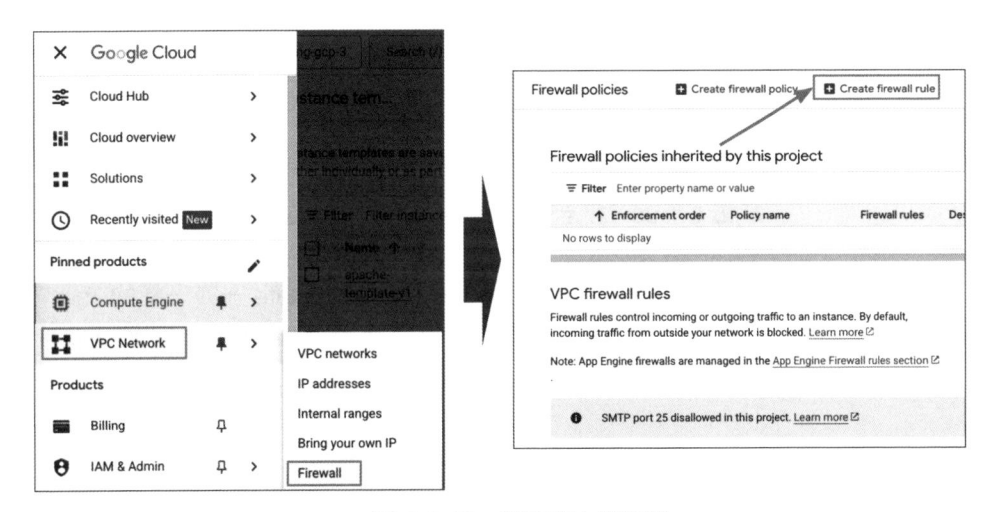

▲ 圖 8-1-29　建立防火牆規則

命名通常是越清楚越好，例如命名為「test-1-allow-health-check-http」，其中「test-1」是我們在前面章節建立的 VPC 的名字，如圖 8-1-30。

8-19

Log 也可以先打開，你可以確認每一次檢查主機的封包，有沒有順利通過防火牆。順序就保持預設的 1000，方向是 Ingress，代表進入某台主機，動作就是 Allow。

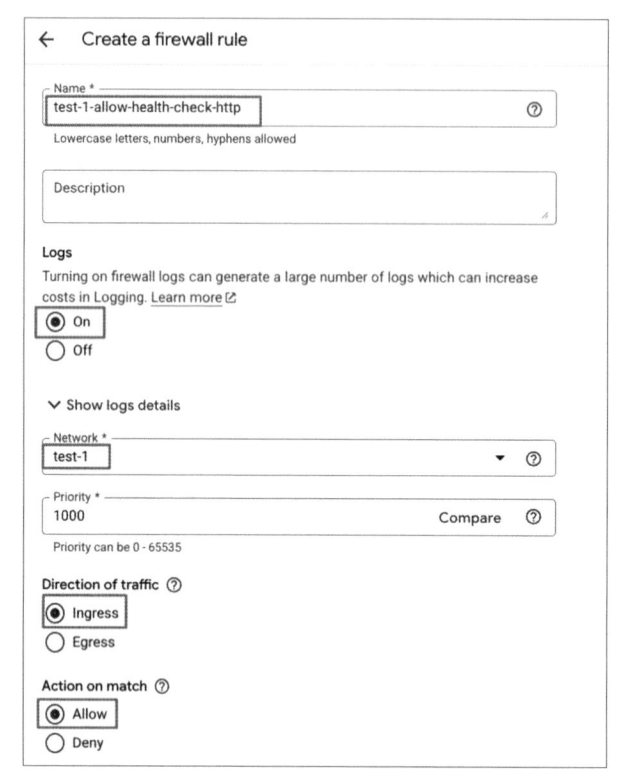

▲ 圖 8-1-30　設定防火牆規則的名稱、方向和動作

Target Tag 是關鍵，我們在這裡要設定跟 Instance Template 一模一樣的 Tag：apache-template，這樣規則就可以套用到這個 IG 所有主機了。接下來設定 Health Check 的來源網段為 35.191.0.0/16 和 130.211.0.0/22，如圖 8-1-31：

> **東東眉角**
>
> 這個網段有可能未來會變動，請以 Google Cloud 官網的文件為準。

8-20

打造高可用與自動擴展的雲端架構　08

前面設定 Template 的 Network Tag　　現在設定防火牆要對應的 Target Tag

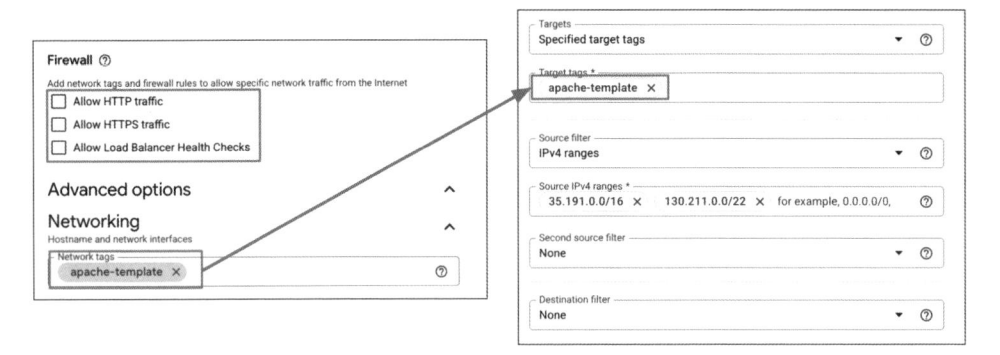

▲ 圖 8-1-31　設定防火牆規則 Target Tag

Health Check 要檢查的 Port 是 80，所以這裡就設 80，其他 Port 不用開，然後按下 Create，如圖 8-1-32：

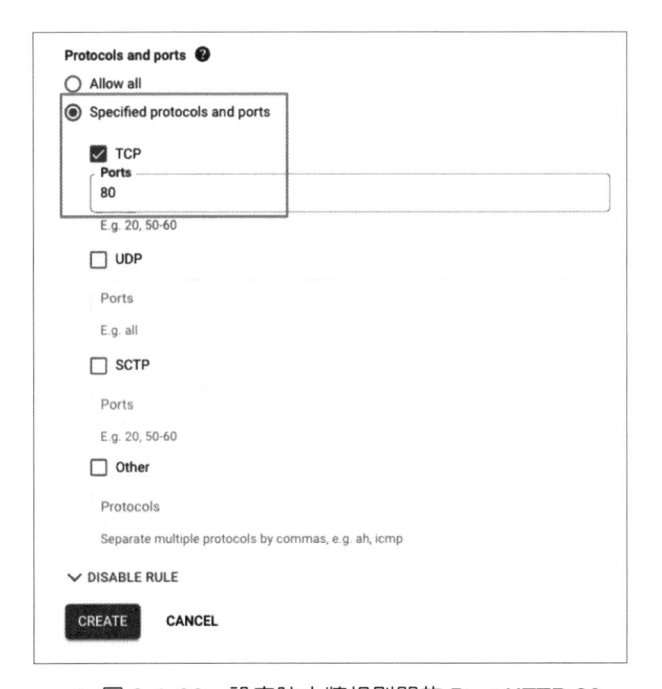

▲ 圖 8-1-32　設定防火牆規則開放 Port HTTP 80

8-21

防火牆生效的速度很快，過沒多久，IG 的檢查狀態就變成 Healthy 了，如圖 8-1-33：

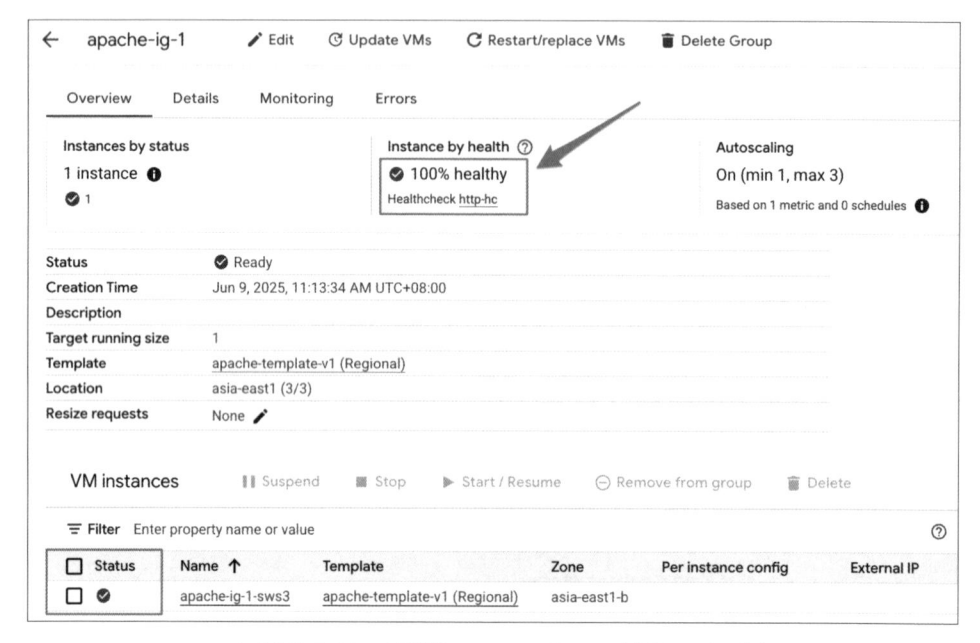

▲ 圖 8-1-33　看到 Instance Group 變 Healthy 了

你也可以在 Compute Engine 的機器列表看到這台機器，你可以看到它的命名規則是「IG 的名字 + 隨機英數 4 碼」，如果到時有 Autoscale ，產生新機器的話，也是用這樣的方式命名的，如圖 8-1-34：

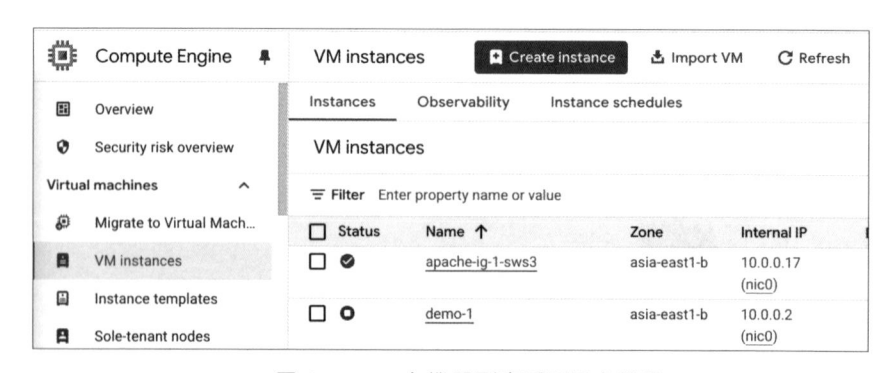

▲ 圖 8-1-34　在機器列表看到這台機器

好不容易我們把 IG 建立完成了，你可能會覺得步驟也太多了吧！中間不小心漏掉一個細節，就會造成整體設定錯誤，建議多做幾次，很快就能駕輕就熟喔！

8-2 建立負載平衡器並啟用 Cloud CDN

負載平衡器（Load Balancer；簡稱 LB）是雲端最重要的功能之一，使用雲端常常是為了達成 Autoscale（自動擴充），而擴充出那麼多台機器，要怎麼把使用者的流量分到不同機器呢？

不用擔心，這是全自動的。LB 可以幫你自動把流量分流給所有的機器，它也能像 Nginx Reverse Proxy 的功能，依照使用者要造訪的網址，導流量到相對應的主機。

負載平衡器的分類

LB 又分成好幾種，你可以看到 Google Cloud 的官網提供下列的分類，如圖 8-2-1：

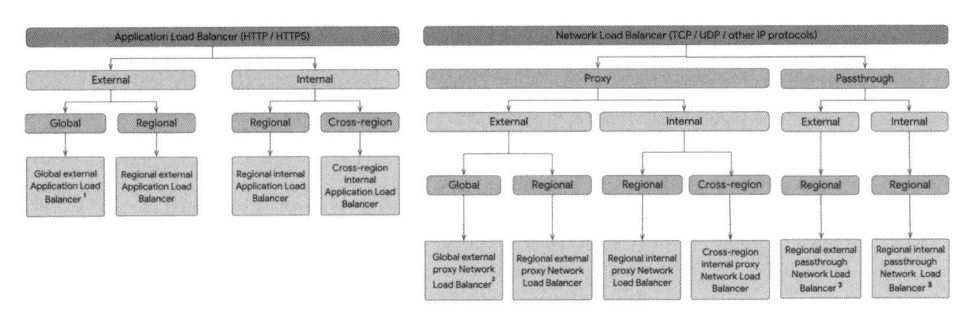

▲ 圖 8-2-1　Load Balancer 的類別

（資料來源：https://cloud.google.com/load-balancing/docs/choosing-load-balancer?hl=zh-tw）

但是不用擔心，它主要只有三大類，然後再細分成外部、內部、全域和區域的分別而已：

1. Application Load Balancers 應用程式負載平衡器

簡稱 ALB，原名叫 HTTP(S) LB，就是網頁專用的負載平衡器，因為它可以處理第七層的封包內容。此外，還能夠啟用進階功能包含：

(1) 免費且自動續約的 SSL 憑證：這個 SSL 憑證是由 Google 發行的，Google 是權威的憑證授權單位。除了免費，也不用手動展延憑證期限。但是它有一個條件，就是你的 DNS 必須解析到負載平衡器的 IP，如果沒有解析到，這個憑證就不會生效喔！

(2) Cloud CDN：傳統上，如果一個網站要提供影片給用戶觀看，就要傳送整個影片檔案的流量給用戶，但是如果現在有 1000 個用戶同時都要觀看 1 GB 的影片，那主機就要輸出 1 TB 的流量，這會對主機的負荷造成很大的衝擊，也容易當機。
CDN（Content Delivery Network）能夠幫你把圖片或影片快取（暫存）在靠近用戶的設備上，有其他用戶來存取的話，就可以直接從這個設備輸出，而不需要從源頭的機器提供內容。
市面上有很多 CDN 的廠商，例如 Akamai 和 Cloudflare，而 Google Cloud 也提供 Cloud CDN，幫你把內容快取到 Google 的設備上，讓你的內容能更快速發布給用戶，也減少你機器的負擔。

(3) Cloud Armor：能夠作為 WAF（網路應用程式防火牆），阻擋 DDoS 攻擊，你可以設定防禦規則，例如 XSS、SQL Injection 或 OWASP Top 10 威脅，下個單元會再更詳細地介紹。

2. Proxy Network Load Balancers

如果你是針對非網站的 TCP Port，可以使用這類 LB，它具有 Proxy 的功能，當用戶端連線進來，會中止用戶端連線，再新建連線到後端 VM（上面的 ALB 也有 Proxy 喔！）。

3. Passthrough Network Load Balancers

Passthrough 就是通透型的意思，也就是沒有 Proxy，用戶端的流量會直接存取到後端的機器。和 Proxy NLB 類似，能處理網站以外的通訊協定和 Port，只差在沒有 Proxy。

至於外部 LB，是要提供 Internet 上的用戶端存取服務時所使用的 Load Balancer。而內部 LB 在同一個 VPC 內的主機，存取另一群主機，在中間架設的 Load Balancer。

為什麼 VPC 內部的兩群主機之間，也要多一個 LB 呢？原因就是為了要 Autoscale 和分流的目的。此外，為了安全性，你可以把非直接對外的應用程式放在 VPC 裡面，減少暴露在外被駭客入侵的危險。

外部和內部 LB 的位置示意如圖 8-2-2：

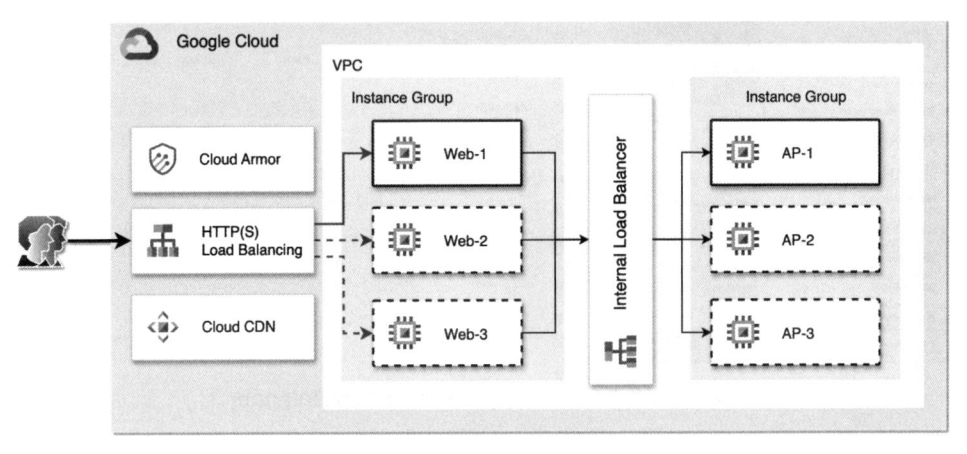

▲ 圖 8-2-2　外部 LB 和內部 LB

那 Global LB 和 Regional LB 又有什麼差異呢？

Global LB 是位於 Google 的 Front-End，全球直接串連，基礎設施位在世界各地最靠近使用者的位置。它並不在你專案的 VPC 內部，所以這樣能夠快速回應全球的使用者。

而 Regional LB 在 VPC 內部，但它還是對外開放存取的，只是它的資源就集中在一個 Region，專門處理當地的流量。你可以依照你的用途選擇 Global LB 或 Regional LB。

我們總算對 LB 有一些基本的概念了，那現在就趕快來建立 LB 吧！

建立 Application Load Balancer

1. Loab Balancer 初始設定

我們就直接從 Network Services 進入 Load Balancing，點擊建立 LB，如圖 8-2-3：

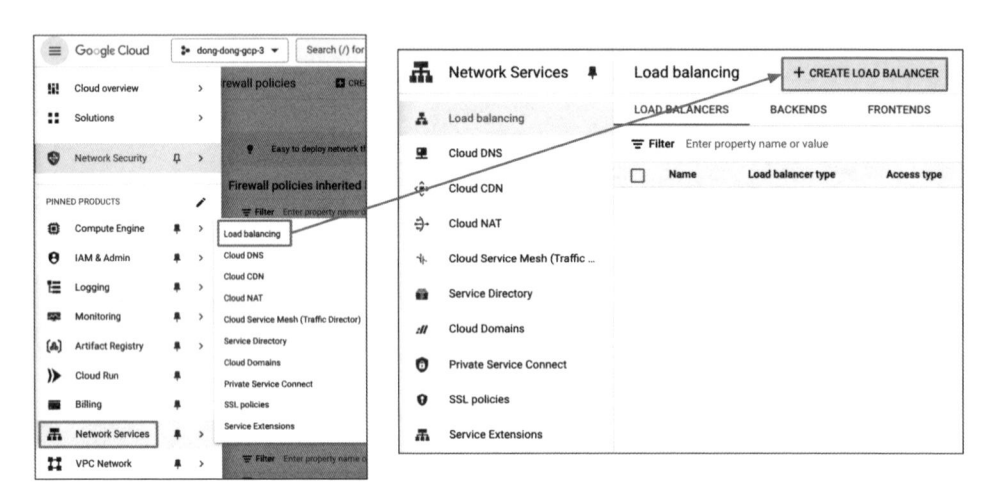

▲ 圖 8-2-3　建立 Application Load Balancer

它會先問你，要用 Application Load Balancer 或是 Network Load Balancer，只要是網站使用 HTTP 或 HTTPS 協定的就用 ALB，其他協定或 Port 就選 NLB，如圖 8-2-4：

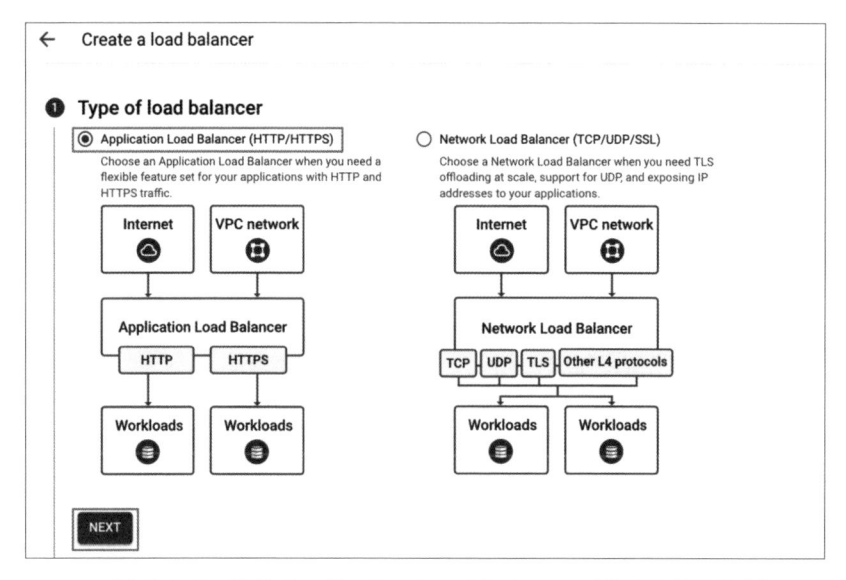

▲ 圖 8-2-4　選擇 Application Load Balancer（HTTP/HTTPS）

第二個問題也很簡單，你的網站是對外就選 Public，如果是對內就選 Internal，這裡我們就選 Public，如圖 8-2-5：

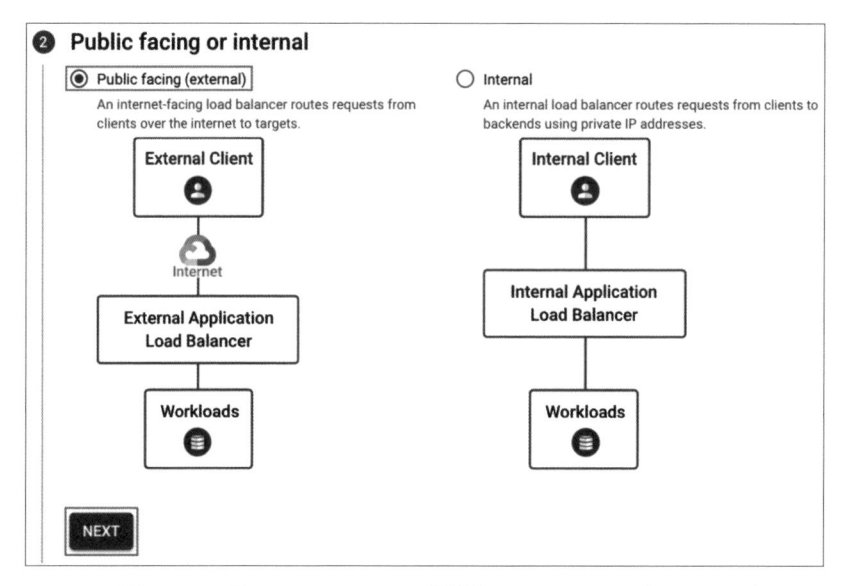

▲ 圖 8-2-5　為 Load Balancer 選擇 Public facing（external）

8-27

再來是，你的服務對象是全球的，還是只針對特定區域，例如只有台灣？

如果你有國外的市場，你可以將主機同時部署在多個 Region，這樣 LB 可以依照用戶所在的位置，就近轉發到最近的主機，快速回應用戶，在這裡我們就選「Best for global workloads」，如圖 8-2-6：

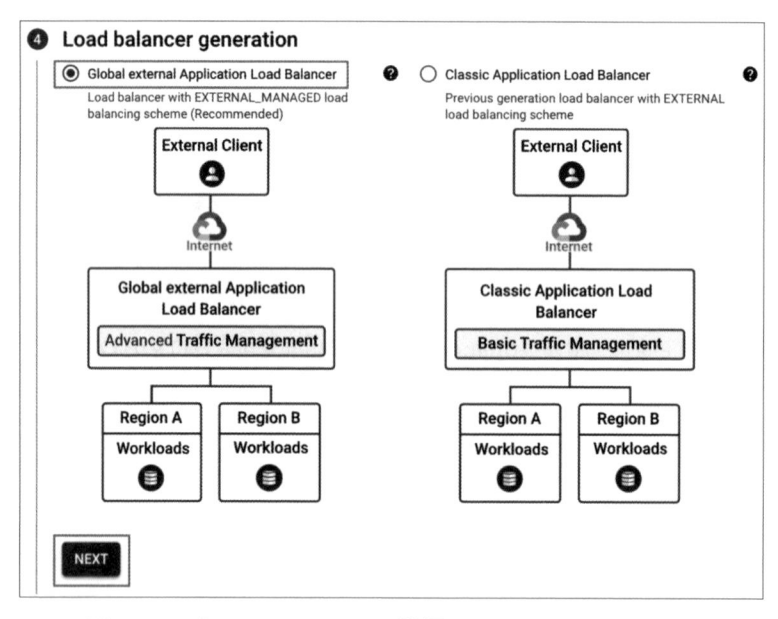

▲ 圖 8-2-6　為 Load Balancer 選擇 Best for global workloads

在這裡我們要選 Global External ALB 或 Classic ALB ？兩者界面其實差不多，只是 Global External ALB 有強調進階流量管理，可以寫語法來做到更複雜的功能。在這個範例我們就選 Global External ALB，如圖 8-2-7：

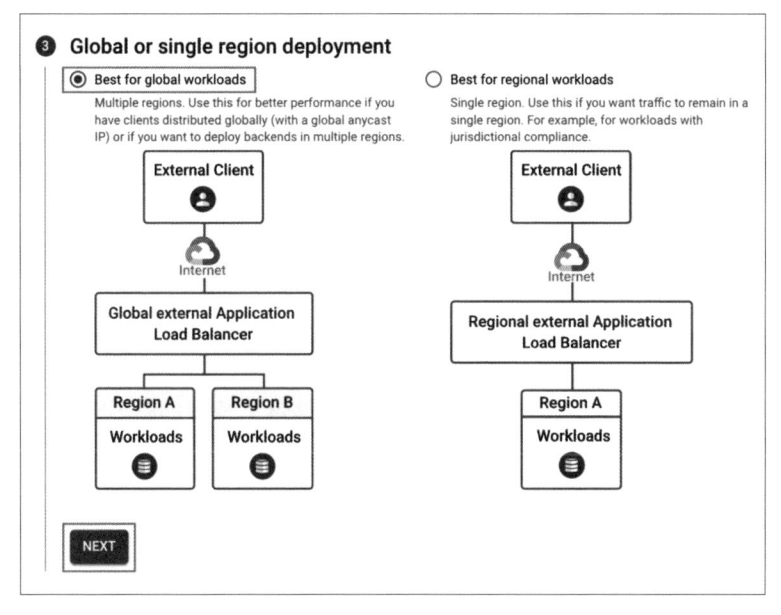

▲ 圖 8-2-7　選擇 Global External Application Load Balancer

接下來再次確認你的選擇有沒有錯誤，沒有就按「CONFIGURE」，開始設定 LB 的細節，如圖 8-2-8：

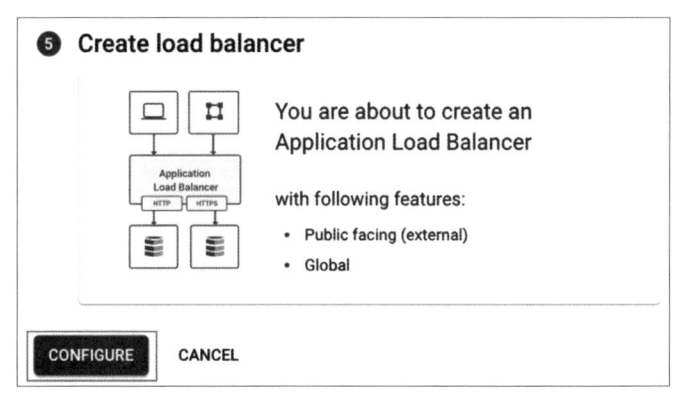

▲ 圖 8-2-8　確認 Load Balancer 初始設定

2. 前端（Front End）設定（包含 IP 和 SSL 憑證）

現在進入前端設定的部分，左邊給 LB 命名「lb-1」，右邊則是對前端命名「fe-1」；在 Protocol 部分，我們原本的網站是 HTTP 的，因為我們要把 SSL 憑證做在 LB 上，讓 LB 來處理 SSL 加密，所以這裡務必選擇 HTTPS，如圖 8-2-9：

> 東東碎唸
>
> 假如你現在還沒有自己的 DNS 網域，而且只是為了練習的話，請選擇 HTTP 就好。

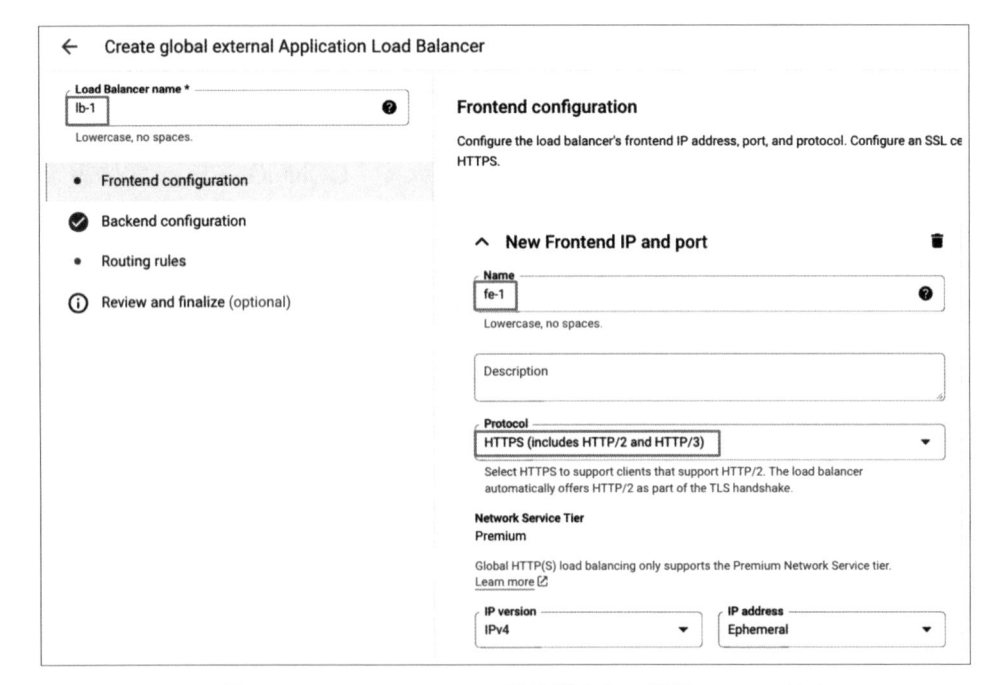

▲ 圖 8-2-9　Load Balancer 與前端命名，選擇 HTTPS 協定

IP 也務必要固定下來，因為之後 DNS 要解析到靜態的 IP，所以我們把「Ephemeral」改成「Create IP Address」，如圖 8-2-10：

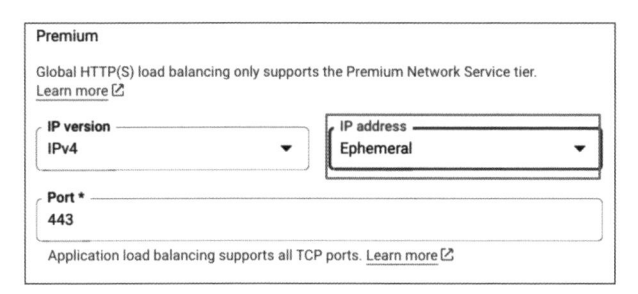

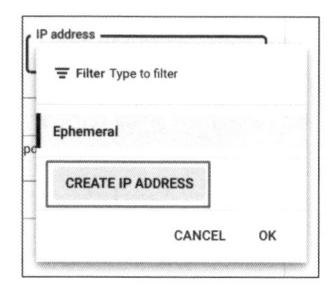

打造高可用與自動擴展的雲端架構 **08**

▲ 圖 8-2-10　建立新的靜態 IP

然後我們給 IP 取名字，例如「lb-ip」，Google 會從它的 IP Pool 中挑選一個發配出來，如圖 8-2-11：

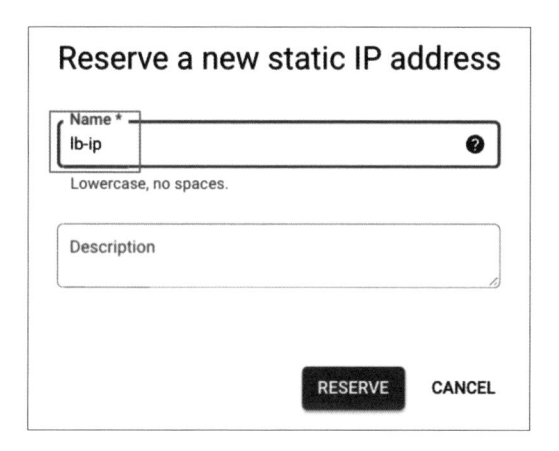

▲ 圖 8-2-11　給靜態 IP 命名

再來就是 SSL 憑證，我們點擊「Create A New Certificate」，如圖 8-2-12：

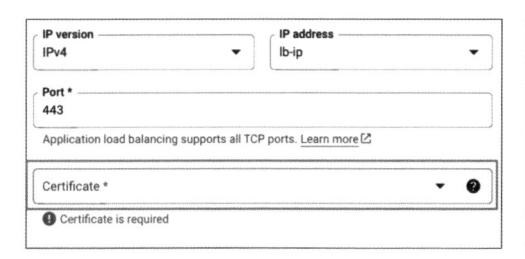

▲ 圖 8-2-12　建立新的 SSL 憑證

8-31

它會轉到建立憑證的視窗，我們先給憑證命名「cert-web1」，下方要設定你的網域，在這個範例中，我們使用「web1.dongdonggcp.com」，然後按下「Create」，如圖 8-2-13：

> 東東碎唸
>
> 不要輸入跟我一樣的網域喔！如果你自己沒有網域，記得前面的通訊協定選擇 HTTP 就好。

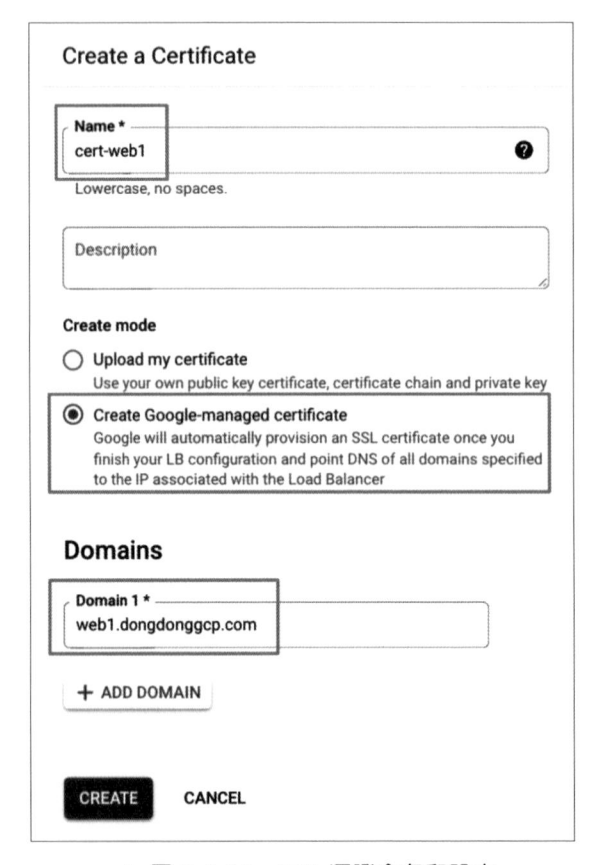

▲ 圖 8-2-13　SSL 憑證命名和設定

回到原本前端的頁面，這時我們勾選「HTTP to HTTPS Redirect」，代表如果有人在瀏覽器輸入「http://web1.dongdonggcp.com 的話」，它可以自動導向「https://web1.dongdonggcp.com」，如圖 8-2-14。

如果沒勾，它會打不開網頁喔！因為兩者本來就是不同的 Port（連接埠），就像不同的碼頭，你停錯碼頭就找不到店家，網頁就進不去。設定好之後就按下「DONE」。

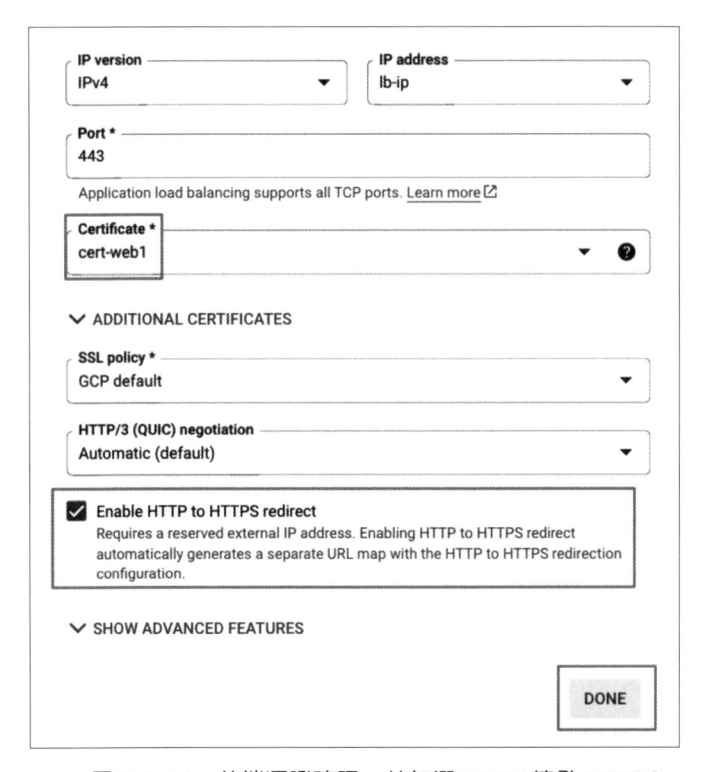

▲ 圖 8-2-14　前端憑證確認，並勾選 HTTP 轉發 HTTPS

它回會到 LB 的主畫面，接下來我們按下「Beckend Configuration」進行後端的設定。注意，這裡的「後端」是從 LB 的角度，指的是要迎接流量進來的主機群，而不是後端 AP 主機或資料庫的意思，如圖 8-2-15：

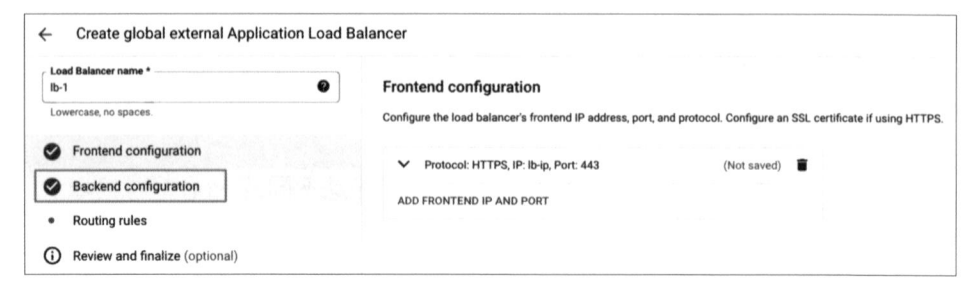

▲ 圖 8-2-15　前端確認並進入後端

3. 後端設定（包含 Cloud CDN 和 CloudArmor）

我們展開下拉式選單，點擊「Create A Backend Service」，如圖 8-2-16：

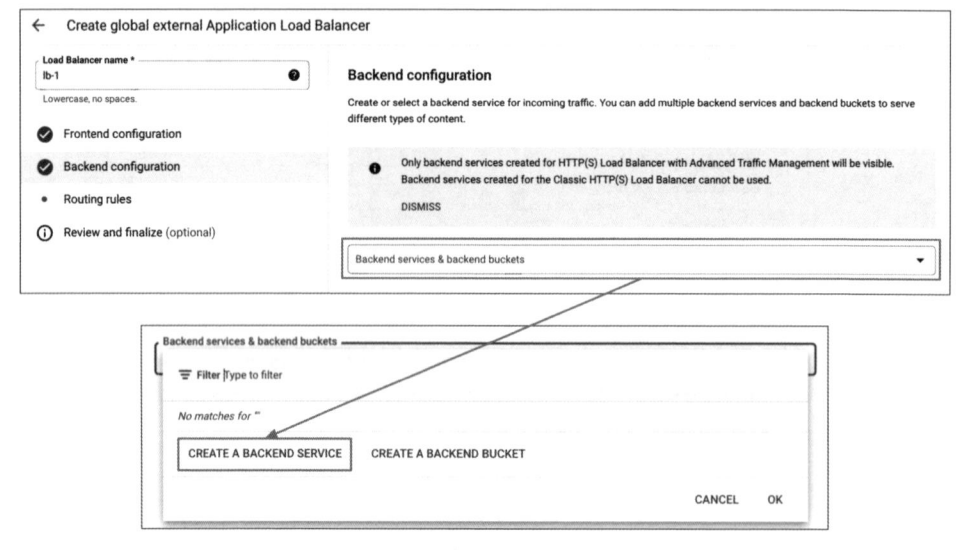

▲ 圖 8-2-16　點擊下拉選單建立後端服務

它會跳出建立「後端服務」的視窗，注意，一個「後端服務」可以接多個「後端」。「後端服務」指的是 LB 的組成部分，「後端」則是連接的 IG，這裡不要混淆喔！如圖 8-2-17。

在通訊協定的部分，我們原始主機對外是用 HTTP，所以就選 HTTP，注意這裡很容易選錯，選錯就不會通喔！

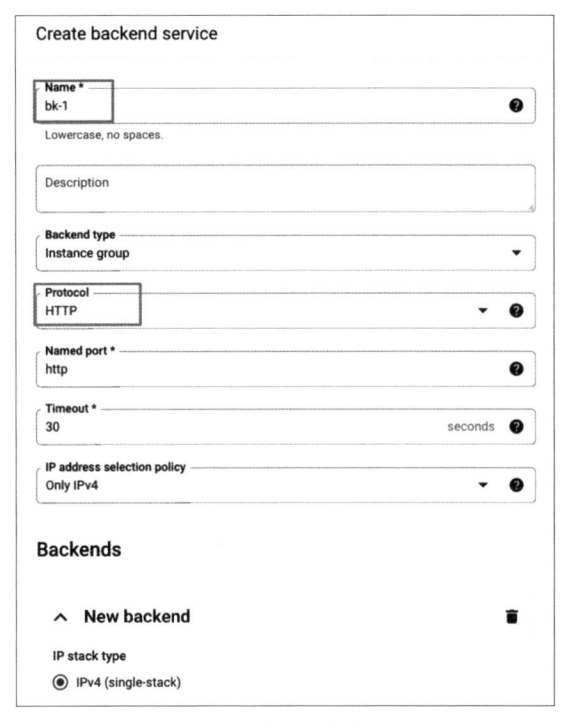

▲ 圖 8-2-17　後端服務命名並選擇 HTTP

接下來設定「後端」。我們選擇我們建好的 IG 名稱「apache-ig-1」，你會看到它自動帶入 Port 80，這是我們在建立 IG 時就預先設定好的，如圖 8-2-18：

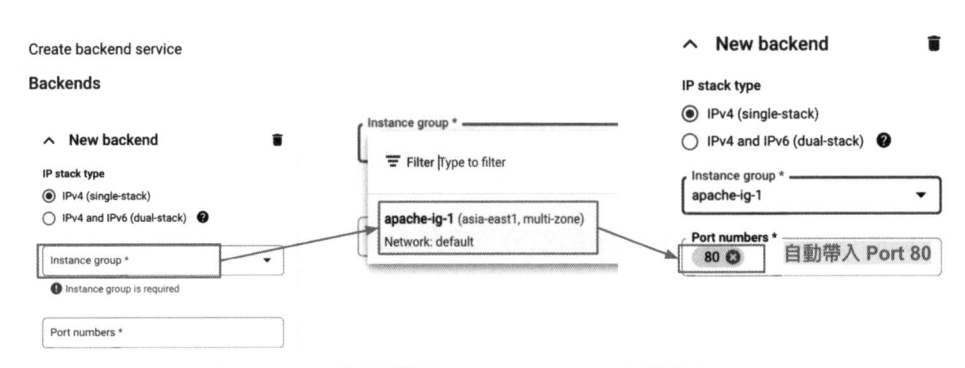

▲ 圖 8-2-18　後端選擇 Instance Group 自動帶入 Port 80

接下來是設定平衡模式，就是 LB 要怎麼分流的意思。你可能會想，LB 不是平均分配流量到不同機器嗎？為什麼還要設定如何分流？

要注意，同一個 IG 裡面的機器，是可以平均分配的，這裡提到的是「不同 IG 之間的分流」，是指如果第一個 IG 已經達到最大利用率（Utilization）之後，會再把流量送到第二個 IG，所以不同 IG 之間，收到的流量可能會不同。

而在這裡我們只有一個 IG，所以不需要特別設定，保持預設即可。沒問題就按下「Done」，如圖 8-2-19：

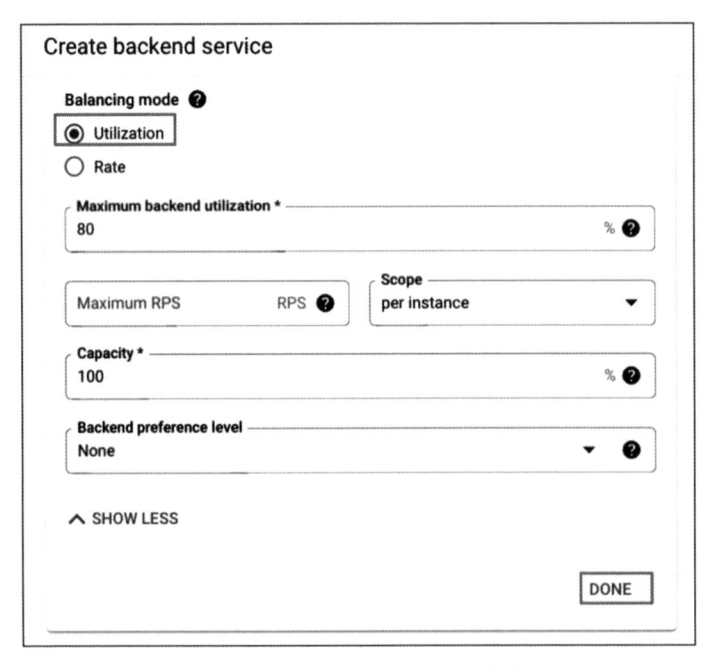

▲ 圖 8-2-19　後端的平衡模式

接下來進入 Cloud CDN 的部分，我們就直接勾選「Enable Cloud CDN」，如圖 8-2-20。

在 Cache Mode（快取模式）的部分，通常我們選「Cache Static Content」即可，但這個選項有時候不會 Cache 首頁。為了要確保 Cloud CDN 的效果，我們故意去選「Force Cache All Content」，這樣我們到時候就可以看到首頁被 Cache 的樣子。

Client TTL 是指內容在用戶端瀏覽器存留的時間，瀏覽器會記錄某個內容已經存在多久，如果超過某個時間，例如一個小時，它就會再次向 Cloud CDN

確認內容有沒有更新,如果有更新,就會重新抓取,如果沒更新,瀏覽器就會再使用原來的內容。

Default TTL,指的是內容放在 Cloud CDN 上存留的時間,如果超過某個時間,例如一個小時,它就會再次向原本的主機確認內容有沒有更新。在這裡我們都保持預設即可。

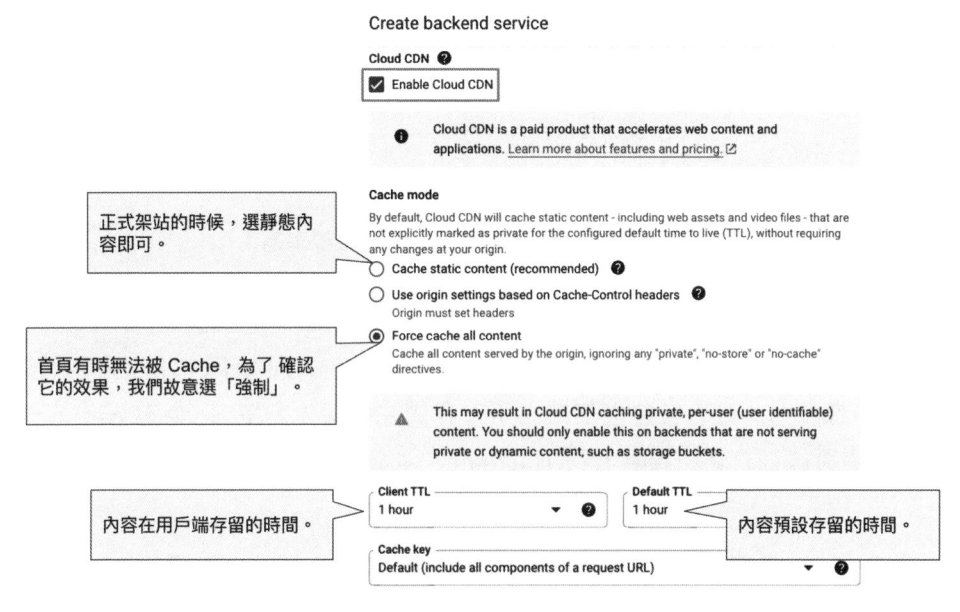

▲ 圖 8-2-20　後端啟用 Cloud CDN 並設定快取模式

再往下又出現一個 Health Check,這跟我們在 IG 設定的 Health Check 有什麼不同?

這裡是要給 LB 判斷,這個後端的 IG 整體是否健康,健康的話,才會送流量過來。原本 IG 的 Health Check 是要看主機是否健康,不健康就會刪除重建機器,兩者不要混淆喔!如圖 8-2-21:

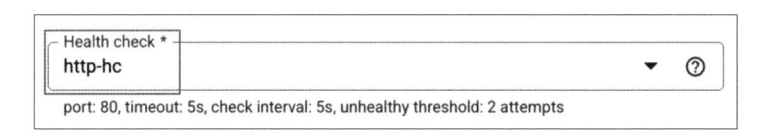

▲ 圖 8-2-21　後端選擇 Health Check

再往下會問你要不要啟動 Logging 功能，這裡是指後端服務（就是你的 IG），有被存取的話都會記錄，如圖 8-2-22：

Sample Rate（取樣率）是因為 Log 量可能會很大，如果每一筆都記錄，資料量會太大，所以它是問你要不要抽一個百分比就好，例如 0.1 代表每 10 筆記錄 1 筆。在這個範例只是要測試它的效果，所以我們還是設為 1。

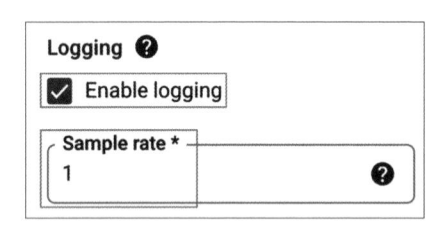

▲ 圖 8-2-22　後端設定 Logging 取樣率為 1

接下來 Security 這邊，就是後面會提到的 Cloud Armor，它預設帶入「Default Security Policy」，但我們等一下要做壓力測試，如果使用它自動帶入的 Policy，那壓力測試會被它擋下來，所以我們在這裡先選擇 None 就好，下一個單元會再詳細介紹。接著我按下 Create，如圖 8-2-23：

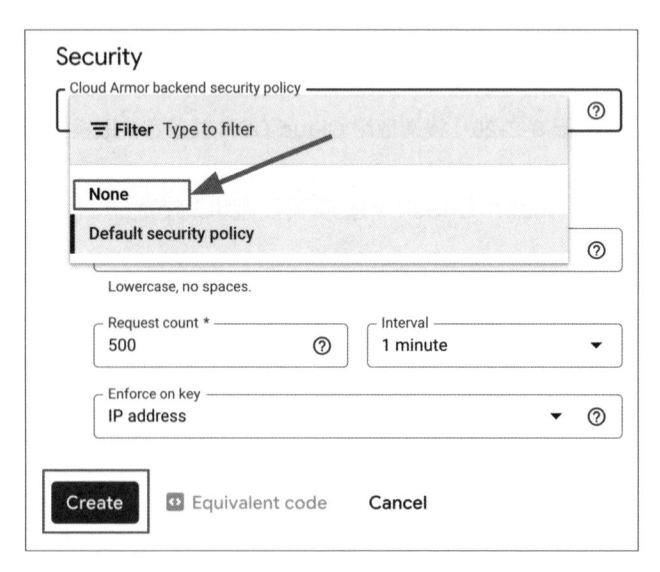

▲ 圖 8-2-23　後端的 Security Policy 先選擇 None

這樣我們 LB 後端就設定好了，接下來進入 Routing Rules，如圖 8-2-24：

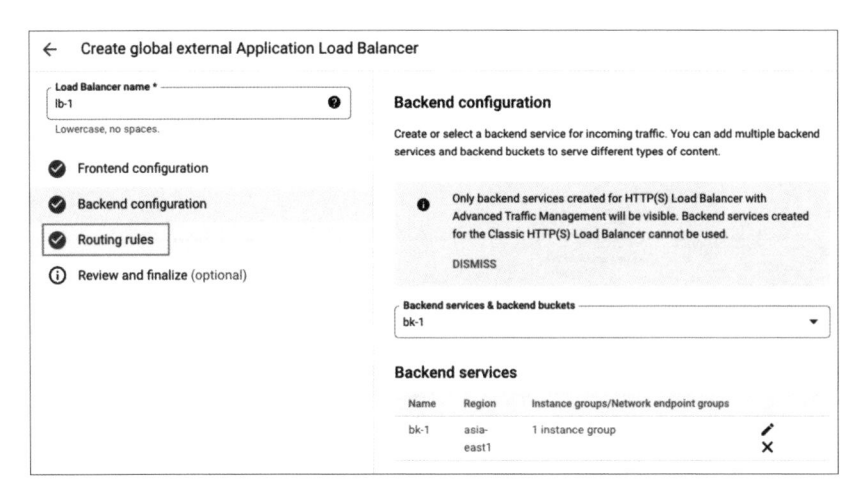

▲ 圖 8-2-24　後端設定完成，進入 Routing Rules

4. Routing Rules 分流規則

因為我們只有一個前端和一個後端服務，從頭到尾只有一條路，所以不用再做任何設定。如果你有多個後端對應不同網址，例如有 web1.dongdonggcp.com 和 web2.dongdonggcp.com，那我們就可以設定 LB，讓它依照用戶輸入的網址，流向不同的後端主機。在這裡我們可以直接點擊「Review And Finalize」，如圖 8-2-25：

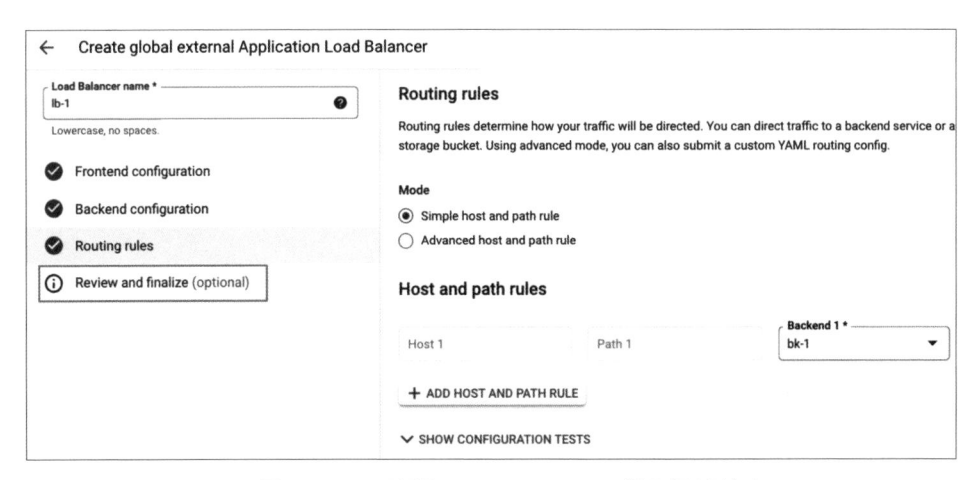

▲ 圖 8-2-25　確認 Routing Rules，進入最終檢查

我們可以在這裡給 LB 做最終檢查，看看有沒有設定錯誤的地方，比較重要的地方例如：前端是 HTTP 或 HTTPS、憑證是否有設定好，以及後端 IG 是否正確、是否使用正確的 Port 等等。

因為設錯要再改會很花時間，所以建議多看一下，沒問題我們就按下「Create」，如圖 8-2-26：

▲ 圖 8-2-26　確認 Load Balancer 整體設定並建立

大約兩分鐘就會建立完成，但實際上還沒全部完成喔，後面還有一些步驟。

現在我們看到兩個 LB 顯示為綠色勾勾，除了我們設定的「lb-1」，還有一個叫「fe-1-redirect」，就是幫我們把 HTTP 轉發到 HTTPS 的功能，我們可以點擊「lb-1」進去看看，如圖 8-2-27：

▲ 圖 8-2-27　確認 Load Balancer 建立完成

你會看到我們剛設定好的憑證，再點進去會看到「Provisioning」的狀態，再往下查看網域，顯示為「Failed_Not_Visible」的狀態，因為你如果使用 Google Cloud 的免費憑證，它會要求你的網域必須解析到 LB 的 IP，如圖 8-2-28：

如果還沒設定好 DNS 就會呈現這個狀態，直到你去設定完成，讓它解析成功為止。

▲ 圖 8-2-28　從 Load Balancer 確認憑證有問題

設定 DNS 解析

DNS 的設定介面不一定在 Google Cloud 上喔，這裡指的是你註冊 DNS（購買網域）的地方，你可能用的是 Hinet 的 DNS，或是國外的 GoDaddy 或 Namecheap 等等。

像我是在 GoDaddy 註冊 DNS 的，但是我已經轉移管理權限到 Cloud DNS 了，我就直接從 Cloud DNS 點擊進入我的網域，如圖 8-2-29：

> 東東眉角
>
> 轉移管理權限到 Cloud DNS 可以搜尋「Cloud DNS Transfer」找到完整的 Google Cloud 官方說明文件。

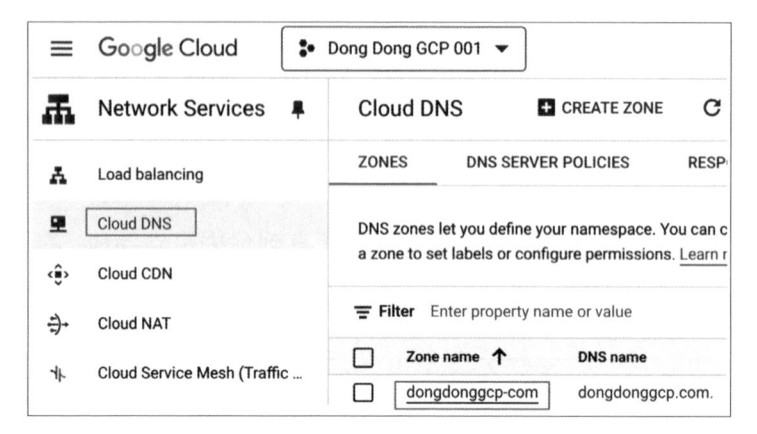

▲ 圖 8-2-29　進入 Cloud DNS 設定

在 DNS Name 的部分，輸入子網域就好了，例如「web1」，而 Resource Record Type，我們是要指向主機的 IP 位址，選擇 A Record，其他保持預設。下方則是輸入 LB 的 IP 位址，按下「Create」，如圖 8-2-30：

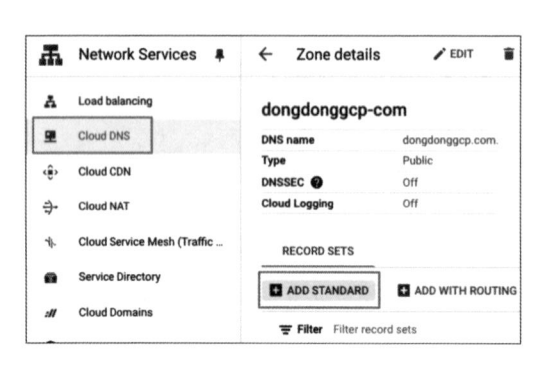

▲ 圖 8-2-30　新增 A Record 指向 Load Balancer IP

當我們設定好 DNS，需要一點時間等它生效，我們可以上網搜尋到 Google Admin Toolbox，這是一個免費的工具，任何人都可以直接用它來檢查 DNS 設定是否生效。我們直接點擊「Dig」，如圖 8-2-31：

8-42

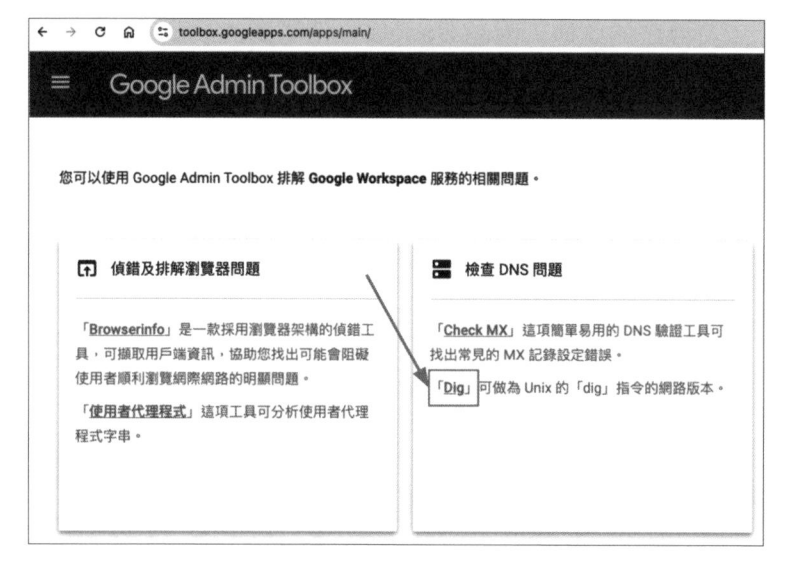

打造高可用與自動擴展的雲端架構　08

▲ 圖 8-2-31　前往 Google Admin Toolbox Dig 功能

接下來直接在「名稱」裡輸入網域，然後點擊「A」，它就會解析這個網域是否指向某個 IP 位址，像我在輸入之後，它就解析到 LB 的 IP 位址，代表 DNS 已經生效了，如圖 8-2-32：

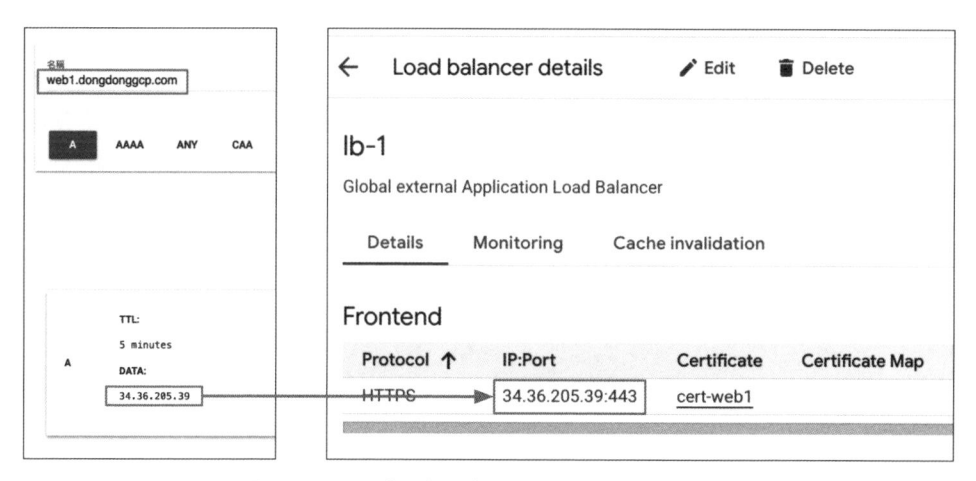

▲ 圖 8-2-32　確認網域解析到 Load Balancer 的 IP

8-43

我們再回去看憑證的狀態，因為 Google 也確認我的網域有解析到正確的 IP 位址，所以 SSL 憑證就變成「Active」的狀態。

你會看到它的到期日是 2025/9/4，但是不用擔心，只要你的系統和 DNS 都沒有異動的話，等到那一天，憑證會再自動展期。我們現在可以在瀏覽器輸入網址（要加 index.html），會看到網頁終於顯示出來了，如圖 8-2-33：

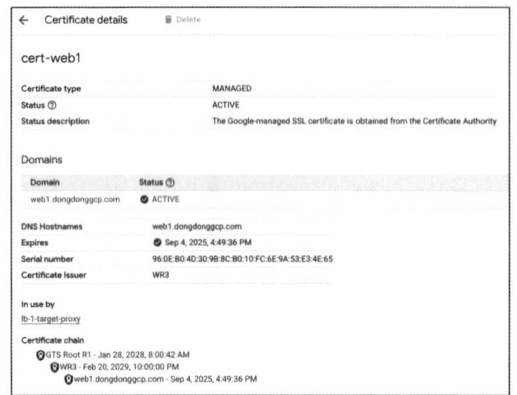

▲ 圖 8-2-33　憑證變成 Active 狀態，網頁也正常顯示

檢查 Cloud CDN 是否生效

因為我們在後端還有勾選 Cloud CDN，我們可以在 Chrome 瀏覽器最右邊點擊三個小點，再點擊「更多工具」=>「開發人員工具」來測試 CDN 的效果，如圖 8-2-34：

▲ 圖 8-2-34　啟動 Chrome 開發人員工具

我們再重新整理網頁，會看到右邊的圖表區域產生變化，我們點擊 Network => Index.html => Headers 會看到詳細訊息，例如 Status Code 為「304 Not Modified」，平常我們看到的應該是「200 OK」，304 則代表 Index.html 這個網頁已經被 Cloud CDN 暫存，如圖 8-2-35。

再往下看 Cache-Control 的部分，看到「max-age=3600」，表示這個內容會在用戶端的瀏覽器存在一個小時，跟我們在 Cloud CDN 設定的 Client TTL 長度是相同的。

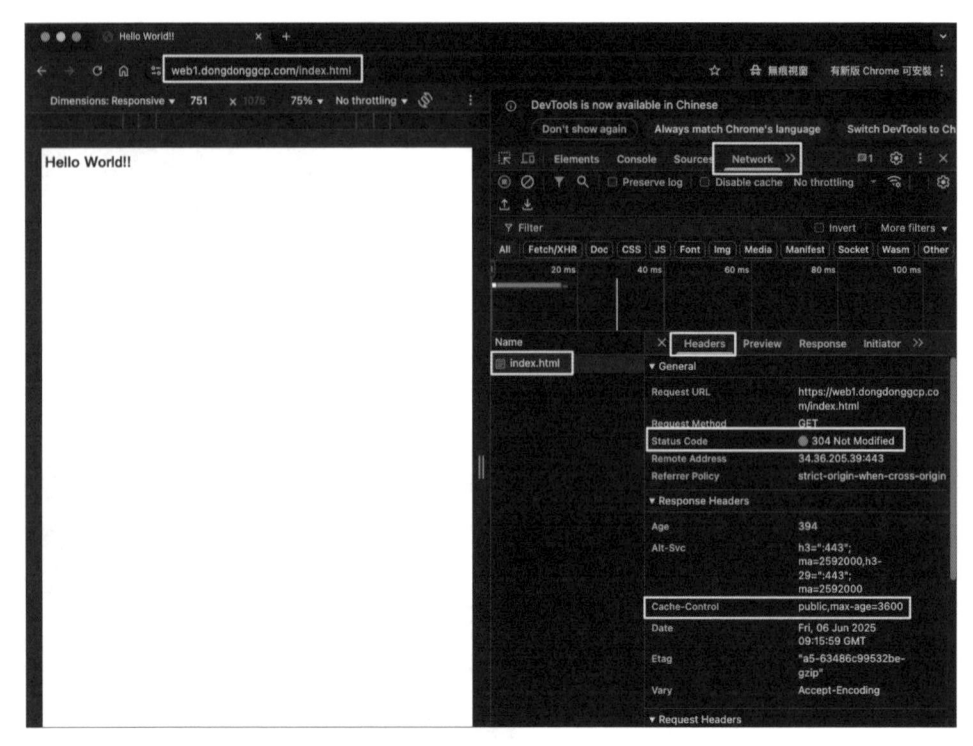

▲ 圖 8-2-35　確認網頁有被 Cloud CDN Cache

我們也可以從 Cloud Logging 來看，點擊「Application Load Balancer」，然後展開狀態為 304 的 Log，可以看到一些關於 Cloud CDN 的內容，如圖 8-2-36。

例如「CacheLookup: True」代表 CDN 有查詢該內容是否在 CDN 節點上，只代表有執行「查詢」動作。而「CacheHit: True」則代表找到了，俗稱「快取命中」。最下方還能看到「StatusDetails: Response_From_Cache」，代表內容是從 CDN 節點回覆的。

由此可證明我們的 Cloud CDN 有設定正確，讓它能夠有效運作。

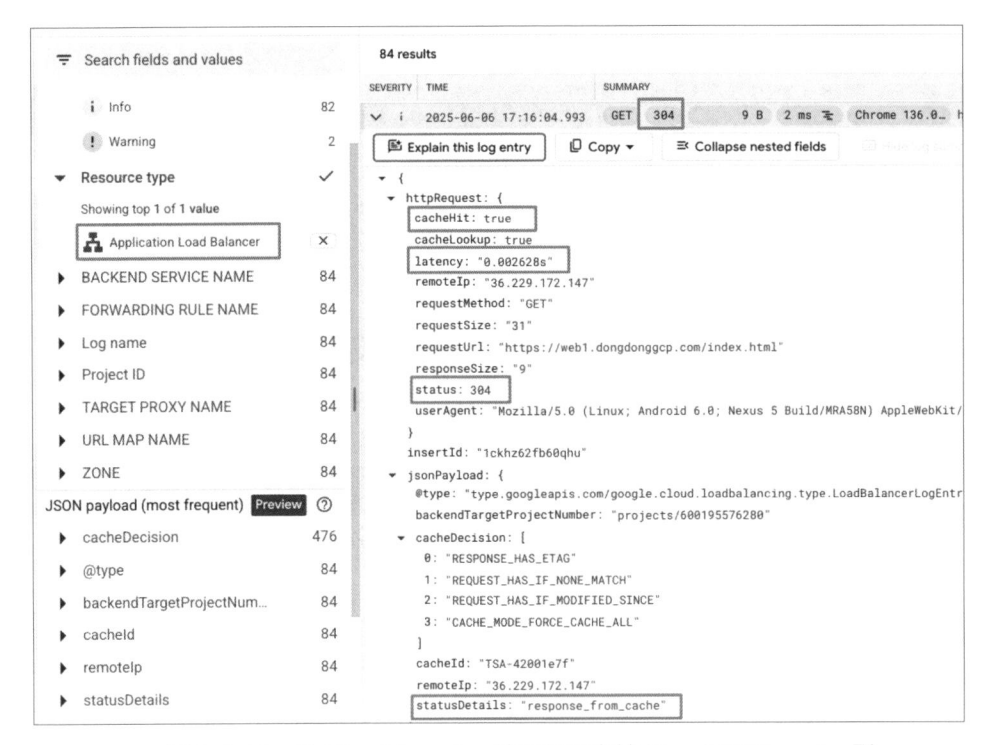

▲ 圖 8-2-36　從 Cloud Logging 確認網頁有被 Cloud CDN cache 到

執行壓力測試

最後我們要確認最重要的功能：到底 Autoscale 能不能如期擴充機器。我們直接使用 Cloud Shell 來作為發送流量的機器，輸入以下指令，更新套件位置，這樣才能讓它從最新的位置自動下載並安裝軟體，如圖 8-2-37：

```
sudo apt update
```

```
                                                                    Cloud Shell 更新套件位置
```

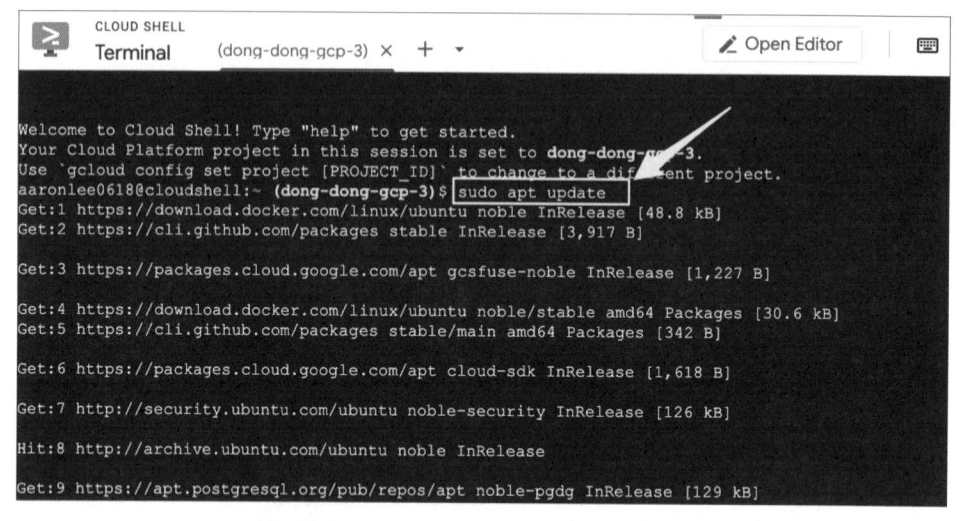

▲ 圖 8-2-37　Cloud Shell 更新套件位置

接下來安裝壓力測試軟體 Siege，如圖 8-2-38：

```
sudo apt-get install siege
```

▲ 圖 8-2-38　安裝壓力測試軟體 Siege

我們設定每秒發出 250 個 Request，一直打到它長出新的機器為止，如圖 8-2-39：

```
siege -c 250 https://web1.dongdonggcp.com/
```

打造高可用與自動擴展的雲端架構　**08**

```
aaronlee0618@cloudshell:~ (dong-dong-gcp-3)$ siege -c 250 https://web1.dongdonggcp.com/
```

▲ 圖 8-2-39　使用 Siege 發送每秒 250 個 Request

> **東東碎唸**
>
> 我們所謂的「高併發」，通常會用每秒請求數 (Request Per Second, RPS) 或同時連線數（Concurrent Connections）來衡量。指令中的 -c 250（併發連線數），對小型網站來說是很大的壓力，但對於 Google 或 Facebook 來說根本微不足道。所以到底能不能承受高併發，要看你的系統規模和使用者數量來決定喔！

執行之後，游標會不見，是正確的，表示現在正在發送流量，同時可以看到機器數量正在擴充。我們可以直接去 IG 的頁面觀查，點擊 Monitoring，如圖 8-2-40：

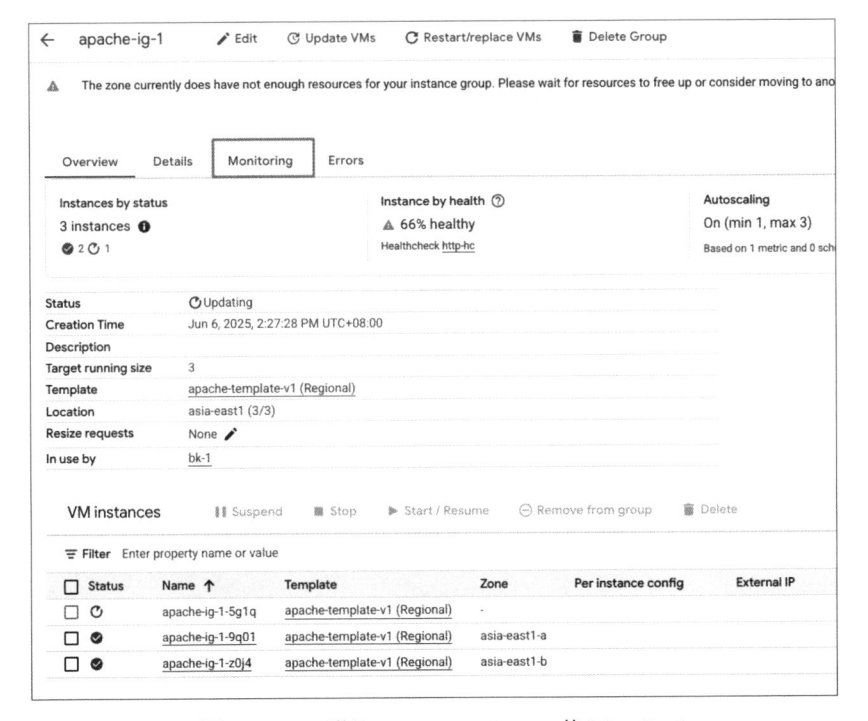

▲ 圖 8-2-40　進入 Instance Group 的 Monitoring

8-49

你會看到剛開始只有一台機器，CPU 使用率超過 60% 之後，IG 開始擴充。擴充成三台機器，總擴充門檻變成 180%，而三台機器的 CPU 總使用率在 100% 左右，如圖 8-2-41：

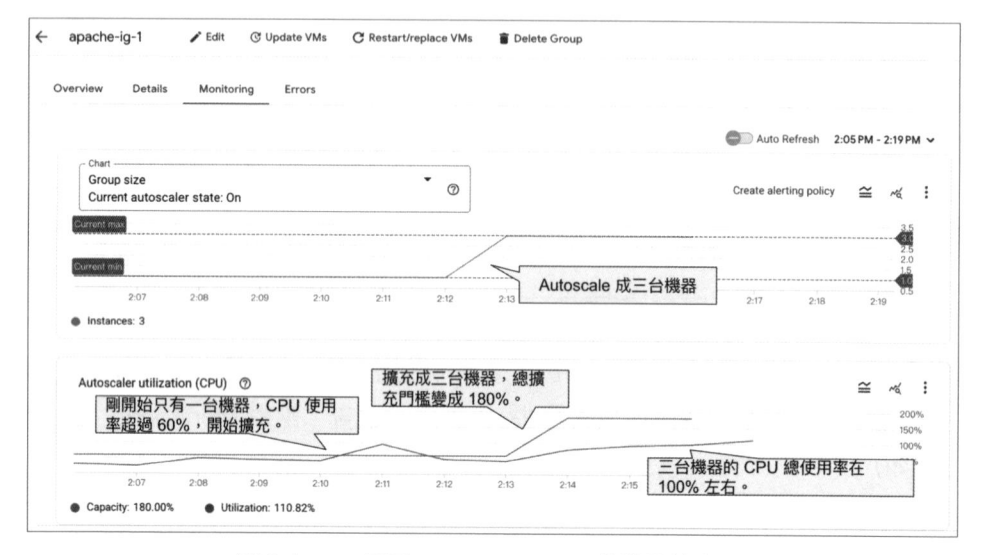

▲ 圖 8-2-41　看到 Instance Group 的機器擴充到三台

> **東東眉角**
>
> 有時候你會看到 IG 底下的主機名稱一直在變動，就是因為 Health Chcek 判定不健康，或是自動擴充和縮減，導致主機不斷重建出來，都是正常現象，畢竟它是無狀態的，名稱對我們來說沒有太大的意義。比較重要的是，機器數量有沒有隨著 CPU 使用率而擴充或縮減。

所以我們已經確認成功觸發了 Autoscale，那就回到 Cloud Shell 按下「Ctrl + C」停止 Siege，整個測試就完成了。

最後我們這個範例，在整個 Google Cloud 的 LB 架構如下，其中藍色字代表我們建立好的各項服務所提供的功能，如圖 8-2-42：

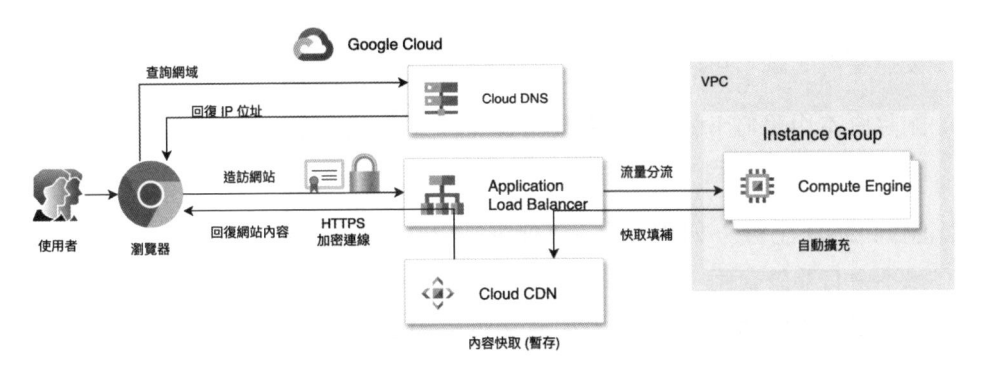

▲ 圖 8-2-42　Application Load Balancer 完整範例架構

逐步刪除各項資源

接下來更重要的是，把服務照順序刪除。不要放著讓它跑啊，整個架構都會計費的！至於要刪除也是有順序的，順序錯是會卡住無法刪除的：

1. **刪除 Load Balancer、憑證、後端**：因為不能一次刪兩個 LB，所以先選「lb-1」來刪除，它會順便問你要不要把憑證跟後端都刪除。憑證跟後端放著不會產生費用，憑證有需要的話可以留著。而後端則是必須要刪除，要不然 IG 會無法刪除。刪完記得再刪除負責把 HTTP 轉到 HTTPS 的「fe-1-redirect」。

2. **釋放靜態 IP**：因為 LB 刪除了，所以原本靜態的 IP 會變成閒置狀態，要注意，IP 分配給 LB 使用時，IP 是免費的，但如果閒置的話，它的費用會比在 VM 上使用還貴，這也很容易忘記喔！另外釋放 IP 的按鈕在最旁邊，要把視窗拉開才會看到。

3. **刪除 Instance Group**：再來我們要刪除 IG 了，刪除之後務必確認它是否刪除成功，要注意，如果 Load Balancer 的 Backend 還沒刪除的話，IG 是無法刪除的喔！

4. **Instance Template**：Instance Template 不會產生任何費用，有需要留著也沒關係。

5. **刪除 Image**：Image 是會佔用一點點空間的，但是沒多少費用，如果你以後還要再測試，可以留著。

6. **刪除原本用來做 Image 的主機和 Disk**：機器沒開是不會計費的，但它的 Disk 還是會有費用，用不到可以刪除。

7. **刪除 DNS 記錄**：如果你是用 Hinet、GoDaddy 或 Namecheap，DNS 記錄不會有額外費用。

   如果是用 Cloud DNS，有人持續在查詢網域的話，就會依照查詢次數計費，而且 DNS 記錄留在那邊容易誤會，以為你還有主機在用這個網域，為了管理的目的，還是建議刪乾淨比較好。

我們終於完成整個 Load Balacer 的建立過程，你會發現整個架構運作起來，有非常多要考慮的地方，除了 Instance Group 和 Instance Template 相關的前置作業要做，還有 Google 的 SSL 憑證和 Cloud CDN，都要搭配 LB 才能運作。

前前後後有很多互相關聯的設定，牽一髮而動全身，設錯要改還很麻煩，務必要弄懂所有細節，或是多做幾次才能駕輕就熟。

當你整個做完一遍，這裡要好好地恭喜你一下，你算是掌握了 Google Cloud 的核心功能──負載平衡＋自動擴充，以後面對高流量的服務，就可以透過 LB 和 IG 的設定，來打造一個高可用的雲端架構。

Internal Load Balancer

最後再補充關於 Internal Load Balancer，和 ALB 不同的是，它必須要有一個 Pxory-Only Subnet，因為 Internal LB 收到的流量，要透過 Proxy 再傳到後端的機器。

所以你的防火牆，不是允許 Internal LB 的 IP 位址，而是允許 Pxory-Only Subnet 的 IP 範圍才會通，這一點不要弄錯喔！如圖 8-2-43：

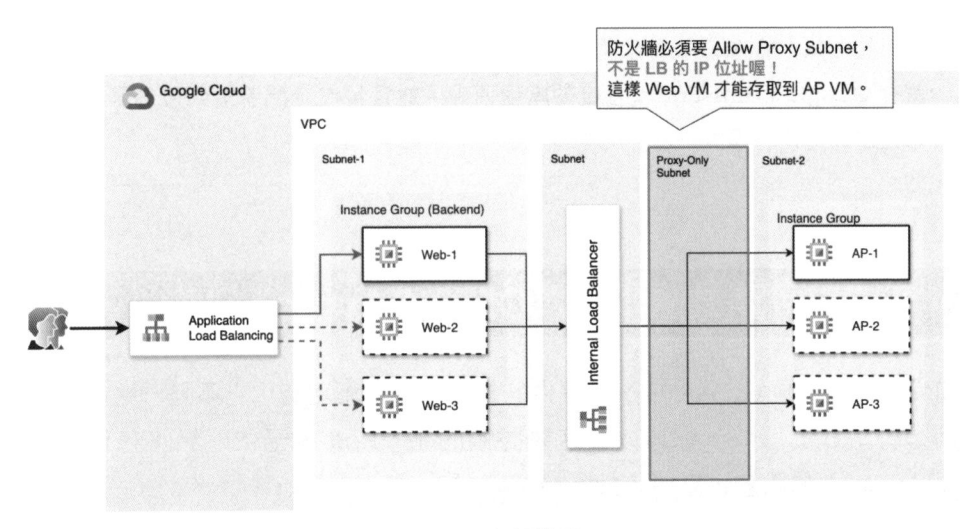

▲ 圖 8-2-43　Internal LB 必須搭配 Proxy-Only Subnet

至於這個 Proxy-Only Subnet 要設多大？Google Cloud 官網建議 /23 以上，也就是至少 512 個 IP 位址，會比較好喔！到時候設定的畫面大概，如圖 8-2-44：

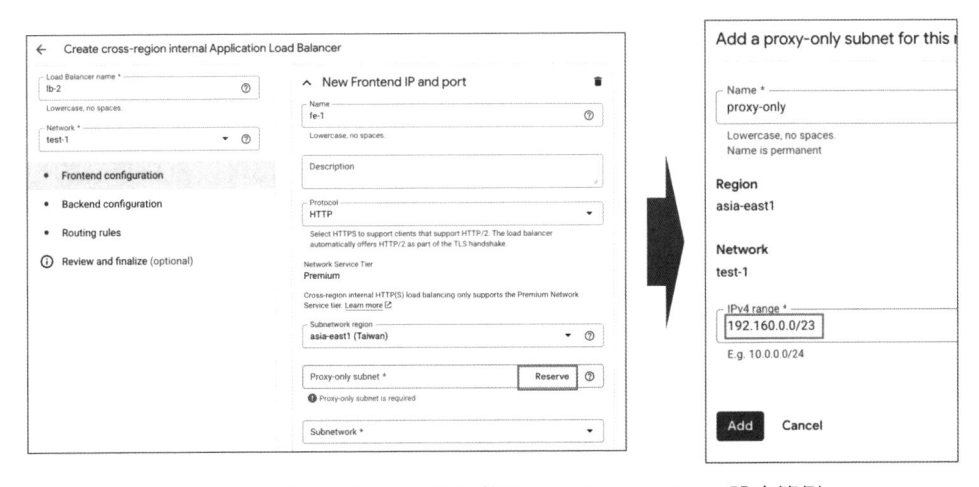

▲ 圖 8-2-44　Internal ALB 的 Proxy-Only Subnet 設定範例

> **東東眉角**
>
> 你可能會想，那 ALB 為什麼不用設定 Proxy-Only Subnet？因為 ALB 的 Proxy 就在 Google Front-End，它自動處理連線，並且幫你分配流量到後端服務，都是自動運作的喔！

8-3 網路攻擊防禦 Cloud Armor

Cloud Armor 是 Google Cloud 提供的網路攻擊防禦功能，它不是一台機器，而是分散式的系統，你可以設定要防禦的 IP、Port 甚至依照網路封包標頭（Header）的內容，來決定放行或是阻擋。

要注意的是，Cloud Armor 分成 Standard 版和 Advanced 兩個版本，本單元就以 Standard 版本快速介紹一下。

Cloud Armor 防禦規則簡介

Cloud Armor 是先設定 Policy，而 Policy 是一個容器，包含預設的規則和額外的規則。有點像是黑名單或白名單的設定，如果你是設定白名單，那你的預設規則就是阻擋；如果你是設定黑名單，那你的預設規則就是允許。

因為預設規則的優先順序是最低的，你額外新增的規則都可以覆寫預設的規則，如圖 8-3-1：

打造高可用與自動擴展的雲端架構 **08**

預設規則為 allow，代表負面表列。　　預設規則為 deny，代表正面表列。

deny 168.95.2.3 順序 1,000　　　　　allow 168.95.2.3 順序 1,000

deny 168.95.3.9 順序 2,000　　　　　allow 168.95.3.9 順序 2,000

default allow 順序 2,147,483,647　　default deny 順序 2,147,483,647

➡ 除了前面的 IP 要 deny，後面都 allow　　➡ 除了前面的 IP 要 allow，後面都 deny

▲ 圖 8-3-1　Cloud Armor 預設規則和額外的規則

這就是建立預設規則的畫面，它的動作只有 allow 和 deny，沒有太多參數可以設定。但是在回應碼的部分，你可以設定 403、404 或 502 的錯誤訊息給使用者，如圖 8-3-2：

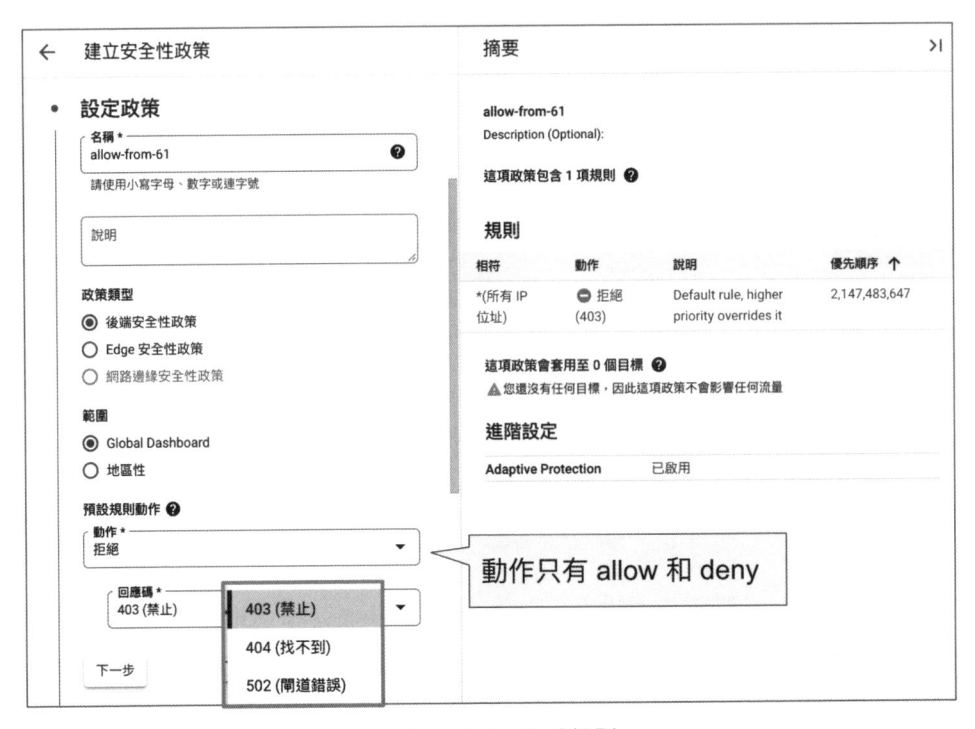

▲ 圖 8-3-2　預設規則

8-55

真正要設定的地方是額外的規則，你會看到它有很靈活的設定方法。我們先看基本模式，它只有來源的 IP 位址或是 IP 範圍，可以當作允許或拒絕的條件，如圖 8-3-3。

而在動作的部分它多了三種動作：

1. 節流：限制單位時間內能存取的次數。

2. 根據頻率封鎖：限制單位時間內能存取的次數，和冷卻時間（禁止存取）。像是售票系統的應用，可以暫時阻擋新的流量進來，以確保正在購買的使用者，能夠順利買完票。

3. 重新導向：直接導向其他網站。

而且在正式套用之前，可以先設定為預覽模式，你可以從 Cloud Logging 去觀察這個規則是否有捕捉到進來的流量，但不會有阻擋的動作。

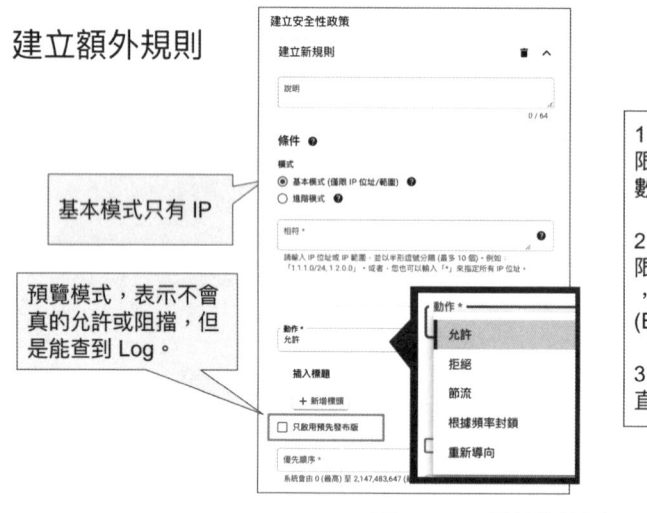

▲ 圖 8-3-3　額外的規則

如果我們切換為進階模式，會看到有很多靈活的語法可以採用，例如，你可以針對特定國家的 IP 來阻擋，可參考 ISO 3666-2 的 Region Code 來設定國家，也可以使用網路封包標頭（Header）的內容來過濾，以及有現成語

法可用的 SQL Injection、XSS 語法，還有 OWASP（Open Web Application Security Project）資安組織公布的 10 大威脅，都可以直接複製貼上使用現成的語法，如圖 8-3-4：

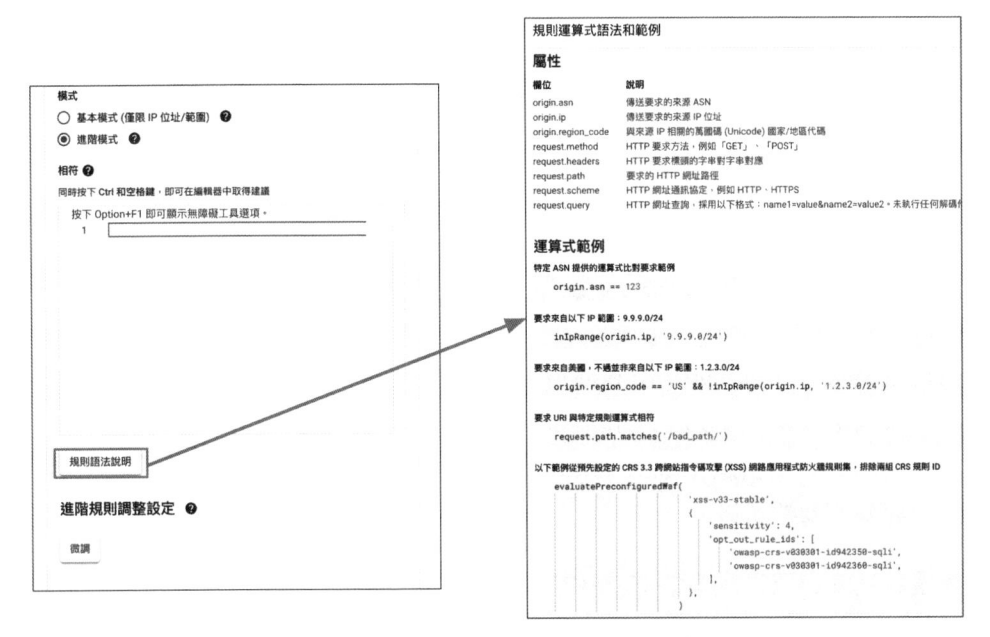

▲ 圖 8-3-4　Cloud Armor 進階模式

套用規則並測試效果

下一步可以設定這個政策要套用到哪些目標，這裡指的目標是後端服務，無法直接套用到虛擬機器喔！如圖 8-3-5：

> 東東碎唸
>
> Cloud Armor 要在 Enterprise 方案，才能夠保護具有公開 IP 位址的虛擬機器！

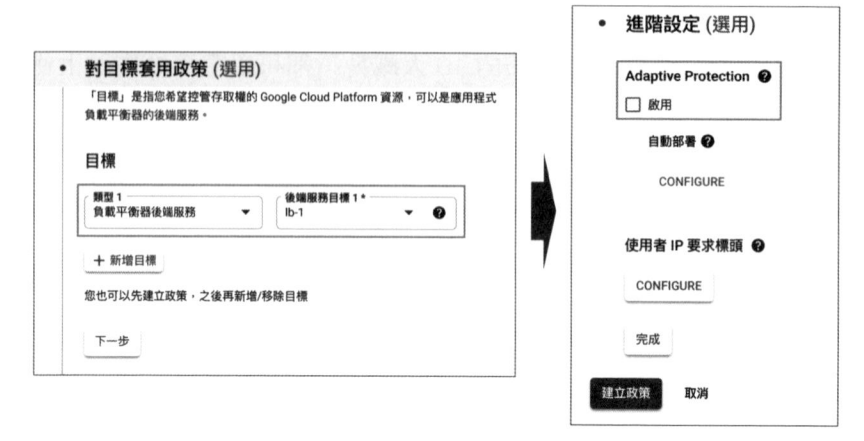

▲ 圖 8-3-5　套用後端並和自適性防護

自適性防護（Adaptive Protection），你可以理解為 AI 防護，能夠透過機器學習來判斷攻擊，Cloud Armor Standard 版本只會收到提醒，不會自動阻擋攻擊，這必須要訂閱 Cloud Armor Enterprise，才能自動部署規則並阻擋，所以要勾不勾都可以。

最後我就拿自己辦公室的 IP 當作黑名單來測試看看，你可以看到它呈現 403 的錯誤，如圖 8-3-6：

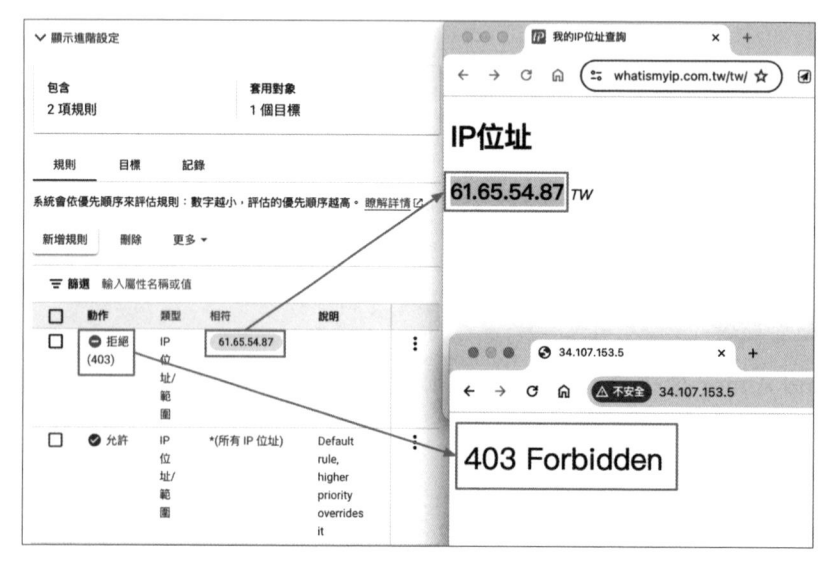

▲ 圖 8-3-6　列入黑名單的 IP，無法訪問網站

如圖 8-3-7，Cloud Logging 可以查到是哪一條規則允許或拒絕的流量，但是記得後端服務要啟用 Log，才能看到相關記錄喔！

▲ 圖 8-3-7　Cloud Logging 可以查到是哪一條規則允許或拒絕的流量

你可以回去看當初在設定 Load Balancer 時，如圖 8-3-8，就是 Cloud Armor 預設自動帶入的 Default Security Policy，這個 Policy 就是節流功能，如果一分鐘之內，每一個 IP 如果有超過 500 個 Request 進來，超過的部分就禁止存取。

如果當初你保持預設值，而不是選擇 None，它會自動採用 Cloud Armor 的 Policy。很多人根本不知道自己有設定，然後下個月看到帳單才發現，所以要非常小心這部分喔！

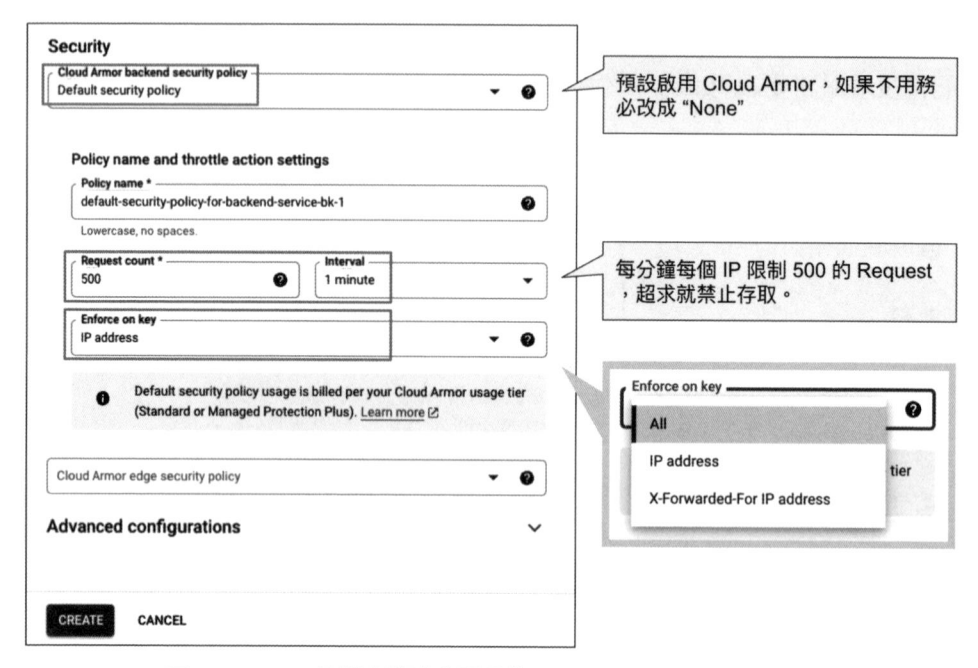

▲ 圖 8-3-8　LB 後端自動建立預設的 Cloud Armor Security Policy

最後我們來刪除 Cloud Armor 的 Policy，當我們進入 Policy 的頁面應該會看到 Target 的數量為 0，如果前面 LB 還沒刪掉，Target 數量就是 1，那 Policy 是無法刪除的，你可以先把後端刪除，或是將它移出 Policy，再等 1~2 分鐘等它歸 0，就可以刪除。

關於 DDoS 防禦在實務上的做法

Google Cloud 本身就內建 DDoS 偵測的機制，如果是每秒幾十 GB 以上的大流量攻擊，Google Cloud 就能偵測到並且直接幫你擋下，像有台灣的遊戲業者，光是採用 Load Balancer 後就不再遭受攻擊。

但如果只是每秒 30~40 Mbps 的小流量 Syn Flood 攻擊，因為流量太小了，Google 不會判定為攻擊，就不會阻擋這個流量。

要注意 Google Cloud 的防禦邏輯是「吸收」而非「阻擋」，指的是盡可能開出多台機器分散流量，讓駭客打不完而放棄攻擊，但這樣反而造成龐大的機器和流量費用。

有一個做法是，你在 Cloud Armor Policy 上設定多種存取頻率的「節流」，例如每 10 秒鐘最多 200 次存取，每 1 分鐘最多 500 次，每 10 分鐘最多 2,000 次，一小時最多 10,000 次（這是參考數值，取決於你實際流量來調整），在每個時間區間都有節流的門檻，也可以做到阻擋的效果（也要注意成本），但是如果你的網站有在做活動，或突然爆紅，也要隨時進來調高節流門檻，以免阻擋掉真正的使用者。

> **東東眉角**
>
> 在市面上防禦 DDoS 的方案中，Cloudflare 有免費防禦 DDoS 的方案，前提是你要把 DNS 管理功能移到 Cloudflare 上，小資用戶可以參考看看。
>
> 在本書提其他工具好像有點奇怪，但為了服務各位讀者解決問題，不會單方面一直說 Google Cloud 的優點，有任何缺點或其他的解法我都會照實說明。

8-4 其他網路服務介紹

為了要更活用地使用雲端各種網路功能，本單元就快速地介紹相關網路服務，讓你可以依照公司的需求，更靈活地運用網路功能。

連接兩個 VPC 網路的 VPC Network Peering

前面我們學到 Google Cloud 的 VPC 網路之間是完全隔離的，無法互通，即使在同一個專案、同一個 Region（例如台灣），只要不在同個 VPC，就不能互相溝通。

而 VPC Network Peering（簡稱 VPC Peering）可以連接不同的 VPC。不管你是在同一個專案內的兩個 VPC，還是不同專案底下的 VPC，都可以互相連接在一起。

它的設定方法是擁有 VPC 的雙方匯出路由給對方，同時也匯入對方分享的路由，就能直接存取對方 VPC 裡的主機，如圖 8-4-1：

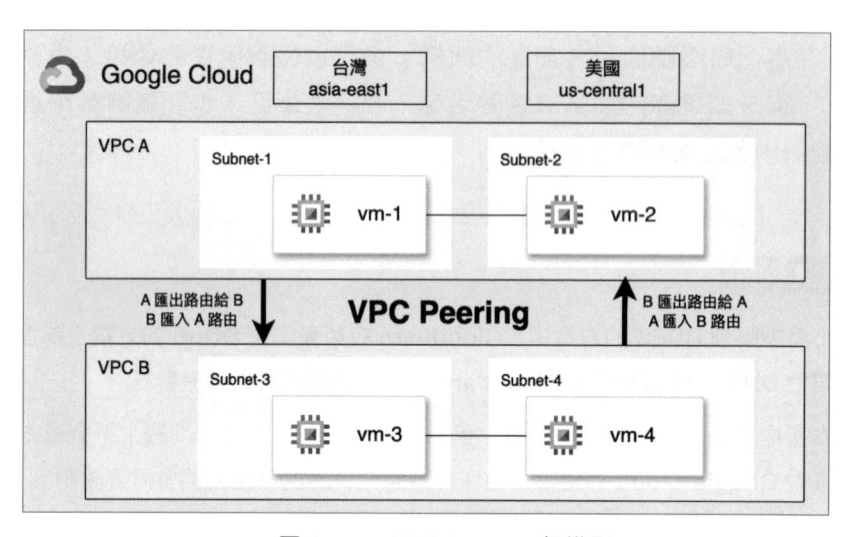

▲ 圖 8-4-1　VPC Peering 架構圖

關於具體的設定方法可以看圖 8-4-2，我們分別在兩個專案的 VPC Peering 設定畫面，設定從自己專案的 VPC，連接到對方專案的 VPC，並且和對方交換路由，兩邊的設定一模一樣。

> **東東眉角**
>
> 要注意兩邊的 VPC，IP 範圍不能重疊喔！

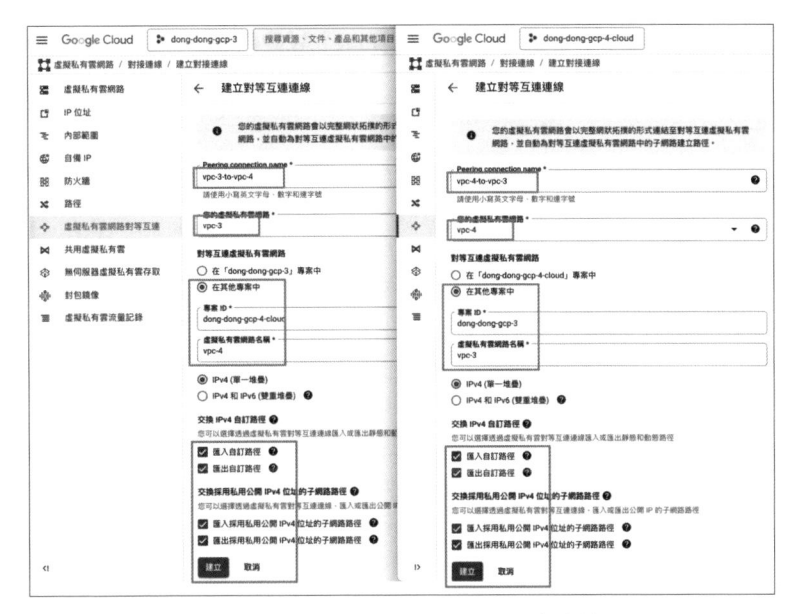

▲ 圖 8-4-2　VPC Peering 設定方法

當你設定完它的功能就會開始運作，但你要記得去調整防火牆，允許對方的機器連線到你的 VPC。

另外要注意，防火牆沒有辦法透過目標標記來設定對方 VPC 來源主機，必須要設定 IP 範圍。如圖 8-4-3：我設定的是 IPv4 範圍：

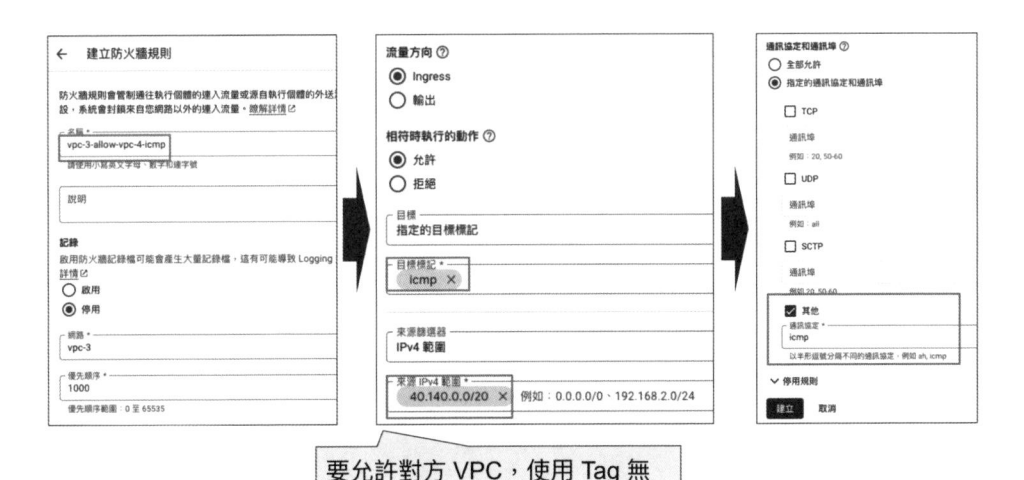

▲ 圖 8-4-3　設定防火牆來允許 VPC 外部的主機進來連線

8-63

中央集權管理網路連接的 Shared VPC

假設今天公司要求要有一個專門的網路團隊來管理全公司的網路政策，代表你沒有權限設定自己的 VPC，但是又要跟別人的機器互相溝通，該怎麼做呢？

Shared VPC 就是可以讓網路團隊統一規劃網路的連接，我們可以從手上的專案當中，挑選一個專案作為 Host 專案，在這個專案底下挑選出你要分享的子網路，分享給需要進來開機器的專案，在這裡我們稱為 Service 專案。

想像百貨公司出租櫃位給各個不同的品牌廠商來開店。Host 專案就是分享它的 Subnet 讓大家都可以進來開機器，因為機器都在同一個 Subnet 裡面，就可以直接互相溝通。

如圖 8-4-4 呈現的樣子，Host Project 分享 Subnet-1 給 Service Project 1 進來開機器 vm-4 和 vm-5，這兩台也能跟 Host Project 的 vm-1 溝通。

Host Project 分享 Subnet-2 給 Service Project 2 進來開機器 vm-6 和 vm-7，這兩台也能跟 Host Project 的 vm-2 溝通。

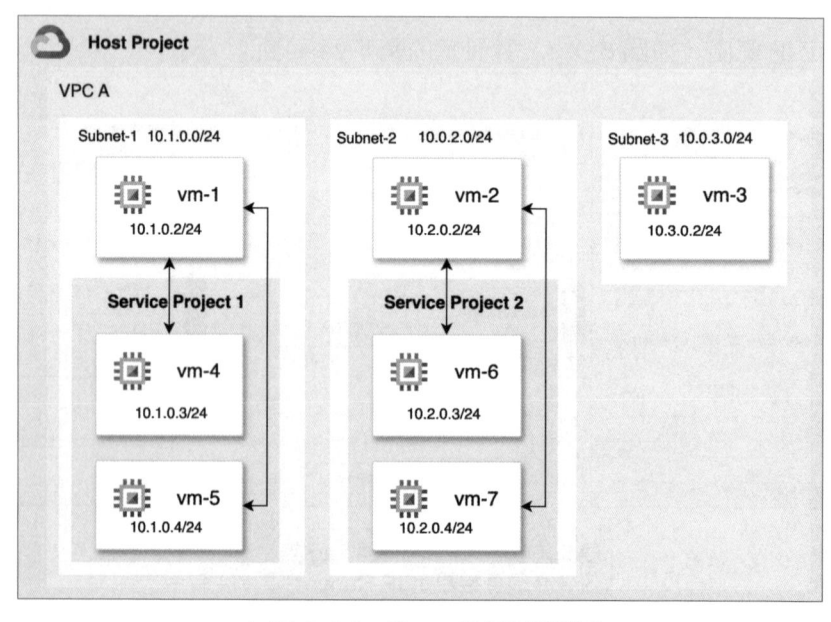

▲ 圖 8-4-4　Shared VPC 架構圖

打造高可用與自動擴展的雲端架構 **08**

> **東東眉角**
>
> 你可能會想，Service Project 進來開機器，那機器的費用算誰的？當然是算各自專案的費用囉，不會算在 Host Project 上。

這樣 Host Project 的管理員就能管理 Subnet 要給誰進來開機器，也包含防火牆和路由等等，達到網路中央集權。

那不同公司就不能做 Shared VPC 嗎？不能。因為 Host 和 Service 要同屬一個 Organization 底下，才能做 Shared VPC。

Shared VPC 的步驟比較多，假設使用者 A 是 Host Project 的擁有者，由他來管理 Shared VPC 的話，相關步驟如下：

1. A 要取得在 Organization Level 的 Shared VPC Admin 角色。
2. 使用者 A 在 Org Level 進入 VPC => Shared VPC 選單，點擊「選擇專案」。
3. 挑一個專案作為 Host Project，只要是在同一個組織底下的專案都可以。
4. 再重新進入 Shard VPC 功能選單，啟用 Host Project。
5. 把要使用 Shared VPC 的 Service Project 附加進來。
6. 授權 Service Project 的使用者取得 Subnet 的權限。
7. 設定要分享給 Service Project 的 Subnet。

設定完成之後，我們在 Service Project 建立機器的時候，你會發現多一個「與我共用的網路」可以選，就代表你可以在 Shared VPC 裡面建立你的機器，如圖 8-4-5：

8-65

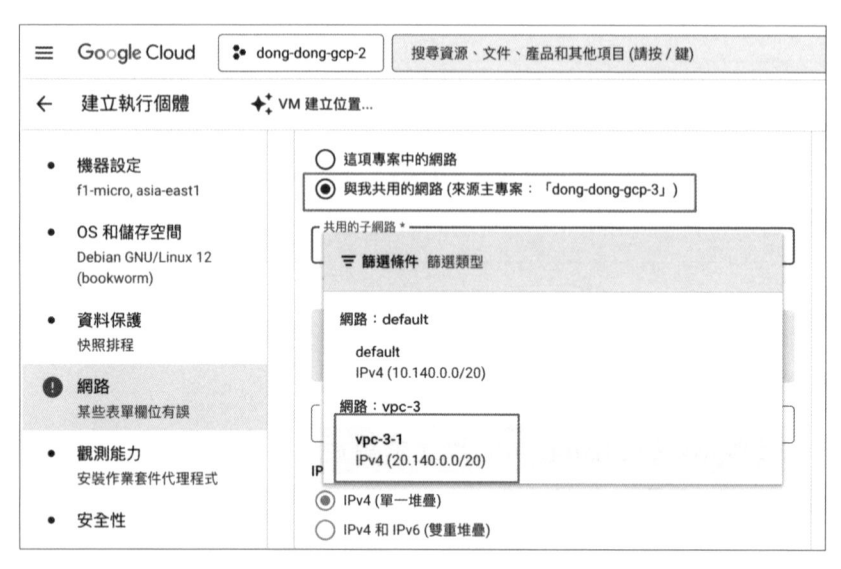

▲ 圖 8-4-5　Service Project 可以開機器在分享的 Subnet

VPC Peering VS Shared VPC 都是連接不同網路，功能有點類似，所以再整理一個比較表給大家看，如表 8-4-1：

表 8-4-1　VPC Peering VS Shared VPC

功能	VPC Peering	Shared VPC
用途	連接兩個獨立的 VPC 網路	分享一個 VPC 網路給其他專案
管理模型	各自分權	中央集權
IAM 控制	各自獨立的 IAM	集中式 IAM 控制
IP 範圍	不能重疊	共用相同的 IP 範圍
專案內不同 VPC 連接	可以	不行
和其他公司 VPC 連接	可以	不行
適用場景	自己管理自己的網路	中央 IT 管理多個專案

號稱打不掛的 Cloud DNS 名稱解析服務

Cloud DNS 就是網域名稱的管理和解析服務，它號稱 100% SLA，也就是說，萬一停止服務，可以向 Google Cloud 求償，代表 Google Cloud 對此非常自豪，有信心確保服務不中斷，也不怕 DDoS 洪水攻擊的流量。

操作起來就像一般市面上的 DNS 服務一樣，你可以設定外部網域和內部網域的各種 DNS Record，例如 A、MX、TXT、CNAME 等各種記錄。它也能依照你設定的權重或用戶的地理位置來分配流量。

不過要注意的是，它只提供「管理」，但沒有「註冊」的功能。Google 原本也有一個註冊網域的服務，叫做 Google Domains，但是後來被 Google 出售給其他公司，所以現在只剩下 Cloud DNS。

不過你還是可以轉移管理權限到 Cloud DNS 上，例如你本來使用 Hinet 或 GoDaddy，你可以匯出 Zone File（所有 DNS Record），並刪除 NS、SOA、SRV Record 之後，再匯入 Cloud DNS。

讓內部虛擬機器也能上網的 Cloud NAT

Cloud NAT（Network Address Translation），讓沒有 IP 的主機可以上網，保護主機安全。

你可能會懷疑它到底可以用在哪裡？ 如果你還記得的話，前面我們在設定執行個體群組的時候，沒有給機器分配外部 IP，因為流量是直接從 Load Balancer 送進來的，所以我們的機器不需要外部 IP，這樣也可以保護機器不會被任意入侵。

但這樣會導致這些機器無法上網，如果你的機器需要更新，或是開機器的時候要去某個地方下載程式碼和設定檔（例如 Github），它沒有外部 IP 就無法存取到。

這時候就需要藉由 Cloud NAT 的幫忙，讓你的主機使用 Cloud NAT，它會產生一個外部 IP，讓所有要上網的主機都透過這個 IP 出去，但這個 IP 不會允許任何外部流量主動進來，所以你的主機很安全。

讓內部虛擬機也可以呼叫 Google Cloud API 的 Private Google Access

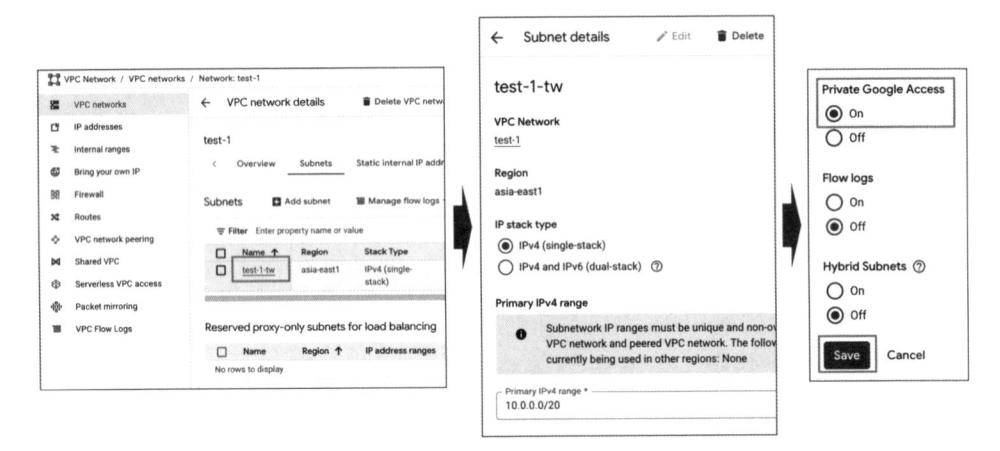

Private Google Access 有點像 Cloud NAT，但它不是讓 VM 可以上網，而是讓 VM 可以存取 Google Cloud 的 API，因為這些 API 也是在 Internet 上，原本需要有外部 IP 或透過 Cloud NAT 才能存取，而 Private Google Access 連外部 IP 都不需要，而且設定非常方便，如圖 8-4-6。

不過要注意的地方是，如果你的機器原本就有外部 IP，它就不會使用到 Private Google Access 的功能，它是專門給沒有外部 IP 的主機專用的喔！

▲ 圖 8-4-6　設定 Private Google Access

在 Internet 建立混合雲連線的 Cloud VPN

Cloud VPN 是 Site to Site VPN，和我們日常生活用的 Client to Site VPN 不太一樣。

像我們要看國外的劇，或連到公司的辦公室，你會安裝一個 VPN Client 軟體，連線到 VPN 伺服器，它會分配一個國外或公司的內部 IP 給你，你就可以看劇，或是存取公司的內部系統，這種連線機制就是 Client to Site VPN。

而 Site to Site VPN 通常是兩個辦公室之間要連線，兩邊會有設備預先建立好連線的通道，這樣兩邊的使用者不需要再安裝 VPN 軟體，就可以連到對方內部網路。

所以 Cloud VPN 就是要連接你的地端環境跟 Google Cloud 的 VPC 內網環境，它的傳輸支援 IKEv1 and IKEv2 通訊協定，而在路由的部分，支援靜態路由和動態路由，但兩者適用的架構不同。

傳統版 VPN 使用靜態路由

靜態路由代表路由必須要人工維護，當雲端和地端任何一邊的網段有所改變的話，必須要手動設定另一端的路由，這樣才能連到對方環境。

靜態路由只適用傳統版 VPN，只有一個連線通道，可用性為 99.9%。萬一連線有問題，需要有專業人員手動排除問題。

HA VPN 使用動態路由

而動態路由使用 BGP（Border Gateway Protocol）協定自動學習和交換路由資訊，無需手動設定每條路由，網路變更時自動調整，如果一條 Tunnel 發生問題，能夠自動切換，可用性達 99.99%，如圖 8-4-7：

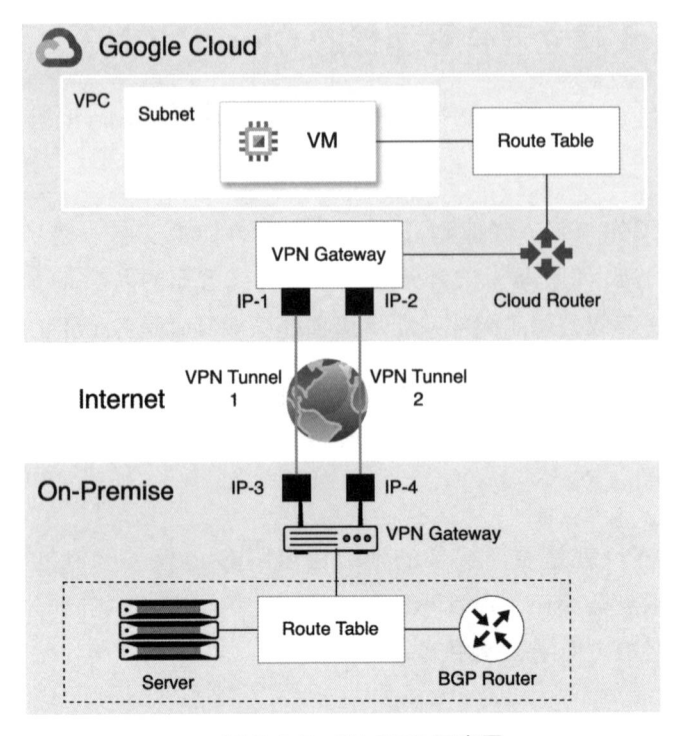

▲ 圖 8-4-7　HA VPN 示意圖

要注意並不是每一種 VPN 設備都支援 BGP，Google Cloud 官網有提到 Fortinet、Cisco、Juniper 等等，建議查詢各個設備的說明文件喔！

兩者的詳細比較如表 8-4-2，各位可依照公司需求來決定要用哪一種：

表 8-4-2　Classic VPN vs. HA VPN

功能	Classic VPN	HA VPN
Tunnel 數量	一條	兩條
路由協議	靜態路由 手動設定和維護	BGP 動態路由 自動學習和更新
CloudRouter	不使用 依賴 VPC 路由表	必要使用 由 BGP 管理

功能	Classic VPN	HA VPN
SLA 保證	99.9% 約 8.77 小時 / 年停機	99.99% 約 52.6 分鐘 / 年停機
故障恢復	• 數分鐘停機 • 手動檢測故障 • 重新配置路由	• 零停機時間 • 秒級自動切換 • BGP 自動重新路由
適用場景	• 預算有限 • 非關鍵業務 • 專人處理故障	• 預算充足 • 無法容忍停機 • 自動恢復
三年總成本	初期低，維運高	初期高，維運低

使用專線建立混合雲連線的 Cloud Interconnect

和 Cloud VPN 一樣，企業將內部網路與 Google Cloud 連接在一起，差別就在於它是建立實體線路。

因為 Cloud VPN 還是走網際網路連線，可能會面臨頻寬不穩定、延遲較高、安全性考量等問題。而 Interconnect 就像一條「專用高速公路」，讓內部網路和 Google Cloud 之間有穩定、高速、安全的連線。

Cloud Interconnect 分服務為 Partner Interconnect 和 Dedicated Interconnect，Partner Interconnect 又可再細分為 Layer 2 和 Layer 3，整理如表 8-4-3：

表 8-4-3　Cloud Interconnect 三種方案比較

方案比較	Dedicated	Partner L2	Partner L3
連線方式	直接連線到 Google（仍須透過 Partner）	透過 Partner 提供 Layer 2 連線	透過 Partner 提供 Layer 3 連線
最低頻寬	10 Gbps	50 Mbps	50 Mbps
最高頻寬	100 Gbps	50 Gbps	50 Gbps

方案比較	Dedicated	Partner L2	Partner L3
技術門檻	高 （需要網路專業知識）	中 （需要 BGP 知識）	低 （基本網路知識即可）
BGP Session 管理	自行管理	自行管理	Partner 代為管理
新增 Subnet 或 地端網段變更時	自動通告	自動通告	需通知 Partner
故障排除	自己和 Partner 協作	自己和 Partner 協作	Partner 主導
整體成本	高	低	低

> **東東眉角**
>
> 在台灣，不管你用上述哪一種連線方案，都還是要透過 Partner，例如中華電信、是方電訊、遠傳或台灣大哥大來協助施工和設定，沒有真的讓你直接接到 Google 的設備喔！
>
> 所以如果公司要做 Cloud Interconnect，直接聯絡 Partner 來就好了，他們會提供詳細的方案，和施工與線路費等等（要注意尚不包含 Interconect 本身的線路和流量費），還有在 Google Cloud 上的操作方式，都會教你，所以這一段就不用擔心囉！

Cloud VPN 和 Cloud Interconnect 都是混合雲方案，這裡也整理兩者的簡單比較給大家參考，如表 8-4-4：

表 8-4-4　Cloud VPN 和 Cloud Interconnect 比較

功能	VPN Tunnel	VLAN attachment
實體基礎架構	Internet 建立加密通道	實體線路
頻寬	3 Gbps	50 Mbps ～ 100Gbps
延遲	和平常上網差不多	< 5 ms

功能	VPN Tunnel	VLAN attachment
成本	地端設備、傳輸費用	佈線費、服務商費用 地端設備、傳輸費用
OSI Layer	L3	L2、L3
比喻	高速公路上的高乘載車道	只有你在走的高速公路

最後也整理先前提到的網路服務給大家，如表 8-4-5：

表 8-4-5　各種網路服務用途比較

服務	用途
Load Balancer	分散流量到不同主機或不同應用。
VPC Peering	各自分享自己的 VPC 給對方，可連接外部單位。
Shared VPC	用一個專案作為 Host，分享 Subnet 給其他專案進來開 VM。
Cloud DNS	100% 可用性的代管 DNS 解析服務。
Cloud CDN	快取（暫存）已發布內容，加速傳遞到全世界。
Cloud NAT	讓沒有 IP 的主機可以上網，保護主機安全。
Private Google Access	讓沒有 IP 的主機可以呼叫 Google Cloud 的 API，保護主機安全。
Cloud VPN	在地端和 Internet 之間建立加密傳輸通道。
Cloud Interconnect	部署實體線路直通 Google 機房。

Note

CHAPTER 09

無伺服器平台與 CI/CD 服務

- 9-1 上傳程式碼就能跑──Google App Engine 和 Cloud Run Function
- 9-2 容器相關服務 Artifact Registry、Cloud Run 和 GKE
- 9-3 CI/CD 工具 Cloud Build

9-1 上傳程式碼就能跑── Google App Engine 和 Cloud Run Functions

Google App Engine 簡介

Google App Engine（簡稱 GAE）是 Google Cloud 在 2008 年第一個推出的雲端服務，它的神奇之處在於，你只要上傳整包程式碼資料夾（也就是傳統的單體式架構），就可以把你的應用程式跑起來，聽起來很厲害吧！

GAE Standard 版本完全不用維護，因為它使用專用的機器類型，連 SSH 進去敲指令的機會都沒有，不用耗費心力去管理。

而且它非常的便宜，還可以「Scale to Zero」，沒有流量的時候，整個服務都在「睡覺」，當流量進來的瞬間，它會馬上開機器對外服務，對於使用者來說，完全感受不到「等待」的感覺。不過要注意，Standard 環境限定 Java、PHP、Python、Go、Nodejs、Ruby 才能使用。

如果你不想受到程式語言版本限制,可以使用 GAE Flexible 環境,它會建立 Compute Engine 的機器來運作你的容器(代表你可以 SSH 進去),但沒有辦法像 Standard 環境一樣,讓你可以「Scale to Zero」,所以離峰時間至少還是有一台機器在跑喔!

兩者的比較如表 9-1-1:

表 9-1-1　Google App Engine Standard 和 Flexible 環境比較

GAE 版本	Standard	Flexible
運行環境	沙箱環境,限制較多	完整的 VM 環境
支援語言	Java、PHP、Python、Go、Nodejs、Ruby	支援所有語言和框架
部署 / 啟動時間	毫秒級別(冷啟動快)	分鐘級別(需要啟動 VM)
擴展方式	Autoscale	Autoscale
最少機器數量	0	1
磁碟	唯讀,臨時性	可讀寫,但 VM 重啟會遺失

至於它的部署到底有多方便呢?你看我在 Cloud Shell 的 my-nodejs-service 已經準備好一包程式碼,其中 app.yaml 是 App Engine 的設定檔,如圖 9-1-1:

```
aaronlee0618@cloudshell:~/my-nodejs-service (dong-dong-gcp-3)$ ls -l
total 48
-rw-rw-r--   1 aaronlee0618 aaronlee0618   235 Jul 17 07:28 app.yaml
drwxrwxr-x  68 aaronlee0618 aaronlee0618  4096 Jul 17 07:26 node_modules
-rw-rw-r--   1 aaronlee0618 aaronlee0618    97 Jul 17 07:27 package.json
-rw-rw-r--   1 aaronlee0618 aaronlee0618 28874 Jul 17 07:26 package-lock.json
-rw-rw-r--   1 aaronlee0618 aaronlee0618   316 Jul 17 07:27 server.js
aaronlee0618@cloudshell:~/my-nodejs-service (dong-dong-gcp-3)$
```

▲ 圖 9-1-1　準備好程式檔案和 app.yaml

我只要再輸入 gcloud app deploy,就部署完成了,如圖 9-1-2:

```
aaronlee0618@cloudshell:~/other/my-nodejs-service (dong-dong-gcp-2-bigquery)$ gcloud app deploy
WARNING: You might be using automatic scaling for a standard environment deployment, without providing a value for automatic_scaling.max_
instances. Starting from March, 2025, App Engine sets the automatic scaling maximum instances default for standard environment deployment
s to 20. This change doesn't impact existing apps. To override the default, specify the new max_instances value in your app.yaml file, an
d deploy a new version or redeploy over an existing version. For details on max_instances, see https://cloud.google.com/appengine/docs/st
andard/reference/app-yaml.md#scaling_elements.

Services to deploy:

descriptor:              [/home/aaronlee0618/other/my-nodejs-service/app.yaml]
source:                  [/home/aaronlee0618/other/my-nodejs-service]
target project:          [dong-dong-gcp-2-bigquery]
target service:          [default]
target version:          [20250616t083511]
target url:              [https://dong-dong-gcp-2-bigquery.de.r.appspot.com]
target service account:  [dong-dong-gcp-2-bigquery@appspot.gserviceaccount.com]

Do you want to continue (Y/n)? y

Beginning deployment of service [default]...
Uploading 5 files to Google Cloud Storage
20%
40%
60%
80%
100%
100%
File upload done.
Updating service [default]...done.

Setting traffic split for service [default]...done.

Deployed service [default] to [https://dong-dong-gcp-2-bigquery.de.r.appspot.com]

You can stream logs from the command line by running:
  $ gcloud app logs tail -s default

To view your application in the web browser run:
  $ gcloud app browse
aaronlee0618@cloudshell:~/other/my-nodejs-service (dong-dong-gcp-2-bigquery)$
```

部署完成的訊息

▲ 圖 9-1-2　部署 GAE 程式並確認完成

接著我們就能從 GAE 的「服務」頁面看到超連結，點擊下去就能打開網頁，如圖 9-1-3：

▲ 圖 9-1-3　點擊超連結就能打開網頁

而且預設是 Autoscale 的,如果我們對它進行壓力測試,會看到自動擴充的速度很快,如圖 9-1-4:

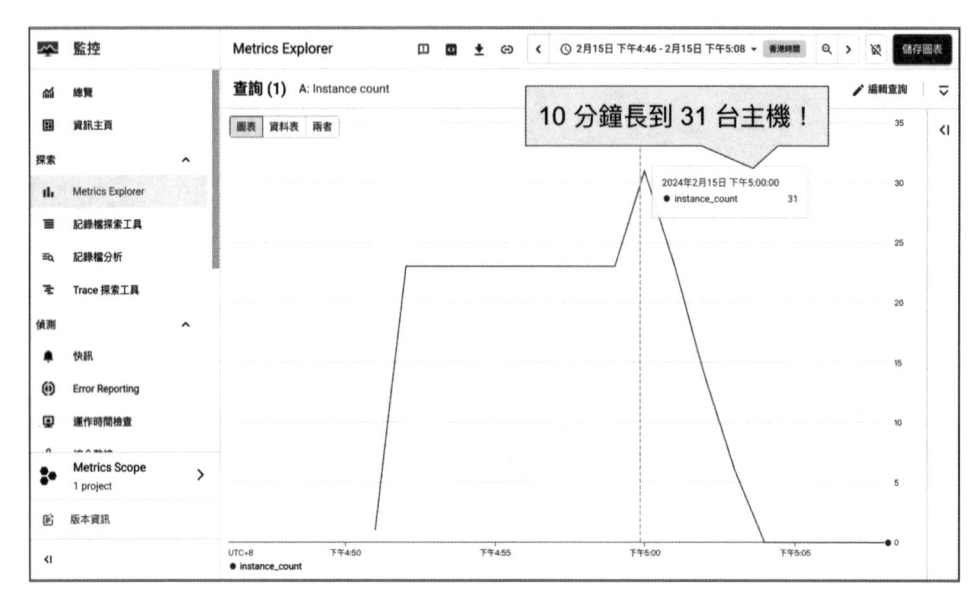

▲ 圖 9-1-4　進行壓力測試看到自動擴充的效果

如果你不希望有任何額外的成本發生,你就要去調整你的 app.yaml 設定檔,讓它的自動擴充有一個上限,範例如下:

```
runtime: nodejs20

env: standard

instance_class: F1

automatic_scaling:
  target_cpu_utilization: 0.65
  min_instances: 0
  max_instances: 10
  min_pending_latency: 30ms
  max_pending_latency: automatic
  max_concurrent_requests: 50
```

Cloud Run Functions 簡介

Cloud Run Functions 是 Google Cloud 的 Functions as a Service（FaaS）平台，讓你可以撰寫小型的、專注於單一任務的函式，不用管理機器。支援的程式語言包含 .Net、Go、Java、Node.js、PHP、Python 和 Ruby。

和 App Engine 有什麼不同？

App Engine 適合部署完整的 Web 應用程式，而 Cloud Run Functions 則專注於輕量級的函式服務，讓開發人員能夠實現事件驅動的微服務架構。

你可以在直接在 Web Console 上編輯程式碼，而且編輯好能馬上部署，如圖 9-1-5：

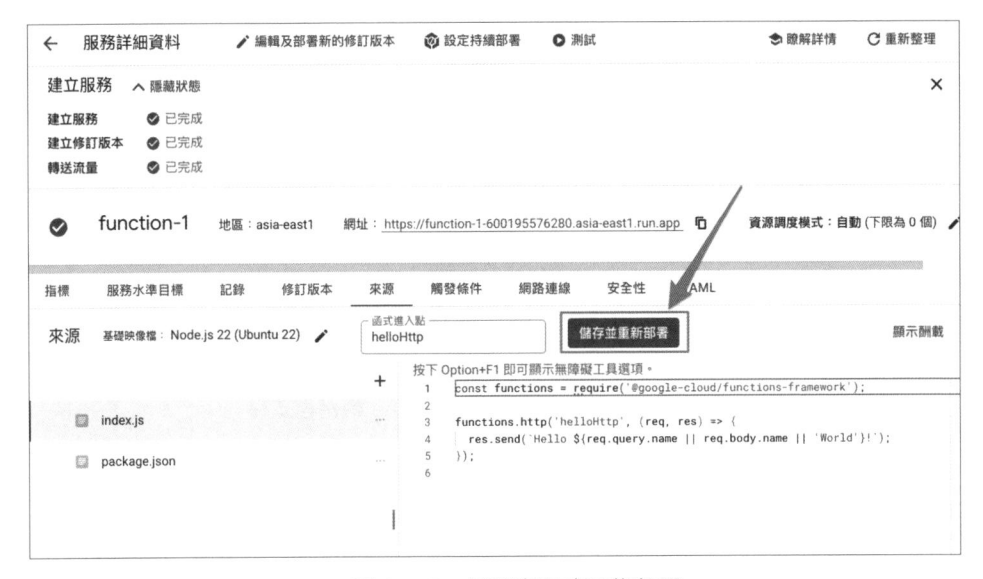

▲ 圖 9-1-5　編輯完程式碼後部署

接著它會在背景作業，將現有程式碼打包成容器，等它幾秒鐘後，就可以點擊網址，並且看到網頁了，如圖 9-1-6：

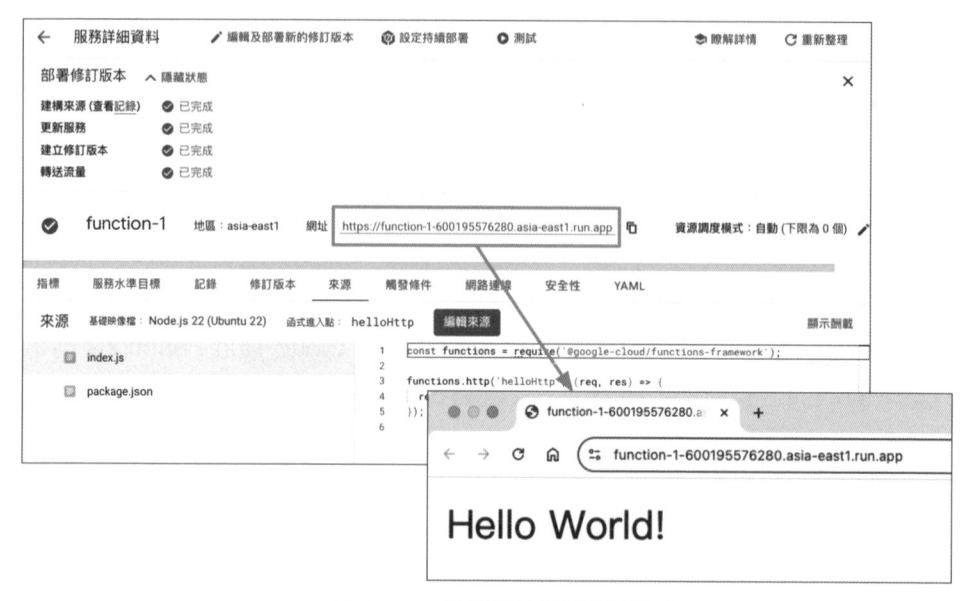

▲ 圖 9-1-6 點擊網址看到網頁內容

本單元 Google App Engine 的範例程式碼，可以掃描以下 QR Code 快速取得喔，如圖 9-1-7：

▲ 圖 9-1-7 Google App Engine 範例程式碼

9-2 容器相關服務 Artifact Registry、Cloud Run 和 GKE

Artifact Registry 簡介

要部署容器應用程式，就要先有一個儲存容器映像檔的地方，就是 Artifact Registry，除了 Docker 映像外，還支援儲存 Maven Artifacts（Java）、Npm Packages、Python Packages、Helm Charts 等等。

我們可以先在 Cloud Shell 準備好程式，並且直接打包成容器映像檔，如圖 9-2-1：

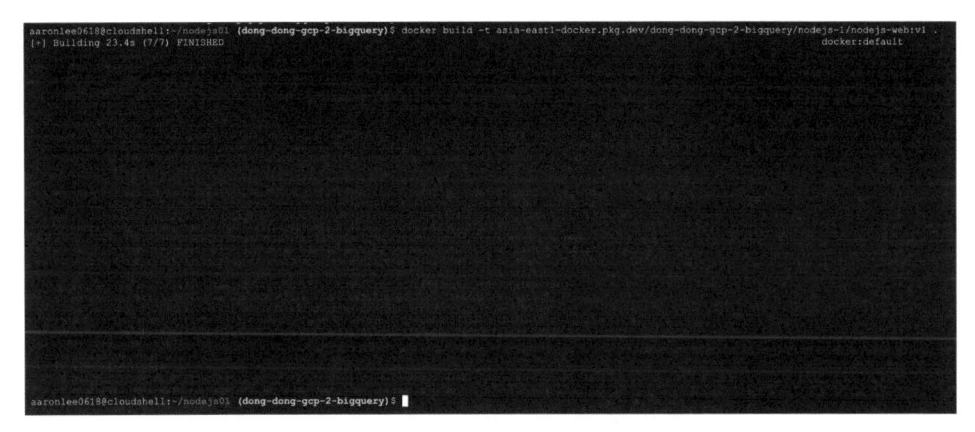

▲ 圖 9-2-1　在 Cloud Shell 建立容器映像檔

除此之外，還能直接在 Cloud Shell 去預覽我們使用 docker run 執行的容器應用程式，如圖 9-2-2：

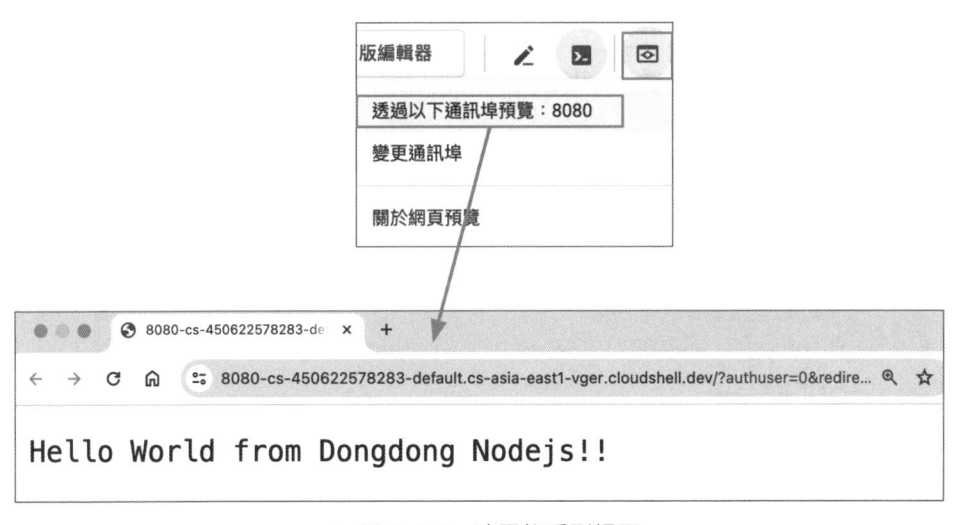

▲ 圖 9-2-2　確認能看到網頁

只要確認沒問題，就可以直接使用 docker push，把映像檔上傳到 Artifact Registry，如圖 9-2-3：

▲ 圖 9-2-3 把映像檔上傳到 Artifact Registry

最後就會在 Artifact Registry 看到上傳完成的映像檔了，如圖 9-2-4：

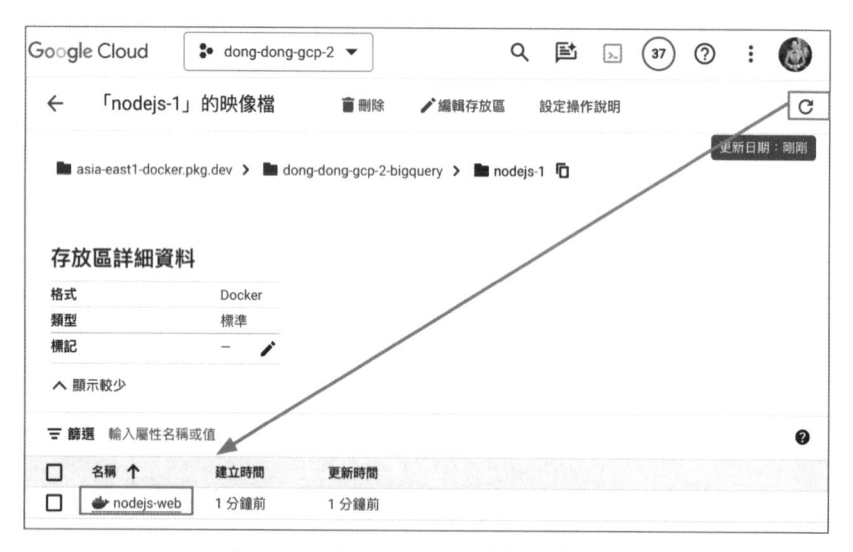

▲ 圖 9-2-4 在 Console 上看到映像檔出現了

Cloud Run 簡介

Cloud Run 是 Google Cloud 的全托管無伺服器容器平台，讓你能夠部署和擴充應用程式，而不用管理底層基礎設施。它是基於開源的 Knative 專案建立的，提供可移植性，也能避免供應商鎖定。

我們直接在 Cloud Run 主頁上點「部署容器」，然後在下一頁選取容器映像檔，如圖 9-2-5：

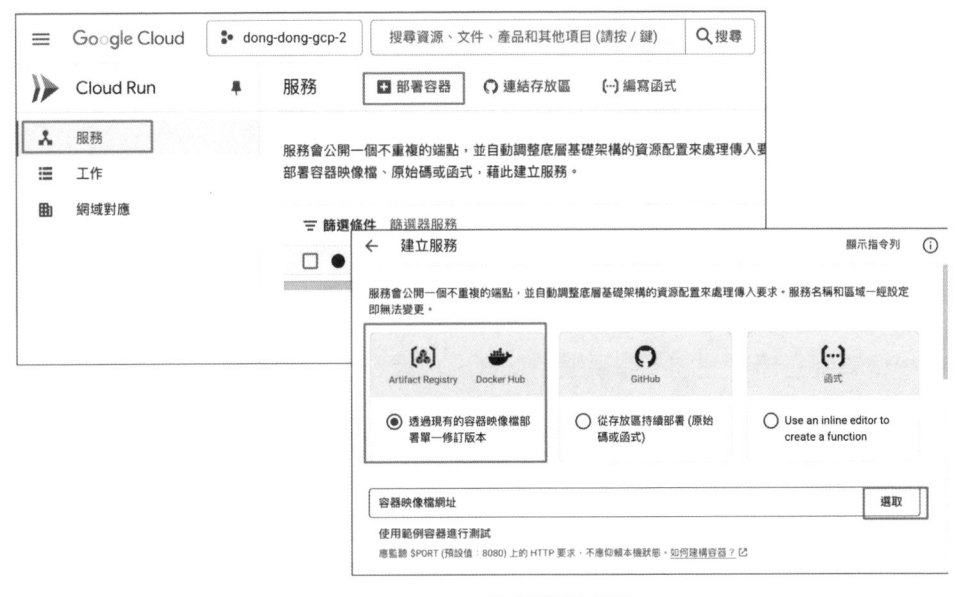

▲ 圖 9-2-5　點擊部署容器

然後我們在映像檔的列表當中，選取已經推送到 Artifact Registry 的容器映像檔，如圖 9-2-6：

▲ 圖 9-2-6　選取容器映像檔

最後會看到它部署完成，點擊網址就會成功看到網頁，如圖 9-2-7：

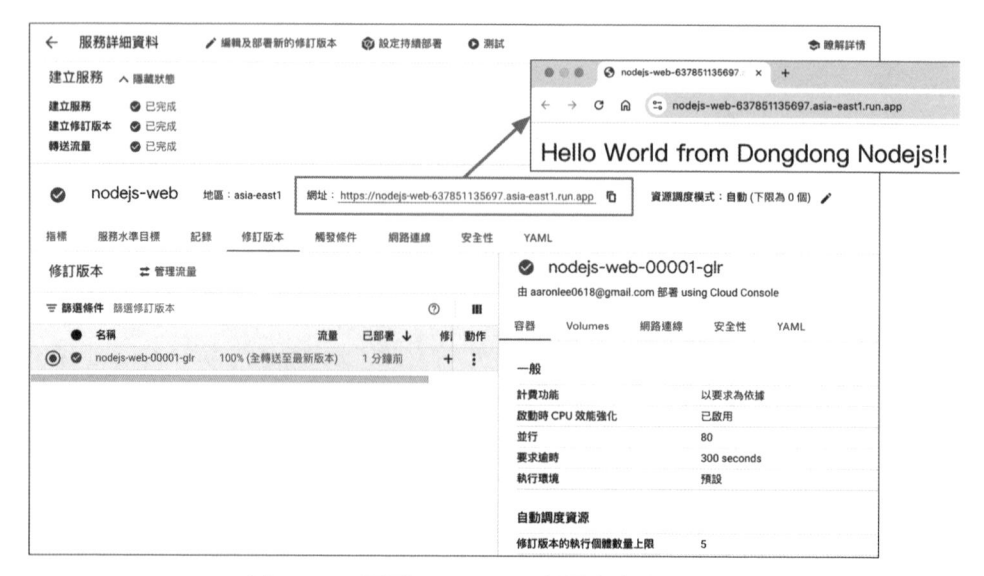

▲ 圖 9-2-7　看到 Cloud Run 部署完成並且看到網頁

Google Kubernetes Engine（GKE）簡介

雖然 Cloud Run 部署和管理容器化應用程式很方便，但是如果你有 100 個容器需要管理，就要使用像 Kubernetes 這種「容器編排」技術，而自己使用虛擬機器架設過程非常繁瑣，架設完成還要處理各個節點之前的通訊，極為複雜且耗時，當你花了好幾個小時搭建好環境，你都還沒處理到應用程式的部分。

GKE 是 Google Cloud 提供的代管式 Kubernetes 服務。它讓你能夠善用 Kubernetes 的所有強大功能，同時 Google 會負責處理底層的基礎建設管理工作。代表你可以專注於開發和部署應用程式，而不需要擔心 Kubernetes Cluster 本身的維護。自建 Kubernetes 和使用 GKE 的比較如圖 9-2-8：

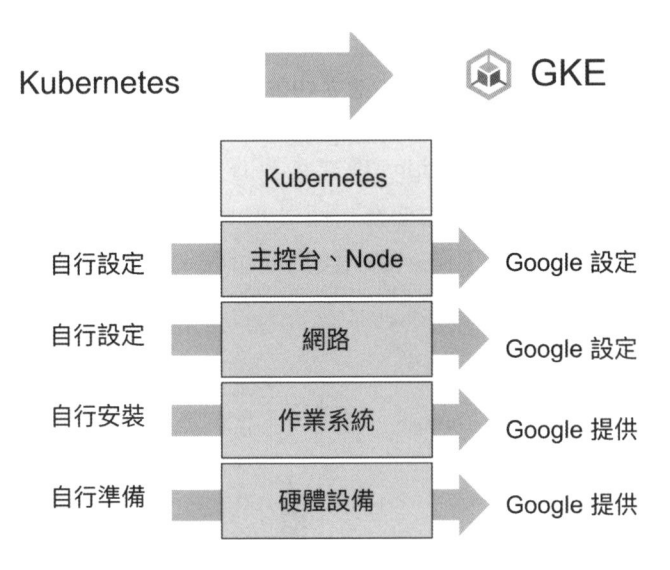

▲ 圖 9-2-8　自建 Kubernetes 和使用 GKE 的比較

你只要用滑鼠點選,就能夠建立 GKE Cluster,如圖 9-2-9:

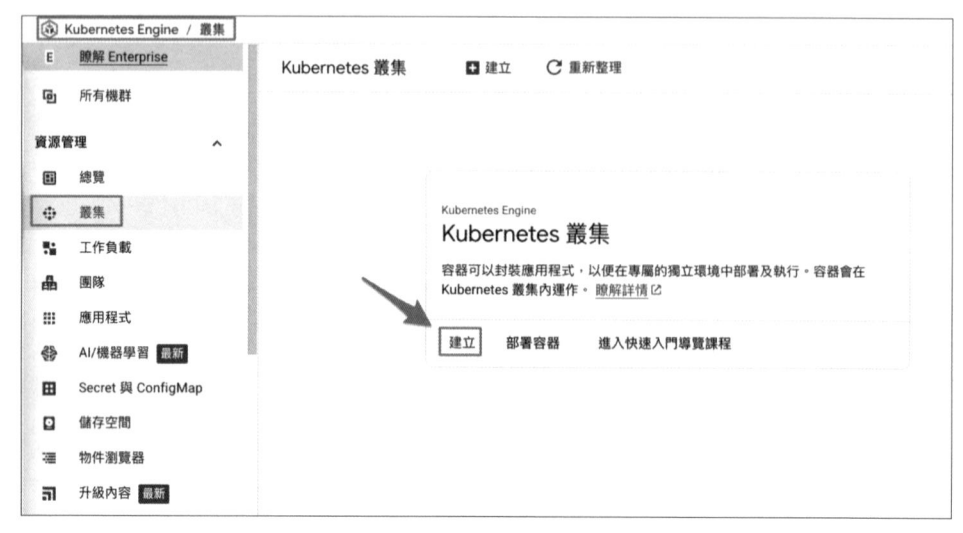

▲ 圖 9-2-9　建立 GKE Cluster.png

GKE 現在有兩種模式,Standard 模式會幫你建立好節點(也就是虛擬機器),客製化程度較高。現在主要推薦使用 Autopilot 模式,Google 會自動處理大部分的基礎設施管理工作。我們設定好命名、位置和級別就可以按下一步,如圖 9-2-10:

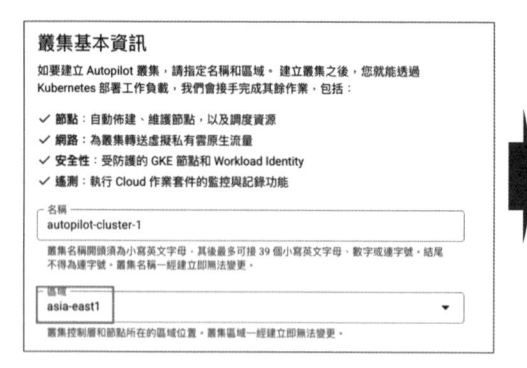

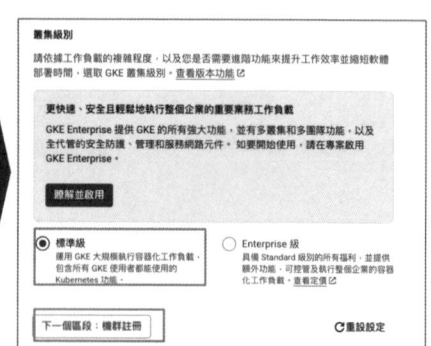

▲ 圖 9-2-10　Cluster 命名、設定位置和級別

接著你只要一直按下一步就能建立好 GKE Cluster。接下來，你也可以馬上部署容器映像檔，在傳統的 Kubernetes 你必須要撰寫 YAML 格式的 Manifest File，你可以視為部署用的設定檔，而在 GKE，你可以直接點擊「部署」，如圖 9-2-11：

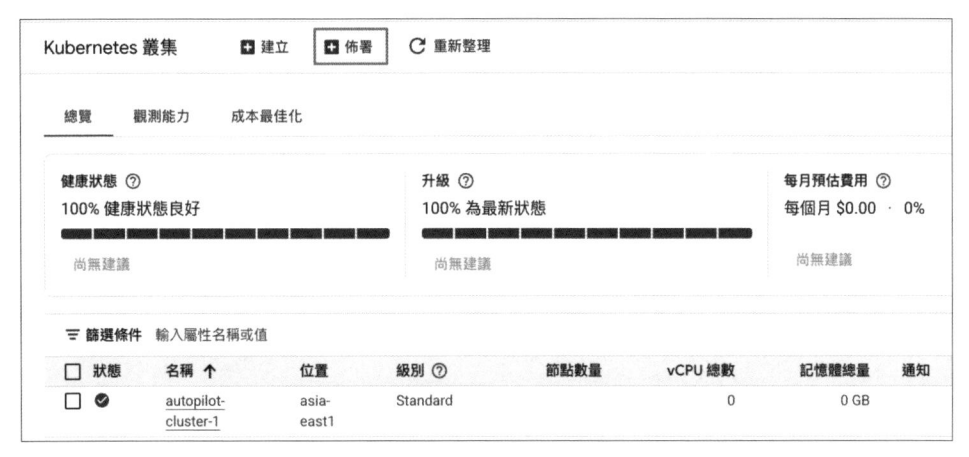

▲ 圖 9-2-11　部署應用程式

我們可以在這裡指定一個容器映像檔，再按「下一步：公開（選用）」，如圖 9-2-12：

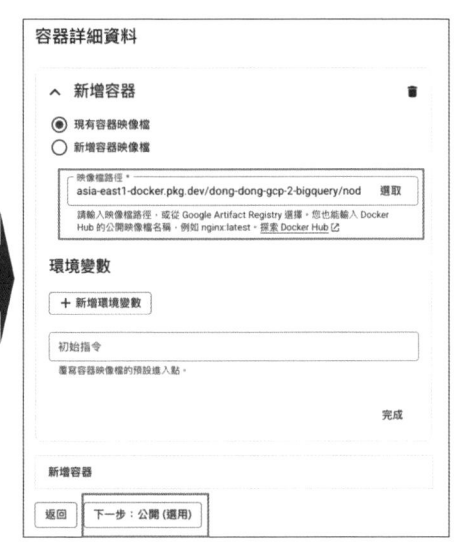

▲ 圖 9-2-12　設定部署的目的 Cluster 和容器

做到這裡可以讓 Pod 部署完成，但是要注意這個設定還不會讓 Pod 直接對外，你必須再勾選「以新 Service 的形式公開 Deployment」，如圖 9-2-13：

▲ 圖 9-2-13　設定 Service

接下來再等待幾分鐘，會看到這個 Deployment 已經部署完成了。視窗可以再往下滑，我們看到它有一個公開服務和 IP 位址，點進去會看到網頁出現了，如圖 9-2-14：

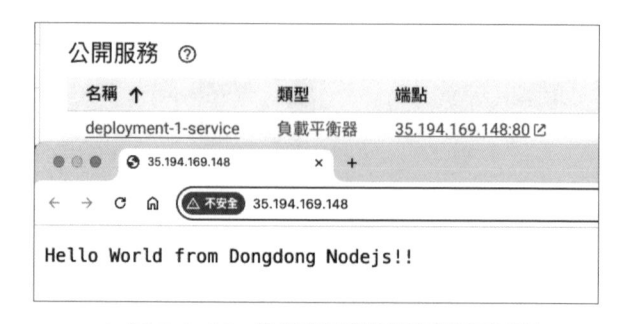

▲ 圖 9-2-14　點擊服務連結看到網頁出現

這個服務在 Google Cloud 上，就是 Passthrough Network Load Balancers（直通式負載平衡器），由此可以知道 GKE 和 Google Cloud 的整合程度非常高，如圖 9-2-15：

▲ 圖 9-2-15　也可以在負載平衡器頁面看到一個 TCP 負載平衡器

9-3 CI/CD 工具 Cloud Build

在前面的單元中，我們已經了解 Google App Engine、Cloud Run、GKE 等服務來部署應用程式，如果要更進一步自動化整個流程，就要來介紹 Google Cloud 上的 CI/CD 工具——Cloud Build。

Cloud Build 是一個完全代管的 CI/CD 平台，能夠在 Google Cloud 基礎架構上執行建置作業。它支援 Java、Node.js、Python、Go、.NET 等，都可以建置成容器映像檔，並且推送到 Artifact Registry。

要如何使用 Cloud Build 呢？

首先我們要去「API 和服務」的「API 程式庫」搜尋並啟用 Cloud Build API。然後授權「服務帳戶使用者」、「Cloud Build Service 帳戶」和「Cloud Run 管理員」給 Cloud Build 的 Service Account，如圖 9-3-1，這個 Service Account 大概長這樣：

```
[project-number]@cloudbuild.gserviceaccount.com
```

9-15

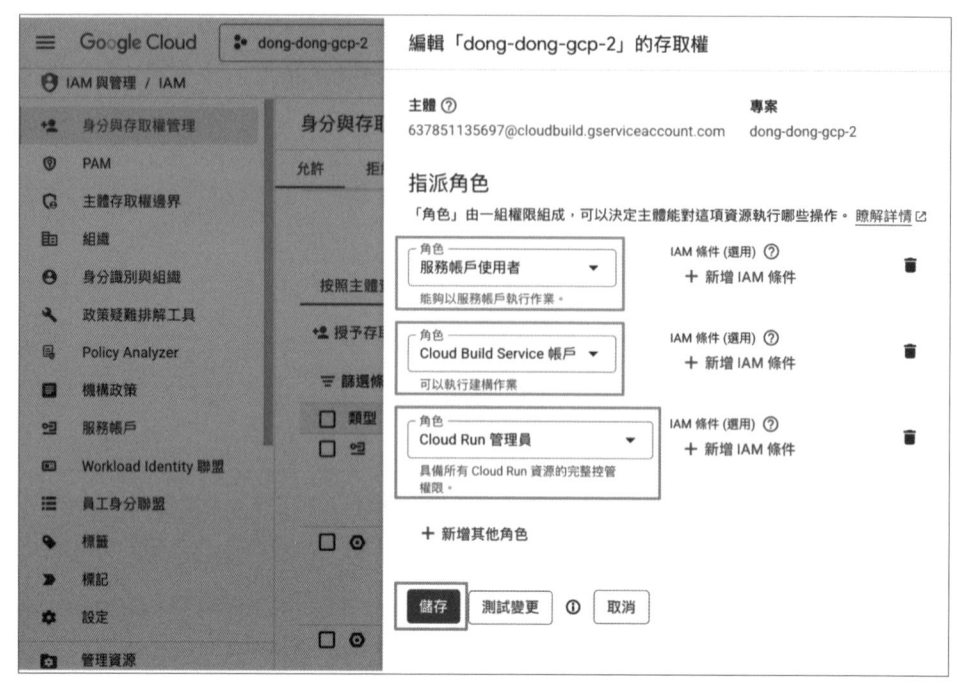

▲ 圖 9-3-1　Cloud Build Service Account 的權限角色

接著我們會在儲存程式碼的資料夾，準備一個 cloudbuild.yaml 的檔案，裡面包含建置映像檔、推送到 Artifact Registry、部署作業的相關設定。

接下來我們可以直接執行以下指令，把程式碼推送出去，讓 Cloud Build 幫你建立容器映像檔，並且自動部署完成（注意有一個句點喔），如圖 9-3-2：

```
gCloudbuilds submit --config cloudbuild.yaml.
```

無伺服器平台與 CI/CD 服務 **09**

▲ 圖 9-3-2　推送程式碼並看到部署成功

我們再去 Cloud Run 會看到有一個服務出現，並且點擊網址也能看到網頁正常顯示了，如圖 9-3-3：

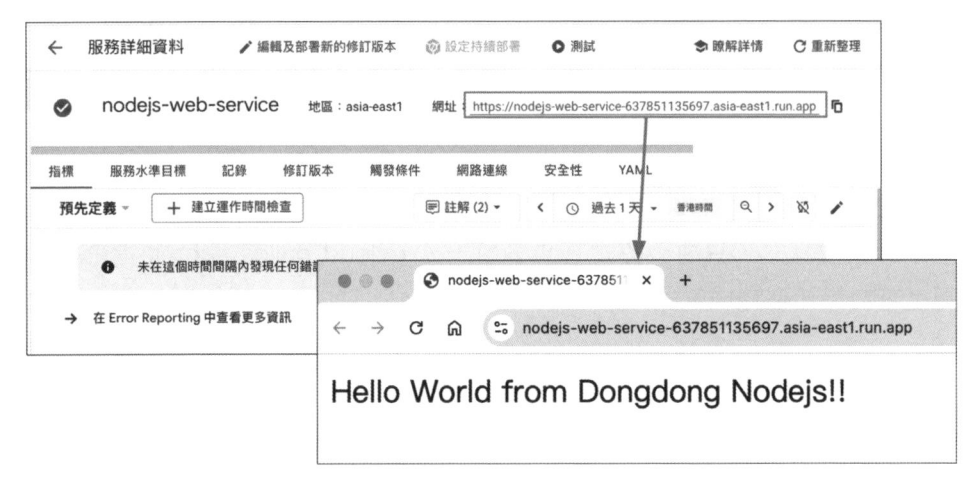

▲ 圖 9-3-3　點擊 Cloud Run 網址看到網頁出現

9-17

我們也去 Cloud Build 記錄頁面，看到顯示建構作業（也看到我前面有做錯的記錄），如圖 9-3-4：

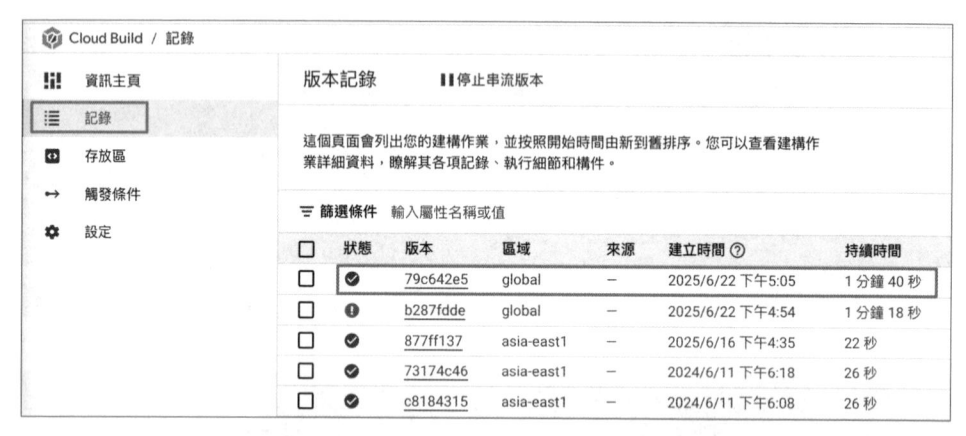

▲ 圖 9-3-4　看到 Cloud Build 建構作業資訊

我們再去看 Artifact Registry 有新版的容器映像檔，這就是 Cloud Build 幫我們建立映像檔並且放上去的，如圖 9-3-5：

▲ 圖 9-3-5　看到 Artifact Registry 有新的容器映像檔

如果想更改程式，只要改完之後再執行一次 gcloud builds submit 指令，它馬上就自動部署完成，非常方便。

CHAPTER 10

大數據、機器學習和 AI

- 10-1 大數據工具介紹
- 10-2 機器學習服務
- 10-3 生成式 AI 服務

● 10-1 大數據工具介紹

大家都知道 Google 本身就是會很善用資料的公司，現今各種當紅的服務，都是以資料為基礎發展而來的，以下就來逐一介紹各種大數據的相關工具。

BigQuery：大數據高速分析工具

BigQuery 是 Google Cloud 推出的早期就已經存在的服務，它擁有樹狀執行架構（Tree Architecture）、行式儲存（Columnar Storage），並支援巢狀和重複資料結構等特性，讓它能夠達到 PB 等級而且高速的分析效能。

除此之外，它本身是無伺服器（Serverless）的，你不用開機再把資料倒進去分析，也不用維護機器，這是其他分析工具還做不到的。

在計費模式上，依照讀取的資料量和使用到的運算資源付費，不用一口氣花一大筆錢，對預算有限的中小企業來說，真的是非常方便。

在使用上，使用 BigQuery 不用學習新的技術，因為它只要用 SQL 語法就能夠分析資料，而且速度超級快，如圖 10-1-1：

▲ 圖 10-1-1　使用 SQL 語法查詢 130 GB 資料只花費一秒鐘

那你可能會懷疑，SQL 語法不就是在查詢資料庫嗎？都叫 Big「Query」了，哪有分析？

實際上，BigQuery 提供了遠遠超過傳統 SQL 語法的分析功能，讓資料科學家和分析師能夠進行複雜的資料探索和分析，包含各種敘述統計函數、時間序列分析、視窗函數（Window Function）、陣列和巢狀資料、地理空間分析和機器學習整合。所以 BigQuery 的「查詢」，不是普通的資料庫 SQL 語法，而是強大的分析功能。

如果要把資料倒進 BigQuery 分析，我們要先建立資料集（Dataset），如圖 10-1-2：

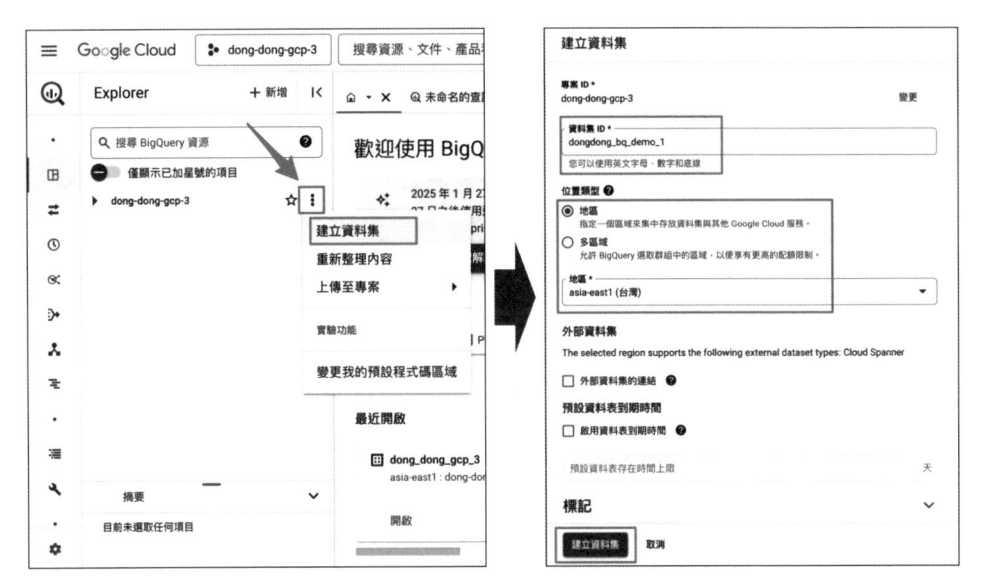

▲ 圖 10-1-2 點擊建立 BigQuery Dataset

然後再從資料集上建立資料表，你會看到它可以從各種不同來源匯入資料，例如 Cloud Storage、雲端硬碟、Bigtable 甚至 AWS 的 S3 和 Azure Blob Storage 都可以是匯入資料的來源，如圖 10-1-3：

▲ 圖 10-1-3　建立資料表

10-3

> **東東眉角**
>
> 從本機上傳檔案有 100 MB 的限制，如果要更大的檔案，請先上傳到 Cloud Storage，再匯入 BigQuery，單一檔案可以達到 5 TB 喔！

Cloud Pub/Sub：現代化的訊息佇列服務

在這大數據時代，除了批次資料（例如一個 CSV 檔有 10 萬筆資料）要處理，串流形式的資料越來越多，資料是一筆一筆即時「發射」過來的，大家也更著重即時的資料分析。像電子商務領域中，顧客點擊商品的行為資料才收進來幾秒鐘，系統就馬上分析並推薦商品給顧客，已經是非常普遍的應用。

也就是說，每天或每小時執行的批次處理，會有時間落差的問題，為了提高營收或使用者體驗，現在的應用都越來越傾向即時資料串流，所以目前對於批次資料和串流資料的處理，已發展出不同的處理方式。

從圖 10-1-4 可以看到，對於批次和串流資料，收集和處理的工具不同，實際上還會因應各種情境有更多靈活的變化。

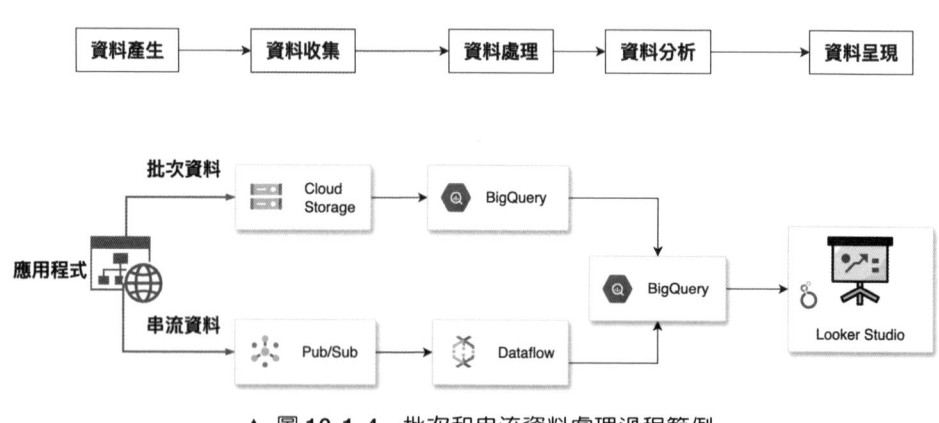

▲ 圖 10-1-4　批次和串流資料處理過程範例

Cloud Pub/Sub（簡稱 Pub/Sub）是一個全代管的即時訊息服務，主要用於應用程式之間的非同步通訊。它採用發布 - 訂閱（Publisher-Subscriber）的架構模式，讓資料產生者和使用者能夠獨立運作，大幅提升系統的彈性和可擴充性。

◯ 為什麼我們需要 Pub/Sub？

在現代的分散式系統中，不同的服務元件之間，往往會碰到前端產生資料的速度遠大於後端處理的速度，如果後端處理不來，可能無法再接收前端的資料，造成資料大量丟失；另一方面，後端也可能因為積壓大量待處理資料，導致系統崩潰。

Cloud Pub/Sub 使用發布 - 訂閱的架構，可以先讓資料在某個地方「排隊」，不要直接「打進」後端，確保系統穩定。

而訊息傳送還可以分成 Pull 和 Push 兩種，Pull 是 Subscriber（或稱 Consumer）主動去 Subscription 拉取訊息，如果要確保 Subscriber（後端系統）能夠確實處理到每一筆訊息，適合使用 Pull 方式；如果希望訊息即時傳送出去，則建議使用 Push 方式，如圖 10-1-5。

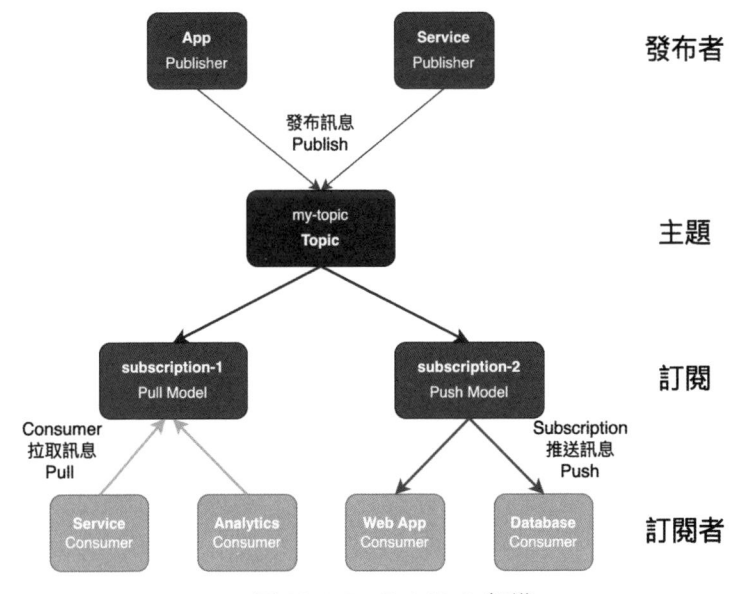

▲ 圖 10-1-5　Pub/Sub 架構

這樣的架構就能確保資料先完整「接住」，再讓後端慢慢「消化」，確保資料不會丟失，同時也保證後端系統穩定運作。

Cloud Dataflow：高效能的批次與串流處理工具

Cloud Dataflow（簡稱 Dataflow）是 Apache Beam 的雲端代管版本。使用一種稱為「管道（Pipeline）」的模型，主要包含 PCollection 和 Transform，能夠處理批次與串流資料。

你可能會想，為什麼不直接在虛擬機器上寫 Python 程式來處理資料就好？因為當你在面對大量資料的時候，你的程式除了處理資料本身以外，還要處理記憶體不足的問題、處理機器擴充的問題、程式錯誤要重新啟動、記錄上次處理到哪裡、收集 Log 等，非常繁雜。

如果你用 Dataflow，能用 Java 也可以用 Python 來寫程式，你只要專注在資料怎麼處理，其他關於自動擴充機器、分散工作平行處理、錯誤自動重試、監控儀表板、查看進度和 Log，全部自動處理。

在 Google Cloud 上，Dataflow 有提供許多資料串接的範本，例如，我們可以用一個「PusSub_to_BigQuery」的範本，自動幫我們去 Pub/Sub 拿資料，處理完再寫入 BigQuery。

接著就會在 Dataflow 的 Job 頁面看到如圖 10-1-6 的作業流程圖，包含讀取資料、轉換資料、展平資料（Flatten）和寫入資料的記錄。

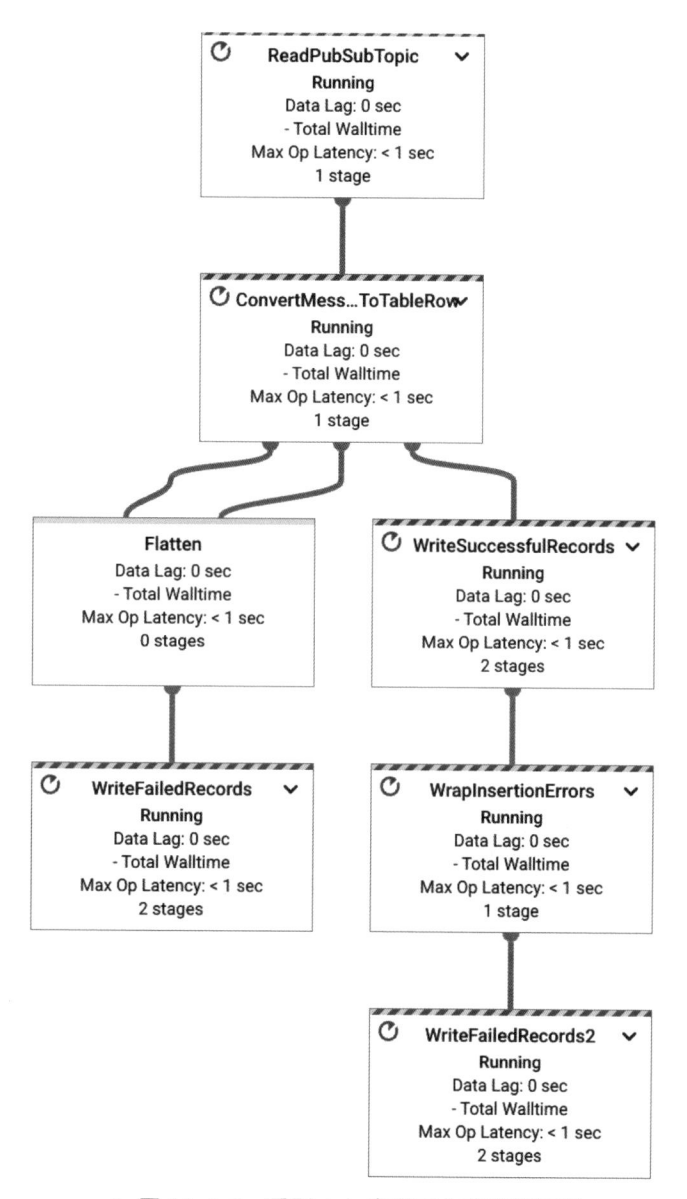

```
                    ┌─────────────────────────┐
                    │  ReadPubSubTopic        │
                    │  Running                │
                    │  Data Lag: 0 sec        │
                    │  - Total Walltime       │
                    │  Max Op Latency: < 1 sec│
                    │  1 stage                │
                    └─────────────────────────┘
                                │
                    ┌─────────────────────────┐
                    │  ConvertMess...ToTableRow│
                    │  Running                │
                    │  Data Lag: 0 sec        │
                    │  - Total Walltime       │
                    │  Max Op Latency: < 1 sec│
                    │  1 stage                │
                    └─────────────────────────┘
```

▲ 圖 10-1-6　看到 Job 處理工作的完整流程

如果我們平常處理的資料都不大，就不需要用到 Dataflow，自己用一台虛擬機器，或是 Cloud Run 就可以處理。但如果資料量大到 10 GB 以上，Dataflow 能夠自動擴充需要的資源，對於資料規模很大的企業來說非常好用。

> **東東眉角**
>
> 在 Google Cloud 常見的資料應用當中，Pub/Sub、Dataflow 和 BigQuery 這三種服務通常都會一起使用，我都叫它們「資料三兄弟」，而且每次考試的時候，只要是這三個服務串連在一起的選項，很大機率都是正確答案，但你還是要看清楚題目在問什麼喔！

Dataproc：雲端代管的 Hadoop、Spark

Dataproc 是 Google Cloud 的一個全代管的大數據處理服務，它支援開源的大數據生態系統工具，如 Apache Spark、Hadoop、Hive 等。它的典型應用是直接在 Dataproc Cluster 上進行互動式的操作，用來探索資料，或下指令處理資料，如圖 10-1-7：

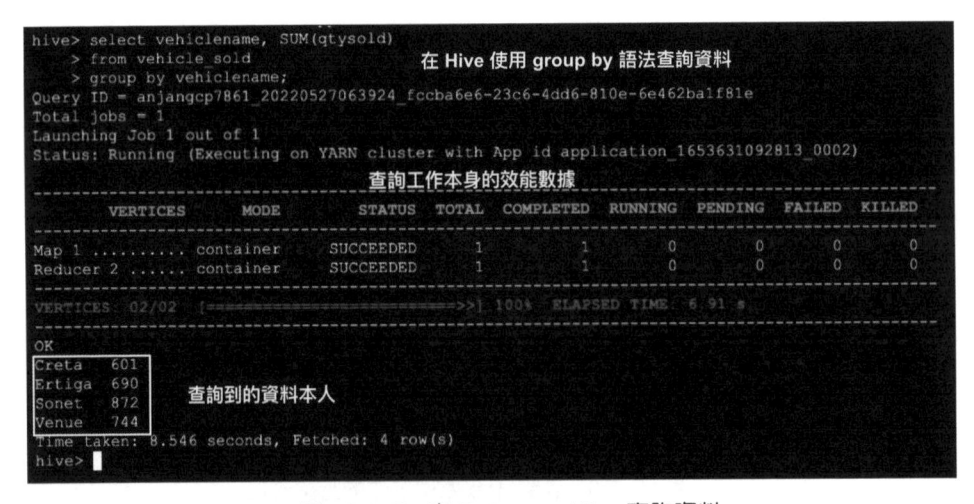

▲ 圖 10-1-7　在 Dataproc Hive 查詢資料

第二種應用和 Dataflow 很像，你先把要處理資料的程式碼寫好，在 Job 頁面提交工作給它，讓它自己開始執行。

你會感覺 Dataproc 和 Dataflow 好像有點像，Dataproc 主動操作的部分比較多，Dataflow 則是當你把程式寫好，提交出去，後面的工作都是全自動的。兩者的主要差異可以參考下表：

表 10-1-1　Dataproc vs. Dataflow

服務	Dataproc	Dataflow
建立環境	手動	Job 提交就自動建立
使用場景	1. 資料探索、分析 2. 自動執行	自動執行
操作方式	1. 下指令 2. 提交腳本執行 Job	提交腳本執行 Job
Autoscale	可以（要設 Scale Policy）	可以（全自動）
維護	要維護軟體	完全不用維護
執行工作後的環境	環境持續存在（要手動刪除）	批次資料 => 自動刪除 串流資料 => 手動刪除

Dataprep：不會寫程式也可以處理大量資料

假如你有一堆雜亂的資料需要整理，但你不會寫程式碼，該怎麼辦？Cloud Dataprep 就是為了幫你解決這個問題。你只要用滑鼠點點按按，就能把混亂的資料變得乾淨整齊。

當你把資料匯入 Dataprep 後，它會自動畫出各種圖表，像是長條圖、散佈圖這些。如果你的資料有問題，比如某一欄有很多空格，或是日期格式亂七八糟，它都會用不同顏色標示出來，讓你一眼就看到問題在哪裡，如圖 10-1-8：

而且當你選到有問題的資料時，Dataprep 會跳出建議，告訴你可以怎麼處理。比如看到亂糟糟的日期欄位，它就會建議你用 DateTime 功能來統一格式。

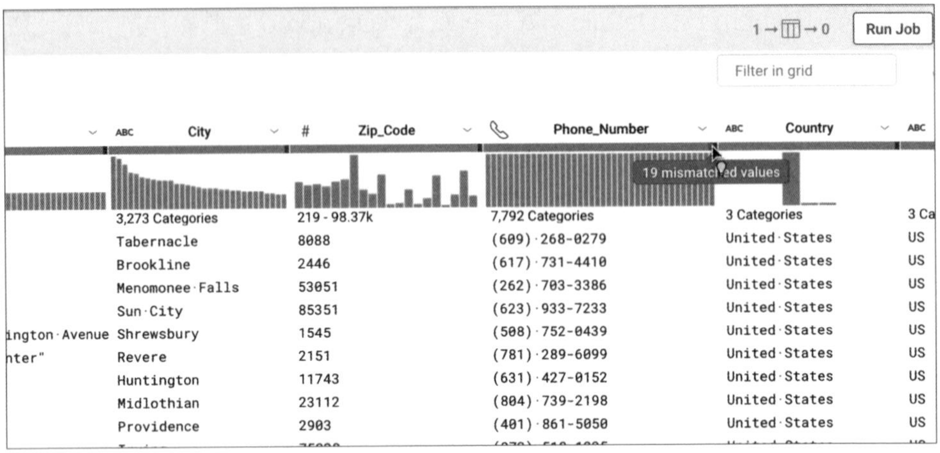

▲ 圖 10-1-8　Dataprep 查看資料狀況

（資料來源：https://cloud.google.com/blog/products/gcp/google-cloud-dataprep-is-now-a-public-beta）

Data Fusion：不會寫程式也可以設定資料轉換

Data Fusion 是一個視覺化的資料整合服務，最大的特色就是讓不會寫程式的人也能輕鬆設定資料的轉換規則。透過拖拉式的介面，你可以像拼積木一樣建立資料處理流程，不需要寫任何程式。

在操作介面中，你可以看到各種預先設計好的「轉換器」（Transforms），比如過濾器、聚合器、資料清理工具等等。只要把這些元件拖到工作區域，然後用連接線把它們串起來，就能建立完整的資料處理管道（Data Pipeline），如圖 10-1-9：

這種方式特別適合業務分析師或資料分析師，他們對資料很熟悉，但不一定具備程式設計技能。

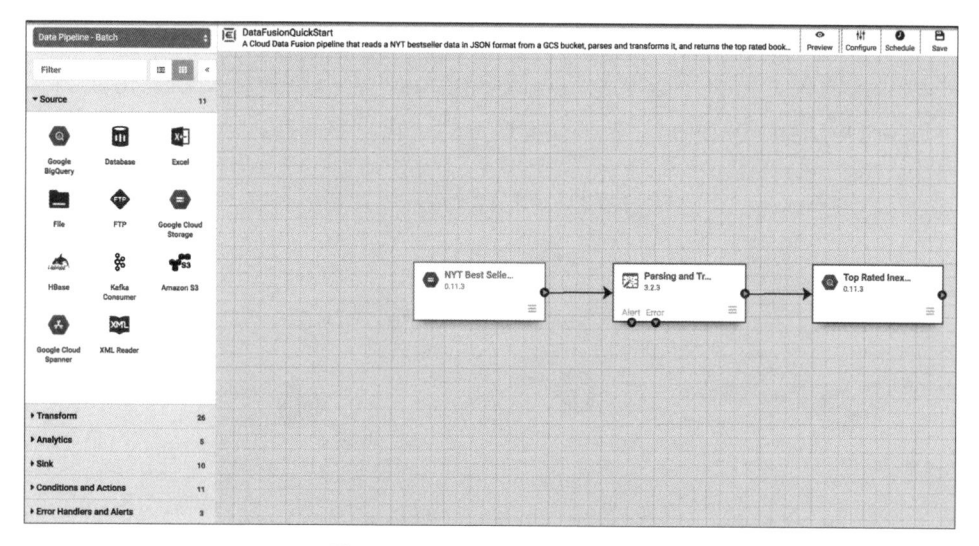

▲ 圖 10-1-9　Data Fusion 操作畫面
（資料來源：https://cloud.google.com/data-fusion/docs/create-data-pipeline?hl=zh-tw）

雖然 Data Fusion 和 Dataprep 兩者都強調視覺化操作，但 Dataprep 可以預覽資料，讓你可以直接看到資料的分布情況。Data Fusion 比較專注在資料轉換和整合的工作流程上，它是假設你已經知道要對資料做什麼處理，再幫你把這些處理步驟，用視覺化的方式設定。

簡單來說，如果你需要先「看懂」資料長什麼樣子，Dataprep 會是比較好的選擇；如果你已經清楚知道資料處理的邏輯，只是不想寫程式來實作，那 Data Fusion 就很適合你。

Cloud Composer：資料工程的指揮家

Cloud Composer 是完全代管的 Apache Airflow 服務，它就像是一個指揮家，負責安排和協調各種資料處理工作的執行順序、時間和條件。

它能夠無縫整合 Google Cloud 的各項資料工具，包括 BigQuery、Cloud Storage、Dataflow、Data Fusion、Cloud SQL、Pub/Sub、Cloud Run Functions 等等，有點像是老大在指揮小弟們工作的感覺。

如圖 10-1-10 的應用範例，你可以看到從 Cloud Composer 啟動 Dataflow Pileline，當你上傳文字檔案到 Cloud Storage，會自動執行使用者定義函式（User Defined Function）來轉換資料，然後再把結果輸出到 BigQuery。

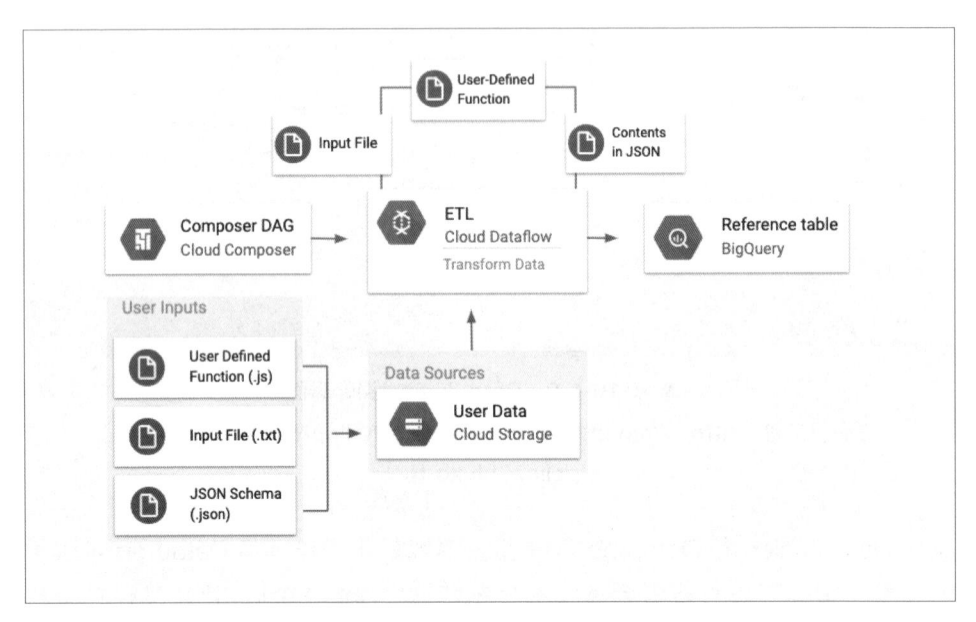

▲ 圖 10-1-10　Cloud Composer 整合範例架構

（資料來源：https://cloud.google.com/composer/docs/composer-3/launch-dataflow-pipelines?hl=zh-tw）

許多人會把 Cloud Composer 和 Dataflow、Data Fusion 搞混，以為它們功能重疊。其實它們各司其職：

- Dataflow 專門處理資料轉換，Cloud Composer 可以「安排」Dataflow 工作的執行時間，並在 Dataflow 工作完成後觸發下一個步驟。它們是合作關係，不是競爭關係。

- Data Fusion 也是處理資料轉換，不用寫程式，用圖形化介面建立 Pipeline，但本身不會「安排」其他工具的執行或排程。

Looker Studio：免費的資料視覺化工具

原名叫 Data Studio，可以外接很多資料來源，包含 BigQuery、Google Analytics、Google Sheets、YouTube、MySQL、PostgreSQL 等資料庫。

Looker Studio 在市面上已廣泛被使用，很多用戶或廠商也自訂很多儀表板範本，可以直接套用，如圖 10-1-11 是從 YouTube 收集過來的資料，你也可以透過簡單的拖拉來建立自己想要的圖表分析。

▲ 圖 10-1-11　Looker Studio 範例畫面

以上就是各種 Google Cloud 的資料相關服務，可以感覺你不管碰到各種資料的場景，都能找到相對應的工具，而且這些工具還在持續優化當中，我們可以密切注意它們的發展。

表 10-1-2　資料處理與分析服務整理

服務名稱	說明
BigQuery	PB 等級、無伺服器、分散式高速計算的資料倉儲。
Pub/Sub	無伺服器、分散式的訊息佇列。
Dataflow	Apache Beam 的雲端代管版本，程式自動化處理串流資料。
Dataproc	雲端代管的 Spark、Hadoop、Hive、Pig 等資料處理工具。
Dataprep	視覺化資料探索與清理工具，只要設定處理規則，不用寫程式。
Data Fusion	圖形介面，拖拉式資料處理工具，設定好全自動執行。
Cloud Composer	資料管道編排工具，從資料收集到處理完成全部自動化。
Looker Studio	免費 BI 視覺化分析圖表，串接各種資料來源，排程自動發布

10-2　機器學習服務

相信大家都知道，Google 本身就是一個具有強大 AI 能力的公司，依據技術複雜度和客製化程度分為四大類別，以下分別介紹給大家：

預先訓練好模型的 AI 服務

這些是可以直接呼叫的 API 服務，Google 已經用手上的資料幫你訓練好模型，你只需要透過 REST API 或客戶端函式庫就能使用。

這類服務適合需要快速整合常見 AI 功能的場景，例如圖像識別（Vision AI）、影片識別（Video AI）、分析社群言論（自然語言；Natural Language AI）、文字翻譯（Translation AI）、語音轉換（TTS、STT）等。

如圖 10-2-1 Vision AI Demo 的頁面，你就是直接給它圖片，它就可以馬上處理它看到的內容，自動分析圖片裡面有什麼東西、人物表情、招牌、Logo 等等。

▲ 圖 10-2-1　VisionAI

主要優勢是開發速度快，你不需要是 AI 專家也能使用，但客製化程度較低。像胸腔 X 光片這種需要特殊醫療背景的應用，這種 AI 只能告訴你「它是一張胸腔 X 光片」，無法告訴你這位病患是不是有可能患有 Covid-19。

不懂 AI 也能自己建立的半自動 AI 模型

半自動 AI 模型包含 AutoML（最近改名 Model Builder）和 BigQuery ML，它們允許你可以利用自己的資料來訓練模型，你只要準備好資料，AI 模型的建立和訓練都會自動執行，不用撰寫複雜的程式或演算法，這些都由 Google 幫你做好。

如圖 10-2-2 是把車子受損的照片匯入 AutoML，然後直接按下「訓練新模型」，在這裡不用寫任何程式和演算法，AutoML 會自動幫你完成。

▲ 圖 10-2-2　把照片和表格匯入 AutoML，點擊訓練新模型

像是 BigQuery ML 讓你用簡單的 SQL 語法建立模型，你只用 CREATE MODEL 語法並指定相關參數（例如指定 Model Type 為邏輯迴歸）即可開始訓練，其他都是原本的 SQL 語法，如圖 10-2-3：

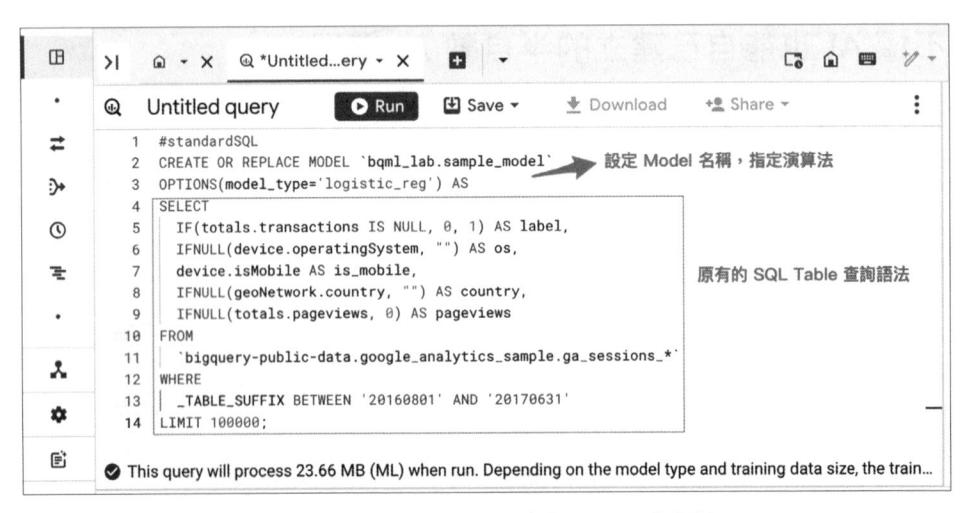

▲ 圖 10-2-3　BigQuery ML 建立 Model 的語法 .png

當你訓練完，要使用該模型來預測時，語法一樣很簡單，如圖 10-2-4，我們想要預測每個客戶會買幾個產品，用 Select 語法，而 From 後面就是接我們訓練好的 Model，再用 Select 語法把要預測的特徵值餵進去，最後我們就看到模型預測出客戶的 ID 和購買的產品數量。

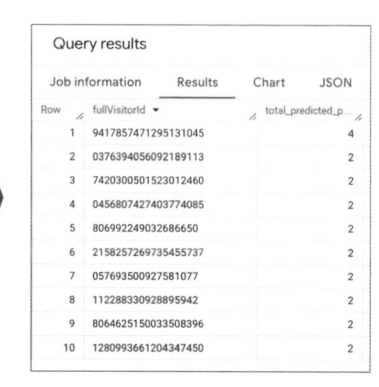

▲ 圖 10-2-4　預測每個客戶總共會買多少東西

Dialogflow：聊天機器人開發平台

Dialogflow 的開發也很容易，你不一定要寫程式，只要給它知識庫，設定好對話流程，就能建立好聊天機器人。如圖 10-2-5，你可以看到它能輕易串接各種對話平台：

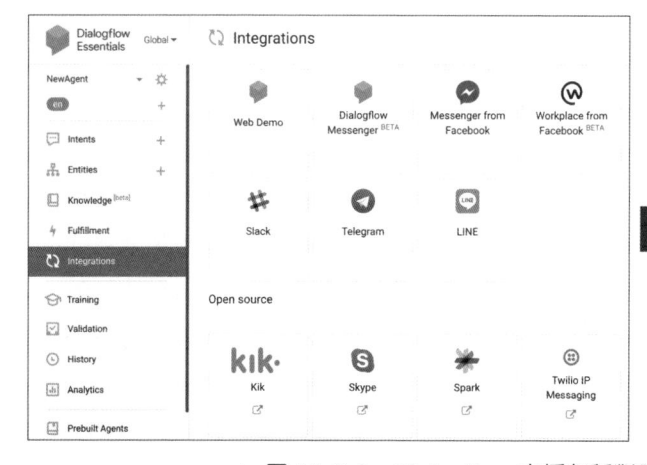

▲ 圖 10-2-5　Dialogflow 支援各種對話平台

目前分成基本的 ES 版本和 CX 企業級版本，CX 版本提供更複雜的對話流程設計、A/B 測試、詳細分析報告等進階功能，適合大型企業的複雜應用需求。

近期 Dialogflow CX 改名叫 Conversational Agents，可以加入生成式 AI 功能，輔助對話的應用。

AI 專家現成的模型開發環境

關於自訂模型開發，你可以直接在 Comptue Engine 建立虛擬機器，它能提供 GPU 以及內建開發環境的作業系統映像檔，如圖 10-2-6：

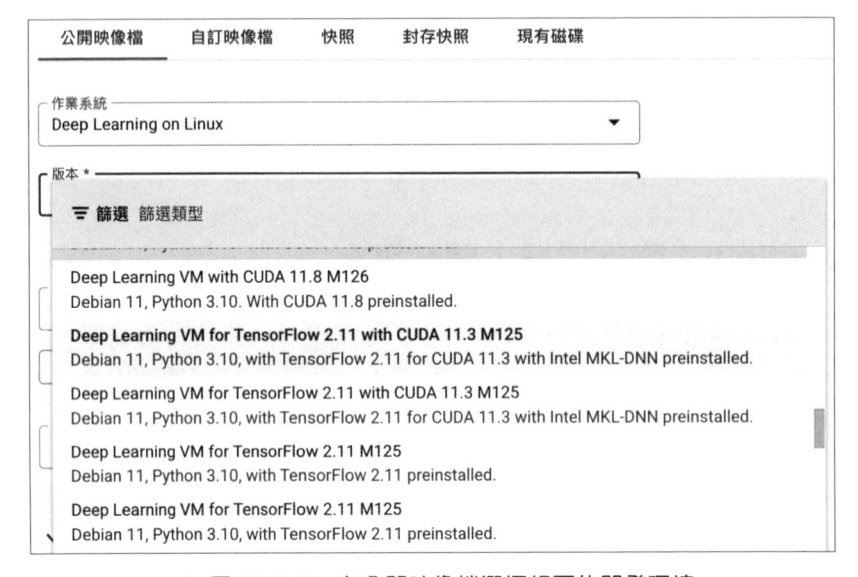

▲ 圖 10-2-6　在公開映像檔選擇想要的開發環境

如果想要得到完整的企業級開發環境，可以使用 Vertex AI Workbench，在它預先準備好的 Python 環境中，已經包含 TensorFlow、PyTorch、Scikit-learn 等開發工具，也深度整合 AutoML、Model Registry（模型存放）和 Pipeline，適合需要完整開發流程的企業團隊。它的建立方式就像你在建立虛擬機器一樣簡單，你可以再展開進階選項，去挑選你想要的 GPU、TPU 或是調整更多環境的細節，如圖 10-2-7：

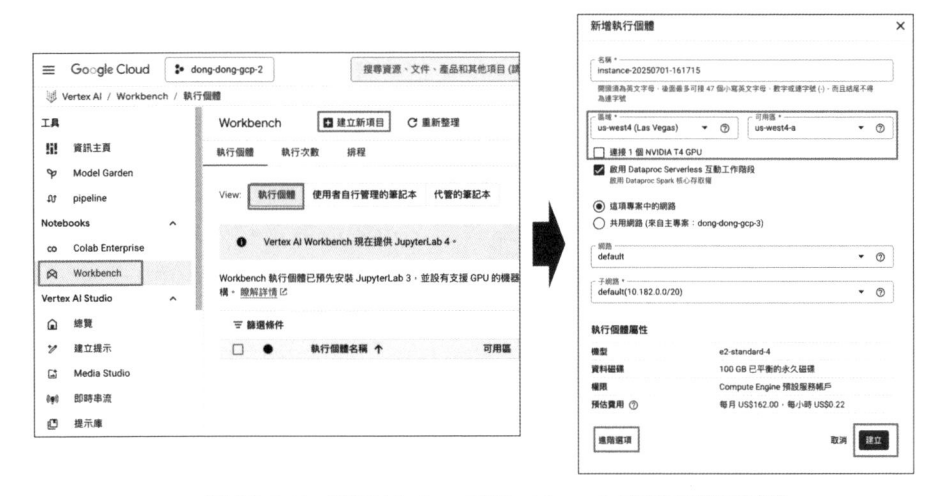

▲ 圖 10-2-7　建立 Vertex AIWorkbench 來建立執行個體

除此之外，你還可以使用 Colab Enterprise，它很像 Jupyter，如圖 10-2-8，是全代管的 Notebook 環境，與 Google Drive、BigQuery 緊密整合，你只要把程式碼貼進來，就可以馬上執行，很適合需要快速原型開發和團隊協作的場景。但要注意，它在背景也會開一台規格是 e2-standard-4 和 100 GB SSD Disk 的機器，所以務必要小心監控相關的預算和費用喔！

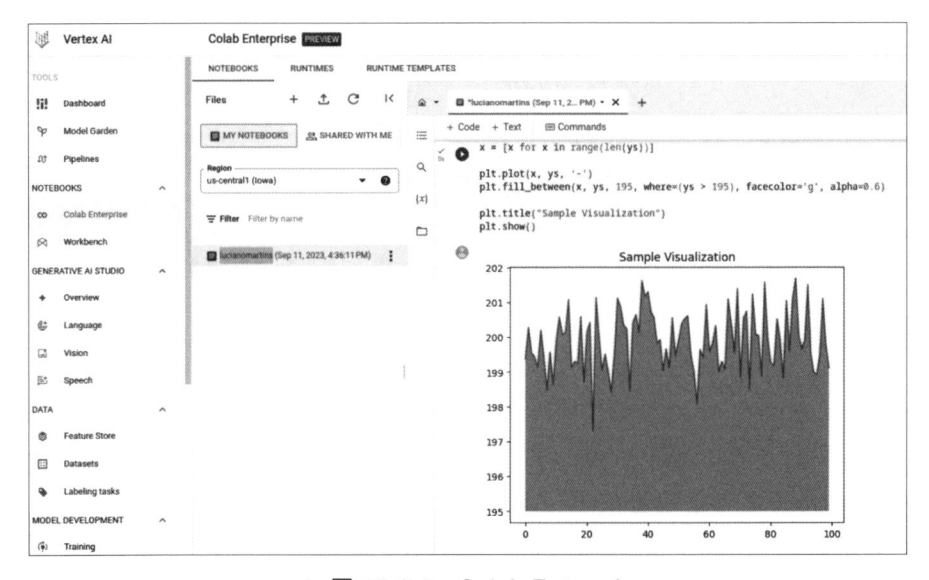

▲ 圖 10-2-8　Colab Enterprise

10-19

針對有特殊需求或具備機器學習專業知識的團隊，Google Cloud 提供了完整的開發環境。透過 Vertex AI Workbench 和各種機器學習框架，讓你可以完全控制模型的設計、訓練和部署過程。

從圖 10-2-9 可以看到，越方便的 AI 模型越沒有門檻，但客製化程度低；而自訂程度高的模型，要負責整個開發流程，也需要熟悉相關的技術和知識，但也能保有最大的開發彈性。你可以依照現況選擇最適合的應用方式。

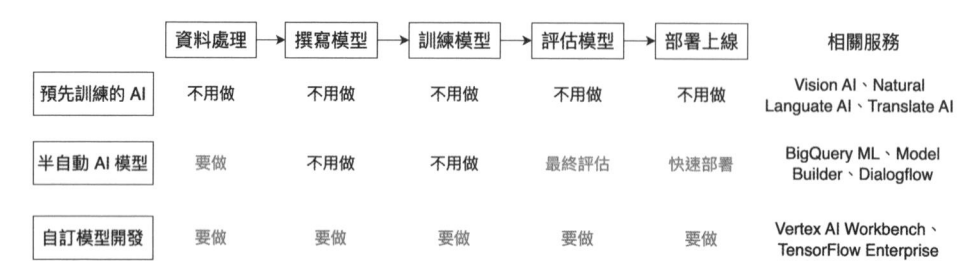

	資料處理	撰寫模型	訓練模型	評估模型	部署上線	相關服務
預先訓練的 AI	不用做	不用做	不用做	不用做	不用做	Vision AI、Natural Languate AI、Translate AI
半自動 AI 模型	要做	不用做	不用做	最終評估	快速部署	BigQuery ML、Model Builder、Dialogflow
自訂模型開發	要做	要做	要做	要做	要做	Vertex AI Workbench、TensorFlow Enterprise

▲ 圖 10-2-9　Google Cloud 提供的各項 AI 服務

10-3　生成式 AI 服務

生成式 AI 有別於傳統的判別式 AI，生成式 AI 可以產生文字、圖片、程式碼、聲音甚至影片等多種格式的內容，像是 ChatGPT、Gemini、Claude、Copilot、Perplexity 和 DeepSeek 等等，已經在各個領域蓬勃發展。Google Cloud 也推出生成式 AI 的各種工具，分別介紹如下：

Agent Builder：低程式碼（Low Code）的 AI Agent 開發工具

Vertex AI Agent Builder 專門用來製作 AI Agent。想像它是一個「AI 助理工廠」，你可以在這裡設計、製造、測試你的 AI Agent，然後讓它上線為客戶服務，它包含幾個主要服務如下：

Agent Garden 是一個程式庫，你可以找到用來加快 Agent 開發的範例程式碼和相關工具，如圖 10-3-1：

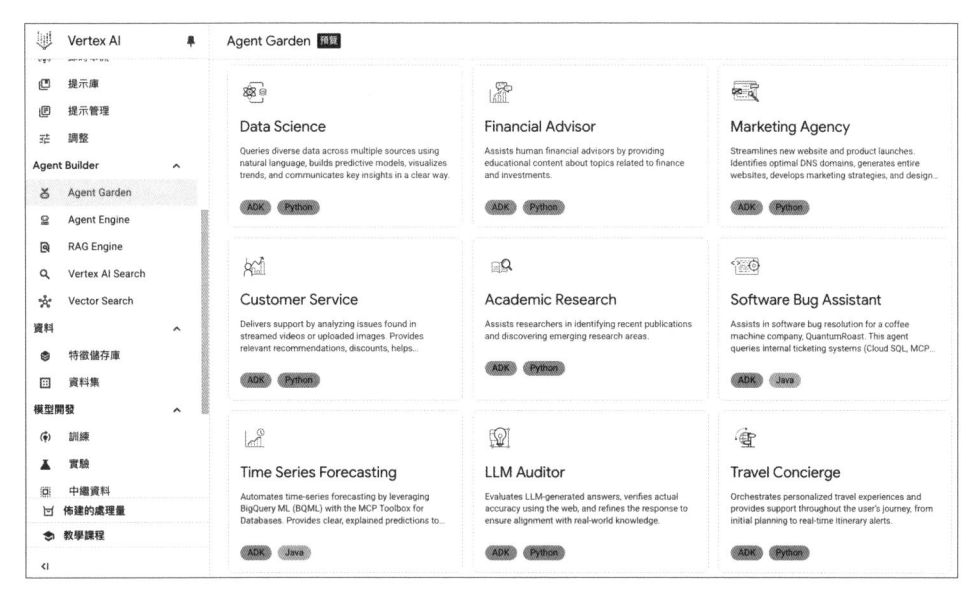

▲ 圖 10-3-1　Agent Garden

Agent Development Kit（ADK）是開放原始碼架構，可以簡化建立多個 Agent 的流程，同時也能精確控制 Agent 的行為。

Vertex AI Search 是一個不只會搜尋，還能預先把搜尋結果生成一個快速解答給你的搜尋功能，如圖 10-3-2 是給搜尋引擎大量的財報資料，之後再搜尋框輸入想要查詢的資料，你會看到在下方搜尋結果出現之前，已經先生成答案給你。

而在左邊的模型選項，你可以即時切換模型，它就能即時反應搜尋和生成的結果。

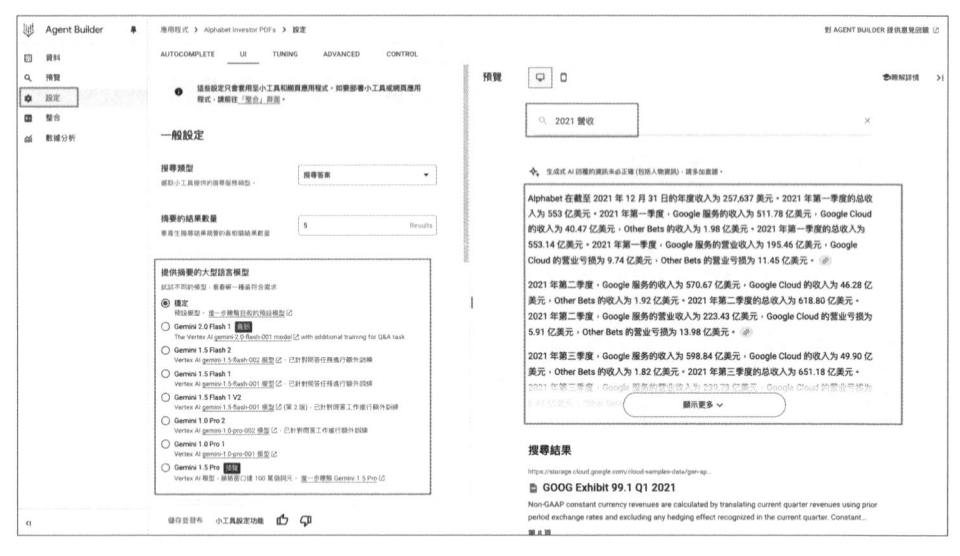

▲ 圖 10-3-2　Vertex AI Search

Model Garden 是預先訓練好的模型庫，你可以把它想像成一個大型的 AI 模型商店，裡面有 Google 自己的模型，也有其他公司的模型，企業可以直接挑選合適的來用，如圖 10-3-3：

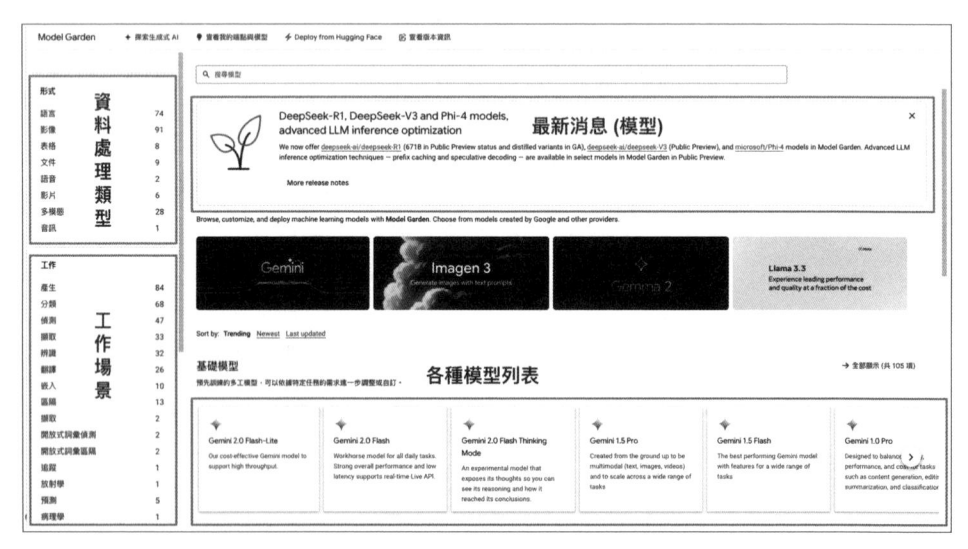

▲ 圖 10-3-3　Model Garden 主畫面

如圖 10-3-4 是我們在 Vertex AI studio 打開 Gemini 1.5 Pro 的畫面，我們可以在提示區輸入提示詞，接著模型會在回應區產生回答，同時我們可以在設定區調整參數，看看它的回答是否會不一樣：

▲ 圖 10-3-4　Vertex AI Studio

Gemini：Google Cloud 最主要的大型語言模型

Google 近期推出的 Gemini 已經是非常成熟的模型，也深入整合到自家的各個服務當中，關於 Gemini 已經發展出不同用途的服務如下：

⊙ Gemini Developer API

就像是 Gemini 的「簡化版入口」。如果你是個人開發者，或是想要快速做個小專案試試水溫，這個選項最適合。它的介面很簡單，幾行程式碼就能開始跟 Gemini 對話，不需要設定一堆複雜的東西。

⊙ Vertex AI API

透過 Vertex AI 呼叫的 Gemini API 則是「企業級的完整版」。如果你是在公司工作，需要處理敏感資料，或是要做大規模的應用，就要選擇這條路，因為它已經整合進 Google Cloud 的生態系統。

⊙ Gemini for Google Cloud

Gemini 已經被深度整合到 Google Cloud 的各個服務裡面了,當你在使用 Google Cloud 的時候,Gemini 就像是一個隱形的助手,隨時準備幫你的忙,包含以下三種工具:

- **Gemini Cloud Assist**:就像是你的雲端架構顧問。當你的應用程式跑得很慢,你只要跟它說「我的應用程式載入很慢」,它就會自動檢查你的相關設定,然後告訴你可能的解決方案。要注意目前只支援英文的提示詞喔!

- **Gemini Code Assist**:則是程式設計師的好夥伴。它不只是簡單的程式碼自動完成功能,而是真的能理解你想要做什麼,然後幫你寫出完整的程式式碼。

- **Gemini in BigQuery**:讓你可以直接用中文說「我想查前三筆金額最高的訂單」,Gemini 就會自動產生對應的 SQL 語法,還能解釋查詢結果代表什麼意思,如圖 10-3-5:

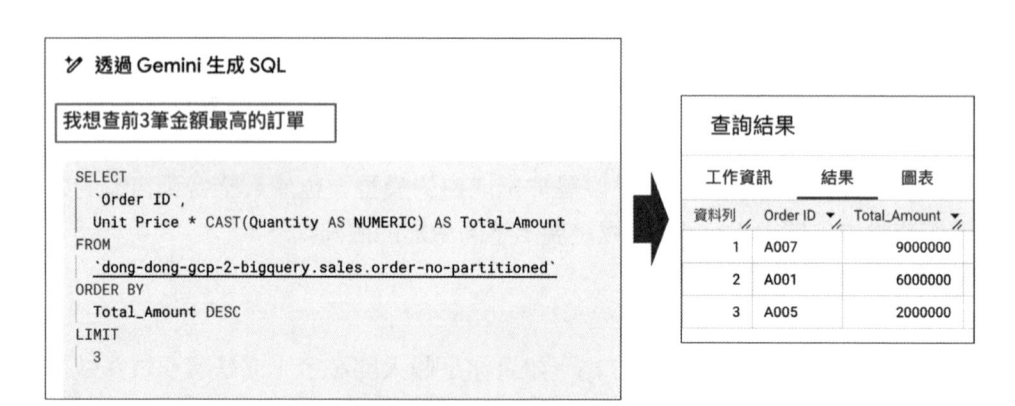

▲ 圖 10-3-5　Gemini in BigQuery

最後還是提醒一下,像 Gemini 這麼厲害的 AI,生成出來的東西也要再三驗證,不要盲目相信喔!

CHAPTER 11

Google Cloud 的資安服務

- 11-1 Google Cloud 的重要資安概念
- 11-2 組織治理與監控
- 11-3 資料保護與加密

● 11-1 Google Cloud 的重要資安概念

共同責任模型

Google Cloud 建立了一套完整的資安防禦縱深，不僅涵蓋了基礎設施的安全，更延伸至應用程式、資料、身分驗證等各個面向。雖然 Google Cloud 很安全，但這並不代表你什麼事都不用做，萬一發生資安事件，你也不能都把責任賴給 Google 喔！為什麼？

如圖 11-1-1，如果你的系統原本都在地端，發生資安事件，你自然會負起全部責任，隨著你使用雲端服務越來越多，Google Cloud 也會負起相對應的責任，因為硬體設備和機房水電都是 Google Cloud 負責，但不會負 100% 的責任，因為資料的存取權限仍然是你在控制的，如果你使用虛擬機器（IaaS），防火牆也是你在管理的，是你決定要不要對外開放。

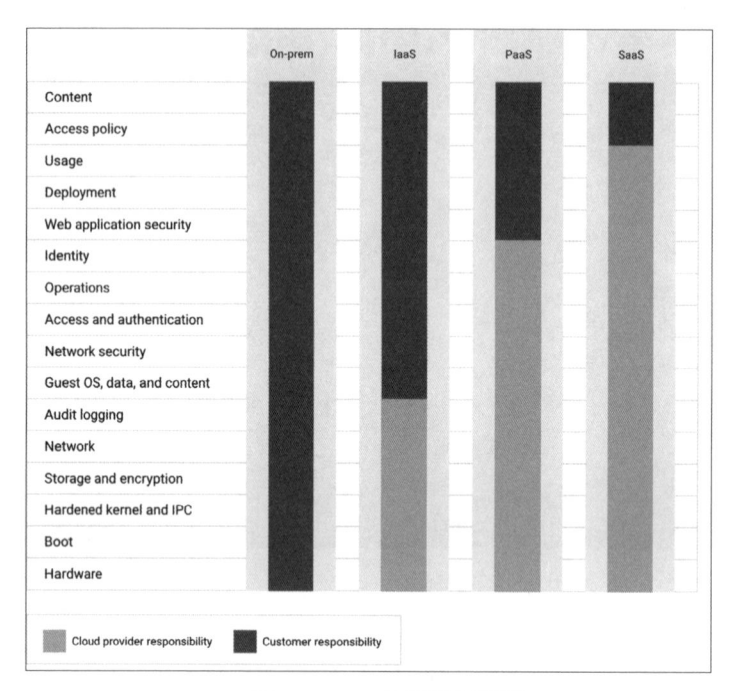

▲ 圖 11-1-1　共同責任模型

（資料來源：https://cloud.google.com/architecture/framework/security/shared-responsibility-shared-fate）

理解這件事情，不是要幫 Google 推卸責任，而是要讓你知道，不要過度依賴 Google Cloud 處理全部的資安，Google Cloud 有提供非常多的資安服務，你可以依照公司的情境多加利用，而不是完全靠自己處理。

BeyondCorp 架構

BeyondCorp 的核心理念是「永不信任，始終驗證」，無論使用者身處何處、使用何種裝置，每一次的存取要求，都必須經過嚴格的身分驗證與授權檢查。

BeyondCorp 包含了三個核心元件：身分與裝置的信任評估、情境感知的存取控制以及持續的安全監控，三者交互合作，確保整體環境的安全。以下介紹 BeyondCorp 的相關服務。

Cloud IAP 身分感知代理

Cloud Identity-Aware Proxy，簡稱 Cloud IAP，它充當一個智慧的安全代理，位於使用者與企業應用程式之間，執行的身分驗證與存取控制。

當使用者嘗試存取受保護的應用程式時，Cloud IAP 會先攔截這個請求，然後進行身分和裝置的驗證。

此外，還會考量存取的情境，例如，使用者是從什麼地方發起請求、用的是哪種類型的網路連線、當前的時間是否在允許的工作時間內等。

Cloud IAP 可用在搭配 Load Balancer 的 HTTPS/Web 應用程式，而 Google App Engine、Cloud Run 或 GKE，它們都內建 Google 的代理，已經整合了 Identity-Aware Proxy 功能，流量會自動經過 Google 的身分驗證層，所以使用它們是更方便的喔！

Access Context Manager 情境管理

Access Context Manager 是 BeyondCorp 架構中的情境感知功能，它負責定義與管理各種存取情境的規則與條件。

在傳統的存取控制模式中，權限管理相對簡單，通常只考慮使用者的身分與角色。然而，在現實環境中，可能要考量更多的因素。

例如，一個財務人員在辦公室內使用公司的筆電進入會計系統，與他在家中使用個人電腦存取同一個系統，這兩種情境下的風險程度很明顯是不一樣的，他家裡的電腦有沒有可能被駭客入侵？如果他身分沒問題，但來源如果是俄羅斯，會不會怪怪的？因此會定義為不同的存取層級，並且採用不同的安全措施。設定範例如圖 11-1-2：

▲ 圖 11-1-2　存取層級範例

VPC Service Control 數位圍籬

簡稱 Service Control，它就像在 Google Cloud 建立一道「虛擬的安全圍牆」，決定誰可以進來、什麼時候可以進來，以及可以存取哪些資源。

Service Control 這個功能是獨立於其他安全性相關的服務，也就是說，即使你是合法的使用者，也在 IAM 有權限，但只要 Service Control 禁止存取，你一樣無法存取到該服務。如圖 11-1-3，你可能專案擁有者，但是 Service Control 限制你存取 Cloud Storage API 的話，你可以進到這個頁面，但是看不到任何 Bucket：

▲ 圖 11-1-3　VPC Service Control 禁止存取，即使有權限進入

11-2 組織治理與監控

Organization Policy 機構政策

Organization Policy 是 Google Cloud 組織治理體系的核心服務，它讓企業能夠定義與執行各種管理政策，確保雲端資源的使用符合企業的要求。

你可以在「組織」層級設定全公司都要遵守的基本規則，在「資料夾」層級針對特定業務單位調整，最後在「專案」層級做最終的客製化。下層會自動繼承上層的設定，既保持一致性，又保留彈性。

⊙ 常見的政策類型

地區限制政策，例如 gcp.resourceLocations 可以限制雲端資源只能部署在特定國家或地區。

服務使用限制，例如 gcp.restrictServiceUsage 限制可以使用的 Google Cloud 服務，例如禁止使用 storage.googleapis.com。

如圖 11-2-1，你可以看到一些機構政策的內容：

強制執行狀態	名稱	ID
✓ 已啟用	Block Compute Engine Preview Features	compute.managed.blockPreviewFeatures
✓ 已啟用	Block service account API key bindings	iam.managed.disableServiceAccountApiKeyCreation
⊖ 未啟用	Disable service account creation	iam.managed.disableServiceAccountCreation
⊖ 未啟用	Disable service account key creation	iam.managed.disableServiceAccountKeyCreation
⊖ 未啟用	Disable service account key upload	iam.managed.disableServiceAccountKeyUpload
⊖ 未啟用	Disables Subscription Single Message Transforms (SMTs)	pubsub.managed.disableSubscriptionMessageTransforms
⊖ 未啟用	Disables Topic Single Message Transforms (SMTs)	pubsub.managed.disableTopicMessageTransforms
⊖ 未啟用	Disallow using the default Compute Engine service account as the node pool service account.	container.managed.disallowDefaultComputeServiceAccount
⊖ 未啟用	Prevent privileged basic roles for default service accounts	iam.managed.preventPrivilegedBasicRolesForDefaultServiceAccounts

▲ 圖 11-2-1　機構政策

Security Command Center 資安命令中心

簡稱 SCC，是 Google Cloud 的資安和風險管理平台，提供各方面的安全分析和威脅偵測，它包含了 Standard、Premium 和 Enterprise 三種版本，可以針對企業的規模大小和需求，提供不同程度的保護。

像 Security Health Analytics 提供漏洞的掃描，可以自動偵測環境中最嚴重的漏洞和錯誤設定，例如 IAM 裡有「不在網域內」的成員、開放的防火牆規則等等，而掃描的結果會自動呈現在 Vulnerabilities，它還會告訴你某個漏洞是否違反了國際標準，並提供解決的建議，幫助你合規，是非常貼心的功能。如圖 11-2-2：

Status	Last scanned	Category	Module ID	Recommendation	Active findings	Standards
⚠	August 5, 2024 at 7:30:46 PM GMT+8	Open firewall	OPEN_FIRE...	Firewall rules should not allow connections from all IP addresses	8	PCI DSS 3.2.1 : 1.2.1
⚠	August 5, 2024 at 7:30:47 PM GMT+8	Open SSH port	OPEN_SSH_...	Firewall rules should not allow connections from all IP addresses on TCP or SCTP port 22	7	CIS GCP Foundation 1.0 : 3.6
⚠	August 5, 2024 at 7:30:47 PM GMT+8	Non org IAM member	NON_ORG_I...	Corporate login credentials should be used instead of Gmail accounts	6	CIS GCP Foundation 1.0 : 1.1
⚠	August 5, 2024 at 7:30:47 PM GMT+8	Open RDP port	OPEN_RDP_...	Firewall rules should not allow connections from all IP addresses on TCP or UDP port 3389	4	CIS GCP Foundation 1.0 : 3.7
⚠	August 5, 2024 at 7:30:47 PM GMT+8	MFA not enforced	MFA_NOT_E...	Multi-factor authentication should be enabled for all users in your org unit	1	CIS GCP Foundation 1.0 : 1.2
⚠	August 5, 2024 at 7:30:47 PM GMT+8	Public bucket ACL	PUBLIC_BUC...	Cloud Storage buckets should not be anonymously or publicly accessible	1	CIS GCP Foundation 1.0 : 5.1

▲ 圖 11-2-2　Security Command Center 的 Security Health Analytics

11-3 資料保護與加密

Cloud KMS 金鑰管理服務

我們在 Google Cloud 使用的 Disk、Cloud Storage、Cloud SQL、Filestore 和 BigQuery，本身都內建了 Google 預設的加密機制，雖然還沒有用到 Cloud KMS，但已經達到相當程度的安全性。

如果想要更高的加密等級，就可以採用 KMS，除了軟體生成的金鑰可達到 FIPS 140-2 Level 1 的安全等級，也有硬體模組（Hardware Security Module；HSM），能夠達到更高的 FIPS 140-2 Level 3，是當前很多金融機構合規的標準。

Cloud KMS 很特別的地方是，它幫你管理金鑰，但是你無法拿到金鑰本身，當你想要存取加密的資料時，Google Cloud 會幫你呼叫 Cloud KMS 的 API，自動幫你處理解密的動作，這樣的好處是，任何人包含最高管理員，都碰不到金鑰，從而確保金鑰外洩的風險。

Cloud Sensitive Data Protection 敏感資料保護

原名叫 Cloud DLP（Data Loss Prevention），就像是一個專業的資料保全員，專門負責在你的資料中找出敏感資訊，並且幫你好好保護這些資訊。

Sensitive Data Protection 能夠自動掃描你的資料，找出各種類型的敏感資訊，包括姓名、電話號碼、電子郵件地址等等。財務相關的資料也難不倒它，像是信用卡號碼、銀行帳戶資訊都能被準確找出來。

找到敏感資料只是第一步，接下來就要想辦法保護這些資料。Sensitive Data Protection 提供了多種去識別化的方法，就像是給敏感資料戴上不同的面具。

Masking（遮罩）是最直接的方法，就像是用黑筆把敏感資料塗掉一樣，用特定的字元（例如 ***）來替換原本的資料，如圖 11-3-1：

```
Example automation redaction input:

Please update my records with the following information:
Email address: foo@example.com

National Provider Identifier: 1245319599

Driver's license: AC333991


Example output using a placeholder of "***":

Please update my records with the following information:
Email address: ***

National Provider Identifier: ***

Driver's license: ***
```

▲ 圖 11-3-1　資料遮罩範例

（資料來源：https://cloud.google.com/sensitive-data-protection/docs/concepts-text-redaction）

對於日期資料提供了日期偏移（Date Shifting）的功能，會隨機調整日期，讓資料保持相對的時間關係，但又不會洩露真實的日期。

數值範圍化（Bucketing）則是把具體的數字替換成範圍，比如把實際的年齡改成年齡區間（例如 26~30 歲）。

Tokenization（令牌化或代碼化）則是把敏感資料換成一個完全不相關的代碼，就像是給每個敏感資料一個暗號。包含不可還原資料的加密哈希（Cryptographic Hashing）、可還原資料的保留格式加密（Format Preserving Encryption）和可還原資料的確定性加密（Deterministic Encryption）。

保留格式加密和確定性加密之所以能夠還原，是因為它們是透過 Cloud KMS 來處理加密和還原的，它們都會去呼叫 KMS 的 API 來取得金鑰，再來做加解密的動作，所以記得要先去 KMS 建立金鑰喔！

CHAPTER 12

企業使用 Google Cloud 的相關議題

- 12-1 將系統搬上 Google Cloud 的評估考量
- 12-2 主機搬遷上雲的執行方法
- 12-3 Google Cloud 的帳單分析與成本管控

經過前面對 Google Cloud 資安服務的介紹，了解了雲端平台如何提供全方位的防護。然而，對於正在考慮上雲的企業而言，安全性只是眾多考量因素之一。企業上雲是一個涉及技術、營運、財務、法規等多個面向的重大決策，需要經過周密的評估與規劃。

很多公司上雲會失敗，主要是因為沒有事先搞清楚自己的狀況，結果上雲之後發現不符合商業上的目標，或是成本太高，結果又「下雲」回到地端。

就像你要搬家，總不能什麼都不看就直接搬到新房子吧？結果搬過去才發現跟想像的差很多。

12-1 將系統搬上 Google Cloud 的評估考量

上雲前評估要點

公司考慮上雲之前，要先全面檢查自己的狀況。這個檢查要包括公司的電腦設備、軟體系統、資料、安全狀況、法規要求，還有員工能力等等。就像做健康檢查一樣，要先知道自己身體怎麼樣，才知道該怎麼治療。

⊙ IT 基礎架構評估

就是盤點家底，公司要仔細數一數自己有什麼硬體設備、網路和儲存設備，還有買了哪些軟體跟授權。不只要知道有多少東西，還要看這些東西用得怎麼樣、跑得快不快、每年要花多少錢維護、還能用多久。很多公司盤點後會嚇一跳，原來自己的設備利用率超低，有一大堆設備在那邊積灰塵。

⊙ 應用程式分析

就是把公司所有的軟體系統列出來，看看這些系統是怎麼設計的、會不會互相影響、需要多大的運算效能、對公司有多重要。這樣可以知道哪些系統可以直接搬到雲端，哪些要改造一下，哪些太老舊可能要重新做，買新的軟體授權，或是雲端上有服務可以取代。特別要注意系統之間的關係，因為可能牽一髮而動全身。

⊙ 資料盤點

就是要弄清楚公司有多少資料，像資料庫那種結構化的資料，和像檔案、圖片那種雜亂的資料。要知道這些資料有多重要、會不會一直增加、要放多久、誰會用到、有沒有敏感資訊。如果是跨國公司，還要注意資料放在哪個國家，因為有些國家有法規限制，例如不能放在海外。

⊙ 網路狀況檢查

要看現在的網路速度夠不夠、會不會延遲、會不會常斷線、安全設定如何、怎麼跟外面的系統連接。雲端的網路跟傳統地端的設計不同，地端如果斷線可能找廠商來修，雲端則要辨識是自己是否設定錯誤，或是原廠的基礎建設發生的問題，自己設錯就是自行調整或請代理商來排除，原廠的問題就是等待原廠來恢復，要了解這些差別會不會影響軟體運作和公司營運，特別是那些需要即時反應或需要大量資料傳輸的系統。

⊙ 安全與法規檢查

要看現在有什麼安全措施、要符合什麼法規、公司可以承受多大風險。不同行業有不同規定，像銀行、醫院的規定就很嚴格。要確認雲端服務商能不能

滿足這些要求，也要看自己的安全管理能力需不需要加強，這方面也能請代理商來協助評估。

成本效益分析

雲端的支出方式跟傳統買電腦設備很不一樣，這讓很多公司搞不清楚到底划不划算。傳統方式就像買房子，要一次花大錢買設備，然後慢慢攤還成本。雲端就像租房子，用多少付多少。這種差別讓成本比較變得很複雜。

算總成本不能只看表面的錢，還要算隱藏的費用。在公司自己管理的環境中，要付機房租金、電費、冷氣費，還要請專門的人來管理維護。這些隱藏成本常常被忽略，導致對雲端成本的判斷出錯，總覺得雲端好像都比較貴。

雲端成本預測比較麻煩，因為雲端的好處就是可以彈性調整。公司要分析自己的業務狀況，看看什麼時候需要比較多資源，什麼時候比較少。如果有明顯的淡旺季，雲端可能會省很多錢，因為不用為了應付旺季而長期養著一堆設備。

雲端平台有很多省錢的方法，像是購買一年或三年的（Committed Usage Discount；CUD）可以得到 63 折或 45 折，或是改用 Instance Group 的 Autoscale，可以自動調整資源大小，如果用無伺服器的 Google App Engine 或 Cloud Run 可能會更省錢，但你必須請工程師調整應用程式。

另外，也可以把不重要的工作排到便宜時段，用 Spot 機器來處理等等。

除了直接省錢，雲端還有很多看不見的好處，比如說，新功能可以更快推出，搶得市場先機；災難復原能力更好，減少停機損失；資料分析能力更強更快，幫助做更好的判斷跟決策，創造更多營收。

傳統環境會遇到硬體壞掉、天災、駭客攻擊等風險，可能造成營運中斷或資料損失，要把這些風險的成本也算進去。雲端雖然也有風險，但通常有更好的備援機制，可以降低營運中斷的風險。

上雲通常需要前期投資，像是系統整合、員工訓練、流程改造等費用，要算算看多久可以回本，這樣才知道投資值不值得。可以請雲端的代理商來協助評估，或是僱用有經驗的雲端架構師來幫忙。

風險評估與緩解策略

上雲是個大工程，會遇到各種風險。技術風險、營運風險、組織風險都要考慮到。好的風險管理是成功上雲的關鍵。

◎ 技術風險

這是最直接的問題，軟體搬到雲端可能會不相容，很多人會直接把 VMware 的 VMDK 檔案直接匯入 Google Cloud，但這種方式的失敗率較高。成功率較高的方法是使用 Migrate to Virtual Machine，不過前提是你要把地端的 vSphere 環境跟 Google Cloud 連接，前置作業較多，但比較不會失敗。

如果是大企業，你可以在雲端直接建立一套 VMware 的資料中心（VMware Engine）跟地端的 VMware 環境直接串聯在一起，直接使用 VMware 本身的技術把機器搬上雲端，當然成本就更高了。

上面提到的是 Lift and Shift 方法，就是原封不動把機器搬上去，如果你想要更好、更相容於雲端環境的方法，就是調整相關的程式碼，重新部署到更適合的環境中。

資料搬遷過程可能出錯，這是最讓人擔心的。網路不穩定會影響系統運作，特別是需要即時處理的業務。要降低這些風險，就要充分測試，在正式環境之外先試試看，避免影響業務運作。

關於安全性，雲端的做法跟傳統不一樣，要重新設計安全機制。資料在傳輸和儲存時的安全、誰可以存取什麼資料、符不符合法規要求，都是重要問題。可以找有經驗的顧問或代理商合作，確保所有安全要求都能滿足。

在日常營運上，要建立新的管理方式。監控、備份、災難復原、效能調整等工作都要重新設計。員工也要學習完整的雲端操作和維運技能，確保能有效管理雲端環境。

供應商風險是雲端特有的問題，這裡還分成原廠和代理商，原廠的重點就是技術發展方向，現有的服務會不會下架，讓你原有的系統不能運作，或是以後要換到其他公有雲，會不會被原來的雲端綁定。在代理商方面，把系統交給代理商管理，就會產生依賴關係，他們的服務品質、技術能力、會不會倒閉等，都會影響公司營運。要仔細評估廠商的可靠性，或考慮用多個服務商分散風險。

法規風險在某些行業特別重要，像是政府單位或金融產業。不同法規對資料處理、儲存、跨國傳輸可能有特殊要求。要確保雲端能滿足所有法規要求，也要注意法規變化。

組織風險指的是人員的問題，常被忽略，但很重要。上雲不只是技術改變，也是工作方式改變。員工可能會抗拒新技術、擔心工作被取代、害怕跟不上變化。要做好溝通、提供充分訓練、建立激勵制度，讓大家願意配合改變。

組織準備度評估

成功上雲需要我們有相對應的能力和準備。技術能力、管理能力、企業文化都很重要，要誠實評估自己的狀況，制定能力建設計畫。

對於技術能力，雲端需要不同的技能，像是雲端架構設計、自動化、DevOps、雲端安全等。要找出技能缺口，決定是要培訓現有員工還是僱用新人。另外也要看團隊的學習能力，因為雲端技術發展很快，需要持續學習。

上雲是個複雜的大專案，需要強的專案管理來協調各種工作。要看自己有沒有管理大型 IT 專案的經驗，有沒有適當的管理方法和工具。變革管理也很重要，因為上雲會影響組織各個方面，如果改變太劇烈可能會引發員工反彈，這需要謹慎評估，並且和大家充分溝通。

企業文化很重要但常被忽略。雲端鼓勵實驗、快速試錯、持續改進，這跟很多傳統企業的保守文化很不一樣。不要出事了就急著抓戰犯，這樣會讓員工寧願什麼都不做，就不會被罵。所以培養不究責的文化（Blamelessness）會是公司當前的挑戰，這需要高階主管以身作則來支持，讓員工心理感到安全，才能放手去做。

決策機制也要檢查。雲端環境變化快,需要更敏捷的決策。傳統的階層式決策可能會成為障礙,某個主管反對,可能就讓整個專案停擺,要看是不是需要建立更靈活的決策機制。

資源投入的意願和能力是重要指標,上雲需要大量投資,包括錢、人力、時間。要看自己有沒有足夠資源來支持整個轉型過程,有沒有持續投資的規劃。資源不足是上雲失敗的常見原因,尤其是在財務面必須要有謹慎的評估。

很多公司上雲需要外部協助,包括雲端原廠、代理商、系統整合商和顧問公司。要評估自己管理這些合作夥伴的能力,不要被他們牽著鼻子走,以及選擇評估合作夥伴的能力,好的合作夥伴可以大大提高成功機率。

經過全面評估和策略制定後,公司就有了啟動上雲的基礎。但評估和策略只是開始,實際轉型還需要更詳細的規劃設計。下一個單元我們會探討主機搬遷上雲的常見方法,讓公司可以具體了解相關的操作方式。

12-2 主機搬遷上雲的執行方法

關於企業上雲的實施步驟,在 Google Cloud 的官網有一篇「遷移至 Google Cloud:規劃及建立基礎」,記載了非常詳盡的步驟跟方法。在這裡我依目前業界需求,了解到大多數企業想要做的是更換主機(Lift And Shift),就是原封不動搬遷,所以就依我個人經驗總結方法如下:

匯入主機檔案

1. 匯入虛擬機磁碟映像檔(Virtual Disk Image)

如果你手上有現成的虛擬機磁碟映像檔,可以直接匯入,完成之後可以馬上用這個映像檔,在 Google Cloud 建立和地端一樣的虛擬機器。

虛擬機磁碟映像檔支援的格式包含：VMDK、VHD、VHDX、VDI、QCOW、QCOW2、QED 等，也支援 .tar.gz 檔案，你要確保壓縮檔案包含名為 disk.raw 的單一檔案。

不過要注意的是，這個虛擬機磁碟映像必須要先儲存在 Cloud Storage，所以你必須要先上傳檔案，然後再去 Migrate to Virtual Machines 的主控台上匯入它。如圖 12-2-1：

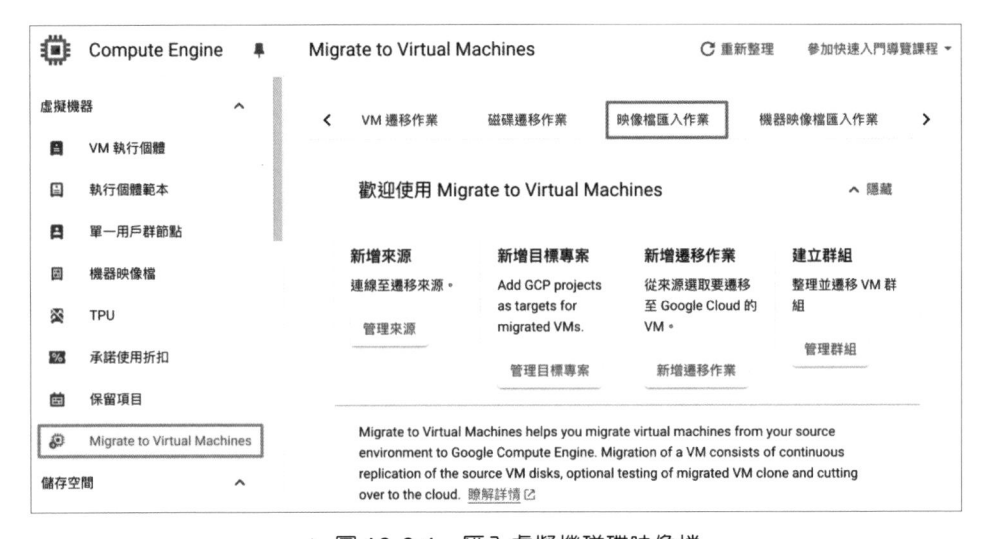

▲ 圖 12-2-1　匯入虛擬機磁碟映像檔

2. 匯入機器映像檔

這個方法跟前一個幾乎一樣，都是先把檔案上傳到 Cloud Storage。不同的地方是，機器映像檔則是直接包含一台主機所有的磁碟，格式是 OVF 或 OVA，如果你匯入機器映像檔，就不用手動匯入多個檔案了。

從地端 VMware 環境搬遷主機或硬碟資料

這個方法的前提是在地端必須要有一個 vSphere 資料中心，然後再搬遷之前會有一系列的前置作業，讓你的地端和雲端可以連接在一起，之後才能開始

搬遷，雖然比較麻煩，但是它可以針對大批的主機一口氣快速搬遷，而不是像上述方法一台一台操作。搬遷架構如圖 12-2-2 所示。

在執行搬遷時，整個畫面都在 Migrate to Virtual Machines 頁面上執行，包含設定搬遷的目標主機、測試搬遷後的主機，最後正式切換，整個操作很簡單方便。

此外，因為主機是在 VMware 環境，搬遷到 Google Cloud 有比較高的相容性，成功率高很多，如果你在地端有大量的主機需要搬遷，強烈推薦使用這種方法。

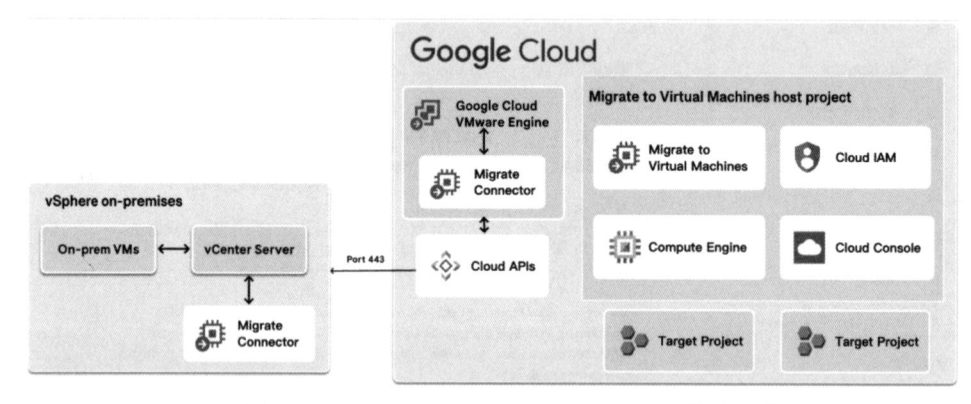

▲ 圖 12-2-2　Migrate to Virtual Machines 搬遷架構
（資料來源：https://cloud.google.com/migrate/virtual-machines/docs/5.0/migrate/vmware_overview）

透過 VMware Engine 執行搬遷

Google Cloud 本身可以建立一個純粹的 VMware 環境在雲端，叫做 VMware Engine，可以和地端的 VMware 環境連結在一起，還可以使用 VMware 本身的 HCX 將地端的主機無縫地搬遷到雲端上。

所以它具體的搬遷方法是由 VMware 所發展的，Google Cloud 就只是提供基礎建設，讓 VMware 可以在 Google Cloud 上面順利運作，整合概念如圖 12-2-3：

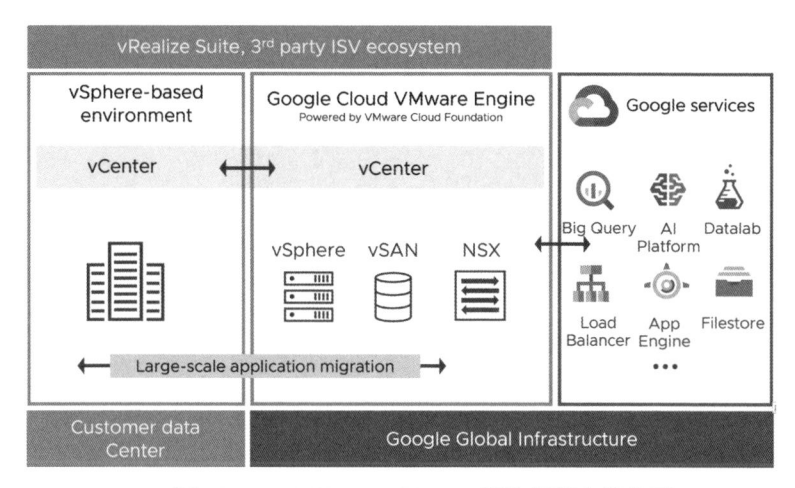

▲ 圖 12-2-3　VMware Engine 和地端整合概念圖

（資料來源：https://esxsi.com/2020/05/30/google-cloud-vmware-engine/）

而這樣的服務要在 Google Cloud 上開起來，必須要使用通過 VMware 認證的主機，我們可以從「VMware Engine」進入「私有雲」，然後點擊「建立私有雲」，接著設定 Region 和主機規格等等，就能開出一套 VMware 環境。如圖 12-2-4：

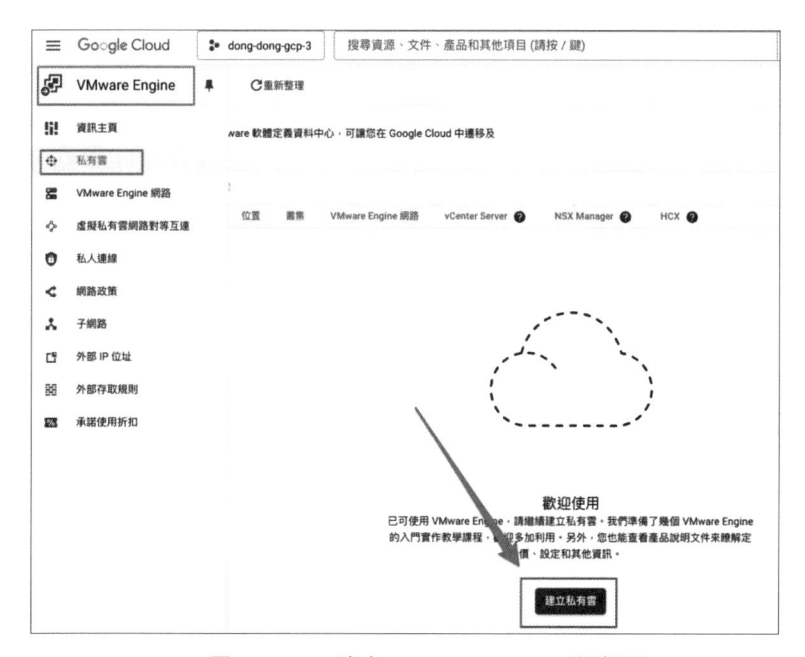

▲ 圖 12-2-4　建立 VMware Engine 私有雲

12-9

不過要注意，目前台灣（asia-east1）並沒有提供這樣的環境，VMware Engine 離台灣最近的資料中心在新加坡（asia-southeast1），你需要考慮網路延遲和公司所在的產業，有沒有要求主機可以設在境外，再決定要不要使用 VMware Engine。

不管你是哪一種企業規模或是場景，都建議你先從匯入映像檔開始，不是真的要你在正式搬遷都用這個方法，而是要你藉由這個動作，去熟悉整個搬遷的流程、細部操作和相關的注意事項，讓你了解搬遷過程的全貌，以便做好完整的評估和規劃，讓搬遷順利成功。

12-3 Google Cloud 的帳單分析與成本管控

Google Cloud 的計費項目多且複雜，這裡快速帶大家看幾個重點，讓大家能掌握大方向。

帳單明細和計費方式查詢

首先是帳單報表的日期部分，「月結單」可查上月之前已結算帳務，這裡的資料因為已經結帳完畢所以資料是確定並且不會變動的，「使用日期」可以查詢當月帳務，通常我們在操作當下所產生的費用，大概等待一到兩天就可以在報表上看到資料，不過要注意它還沒有經過完整的結算，所以有可能還會有所變動。

我們剛看到報表是以「服務」的形式呈現，但其實每個服務底下都有更多更細的 SKU，你可以在「分類依據」的選單選擇 SKU，就能看到進一步的帳單明細。如圖 12-3-1：

企業使用 Google Cloud 的相關議題　**12**

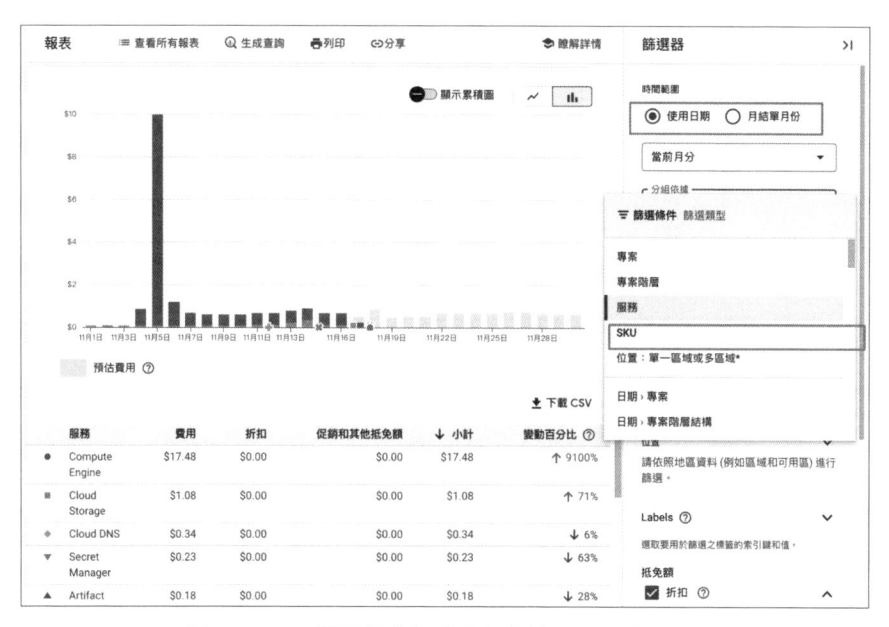

▲ 圖 12-3-1　帳單報表把「分類依據」切換成「SKU」

假如你看到有一個計費項目，你不知道它到底怎麼計費的話，你可以把 SKU ID 複製起來，貼到 https://cloud.google.com/skus 這個查詢的網頁中，它能夠告訴你完整的計費方式。如圖 12-3-2：

SKU 查詢網址：https://cloud.google.com/skus

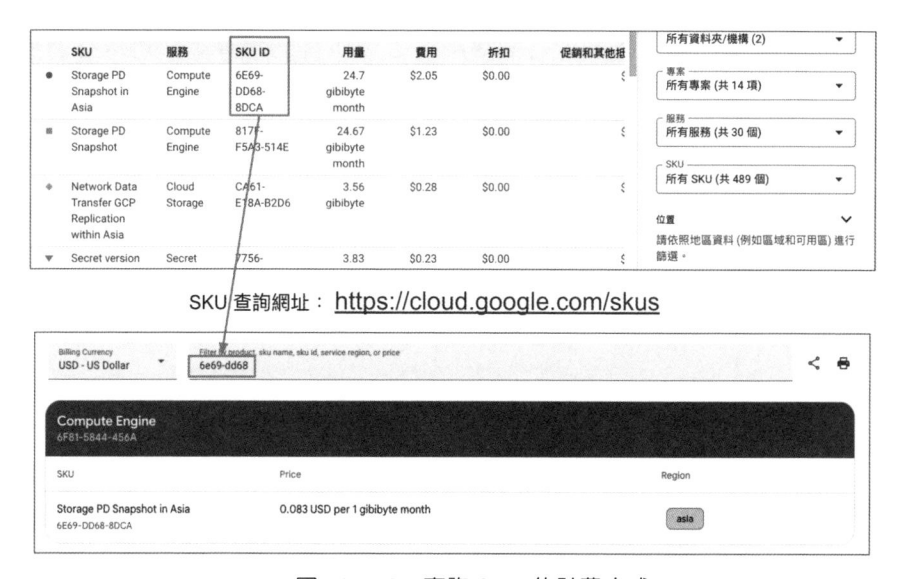

▲ 圖 12-3-2　查詢 SKU 的計費方式

12-11

不過那是對外公開的統一價格，某些大企業和 Google 會簽訂特殊折扣，它會針對標準牌價再提供額外折扣，這時就要從自己的帳單帳戶去查詢，你可以在帳單帳戶的定價頁面，一樣使用 SKU ID 查詢到相關折扣（我自己也沒有特殊折扣所以呈現 0%），如圖 12-3-3：

▲ 圖 12-3-3　特殊折扣的 SKU 查詢方式

預算與警告設定建議

如果你想要非常細緻地去管理各個專案、各個服務的預算，你可以在費用與警告頁面設定各種預算，例如 Compute Engine 或是 BigQuery，都可以單獨拉出來監控它當月的費用。如圖 12-3-4：

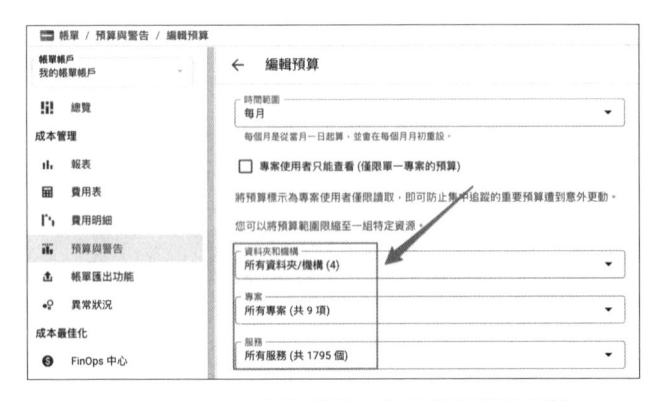

▲ 圖 12-3-4　每個專案、每個服務都設預算

但 Compute Engine 會把同系列的虛擬機器費用加總在一起，沒有辦法針對單台機器計算費用，我們可以去設定虛擬機器的標籤，你可以在機器列表勾選要設定標籤的機器，再點擊標籤按鈕。

它的標籤有兩個欄位，包含 Key 和 Value，你可以像我一樣，Key 設定為主機名稱，Value 設定為計費的資源類型，當然你也可以按照自己的想法來設定它們的值，如圖 12-3-5：

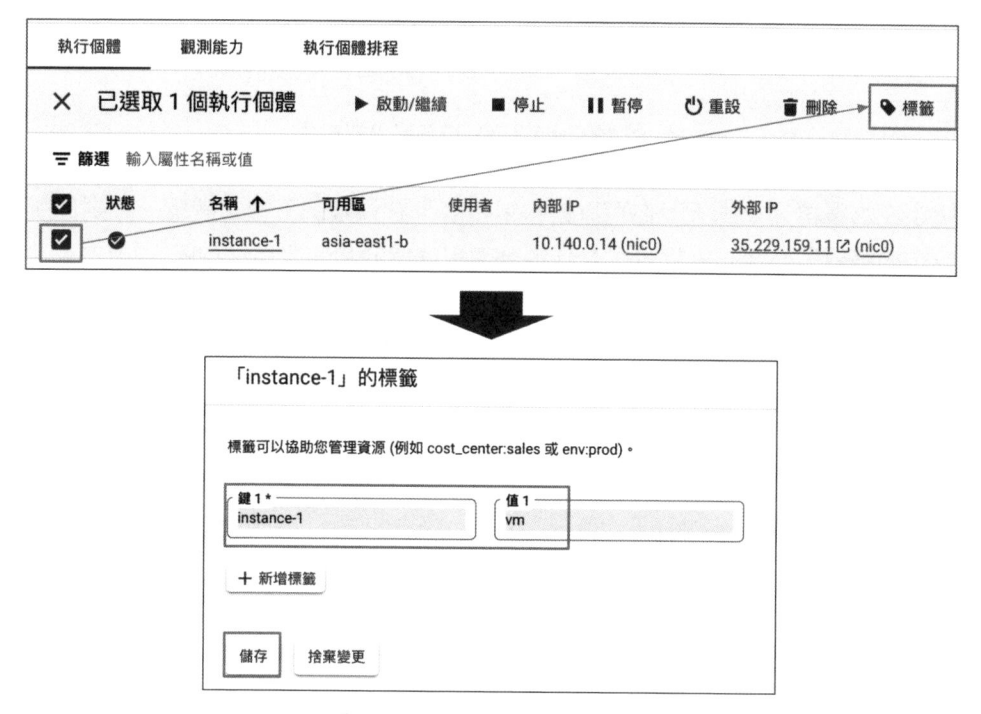

▲ 圖 12-3-5　為虛擬機器設定標籤

要注意，以上的設定只會針對機器本身的 CPU 和記憶體記錄費用，並沒有包含硬碟，你必須要到磁碟列表，在單獨編輯某個 Disk 的頁面，再設定 Key 和 Value，像我的 Key 一樣設定為主機名稱，Value 設定為 disk。如圖 12-3-6：

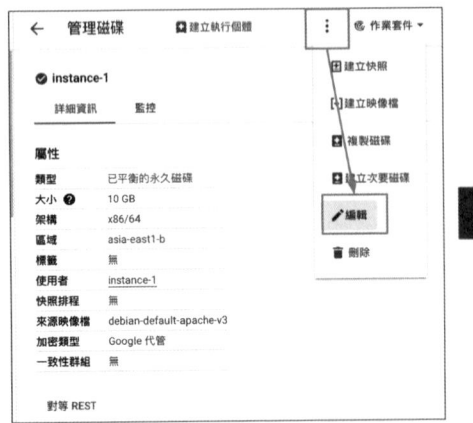

▲ 圖 12-3-6　Disk 也要另外取標籤

設定完之後再過一兩天，你可以去帳單報表，在標籤的下拉式選單，找到你所設定的標籤，勾選起來就可以看到這台虛擬機器的相關費用，如圖 12-3-7：

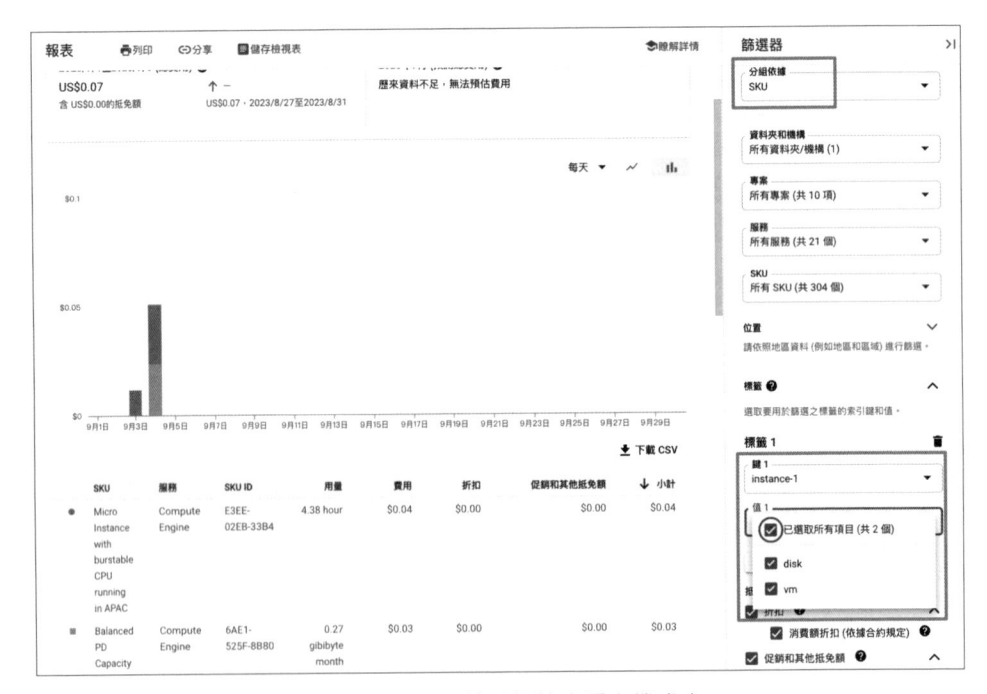

▲ 圖 12-3-7　使用標籤查看主機成本

預防流量爆增造成帳單費用

就像最前面所說的，當下使用 Google Cloud 所產生的費用，要等到隔天才會看到帳單警告，萬一有一天被駭客攻擊，產生大量的流量當下，你是完全沒有感覺的，如果你隔天才看到警告可能已經噴了好幾十萬。這種情況該怎麼避免呢？

因為 Cloud Armor Standard 版本，你必須事先知道駭客的攻擊手法，才能寫好防禦的規則去阻擋，但是有誰能夠事先知道駭客會怎麼攻擊呢？而 Cloud Armor 進階版本又非常昂貴，不是一般的企業能夠負擔得起，在這樣的情況之下，我個人建議一個有點笨卻又非常使用的方法，就是設定流量警告。

假設你的虛擬機器平均每分鐘出去的流量大概 10 MB，你就可以設定警告在 50 MB，它的指標是 Egress Bytes，如圖 12-3-8。你可以按照以下方式尋找到這個指標，然後針對你的主機流量設定警告。同時你也可以針對不同的時間區間，來設定不同的警告，例如：每秒 1 MB、每小時 1 GB、每天 50 GB 等等。

▲ 圖 12-3-8　監控 VM 流量的指標

像我們通常會把多媒體的資料放在 Cloud Storage，萬一有駭客專門針對你的圖片和影片不斷地下載，造成大量流量的話，你也可以設定這個指標「Sent Bytes」，如圖 12-3-9：

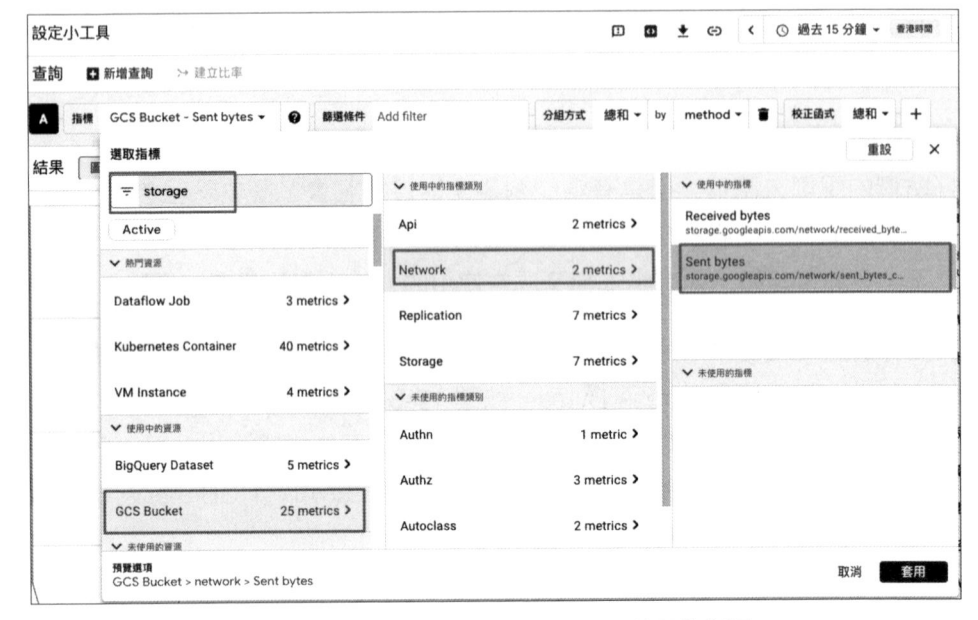

▲ 圖 12-3-9　監控 Cloud Storage 流量的指標

上述的方法雖然不太聰明，但是卻可以監控即時的流量，至少在發生的當下你會收到通知，就算你不知道要如何阻擋駭客，至少也可以先把服務停止對外公開，先讓你的帳單不會產生高額的費用。

CHAPTER 13

Google Cloud 認證之路

- 13-1 Google Cloud 認證考試介紹
- 13-2 準備 Google Cloud 認證考試的策略

13-1 Google Cloud 認證考試介紹

Google Cloud 推出之後,就不斷地發展各式各樣的服務,也因此各項功能和操作都越來越複雜,為了證明你具備相關的知識或技能,考證照也成為了比較客觀的認定標準。在此就介紹 Google Cloud 的證照給大家參考。

考試介紹

Google Cloud 的考試為 50 題的英文選擇題,包含單選和多選,必須要在兩個小時內考完。你可以參加實體考試,目前在台灣是北中南都有考場,也可以線上考試。

考完試後,會當場讓你知道 Pass 或 Fail,但不會告訴你考幾分,也不會讓你知道錯哪幾題,所以也沒有辦法檢討考卷。Google 也沒有對外公開任何題目或標準答案,所以就沒辦法知道自己到底答對或答錯。

如果順利考過的話，Prefessional 等級的證照效期只有兩年，兩年後你必須再去考一次，才能延長它的效期。

科目介紹

⊙ Professional Cloud Architect 專業雲端架構師

Professional Cloud Architect 證照，簡稱 PCA，是 Google Cloud 第一張推出的證照，考的就是本書提到的相關內容，但不是純粹考技術操作，而是以雲端架構師的角色，執行以下工作：

- 熟悉整個 Google Cloud 各種常見的服務
- 根據客戶需求，從 Google Cloud 挑選服務，組合成適合的方案
- 設計 Google Cloud 的雲端架構
- 針對主機或資料搬遷上雲的方法評估
- 優化成本並提高效能

這個考試會有大量的情境題，為了描述情境，每一題的篇幅都很長，要練習閱讀英文的能力和速度，要不然很容易一題就會花 5~10 分鐘的時間作答。

另外，PCA 還會有 Case Study 題目，會描述幾家公司的現況，在商業上和技術上有什麼需求，這可以在官網查詢到，每次可能會出兩個 Case，可能會考 10~15 題，而且 Case 有時候會更換，所以務必要確認當前會考的 Case 是哪幾個。關於 PCA 的考試重點，或是 Case 的資訊，請密切注意官方網站的說明，如以下網址：

> https://cloud.google.com/learn/certification/cloud-architect

⊙ Associate Cloud Engineer 助理雲端工程師

在 Google Cloud 推出各種其他的 Professional 證照，例如 Data Engineer、Network Engineer 證照之後，後來推出 Associate 等級的證照，第一張就是 Associate Cloud Engineer，簡稱 ACE。

和 Cloud Architect 差在哪裡？

ACE 證照比較注重實作，適合雲端的新手來考，偏重日常雲端作業：

- 部署和管理 Google Cloud 資源
- 執行基本的雲端操作和維護
- 監控和故障排除
- 實施既定的雲端解決方案

和 PCA 比起來，ACE 考的就是實際操作，題目會給你明確的目的，接著就問你要用什麼方法達成，所以題目大概 3~5 行以內，因此可以快速作答。

以我個人的經驗來說，如果你已經使用 Google Cloud 一年以上，其實可以直接去考 PCA，不用像官網要求 3 年以上經驗，或是先考 ACE。

一方面官網沒有規定你要先考 ACE，才能考 Cloud Architect；另一方面，ACE 考的操作，以現在網路跟 AI 這麼發達的今天，各種操作方法都能快速找到相關的參考文件。

而且 ACE 可能也會考到比較冷門的操作，這種情況只能硬背，考過之後就忘了，比較沒有實用價值。如果你是初學者，擔心 PCA 考太難，那還是可以先考 ACE，如果你是熟手，建議直奔 PCA 就夠了。

關於其他證照，如果你的工作偏重雲端架構，可以再考 Professional Security Engineer 和 Professional Network Engineer，算是 PCA 之後再精進的領域。

如果是偏向資料分析和 AI 相關的，可以再考 Professional Data Engineer 和 Professional Machiine Learning Engineer。

如果是偏向程式開發和維運方面，可以再考 Professional Cloud Developer 和 Professional DevOps Engineer。

報名須知

你要先到這個 CertMetrics 網站來註冊一個帳號：

https://cp.certmetrics.com/google

切記在輸入姓名時，姓和名要用「護照名稱」，不要用小名像是 Peter 或 Helen 這種，要不然考場人員無法核對護照身分喔（我當初就是做這件蠢事，差點進不了考場）！

註冊完後，點擊 Access Webassessor，進入報名考試的地方。如圖 13-1-1：

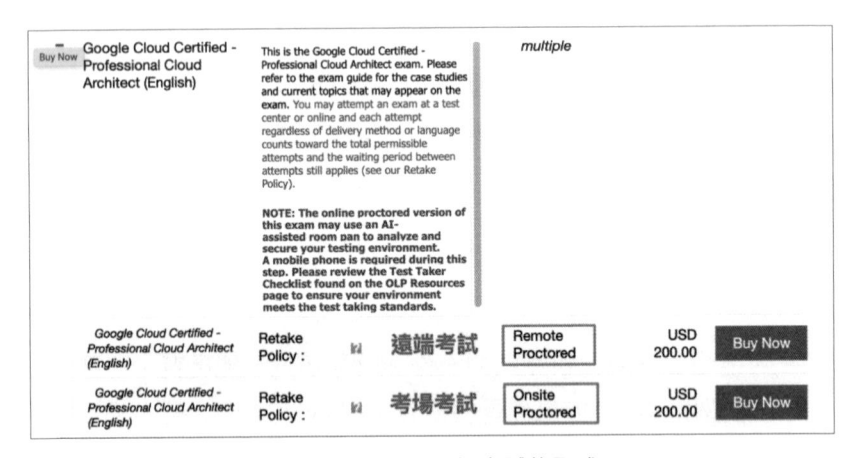

▲ 圖 13-1-1　選擇考試的形式

「Remote Proctored」就是遠端考試，你可以直接用自己的電腦考試，而且你能選擇的時間較多，但是要找一個安靜的房間應考。

「Onsite Proctored」就是現場考試，必須要在有考場有開放的時間才能報名。

如果你選擇現場考試，接下來就來選考場，以台北為例，考場有資展國際和恆逸資訊兩個考場。

最後就來繳費，目前 Google Cloud 在官網都宣稱考試報名費為 200 USD，但真正要繳費的那一刻，它會改成 120 USD，如圖 13-1-2，但不保證這個折扣會持續多久，建議各位早點考試喔！

> 東東碎唸
>
> 當你在刷卡時，填寫姓和名的地方要注意，不要把姓跟名放在相反的位置喔！我有一次因為 Chrome 的自動填入功能，沒注意就下一步，它刷卡後直接跳回首頁，不但報名失敗，還成功扣款！！

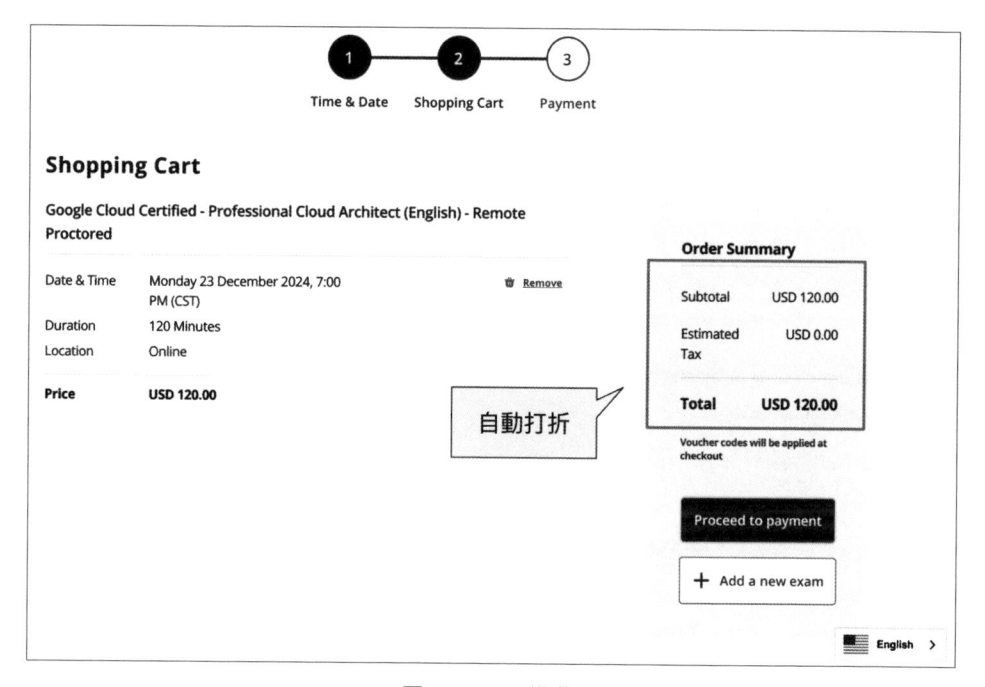

▲ 圖 13-1-2　繳費頁面

繳費成功後，你會收到一封 Email，上面有考試相關資訊，更重要的是 Test Taker Authorization Code，考場要比對這個 Code，務必要印出來，不然考場人員無法讓你進去考試喔！如圖 13-1-3：

▲ 圖 13-1-3　列印考試確認單

最後考完試就會看到螢幕顯示 Pass 或 Fail，如果你有考過，就會收到恭喜考試通過的信，務必仔細閱讀喔，上面可能會有一些福利資訊，還可以去列印證照 PDF 檔，如圖 13-1-4：

▲ 圖 13-1-4　考試通過的正式通知信件

但要注意沒考過的話：

第一次沒考過，要 14 天後才能重考，
第二次沒考過，要 60 天後才能重考，
第三次沒考過，要 365 天後才能重考。

無論如何，還是希望你一次就能考過喔！

13-2 準備 Google Cloud 認證考試的策略

認識各項 Google Cloud 服務

如果你是初學者的話，建議先了解 Google Cloud 各項服務的用途和使用場景，在 Google Cloud 官網上，每個服務都會有所謂的「Introduction」頁面，至少要知道每個服務大概在做什麼、為什麼要用它、什麼情況下要用等等。

有些服務有很多細部功能，也都有各自的文件，但有可能只有簡體中文或英文。有些雖然是中文，但還是不容易看懂，甚至翻譯錯誤，還不如直接看英文，寫得更清楚，畢竟考試也是用英文，剛好利用這個機會練習讀英文。

除了「Introduction」頁面之外，還可以多看這幾種類型的文件：

- **Best Practice**：說明如何適當地使用某個服務，算是 High Level 的使用指南，它不會直接說明操作方法，而是告訴你怎麼使用它最好，剛好也是 PCA 考試最常出題的方向，建議也看一下。

- **Troubleshooting**：很明顯就是在說明，使用某個服務經常出現的問題，它會教你如何檢查問題原因，以及如何解決，PCA 和 ACE 考試都會出這樣的題目。

假設你想要透過線上課程來學習，可以去 Skillboost 網站的 Explore 頁面，它有提供各種 Lab 讓你實際操作，你可以搜尋想要練習的服務，如圖 13-2-1，以及網址如下：

https://www.cloudskillsboost.google/

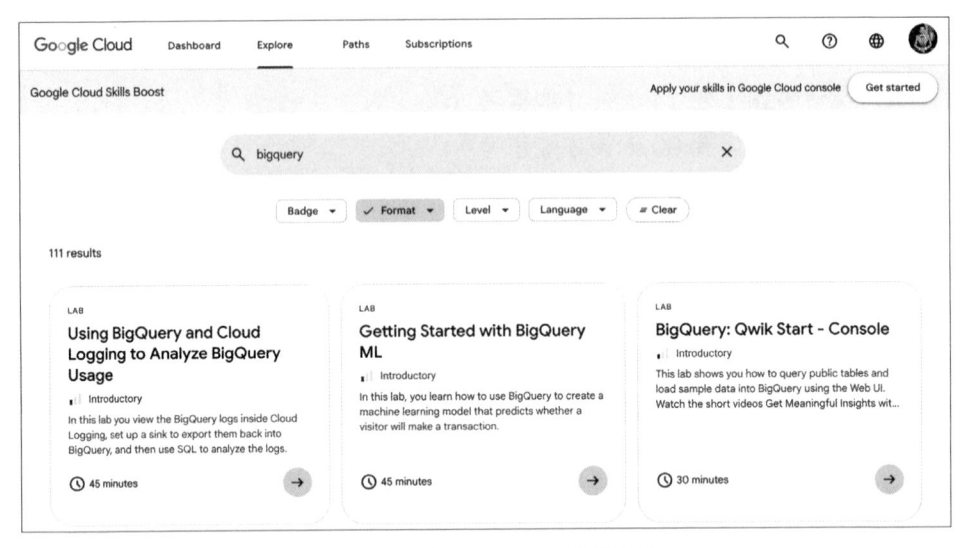

▲ 圖 13-2-1　在 Skillboost 網站尋找 Lab

如果你想要上免費的線上課程，可以去 Path 頁面，找到某個領域的系列課程，像 PCA 就有 Cloud Architect Learning Path，讓你由淺入深，一邊看教學影片、一邊做 Lab，是對自學者來說最適合的方式，如圖 13-2-2：

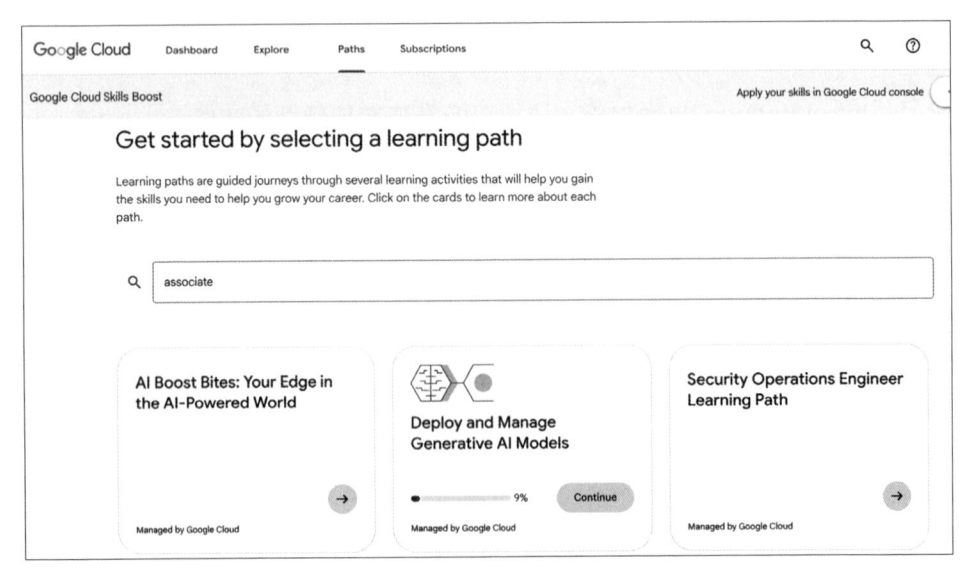

▲ 圖 13-2-2　在 Skillboost 網站尋找系列課程

不過你可能會發現，有些 Lab 需要 Credit 點數，這個 Credit 必須要付費購買，1 點要 1 USD。不過有另一個好消息，Google 目前有在推廣開發人員計畫，只要你加入免費的標準方案，每個月就會送你 35 Credits，注意是每個月喔！折合台幣 1000 多元，實在非常划算。網址如下，以及方案如圖 13-2-3：

https://developers.google.com/profile?hl=zh-tw

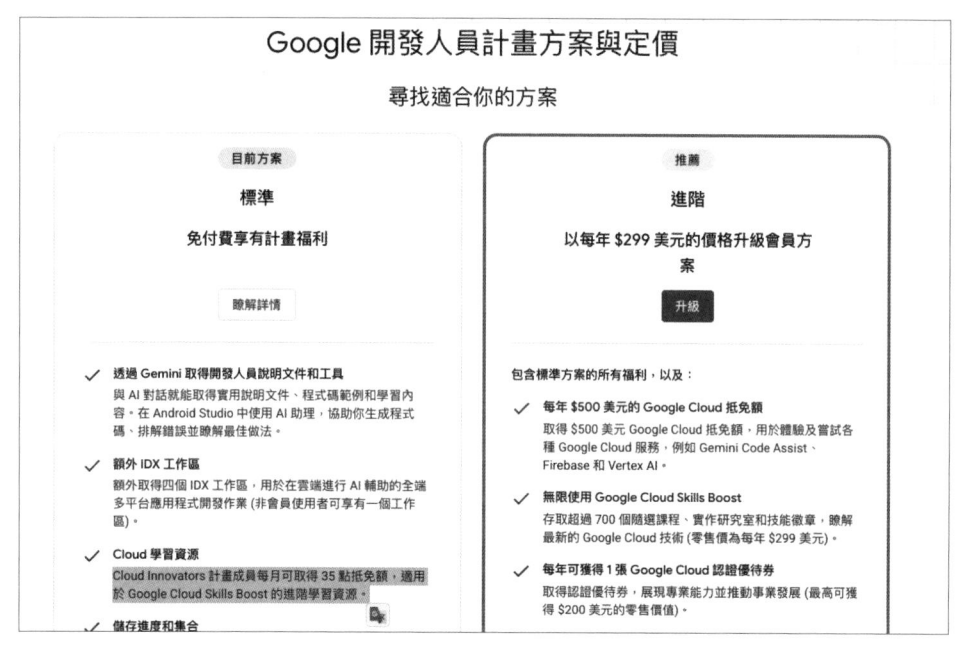

▲ 圖 13-2-3　Google 開發人員計畫

上述福利可能會隨時變動，請以 Google 的官網說明文件為準，無論如何，越早加入越好喔！

練習刷題

Google Cloud 的每一個證照都有提供範例題目，大約 20 題左右，當你做完會給你標準答案，以及各個選項的解析，還會給你參考文件的連結，超棒的！因此範例題目必做，不要錯過喔！如圖 13-2-4：

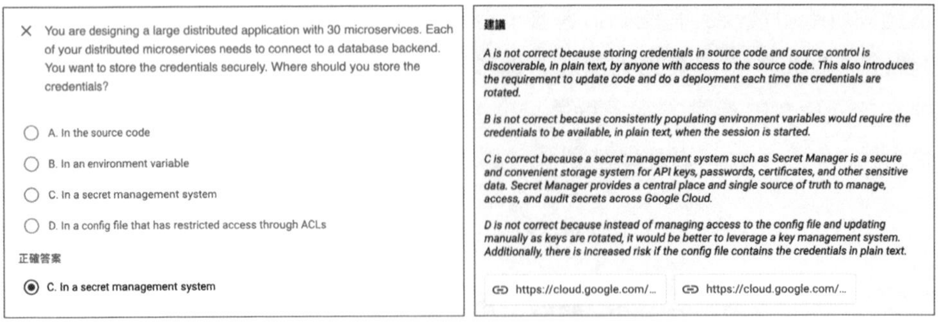

▲ 圖 13-2-4　Google Cloud 的範例題目

除了官方提供的題目之外，網路上也有在流傳各種考題跟討論區，有機會可以去找找，你可以善用搜尋引擎，找到你想要的題目。

假如你手上有題目可以練習的話，建議早點刷題，不用看太多官方文件，這時候你最需要的是練習看題目的速度，ACE 考題不長，很快就能刷完題目，但 PCA 每一題都是一個完整的情境，大約 200~300 個英文字，如果平常看英文不夠快，那你考試可能會來不及做完。

如果碰到不會的題目怎麼辦？

現在已經是生成式 AI 的時代，不會就直接問 ChatGPT、Claude 或其他 AI 工具，它們現在都可以幫你讀懂題目到底在考什麼，並且分析每個選項，只是它們也可能會出錯，建議最好多幾次來回詢問和驗證，才能確保它的回答正確喔！

CHAPTER 14

雲端架構師的職涯規劃與發展

- 14-1 IT 人員到 Google Cloud 架構師的轉型之路
- 14-2 雲端架構師轉職與面試技巧
- 14-3 Google Cloud 的細分職業路線
- 14-4 產業趨勢與架構師角色演進

14-1 IT 人員到 Google Cloud 架構師的轉型之路

目標設定階段：鎖定產業與職位

同樣是雲端架構師的工作，其實還是會有各種細分領域，有些可能在甲方公司（主業和雲端無關，雲端是資訊系統的一環）是 IT 人員的延伸，負責提供環境或是建立機器給公司的開發人員使用。有些則是乙方（主業就是雲端本身，收入來自銷售雲端服務）在代理商或系統整合商的架構師，執行各種企業客戶的雲端搬遷專案或是系統部署專案，和甲方比起來，工作性質是有些差異的。

在甲方的工作內容，主要是支援公司各項系統的運作，很明顯 Google Cloud 只是其中一部分，可能會包含其他雲端或者其他技術工具等等，優點是可以比較專注，公司所採用的雲端或工具並不會頻繁地變動，剛入職可能要會花時間熟悉各項工具，但是待滿一到兩個月後，就可以駕輕就熟。這樣的工作可能會比較穩定，反過來說，會比較安逸一點，建議你主動去參加研討會或技術社群來不斷充實自己。

14-1

在乙方的話，最常見的職務是「解決方案架構師」，因為客戶性質、產業的不同，每個專案的技術和需求差異極大，所以剛開始進去的時候，可能會比較有壓力，因為需要熟悉的技術會比較廣，有些客戶需要做大流量的媒體或電子商務架構，有些客戶要做大數據分析或是 AI 模型開發，需要你能夠在短時間快速學習的能力，反過來說，你可以在短時間累積大量不同領域的經驗，功力突飛猛進，這對你未來升遷加薪或跳槽，都是非常有利的基礎。

以上只是一個簡單的分類，如果你本來就對某個產業或職務類別有興趣，建議你就直接鎖定該產業或該職務類別，直接往那個領域加強，了解那個產業或職務面對上雲會碰到什麼挑戰，然後思考因應的方式，發展出一套屬於你的解決方案。

萬一你還是沒有辦法決定到底要找怎樣的工作，那我建議你，直接打開求職網站例如 104 或 1111，搜尋「雲端架構師」、「Google Cloud」或是「GCP」，看看有哪些公司、產業和職缺是你有興趣的。如果你想進外商，或是英文還不錯，可以直接打開 Linked-in，上面除了徵才公司之外，也有獵頭公司在尋找人才。或是全球化的求職平台 Indeed 或 Glassdoor，上面有很多知名的跨國企業職缺。以下是隨機找到的一個職缺需求，如圖 14-1-1：

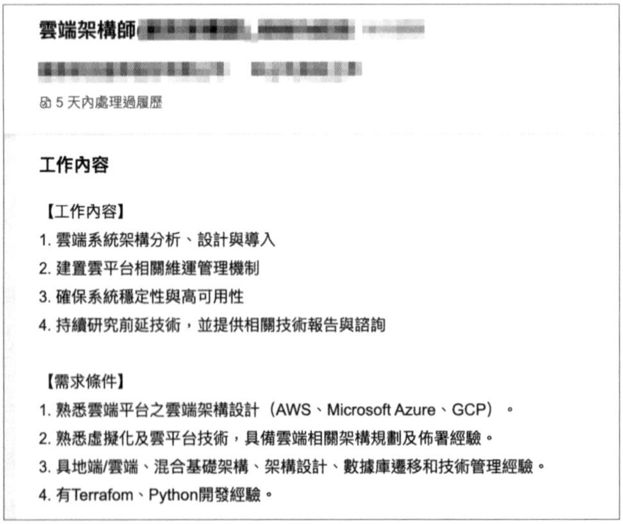

▲ 圖 14-1-1　雲端架構師職缺需求

轉型準備階段：技能評估與 GAP 分析

首先你可以看到它提到的工作內容，算是雲端架構師基本的工作，沒有提到特別具體的任務，這部分可以等到面試的時候，再向面試主管多詢問相關細節。

而在需求條件的部分，你會看到它把三大公有雲全部都列出來，你可能會擔心你只會 Google Cloud 會不會無法應徵這份工作，這部分你就不用太過擔心，只要你會其中一個公有雲就可以了，因為公有雲的原理原則，基本上是大同小異，其他就是操作介面、指令和參數設定有所不同而已。

> **東東碎唸**
>
> 如果真的有人對三個公有雲都很熟，應該有一大堆公司搶著要，而不是工作在挑選他。

如果你對 Google Cloud 還不夠熟，建議如前一章提到的，去 Skillboost 把各種服務的 Lab 多做幾次，或是在自己申請的 Google Cloud 專案，想一個實際案例來做，做下去就會體驗到建置過程中的經驗或眉角，那不是看看文件才能體會到的。

另外，這份職缺有提到 Terraform 和 Python，以我個人的淺見，沒有一定要到非常專精的程度，至少學習到 Terraform 可以部署虛擬機器、負載平衡加自動擴充的 Instance Group 和 Cloud Run；而 Python 至少能練習寫到部署網頁、存取後端資料庫，或是能做一個爬蟲，對資料做一些基本的處理。

以目前線上課程蓬勃發展的今天，市面上有一大堆入門課，還有很多書籍，甚至免費教學的部落格或影片，甚至 ChatGPT 或 Claude 等生成式 AI 工具，只要有心，學習各種技能不是難事。

專案實作與作品集建立

作品能夠快速展示你的能力和經驗，假如你目前還不知道要準備什麼樣的作品，或是不懂目標產業的系統，你可以從現有經驗出發，把你目前負責的系統或專案重新設計為雲端原生架構。

例如，如果你管理本地端的 ERP 系統，可以設計一個 Google Cloud 的遷移方案，包含該系統在 Google Cloud 上的網路規劃、部署平台、架構設計和自動擴充機制等等。

或者，你也可以選擇一個真實的業務場景，如電商平台的高併發處理、IoT 數據的即時分析或是跨 Region 的災難復原架構，把它架設起來，做一個壓力測試，或是模擬系統中斷，然後採取應變措施，讓它保持穩定運作，這些場景能展現你對業務需求的理解和技術解決能力。

你不需要花費大量時間建置完整系統，但要有可運行的 MVP（最小可行產品），把最關鍵的服務架設起來就好，不要鑽牛角尖卡在某一個小小的環節，耽誤到你未來轉職的進度。

完成後寫一份技術文件或簡報，包含架構選擇的考量（為何用 VM 不用微服務）、替代方案的比較（有效能更好或更便宜的方案嗎）、和未來擴充（流量達到十倍怎麼辦）的規劃，藉此來解釋技術選擇的理由和商業價值。

關於作品數量，至少兩個，但不用五到十個這麼多，重點是展現你在不同領域的能力，如資料處理、應用程式現代化、和 AI/ML 整合。最怕多而不精，文件塞得滿滿，卻不了解每個作品的細節，那還不如不要準備。

每個作品建議要有清楚的問題描述、解決方案、和成果展示。面試官關注的不只是技術實作，更重要的是你的思考過程和解決問題的能力。

公開分享

如果行有餘力，建議你開一個 GitHub 或部落格吧！這能代表你已經有足夠的能力，並且有自信分享自己的作品，面試主管也能在面試前先確認你的資

格,甚至想趕快找你來上班,只要主管對你的第一印象好,到時候找你面試只是為了走過場。

反過來說,你在網路上說過的話、留過的言,也要多注意,人資可能會拿你的名字或帳號去搜尋,如果擔心被用人主管發現你在社群上到處噴別人的話,還是回來要求自己謹言慎行吧 XD!

14-2 雲端架構師轉職與面試技巧

履歷優化策略

在技能的呈現上,大家都差不多,如果要脫穎而出,可以針對你的經歷使用 STAR 方法(Situation、Task、Action、Result)來描述:

- **Situation**:在什麼樣的情境下,你碰到什麼問題或挑戰?
- **Task**:在這個情境下,要達成什麼任務?
- **Action**:你針對這個任務,採取了什麼行動?
- **Result**:你在行動之後,帶來什麼樣的結果?對後續的系統架構、公司或客戶帶來什麼樣的影響?

可能你還沒有雲端的工作經驗,沒有東西可以講,但這不限雲端領域,就你原有的工作都可以講,主管要的是,你的思考過程有沒有問題,你是否能深刻地描述細節,一方面想知道你有沒有解決問題的能力,另一方面也想知道你有沒有說謊或是膨風你的經歷。

這部分準備好之後,建議你也自行演練,你可以沙盤推演,大概猜到主管順著你的邏輯,可能會往下問什麼,如果你猜不出來,ChatGPT 是你的好朋友,請它扮演面試主管,針對你的 STAR,發展出可能會質疑或追問的地方是什麼。

再針對這些問題準備好回答，這部分可能有點難，因為它可能會戳中你的弱點，這時就好好思考一下，看是要回去改善原始的 STAR，還是把回答的內容準備好。

面試準備與技巧

面試的時候，面試主管最常問的就是「你做過什麼雲端架構」，然後用類似上述的 STAR 來詢問。也有可能出題目來看看你的反應，例如：

- 設計一個可擴充的 Web 應用程式
- 設計大數據處理系統
- 設計微服務架構
- 設計災難復原方案
- 設計成本優化策略

面對這樣的需求，不用太緊張，你可以把自己當成一名顧問，被重金邀請到公司解決問題，當你聽到一個模糊的需求時，第一個反應就是追問，例如要秒級擴充還是分鐘級擴充？依效能擴充還是依時間擴充？最少幾台、最多幾台機器？離峰時間要不要 Scale to Zero？

如果你有實作過，你應該就能馬上想到這些要追問的問題，只要你問得出來，主管就會覺得你有 Sense，然後開始在白板上展開你的架構圖，除了機器本身，還有 Region、Zone、VPC、Subnet、Load Balancer 和資料庫等等。你在畫架構圖的同時，更多具體問題自然浮現出來，就可以再和面試主管深入確認需求。

接著可以說明你為什麼選擇這樣的部署方式，讓主管了解你對技術的熟悉度以及你的思考邏輯。因為這種問題沒有標準答案，它會隨著每個人的專長背景，發展出不同的解決方案，沒有絕對的對與錯，重點在於能否說服得了主管，接受你的回答。

當然你也可能身經百戰，能想到很多東西，也能很有自信地回答，但也不要咄咄逼人，搞得好像你是來踢館的，這不是架構比賽，能站在互惠互利的立場，跟對方深度交流，才是錄取的關鍵。

其他還有團隊合作能力（如何處理衝突）、問題解決能力（如何面對困難）和學習能力（是否會持續精進自己），都會是面試考量的重點，任何產業和職位都適用。

以上是我個人在擔任雲端架構師主管時，面試一些求職者得到的心得，希望能對你有所幫助。

14-3 Google Cloud 的細分職業路線

當你做久了會發現，Google Cloud 涵蓋的領域很廣，雲端架構只是剛入門，如果你在更大規模的公司，就會看到更專業的分工，或是當你做得更久，你會擁有更多發展的可能性。

技術專精路線

隨著經驗的累積，你會漸漸成為資深的雲端架構師，或架構師主管，做的事情可能差不多，但你的架構變得更大、更複雜，可能整合多個不同系統，或是跨足到其他公有雲等等。你可能會帶領新手架構師，給他們教育訓練，帶領他們一起執行專案，或是制訂公司的雲端管理政策。

假如你對資料處理有興趣，也可以往資料工程師或數據架構師（只是名字不同，本質差不多）發展，來協助公司把各種業務資料收集起來，尤其是串流資料，你可能會用到 Cloud Pub/Sub 和 Dataflow，並且整合不同來源的資料，經過清理跟轉換，存到 Cloud Storage 或 BigQuery，讓資料分析師或 AI 工程師來做後續處理。這部分就會加深你在資料方面的專業技術，未來可以再挑戰更大規模的公司，處理 TB 到 PB 等級的資料。

像 AI 蓬勃發展的今天，你也可以考慮轉往機器學習工程師，或生成式 AI 工程師，利用公司既有的資料，在公司原有的服務做 AI 的加值應用，或是開發全新的 AI 服務，幫助公司帶來成長。

不過這方面會需要你加強相關的基礎知識，例如機器學習演算法和統計學、TensorFlow 或 PyTorch 等等，學習門檻較高。但它的發展空間更大，因為 AI 已經在各行各業發展出實際可行的各種應用，因此人才需求強勁，簡單說就是不用怕找不到好工作。

如果你是對系統維運有興趣，也可以轉往 DevOps 工程師，這種工作主要在維護公司的核心業務系統，所以系統穩不穩定，對客戶的體驗非常重要，體驗一差，產品負面口碑就馬上出來，挑戰性高。

還有系統是否能夠做到各種自動化，例如開發人員 Commit 了程式碼之後，能不能做到自動檢查、自動測試、弱點掃描（也就是 CI；Continuous Integration），然後再到發布或部署（CD；Continuous Integration/Deployment）。部署之後發現有問題，能不能馬上退版，不會影響到線上的使用者。只要公司的產品夠好，更新迭代又快又穩定，就能夠幫公司快速吸引大量使用者，擴大市佔率，你可以藉此獲得很大的成就感。

獨立發展路線

雲端技能在身上，發展機會很廣，當你具備足夠的底氣和業界的名聲，你也可以辭職創業，擔任講師、顧問或獨立接案。

Google Cloud 除了各種技術的認證考試之外，也有官方授權認證講師（Google Cloud Authorized Trainer）開放大家去考，它不是考選擇題，而是直接要你「試教」給考官看，確認你的臨場反應能力。如果有幸考過，就能夠代表 Google 官方來教授各項最新的 Google Cloud 技術，參加各大研討會，執行 Google 的教育訓練課程。

當然，你也可以成為獨立講師，依照各行業的現況來準備客製化的教學內容，輔導各個企業上雲使用 Google Cloud。不過這條路比較仰賴業界的口

碑，你可以在獨立發展之前，多和客戶保持關係，或是經營業網路社群，累積聲量，等到時機來臨，再出來獨立發展（跟我一樣？）。

很多軟體工程師具有獨立開發程式的能力，想要接案，卻又不知道把系統部署到哪裡。如果軟體工程師又懂雲端的話，就有機會出來接案，順便維運客戶的系統，所以雲端技能算是軟體工程師出來接案的一大捷徑。

如果你熟悉雲端，但程式不熟，也可以打團體戰，和軟體工程師搭檔去接案，因為客戶比較少只外包雲端架構，而不外包系統的情況，通常都是整套外包，因此可以互相合作，各司其職，一起接案。不過要注意權責劃分和分潤，還有合約簽訂，這又是另一個重要話題，務必謹慎思考。

我的建議是，不管跟人合作或接客戶案子，一律「先小人後君子」，合約簽了，至少可以降低雙方的違約風險，只要案子能順利完成交付，客戶按時付款，後續想要額外服務或折扣都有討論空間。

14-4 產業趨勢與架構師角色演進

自生成式 AI 出現以來，各項資訊科技的發展，在各種 AI 工具的輔助之下，可以說是飛速前進，這裡簡單描述一下最近的產業趨勢。

Google Cloud 技術趨勢分析

⊙ 容器服務逐漸普及

首先是容器技術和 Kubernetes，Google Cloud 的 GKE，已經是在 Kubernetes 領域中發展最先進的雲端加值服務，再加上 Autopilot 版本出現，讓 Kubernetes 變得更好管理和運用，以後可能再也沒有人去深入研究 Kubernetes 怎麼安裝和設定，大家只要專注在應用程式的開發，就像使用 Cloud Run 一樣簡單。

除此之外，由於混合雲和 GKE 的發展，Anthos 也受到越來越多大企業使用，它可以讓你在地端架設 GKE，如果因為合規需求不能讓系統直接上雲，

就可以使用 Anthos，同樣享受到 GKE 帶來的好處，方便管理容器化的應用程式。

如果不用 Kubernetes，Cloud Run 就是最好的選擇，越來越多使用者知道，Cloud Run 能夠以極低的成本來運作，自動擴充速度又比虛擬機器快很多，再加上容器本身跨平台的特性，因此 Cloud Run 將會越來越普及。

◎ 生成式 AI 持續發展

如前面的章節提過，Google Cloud 已經推出許多可落地的 AI 應用，包含整合各項開發功能的 Vertex AI 平台，還有除了自己開發的 Gemini 和 Veo 模型，也在 Model Garden 提供開源 LLM 模型供大家使用，讓大家都能輕易地加入 AI 應用開發的行列。

另外在邊緣的 AI 應用，Google Cloud 可以把開發出來的模型匯出到 LiteRT（原名 TensorFlow Lite）在各種邊緣裝置上使用，讓各種設備廠商紛紛投入開發。

◎ 永續雲端與綠色計算

近年來因為 ESG（Environmental、Social、Governance）話題的興起，讓永續性正成為架構設計的重要考量，Google Cloud 也推出碳足跡的專屬頁面，讓你不用做任何設定，就能直接在 Console 上看到各種碳足跡圖表，如圖 14-4-1，也能把資料匯入 BigQuery，進行更多的分析，方便導入 ESG 的企業產生各種碳足跡報告。

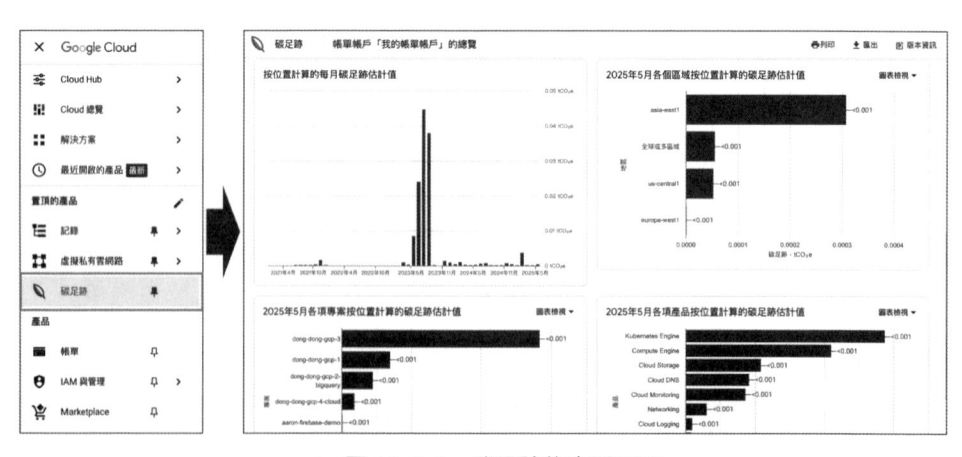

▲ 圖 14-4-1　碳足跡的專屬頁面

多雲時代的挑戰與機會

隨著採用雲端的企業越來越多，為了達成更好的可用性和備份備援，企業也開始考慮混合雲和多雲架構，隨之而來的就是管理上的複雜度，網路設定和備份備援就成為雲端架構師的挑戰，如果某一條網路斷線，或是某個公有雲中斷服務了，能不能快速切換到另一個公有雲來持續對外服務，或是資料庫無法運作，能否自動 Failover，或是快速從備份資料還原到另一個可用的資料庫。

另外還有資料治理的問題，我們在每個公有雲都有資料，很容易到處亂放，導致資料控管不易，或有外洩的風險，為了集中管理和分析，可以使用近期推出的 Data Catalog 作為主要的 Metadata 管理平台，再透過 API 去整合 AWS Glue Data Catalog 和 Azure Purview 的 Metadata，就能夠在單一介面中查看所有雲端平台的資料資產，包括資料的來龍去派、格式和商業用途等等。

談到「上雲」，就會有「下雲」，有些企業在上雲的同時，也會考慮到退場機制，就是萬一公司在策略上有重大改變，要「下雲」或是換到另一個公有雲時，既有的系統會不會被廠商鎖定，無法輕易退場。

這一點和「雲原生」的概念放在一起，就會有取捨的問題。「雲原生」就是方便好用，不太需要維護，但是難以退場。為此你可以評估使用和開放原始碼相關性高的服務，針對公司的核心系統，盡量保持雲端中立，只有基礎設施或周邊服務再採用雲原生，減少被公有雲廠商綁定的機會，也能保持較好的談判能力。

AI 時代雲端架構師的新定位

以前的雲端架構師可能只要設定好 VPC、Subnet、虛擬機器和負載平衡器，就能應付大部分的日常工作，但在 AI 正夯的今天，每家公司都在思考能不能做出點什麼 AI 的應用，即使沒有推出 AI 服務，也想在公司導入 AI 自動化的流程。

14-11

雖然雲端架構師沒有被要求成為 AI 專家，但至少面對 AI 的開發人員，要能開出適合的開發環境，並協助收集資料，提供 Google Cloud 各種串接的 API，方便 AI 人員開發模型和部署應用程式，關於這一點別無他法，就是要持續關注 Google Cloud 在 AI 方面的更新。

有可能 Google Cloud 去年推出沒多久的服務，今年被合併到另一個服務中，甚至要下架了，或是又推出一個新的服務來取代，這方面的變動會越來越頻繁，務必緊盯任何風吹草動，以免白白投入資源到錯誤的方向。

雲端架構師的未來展望

如前所述，雲端架構師面臨容器化、混合雲、多雲和 AI 等等趨勢的追趕，在工作的同時，仍需不斷更新各項技能，雖然壓力不小，但反過來說，你也是「站在風口浪尖的那個人」，未來的出路寬廣，擁有最新技術也不怕被時代淘汰。

◎ 持續學習

我們必須讓自己一直保持學習的習慣，好在我們活在 AI 的時代，任何技術不懂，打開 ChatGPT 或 Claude 就能馬上得到解答，建議不要「船過水無痕」，學過的東西留下筆記，或分享到網路上。另一方面，在工作講求團隊合作的今天，建議定期辦理讀書會，大家輪流分享在專案中學到的技術，這能夠讓你以最快速度學到他人的技術和經驗，也能夠提升團隊整體戰力，未來新人進來，也能快速學習，承接現有的各項工作。

◎ 建立可重複使用的架構和流程

當你雲端的專案做久了，自然會知道各領域的基本架構大概長什麼樣子，如此就能設計出重複使用的架構，甚至每次要和客戶討論哪些問題，或是討論中容易卡在哪裡，都能了然於心，因此發展出一套討論流程不會太難，而且還能加速專案的推進，一開始就先拋出關鍵議題給客戶確認，這樣很快就會導出架構方向，例如：客戶不會 Kubernetes，可能就要用 Cloud Run；或是

客戶的資料庫無法和應用程式分開，那現階段就無法採用自動擴充的架構；客戶沒有辦法控制網域，那就不能使用 Google Cloud 的免費 SSL 憑證等等。

⊙ 影響力建立與職涯發展

不管你希望未來要轉換工作，或是自行開業，在業界或網路上累積聲量是最好的方法，建議除了份內工作完成之外，可積極參與技術社群、研討會或是發表文章。真正好的職缺不一定在 104 或 Linked-in 上面，而是那些內部引薦，從來沒有公開招募的工作。

當然，如果在公司內就很受重用，而公司本身也在持續擴大業務的情況下，就可以努力爭取升遷機會，參與公司高階技術決策、建立技術驅動的文化、培訓和帶領新人等等，和公司共同成長。

總結

雲端架構師的職涯發展是一個持續演進的過程，從技術專精到業務發展，從個人貢獻到團隊領導，每個階段都有各自的挑戰和機會。無論你現在處於哪個階段：剛入門的雲端新手、經驗豐富的工程師，或是正在轉型的架構師，每一步都是有價值的積累。

在 AI 快速發展的時代，很多人都害怕被 AI 所取代，但是不用擔心，我們雲端架構師的角色反而更加重要。我們不僅是技術的實踐者，更是業務與技術的溝通橋樑。你在工作中所練就的系統架構思維、溝通能力，以及將複雜需求轉化為解決方案的能力，這些都是 AI 無法複製的核心競爭力。

擁抱技術的快速變化並不可怕，而是成長機會。每一次新技術的出現，都可能是讓你重新檢視現有架構、優化流程的機會。雖然這是老生常談，但保持學習的熱忱，擁抱變化的挑戰，必須能在這個充滿可能性的領域中持續發光發熱。

隨著更多企業紛紛搬遷上雲，你的專業知識將成為推動創新的力量。這不只是一份工作，更是一個能夠直接影響企業成功、推動社會進步的專業。

現在就開始走上雲端架構師之路，或是在現有基礎上更進一步發展。未來的你會感謝今天的你，因為你已經決定走在正確的道路上，平步青雲！

APPENDIX A 相關參考資源—— Google Cloud 重要參考資源列表

Google Cloud 快速入門指南和教學課程
https://cloud.google.com/docs/tutorials?hl=zh-tw

Codelabs 手把手教學和程式碼範例
https://codelabs.developers.google.com/?hl=zh-tw

雲端架構中心
https://cloud.google.com/architecture?hl=zh-tw

Skillboost 提供各種教學課程和 Lab
https://www.cloudskillsboost.google/

開發人員計畫,有機會得到相關福利如免費 Lab 點數
https://developers.google.com/profile?hl=zh-tw

Google Cloud Arcade 以遊戲化方式來學習 Google Cloud,有免費 Lab,還有機會得到獎勵
https://go.cloudskillsboost.google/arcade

Note

Note

Note

Note

Note